国家自然科学基金项目"风险导向式企业经营业绩评价体系的构建与应用研究"（71572118）
甘肃省青年科技基金计划"绿色投资对甘肃省环境绩效的影响机制研究"（22JR5RA310）

企业绿色投资行为的
动因、绩效与机理

The Motivation, Performance, and Mechanism of Enterprises' Green Investment Behavior

马延柏/著

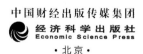

中国财经出版传媒集团

经济科学出版社
Economic Science Press

·北京·

图书在版编目（CIP）数据

企业绿色投资行为的动因、绩效与机理／马延柏著．

北京：经济科学出版社，2024.6. -- ISBN 978 - 7 - 5218 -

6020 - 7

Ⅰ. X196

中国国家版本馆 CIP 数据核字第 2024PN0782 号

责任编辑：杜　鹏　张立莉　武献杰
责任校对：隗立娜
责任印制：邱　天

企业绿色投资行为的动因、绩效与机理

QIYE LÜSE TOUZI XINGWEI DE DONGYIN，JIXIAO YU JILI

马延柏／著

经济科学出版社出版、发行　新华书店经销

社址：北京市海淀区阜成路甲 28 号　邮编：100142

编辑部电话：010-88191441　发行部电话：010-88191522

网址：www. esp. com. cn

电子邮箱：esp_bj@ 163. com

天猫网店：经济科学出版社旗舰店

网址：http：//jjkxcbs. tmall. com

固安华明印业有限公司印装

710×1000　16 开　23.25 印张　380000 字

2024 年 6 月第 1 版　2024 年 6 月第 1 次印刷

ISBN 978 - 7 - 5218 - 6020 - 7　定价：128.00 元

（图书出现印装问题，本社负责调换。电话：010 - 88191545）

（版权所有　侵权必究　打击盗版　举报热线：010 - 88191661

QQ：2242791300　营销中心电话：010 - 88191537

电子邮箱：dbts@ esp. com. cn）

前 言
Preface

　　自工业革命开始，生产力的迅速进步和全球人口的急剧增加，使人类生产活动和消费规模不断扩张，人类的生存环境遭到极大破坏，人与自然之间的矛盾和冲突不断加剧，已危及人类的生存安全。世界各国开始关注和投身于环境治理和生态保护，《联合国气候变化框架公约》《京都议定书》《巴黎协定》等一系列文件的签署和实施，正在引领世界走向可持续发展之路，绿色投资等一系列具体措施也受到了社会的普遍重视和积极支持。

　　绿色投资是一个内涵非常丰富的概念，它不仅包括对环境保护的投资，还涉及企业社会责任、可持续发展等多个方面。在这一内涵中，以保护资源与环境为核心体现了绿色投资的狭义含义，而兼顾经济、环境、社会三重效益、促进社会经济可持续发展及社会和谐则体现了其广义内涵。由于绿色投资在概念、内容、范畴等方面维度较广，理论界对其解释多种多样、尚未统一，其统计制度、统计范围、统计指标与统计方法并不规范和一致，极不利于进行环境科学决策，这也限制了绿色投资理论研究的发展。

　　在全球经济发展和环境污染之间矛盾日益加剧的形势背景下，我国绿色发展经历了一个由表及里、由浅入深、由自然自发到自觉自为的萌芽、起步和加速推进的政策演进阶段。在这一演进过程中，党和国家对绿色投资的重视程度越来越高，在资金和政策方面给予了大力支持，绿色投资规模逐渐扩大。根据2023年5月中关村论坛"双碳战略与绿色金融论坛"平行论坛报道，2022年我国绿色投资规模达到2.6万亿元，未来5年有望增加16.3万亿元。越来越多的企业开始重视绿色投资，积极参与绿色项目建设和运营。尽管如此，我国用于改善生态环境质量的绿色投资还存在巨大缺口。据中国环境与发展国际合作委员会计算，我国真正实现绿色转型还需要40.3万亿~123.4万亿元的额外资金，但政府能够提供的资金支持只有15%，剩余85%的绿色投资则需要社会资本来补充。绿色投资不足、投资结构不合理、投资缺乏资金支持是现阶段我国绿色投资的现状和问题。

要践行"创新、协调、绿色、开放、共享"和"绿水青山就是金山银山"的发展理念，实现"碳达峰碳中和"战略目标，持续扩大绿色投资规模、优化绿色投资结构、为绿色实践提供资金支持刻不容缓。国务院于2021年2月印发的《关于加快建立健全绿色低碳循环发展经济体系的指导意见》提出，要全方位全过程推行绿色投资等一系列绿色实践，鼓励绿色低碳技术研发，促进经济社会发展全面绿色转型。企业是经济的主体，是能源的主要使用者，也是环境污染的主要生产者，理应承担相应的社会环境责任，积极参与到绿色投资活动中，成为补充这剩余85%社会资本的核心力量。现阶段，我国企业层面的绿色投资究竟如何？绿色行为对企业自身和环境治理产生了怎样的影响？回答这一问题，对于提升企业竞争力、促进我国经济增长转型与生态环境保护相容发展具有重要的理论和现实意义。新时代，这一问题更是被赋予了特殊的历史含义和时代价值。

本书详尽地回答了这一问题。聚焦"企业绿色投资行为"这一主题，笔者将上述问题分为三个方面，依次从"企业为什么要进行绿色投资""绿色投资是否抑制或替代了污染投入，改善了企业的环境绩效，同时提高了企业的可持续竞争优势""企业绿色投资影响其生产经营的机理是什么"三个角度考察了我国企业绿色投资行为的动因、绩效和机理。通过厘清三者之间的因果联系，建立了较为系统的绿色投资运行的理论分析框架，以求较为全面地展示企业绿色投资行为的整个过程。

本书最大的特色在于从企业自身的竞争战略选择视角讨论其绿色投资行为。由于企业的逐利特性、生态环境的公共产品属性、绿色投资的正外部性等原因，企业缺乏主动进行绿色投资的意愿，更多的绿色实践是在政府环境规制的被动约束下实现的。然而，在竞争性市场中，组织成员之间存在一种普遍性的关系，竞争对手在行为和策略上的变化会影响其他成员的行动，当其中一个企业因采取绿色创新战略而获得政府、社会、顾客等利益相关者青睐和竞争优势时，会引起竞争对手的关注并且可能去模仿和实施绿色投资行为。此时，企业对绿色投资的态度开始由被动接受向自愿采纳转变。相应地，企业也会调整其竞争战略，将环境问题和绿色投资决策纳入企业生产函数和战略制定中。竞争战略选择成为除环境规制外另一个驱使企业进行绿色投资的动因。

本书将环境规制和竞争战略两个基本动因贯穿研究的始终，以绿色投资的概念界定和在我国的发展历程为研究起点，按照绿色投资驱动因素→绿色投资绩效表现→绿色投资影响机理的逻辑思路，系统阐述了环境规制、成本领先战略、差异化战略及其共同作用对企业绿色投资的影响，进而讨论了环境规制和竞争战略在绿色投资影响企业环境绩效和经济绩效中发挥的作用，在此基础上从技术创新视角考察形成上述影响的作用机理。本书还考虑了媒体压力、环保补贴、融资约束、长期贷款、市场竞争、绿色投资结构、行业属性等因素的影响。本书为全面了解我国企业开展绿色投资的前因后果、把握绿色投资活动的整体脉络提供了一个理论分析框架。

在撰写本书之际，笔者深刻意识到时间的流逝与数据的快速更新是当今时代不可忽视的特征。关于本书中所引用的时间节点、统计数据及行业形势等问题，有必要在此进行说明，以确保读者能够全面、客观地理解本书内容的背景与价值。第一，本书主要基于 2008～2017 年这一特定时期的研究与观察，但所探讨的主题与理论框架具有超越时间限制的意义。随着时间的推移，国家的环境法规与政策、市场环境等可能已发生变化，但企业绿色投资行为的动因、绩效与机理所蕴含的逻辑与规律依然存在，特别是环境规制与市场竞争对企业绿色行为的深远影响，这可以为读者提供一套分析当下乃至未来问题的方法论工具。因此，尽管时间节点可能不再完全"新鲜"，但它们所承载的实证经验与启示意义仍有价值。第二，数据是支撑本书论点的重要依据。不言而喻，在快速变化的市场环境和信息时代中，数据的时效性尤为关键。为尽可能保证数据的准确性和代表性，笔者在编写过程中已尽力收集最新、最全面的资料。然而，由于数据获取、收集、整理及出版流程的客观限制，部分数据在本书出版时已非最新。笔者向读者承诺，本书所引用的数据均来自权威渠道，在当时具有高度的参考价值。读者在运用本书中的数据时，可以结合最新的统计资料和市场动态进行综合分析。第三，行业形势与外部环境是复杂多变的。本书基于当时的政策环境、市场格局及技术进步等因素，重点考察了 A 股上市公司绿色投资行为的发展趋势。随着时间的推移，制度、政策、市场、技术环境等因素会持续演变，当前形势可能与书中描述有所出入。但请读者放心，本书的核心在于揭示行业绿色发展的内在逻辑与驱动力，通过理解这些根本性的规律和趋势，读者能够更好地把握我国微观经济绿色转型的特征。

总之，虽然本书在时间、数据及形势的时效性上可能存在一定局限，但笔者坚信其内在的价值与意义不限于此。笔者希望通过本书，为读者提供一套系统理解企业绿色投资行为的动因、绩效与机理的理论框架和实证策略，从而结合市场动态和经济形势去洞察和评判我国经济的未来。值得一提的是，碳达峰碳中和战略目标的确立和我国数字经济的蓬勃发展，为企业绿色投资提出了新的要求。在碳减排和数字化转型理念日益深化的时代背景下，企业绿色投资行为如何与我国经济发展、生态文明建设相契合，这一问题将是本书的延续和拓展。笔者也期待与读者一同见证我国学术界在这一领域的知识探索和丰硕成果。

马延柏

2024 年 2 月于金城兰州

目 录
Contents

第 1 章

导论：我们为什么关注绿色投资

1.1 绿色投资的必要性

自 18 世纪中叶陆续开始的两次工业革命，极大地促进了人类经济社会的发展。特别是 19 世纪下半叶以来，世界经济获得了前所未有的发展。然而，人类社会的进步也使一系列矛盾和问题相伴而生。随着生产力的发展和人口的急剧增加，人类生产活动和消费规模随之水涨船高，致使人类的生存环境遭受严重破坏，人与自然之间的矛盾和冲突不断加剧。比如，人类不加节制甚至掠夺性的资源开采和利用，大肆向自然界排放污染物，乱砍滥伐和过度放牧等诸多破坏生态平衡的行为，已危及人类的生存安全。随着全球气候日趋变暖，面对资源约束趋紧、环境污染加剧、生态系统退化的严峻形势，世界各国开始关注和投身于环境治理和生态保护中，《联合国气候变化框架公约》《京都议定书》《巴黎协定》等一系列文件的签署，正在引领世界走向可持续发展之路，也使得开展绿色投资成为各国普遍共识。

迫于全球能源危机、国际环保舆论和国内环境污染的巨大压力，如何通过绿色投资进行污染治理已成为党和政府关注的一个重要议题。改革开放 40 年来，中国经济取得了举世瞩目的成就（Cui et al.，2018）。1978～2017 年，中国经济总量在世界 GDP 中所占的份额从 4.9% 上升到 18.2%；在 2011 年，中国已经成为世界上工业门类最齐全的国家，工业规模与工业产值占世界工业产值的比重均达到世界第一（管汉晖等，2020），成为名副其实的"世界工厂"。从产业结构变迁来看，中国工业产值占总 GDP 的比重在 1977 年超过农业成为第一大产业，并且在 2003 年以 60.11% 的占比达到最高；与此同时，中国加入 WTO 进一步加速了工业结构的变化，在 2006～2011 年，中国重工业产值的比重一度在 70% 以上（管汉晖等，2020）。然而，由于低成本制造和不太严格的环境法规，中国经济发展导致了严重的环境污染（Duanmu et al.，2018）。根据英国风险评估公司 Maplecroft 公布的温室气体排放量数据显示，在 1990～2017 年，中国二氧化碳排放量翻了四番；2007 年，中国二氧化碳排放量就已经增长了 3 倍，该年排放量为 60 亿吨，占全球二氧化碳排放总量的比重为 21%，成为世界上二氧化碳排放第一大国。根据国际能源署发布的《2023 年全球碳排放报告》数据，中国二氧化碳排放量达到 126 亿吨，约占全球二氧化碳排放量的 34%。仅从碳排放数据可见，加强中国的环境治理刻不容缓。与之对应地，经济发展的环境成本居高不下：在 1998～2010 年，中国环境污染成本占实际 GDP 的 8%～10%（杨继生等，2013）；即便中国一贯高度重视环境问题并且采取了一系列强有力的政策措施，《中国经济生态生产总值核算发展报告 2018》数据显示，生态环境成本在 2015 年占 GDP 的比重仍有 3.6%，《2017 年中国生态环境状况公报》数据显示，环境污染带给中国的经济损失占 GDP 的 8%～15%。

在全球经济发展和环境污染之间矛盾日益加剧的形势背景下，中国绿色发展经历了一个由表及里、由浅入深、由自然自发到自觉自为的萌芽、起步和加速推进的政策演进阶段（王海芹和高世楫，2016）。自 1983 年 12 月第二次全国环境保护会议宣布"保护环境是中国必须长期坚持的一项基本国策"以来，环境保护工作被提到了新的高度。特别是党的十八大提出要"着力推进绿色发展、循环发展、低碳发展"，把资源消耗、环境损害、生态效益等纳入国民经济与社会发展评价体系中；党的十八届五中全会提出"创新、协调、绿色、开放、共享"的五大发展理念；习近平总书记明确指出，"我们既要绿水青山，也要金山银山。宁要绿水青山，不要金山银山，而且绿水青山就是金山银山"，"两山理论"科学地诠释了如何协调经济发展与环境保护之间的矛盾，以及建设"美丽中国"的理念。

但是，中国绿色发展在政策体制、技术实力、实践应用等多方面与国际水平都存在较大差距，加之国际竞争环境日渐激烈，使得中国绿色发展理念与行动之间有较大鸿沟（张梅，2013；王海芹和高世楫，2016）。中国城市环境绩效水平普遍不高（俞雅乖和刘玲燕，2016），上市公司绿色治理水平整体偏低，绿色治理进程和实践基础都相对落后（李维安等，2019）。绍尼拉等（Saunila et al.，2018）表示，要解决环境污染问题，关键在于引导企业投资于可再生的绿色环保项目。近年来，中国积极鼓励企业实施节能减排等绿色实践，使得绿色投资已逐渐成为企业的重要管理决策（Wang et al.，2018）。由于绿色投资是一项复杂的管理过程和经济行为，要实现其生态目标和经济效益的"双赢"并非易事。哈特和阿胡贾（Hart and Ahuja，1996）、阿鲁里等（Arouri et al.，2012）认为，节能减排能提高效率并节省资金与减少污染会增加企业成本似乎是一个悖论。其结果是，中国上市公司普遍存在绿色环保投资不足的现象（唐国平等，2013；毕茜和于连超，2016），导致中国绿色发展水平滞后于发达国家，环境污染问题得不到根治，阻碍着高质量发展目标的实现。

在中国新型工业化之路由高速度工业化向高质量工业化转变的关键时期，以及面临"经济增长的资源环境代价过大"和"资源环境约束加剧"的时代背景下，加强绿色投资，是推进绿色发展、循环发展、低碳发展目标的主要举措。国务院印发的《关于加快建立健全绿色低碳循环发展经济体系的指导意见》提出，要全方位、全过程推行绿色投资等一系列绿色实践，鼓励绿色低碳技术研发，加速科技成果转化，促进经济社会发展全面绿色转型。这一文件的指导思想是解决新时代中国生态环境和资源与经济增长之间矛盾的关键策略，是实现碳达峰、碳中和目标的新契机。然而，对于中国企业绿色投资问题的研究仍然缺乏相应的理论框架和经验证据。基于上述现状和背景，本书聚焦于"企业的绿色投资行为"这一主题，主要研究上市公司开展绿色投资的动因、绿色投资对企业绩效表现的影响以及在这些动因驱使下企业参与绿色实践所导致的经济后果背后的影响机理等问题。

1.2 从绿色投资中我们能得到什么

1.2.1 微观视角下绿色投资的关注点

党的十八大提出，要把资源消耗、环境损害、生态效益等纳入国民经济与社会发展评价体系中，使生态文明建设成为"五位一体"总体布局的重要部分；党的十九大进一步指出，要树立和践行"绿水青山就是金山银山"的生态文明发展理念，坚持节约资源和保护环境的基本国策；党的二十大进一步强调，要统筹产业结构调整、污染治理、生态保护等多措并举，推动绿色发展，促进人与自然和谐共生。因此，促使企业增加绿色投资规模、提升绿色技术创新能力，是有效解决环境污染问题、保障国家能源安全、实现绿色转型和可持续发展的重要途径。然而，受制于经济活动的负外部性、生态环境的公共产品属性、企业利润最大化原则、绿色投资的正外部性、国家环境政策体制不完善等诸多因素干扰，中国企业在绿色实践方面还存在较大问题，学术界对企业绿色投资相关问题的研究还不够系统全面。基于此，本书研究的目的在于探索中国企业的绿色投资行为。

第一，探索企业进行绿色投资的驱动因素。要增加企业绿色投资的规模、提升其绿色技术创新水平，首要任务在于识别企业发生这一行为的动因，即企业为什么要开展绿色投资。综合而言，企业的绿色投资行为主要是由"被动"因素和"主动"因素来驱动的。但是，目前文献对绿色投资动因的研究多侧重于环境规制这一被动因素的考量（唐国平等，2013；Fan et al.，2019），较少涉及对主动因素的探讨，甚至将环境规制看作绿色投资动因的整体来分析，未对其动因进行细致的区别探讨。本书尝试将两种动因分开讨论，进而探讨两者如何共同作用于企业绩效。

第二，研究绿色投资对企业绩效表现的影响，为企业将环境战略确立为企业战略的有效组成提供经验证据。虽然绿色投资对于节能减排具有显著的效果，但是企业进行绿色投资需要具备一定的基础。斯图基（Stucki，2018）表示，企业只有在盈利时才会投资于绿色技术。这意味着，环境绩效的改善是以财务绩效的提升为前提的。由于被动因素和主动因素对绿色投资作用的差异，企业在绿色投资方面需要兼顾"成本关注路径"（Hassel et al.，2005；Popp et al.，2010；原毅军和耿殿贺，2010；张济建等，2016）和"价值创造路径"（胡曲应，2012；杨静等，2015；Saunila et al.，2018；Tang et al.，2018），导致绿色投资对经济绩效与环境绩效的影响具有不确定性，两者之间关系的研究结论也缺乏共识（Trumpp and Guenther，2017）。因此，有必要为绿色投资的绩效表现提供新的经验证据，并进一步探索学术界对这一问题得出不同结果的原因。

第三，探索绿色投资的作用机理，构建绿色投资影响企业绩效和创新的微观理论框架。目前，对于绿色投资的研究大致可以分为两类：一是环境政策与绿色投资（包括环境绩效）的相关研究；二是与绿色投资的经济后果相关的研究，主要关注绿色投资的被动因素"环境规制"对技术创新的影响（Porter and Van-der-Linde，1995；Lee，2010；Leiter et al.，2011；蒋伏心等，2013；郭进，2019），但对于绿色投资如何影响企业的技术创新，这一传导路径的研究仍然缺乏证据。实现减排目标和降低减排成本在很大程度上依赖于科技创新（Fischer and Newell，2008；Kemp and Pontoglio，2011），而绿色投资是实现清洁技术创新、获取节能环保技术的关键途径。因此，本书通过探索绿色投资对技术创新的影响、技术创新对绿色投资与企业绩效关系的影响以及绿色投资动因对上述关系的作用，探索绿色投资影响企业绩效的内在作用机理，从而建立较为系统的绿色投资运行的理论框架。

1.2.2　关注绿色投资带给我们的价值

众所周知，企业（特别是工业企业）在经济活动中对化石能源的消耗，会产生大量废气、废水、废渣以及其他废物，成为环境污染的主要来源，而环境污染最终会妨害经济增长和人民生活水平的提高，比如，雾霾污染显著降低了中国经济发展质量（陈诗一和陈登科，2018）。绿色投资主要是为了研发可再生技术、节能技术而发生的投资（Eyraud et al.，2013），绿色技术创新势必在某种程度上会改变企业的生产经营活动及其对环境的影响。因此，研究企业的绿色投资行为，对于解决环境污染、优化产能结构、促进经济向绿色转型和实现可持续发展具有重要的理论和现实意义。

1.2.2.1　理论意义

本书从动因、绩效和机理三个角度探索中国企业的绿色投资行为，并建立三者之间的因果联系，从理论层面探讨绿色投资的相关问题，进一步完善绿色投资理论的研究框架。本书以绿色投资理论为依托，将社会责任理论、波特假说、竞争战略理论、技术创新理论纳入这一理论框架中，按照绿色投资驱动因素→绿色投资绩效表现→绿色投资影响机理的逻辑思路，以求较为系统和深入地展示企业绿色投资行为的整个过程。本书有助于较为全面地反映中国企业进行绿色投资行为的脉络，对了解绿色投资的微观运行机理提供了一定的理论依据。此外，本书拓展和丰富了波特假说和技术创新理论的研究内容。绿色投资的主要目的在于开发节能减排技术，在减轻和防范环境污染的同时提高企业可持续竞争优势。绿色投资是绿色创新产出的重要前提，通过分析绿色投资对企业技术创新的影响，将绿色投资引入创新理论的分析框架中，对技术创新理论具有一定的完善作用，同时拓展了波特假说适用于发展中国家的理论外延。

1.2.2.2 现实意义

第一，本书为企业开展绿色投资提供了经验依据。通过对企业绿色投资经济后果的分析，进一步明晰绿色投资对经济绩效与环境绩效的影响以及两者之间的逻辑关系，从而为鼓励企业增加绿色投资提供实践基础。比如，克里斯特曼（Christmann，2000）在绿色管理行为对化工企业成本优势影响的研究中发现，随着污染防治技术的进步和创新，企业在环境管理活动中的成本优势将更加明显。因此，对于企业绿色投资绩效表现的研究有助于改善和优化企业的投资结构与方向，使环境战略确立为企业战略的重要部分，引导企业向绿色转型。

第二，本书为中国企业向清洁生产和可再生能源消费转型，进而加快产业结构优化和能源消费结构升级，实现绿色发展和循环经济提供实践路径。通过绿色投资可以获得节能减排技术、提高企业的绿色技术创新能力，这有助于企业在生产中降低污染物排放、提高能源利用效率，使企业的技术进步偏向清洁化，从而实现清洁生产和消费。企业转型进一步引发产业结构调整，从而有利于优化能源消费结构和产业结构，加快中国向低碳循环经济和绿色发展迈进的速度。

第三，本书为中国环境政策的制定提供了重要的参考依据。由于经济活动会对环境产生不良的外部性，因而为了克服市场失灵现象，需要政府通过环境规制来减轻环境污染和对企业造成的经济损失（Popp et al.，2010）。这说明，政府对于鼓励企业增加绿色投资具有主导作用。一方面，绿色投资和创新是由经济和制度压力驱动的（Saunila et al.，2018），中国的环境保护与污染治理事业主要由政府主导，政府层面的污染治理投资对于企业的影响更为直接与重要（崔也光等，2019）；另一方面，政府环境治理力度的增强会促使企业更好地履行社会责任，督促其主动进行环境保护行为（章辉美和邓子纲，2011），而企业在受到公共政策的管制后，通常会作出履行社会责任的反应（Walden and Schwartz，1997）。因此，在公共政策中，政府的污染治理行为会对企业生产技术改进、污染治理设备购置、环保投资配置等行为产生影响（Gray and Shadbegian，1998；Farzin and Kort，2002）。通过探索企业的绿色投资行为、绿色投资驱动因素、经济后果和影响机理等问题的实证结论对政府制定有益于企业绩效和社会效益的政策具有重要的参考价值。

1.3　本书的研究内容和框架

本书在对已有绿色投资相关文献综述的基础上，从宏观和微观两个层面分析绿色投资在中国的缘起、现状与发展，为后文实证研究奠定相应的理论与现实基础。基于理论研究和实践应用的现状，首先，探索企业进行绿色投资的动因，进而分析这一投资行为对企业经济绩效和环境绩效产生的影响以及两种经济后果之间的因果联系。其次，基于上述研究结果，探索绿色投资的影响机理，从绿色投资对技术创新的影响出发构建绿色投资运行的理论分析框架。最后，在理论分析和实证结果的基础上，结合本书所立足的时代背景，对解决中国环境污染问题、提高企业可持续竞争优势、实现绿色增长转型和可持续发展提出相应的政策建议。本书主要内容如下。

第一，研究绿色投资的驱动因素。要增加企业的绿色投资规模、改变绿色投资不足的现状，通过绿色投资提高环境质量，首要任务在于明晰企业进行绿色投资的动因，这是解决绿色投资不足问题的基本前提。虽然现有文献已经从"被动"因素和"主动"因素两个方面对这一问题做了讨论，但多数研究集中于理论分析和宏观层面，缺乏实证经验支持，也没有区分两种动因对绿色投资的效果，而且两种动因之间的作用关系并不明确。因此，本部分内容将根据绿色投资的驱动特征，从影响企业绿色投资的被动因素和主动因素出发，基于环境规制和竞争战略两个角度探索企业为什么要进行绿色投资，从而为投资动因提供一个政策工具和竞争战略共同作用于绿色投资的解释。

第二，研究企业进行绿色投资的经济后果。企业开展绿色投资的行为，必然对企业的生产经营结果产生作用，这会影响企业是否继续执行环保实践的决策。一方面，绿色投资在于减轻和消除企业的经济活动对环境的负外部性，企业通过绿色投资能够实现清洁技术创新、获取节能环保技术，有利于提升企业的环境绩效。另一方面，绿色投资作为企业配置资源的一种新型方式，将企业有限的资源投入绿色技术研究和可再生资源开发等方面，这会挤占企业在现有业务上的投入，而且凡是投资活动其收益都具有不确定性，必然会影响企业的经济绩效。正因如此，环境绩效与经济绩效相互关系的研究结论并不统一。因此，有必要为绿色投资对企业绩效的影响提供进一步的实证证据。

第三，构建绿色投资影响企业绩效和创新的微观理论框架。在已有研究中，虽然对企业绿色行为的经济后果关注较多，但是对企业的绿色投资如何运作这一问题的探讨相对较少。而绿色投资的运行情况，其投资效果对企业提升可持续竞争优势关系重大。从现有研究观点可知，技术创新是经济增长的核心要素，也是企业保持竞争优势的关键动力，而节能减排和成本优势的获取需要依赖科技创新，绿色投资作为获得环境技术的重要来源，其投资运行的影响主要集中于技术创新。基于此，本书将系统分析绿色投资对技术创新的影响，在这一研究的基础上，重点关注技术创新在绿色投资与企业绩效之间的作用和关系，探索绿色投资的影响机理、建立绿色投资运行的理论分析框架。

第四，分析绿色投资行为的行业异质性问题。不同行业的企业在投资类型和规模上都存在一定差异，这一特征在绿色投资上表现得更为显著。面对不同的市场环境和政府监管强度，企业的绿色投资行为必然会受行业属性的影响。比如，重污染行业更有可能向自然界排放污染物，对生态环境的破坏程度和引发环境问题的概率也会更大，更有可能遭遇政府相关部门的监管和核查、社会公众的举报和媒体曝光，因而，可能需要更大规模的绿色投资来整治污染问题。类似地，能源行业和制造业也可能存在这种情形，而其他行业对这一问题的重视程度可能并不高。因此，本书区分了绿色投资行为在行业间的差异，进一步比较了企业绿色投资的动因、绩效与机理在重污染行业、能源行业、制造行业以及其他行业的表现和差异。

第五，为解决绿色投资问题提供相应的政策建议。本书研究的目的除了丰富和完善绿色投资理论的研究框架，另一个主要目的在于为中国绿色实践提供经验证据和政策建议。企业的行为除了与市场化水平有重大关系，政府的宏观调控是影响企业行为的一个主要方面。尤其是对于生态环境这样的公共产品而言，政府干预是克服市场失灵的有效举措。因此，规范和优化企业的绿色投资行为，设计科学的环境政策十分重要。市场型政策工具和命令型政策工具的推广与应用，需要结合绿色投资对企业生产经营的实践表现来开展，才能有效发挥环境政策的应有作用，在改善环境污染的同时促进绿色增长转型，这也是本书通过实证分析要达到的预期和关切所在。

根据上述研究内容，本书总共划分为八个章节，具体安排如下。

　　第1章为导论：我们为什么关注绿色投资。主要包括选题背景、研究目的和意义、研究内容、研究方法、拟解决的关键问题等，是了解本书逻辑思路的导航。

　　第2章为概念界定、理论基础和文献综述。主要界定绿色投资的概念、介绍本书的理论思想来源，以绿色投资理论为中心，将社会责任理论、竞争战略、波特假说、技术创新理论纳入这一研究框架中。在上述理论的基础上，通过绿色投资的起源、影响因素、经济后果、与环境规制和技术创新的关系等方面的文献回顾，评价现有研究的成果与存在的可完善之处，提出本书的主要问题和可能的边际贡献。

　　第3章为绿色投资在中国的缘起、现状与发展。与第2章理论分析的内容相互呼应，从实践层面介绍绿色投资的发展历程，其作用在于从现实本身了解中国践行绿色投资的缘起、现状与发展，为后续实证研究提供相应的现实基础，为结尾部分的政策启示提供必要的思想基础和实践依据。

　　第4章为企业绿色投资行为的驱动因素研究。回答本书的第一个问题"企业开展绿色投资的动因是什么"。通过绿色投资驱动因素的文献梳理，将企业开展绿色投资的驱动因素划分为"被动"因素和"主动"因素，分别与环境规制和竞争战略相对应。基于环境规制理论和竞争战略理论，分别探索环境规制和竞争战略对企业绿色投资行为的影响，以及两者共同作用对绿色投资的影响。本章研究的目的在于区别和细化绿色投资的动因，为后续研究企业绿色投资行为的绩效与机理提供经验证据。

　　第5章为企业绿色投资行为的绩效表现研究。回答本书的第二个问题"绿色投资是否抑制了污染投入，改善了企业的环境绩效，同时提高了企业的可持续竞争优势"。为此，本书主要检验绿色投资对环境绩效、经济绩效的作用，以及环境规制、竞争战略等因素对绿色投资与企业绩效之间关系的影响，在此基础上进一步探讨环境绩效与经济绩效的相关性。这一研究的主要任务是为环境绩效与经济绩效之间关系的不一致结论提供新的证据，从而为鼓励企业增加绿色投资提供相应的实践基础。

　　第6章为企业绿色投资行为的影响机理研究。回答本书的第三个问题"企业的绿色投资影响其生产经营的机理是什么"。第6章与第4章、第5章的逻辑关系是，在明晰企业为什么开展绿色投资以及在这样的动因下绿色投资对企业生产经营产生的经济后果，需要进一步探究造成这些影响的内在作用机理。因此，本章主要检验绿色投资对技术创新特别是对绿色技术创新的作用，以及技术创新在绿色投资与企业绩效之间的作用。这一研究有助于打开绿色投资对企业产生经济后果的"黑箱"，在完善绿色投资理论的研究框架的基础上，为企业增加绿色投资规模、实现环境绩效和经济绩效的双重效益提供重要的经验实证。

第 7 章为企业绿色投资行为的行业异质性研究。在第 4 章、第 5 章和第 6 章研究结果的基础上，考虑行业属性对企业绿色投资行为的影响。本章内容区分了绿色投资行为在行业间的差异，进一步分析和比较了企业绿色投资的动因、绩效与机理在重污染行业、能源行业、制造行业以及其他行业的表现和差异。

第 8 章为研究结论与启示。本书以问题导向型的逻辑思路为研究指引，通过回答本书提出的三个重要问题，依次对绿色投资的驱动因素、绿色投资的绩效表现以及绿色投资影响企业绩效的内在作用机理进行较为系统的分析，根据上述问题的研究结论，有针对性地提出扩大企业绿色投资规模、提升企业竞争优势的政策建议，为中国企业向清洁生产和可再生能源消费转型，进而加快产业结构优化和能源消费结构升级，实现绿色低碳循环发展提供可行的实践路径。

1.4 研究方法和技术路线

本书在归集和梳理已有文献的基础上，基于绿色投资理论、社会责任理论、波特假说、竞争战略、技术创新理论等环境经济学和技术经济学相关理论，立足世界能源危机、全球气候变暖、国内污染加剧的时代背景，通过理论分析和实证方法研究企业进行绿色投资的驱动因素、绩效表现与影响机理，为中国经济实现可持续发展和绿色增长提供新的理论和实践依据。本书主要采取以下三类方法探讨要解决的关键问题。

第一，文献查阅归集。本书从绿色投资、社会责任、波特假说、竞争战略、技术创新等相关理论出发，通过对国内外文献的梳理、归类和综合比较，保证本书的学科前沿性和实效性。通过对国内外环境经济学、技术经济学、绿色发展与能源消费等相关电子与纸质经典文献的收集整理、比较归类、文献述评，吸收学科领域优秀成果，为本书研究奠定扎实可靠的理论基础和研究思路。

第二，定性与定量结合分析。本书采用定性和定量相结合的方式，从宏观和微观两个层面揭示绿色投资在中国的缘起、现状与发展，为后文实证检验提供研究基础。基于理论分析，以中国上市公司为研究样本系统分析企业的绿色投资行为，对绿色投资的驱动因素、绩效表现与影响机理进行定量分析，为检验理论分析结果提供依据。

第三，实证分析的综合应用。利用 2008～2017 年中国上市公司面板数据，构建多元线性和非线性回归模型、Probit 回归模型，采用普通最小二乘法（OLS）、最大似然估计法（MLE）对基准计量模型进行参数估计，在此基础上采用固定效应模型、Heckman 两阶段模型克服潜在的内生性问题。通过上述计量方法实证评估企业绿色投资行为的驱动因素、绩效表现、影响机理，为理论分析和政策制定提供有效的实证依据。

本书技术路线如图 1-1 所示。

1.5　拟解决的关键问题和可能的创新点

1.5.1　拟解决的关键问题

（1）企业为什么要进行绿色投资？换言之，企业开展绿色投资的动因是什么？这些因素促使企业开展绿色投资对其生产经营产生了重要影响，因此，接下来的两个问题主要回答绿色投资对企业产生的经济后果以及所产生影响的作用机理。

（2）绿色投资是否抑制或替代了污染投入，改善了企业的环境绩效，同时提高了企业的可持续竞争优势？即绿色投资对企业绩效表现（经济绩效与环境绩效）产生的影响如何？在这样的绩效表现下，企业应该如何使环境战略成为企业战略的有效组成？

（3）企业的绿色投资影响其生产经营的机理是什么？从绿色投资的产出来看，获得环境技术是绿色投资的主要目的。因此，绿色投资是如何影响企业的技术创新（整体创新、绿色创新和非绿色创新）的，技术创新在绿色投资与企业绩效之间又如何发挥作用？

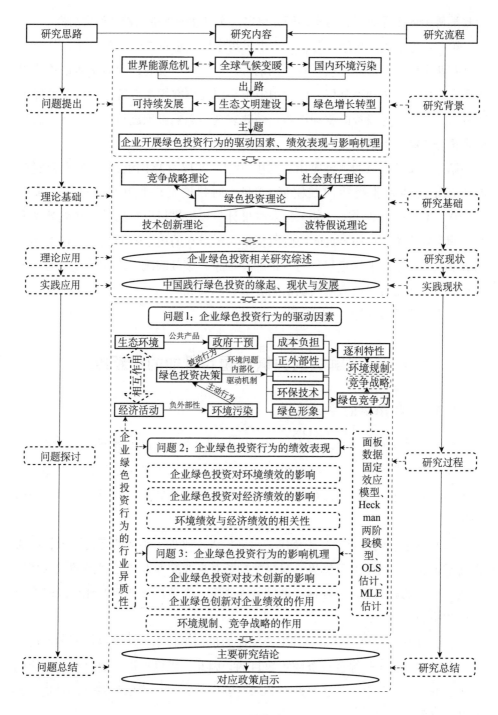

图 1-1 技术路线

上述三个问题之间的逻辑关联是：首先，研究绿色投资的首要任务，在于厘清企业为什么要开展绿色投资？其次，在这样的动因下开展的投资，会对企业生产经营产生什么样的经济后果？最后，进一步探究造成这些影响的内在作用机理，为企业增加绿色投资规模、实现环境绩效和经济绩效的双重效益提供实践依据。

1.5.2　可能的创新点

绿色投资是实现经济转型的重要方式，但受限于其驱动因素的复杂性，绿色投资的实施效果并不理想，对环境治理的作用有限。现有研究中，对绿色投资驱动因素的研究多侧重于环境规制这一被动因素的考量，较少涉及其主动行为的探讨，也未对其动因进行细致的区别探讨。在绿色投资的经济后果方面，由于被动因素和主动因素对绿色投资影响的差异，企业在绿色投资方面需要兼顾"成本关注路径"和"价值创造路径"，导致绿色投资对经济绩效与环境绩效的影响具有不确定性。同时，受限于样本选择、分析方法和实证设计的差异，经济绩效与环境绩效之间关系的研究结论也缺乏共识。此外，已有研究集中于绿色投资的被动因素"环境规制"对技术创新的影响，较少直接检验绿色投资对技术创新的作用。从现有文献的研究成果来看，学术界主要关注环境政策与绿色投资之间的关系以及绿色投资行为的经济后果，而对绿色投资动因、绩效与机理三者关系的系统研究仍然较为缺乏，这也构成了本书要解决的三个主要问题。基于上述问题的分析，本书可能的创新有以下三个方面。

第一，为绿色投资的驱动因素提供微观层面的实证经验。本书根据企业开展绿色投资的动因，从影响企业绿色投资的被动因素与主动因素出发，在广泛认可的环境规制因素之外，主要从竞争战略角度对企业开展绿色投资的动因提供微观层面的实证研究，这有助于将环境污染外部性问题的内部化过程从环境政策视角拓展到公司战略领域，在丰富企业绿色投资的实证经验的基础上，将环境规制和竞争战略机制相结合，为后续开展绿色投资的相关研究提供更广泛的解释因素和研究思路。

第二，为绿色投资对企业绩效的影响提供进一步的实证证据。由于绿色投资的产出具有较高的风险和不确定性，导致绿色创新能够提高企业的竞争优势和开拓市场（"价值创造路径"）与减少收入和增加成本（"成本关注路径"）

两种情况均有可能发生，因而，环境绩效与经济绩效相互关系的研究结论并不统一。因此，本书检验了绿色投资对企业经济绩效与环境绩效的影响，以及经济绩效与环境绩效的相互关系，为绿色投资行为的经济后果提供新的经验证据。

第三，拓展和完善绿色投资对技术创新影响的理论分析框架。囿于已有研究关注绿色投资经济后果而忽略绿色投资运行过程的缺点，本书将建立绿色投资影响企业绩效和创新的理论分析框架，系统分析绿色投资对技术创新的影响，进而从环境规制和竞争战略两个因素探讨这一关系的变化，表明企业的绿色投资行为可以实现绿色创新补偿效应，为波特假说提供了新的经验证据。在此基础上，重点关注技术创新在绿色投资与企业绩效之间的作用和关系，建立绿色投资运行的理论研究框架。

| 第 2 章 |
概念界定、理论基础和文献综述

2.1 绿色投资概念界定

人们只要说到绿色投资，自然会联想到环保问题，即针对环境问题的各项投资，从现有文献来看这是对绿色投资（即环保投资）的狭义界定（逯元堂等，2010；唐国平和李龙会，2013；Eyraud，2013；Chariri et al.，2018）。而从绿色投资的广义内涵来看，一切有利于改善人类生存环境的资本支出都可以称为"绿色投资"（孟耀，2006），这一概念在一定程度上可以和"社会责任投资""道德投资"等术语互换使用。由于对绿色投资理论的研究还处于初始阶段，因而对其概念赋予的理论解释尚不统一，其内涵和范围的界定还不够清晰。根据已有文献对绿色投资的定义和范畴界定，绿色投资的概念大致可以分为以下三类。

第一类是绿色投资的定义。比如，埃罗德等（Eyraud et al.，2013）将绿色投资定义为：在不显著减少非能源产品生产和消费的前提下，减少和控制温室气体等各种污染物排放而进行的投资，如对节能技术和可再生技术的投资、绿色技术的研发；沙尔滕布兰德等（Schaltenbrand et al.，2015）认为，绿色投资是将绿色运营策略转化为管理行动的关键机制；逯元堂等（2010）、唐国平等（2013）则给出了比较笼统的定义，凡是与环境保护和污染治理有关的投资均应纳入绿色投资的范畴中；孟耀（2006）对绿色投资的定义进行了比较全面的总结，他从大陆学者、西方学者和产业界、台湾学者的观点对绿色投资在狭义、广义层面的定义及其相同点与差异、存在的问题等做了比较和完善，他指出，绿色投资是以保护资源与环境为核心，兼顾经济、环境、社会三重效益为基本要求而承担社会责任的投资活动。在这一定义中，以保护资源与环境为核心体现了绿色投资的狭义含义，而兼顾经济、环境、社会三重效益，促进社会经济可持续发展及社会和谐则体现了其广义内涵。

第二类是绿色投资的内容和构成。唐国平和李龙会（2013）对绿色投资的结构做了较为清晰和科学的界定。他们通过梳理已有研究关于环保投资结构的内容界定发现，部分学者和部门界定的环保投资结构体现出概括性、多重性和模糊性的特征，在具体内容上没有区分投资主体、投资目的的差异和共性，而政府环保投资与企业环保投资的结构、内涵与特征必然因为投资主体、投资目的的不同而不同。比如，在固定资产投资、无形资产投资、管理费用与支出等方面的处理上，政府与企业之间既有共性又有区别。企业是经济的主体，是能源的主要使用者，也是环境污染的主要生产者（Huang and Lei, 2021），因此，唐国平和李龙会（2013）主要界定了微观企业层面的环保投资结构，根据企业在社会责任报告中披露的环境治理与环保投资信息，将企业环保投资结构分成了七类：环保技术的研发与改造支出、环保设施及系统的投入与改造支出、污染治理支出、清洁生产支出、环境税费、生态保护支出和其他[①]。

第三类是绿色投资的核算和测度。由于绿色投资的第一类和第二类概念的界定目前存在不统一、不规范、不完善等诸多缺陷，绿色投资的核算和测度问题一直困扰着学术界和产业界。逯元堂等（2010）表示，由于环保投资的内涵界定不清，与国际接轨存在较大难度，加之统计制度、统计范围、统计指标与统计方法的不完善和不规范，导致所统计的环保投资数据与实际情况不符，直接影响了环境科学决策。比如，环保投资、环保投入、环保支出等相关概念的界定并不清晰，这导致对绿色投资的核算和测度存在较大差异。唐国平等（2013）、胡珺等（2017）、廖和施（Liao and Shi, 2018）、王等（Wang et al., 2018）、何等（He et al., 2019）、张琦等（2019）采用企业在社会责任报告、环境报告书、可持续发展报告等文件或者财务报表附注"在建工程"中披露的环保投资总额来衡量绿色投资。张济建等（2016）则采用内容分析法来衡量企业的绿色投资，在对企业绿色投资根据一定内容分类后，按照无投资、投资较少、投资中等和投资充分进行 0～3 分的赋值评分，来确定企业的绿色投资规

---

① "其他"是指企业间接参与环境保护而发生的支出，比如，参与开发新能源、向环保基金会捐款、投资环境公司等。

模。虽然两种测算方法在一定程度上均能反映企业在绿色实践中所付出的努力程度，但由于绿色投资的内涵和结构在界定上的差异，其精确程度有待进一步提高。

从上述分析可见，现有学者对绿色投资的概念界定具有交叉性、重叠性、针对性和差异性，这既体现了绿色投资本身的丰富含义，也反映了对其进行精确定义存在较大的难度。基于上述学者的思路和研究成果，本书对绿色投资定义如下：绿色投资是指为了减少和应对社会发展过程中因经济活动的负外部性所导致的各种环境问题，相关投资主体（如政府、企业）从所积累的资本或基金中所支付的用于治理和控制各种污染废弃物排放、能源资源枯竭、生态环境恶化和全球气候变暖而发生的支出和费用，其本质是以维护生态环境平衡为核心、促进经济增长与环境保护协调发展的投资活动。因此，绿色投资除了能够获得环境效益和社会效益，也能获得相应的经济效益。虽然环境问题必须由政府出面才能得到妥善解决，但是，作为经济活动的主体和污染的主要制造者，企业已然成了政府环境监管的主要目标。根据《环境保护法》规定的"谁开发谁保护、谁污染谁治理"的环保原则，在绿色投资广泛的主体中，企业应该成为众多主体中的核心主体。因此，本书的绿色投资是基于微观企业这一研究对象的。对于这类投资的确认，《企业会计准则》提出，企业可将环保相关资本支出列入相关资产（如固定资产、在建工程、无形资产）或当期费用（如管理费用、研发费用）的账务处理原则（吉利和苏朦，2016；崔也光等，2019）。基于这一处理原则和上述学者对绿色投资的界定，企业发生的与环境保护有关的各项资本支出均属于本书所界定的绿色投资范围，具体内容和构成包括：购买环保设备、与环保有关的技术改造与研发、工业三废等污染物治理、脱硫脱硝设备的购建与锅炉改造、废物循环利用、清洁可再生项目建设、矿山生态环境恢复治理与绿化、环保罚款与捐款等支出和费用。

2.2 本书的理论基础

本书主要致力于解决三个方面的问题：第一，企业为什么要进行绿色投资？为了实现绿色增长和可持续发展，生产与消费要遵循经济效益、环境效益和社会效益相统一的原则。然而，环境治理必须依赖于政府力量，污染外部性问题的内部化是环境规制的一个关键功能。在环境规制等因素的干扰下，企业行为选择和生产经营必然受到影响。第二，绿色投资的绩效表现如何？在多数企业的绿色实践中，节能减排目标与环境成本负担是一对不可调和的矛盾，这导致绿色投资的效率和效果并不理想。但是，环境恶化最终会损害经济持续增长和由此带来的社会福利，必然迫使企业主动参与环境保护工作，承担社会责任。第三，绿色投资的影响机理如何？在企业进行绿色投资后，其对企业产生的影响将深刻改变企业的发展方向。从各项研究结果来看，绿色投资对企业的技术创新将产生直接而关键的作用，进而改变企业的生产模式和竞争策略。这说明，绿色投资应该成为企业保持可持续竞争优势所必需的创新来源。综合而言，本书主要涉及绿色投资、社会责任、波特假说、竞争战略和技术创新五个方面的理论基础。

2.2.1 绿色投资理论

蒸汽技术革命、电气技术革命和信息技术革命极大地促进了生产力和生产关系的发展，使人类活动对改造自然的程度更加深刻。然而，由此引发的生态环境问题也对人类生存和发展构成了严峻的威胁。对此，1972 年的联合国人类环境研讨会提出了可持续发展理念，其含义是"既能满足当代人的需要，又不对后代人满足其需要的能力构成危害的发展"。这一理念重点强调对人口、生态、社会、经济与资源利用之间关系的协调，从而实现社会可持续发展、生态可持续发展、经济可持续发展的统一。绿色增长、低碳经济、循环经济等概念，也是与这一理念相关的发展路径。而微观企业的绿色投资行为，既是对可持续发展理念的响应与诠释，也是企业开展绿色投资的思想来源和行动指南。与可持续发展理念的系统性相比，绿色投资侧重于环境问题，但又兼顾资源和经济。与传统投资相比，绿色投资能够形成绿色生产力。在生产与消费上，绿色投资要求企业、消费者和其他社会成员秉持节能减排、循环和回收再利用的原则，保证从投入到产出、从消费到再生产各个循环和流程的节能环保。其本质是坚持可持续发展的投资理念，通过具有社会责任感的投资者形成的绿色资本，促进经济、社会与生态之间的协调发展，进而实现经济效益、社会效益与生态效益的统一。因此，绿色投资能够反映环境价值对于 GDP 的重要作用，其重要性在于消除经济增长中的负面影响，把生产投资与防治环境污染统一起来。综上所述，绿色投资理论既是可持续发展理论的关键组成，也是开展本书研究的理论思想来源。

2.2.2　社会责任理论

在西方管理理论中，人性假设通常包括"经济人"和"社会人"，它们从"人"的外在和内在特性去展示企业的本质。企业除了追求经济利益最大化目标，还需要通过维系社会关系来实现自身价值，把员工、客户、政府、社会等利益相关者的利益与企业的经营管理联系起来，才能获得可持续竞争优势。李伟阳和肖红军（2011）认为，企业社会责任是指在特定的制度安排下，企业追求在预期存续期内最大限度地增进社会福利的意愿和行为。这意味着，在考虑自身运营的同时，企业还需要根据社会目标和价值作出决策（Davis，1960，1973）。根据社会责任理论，企业的环境社会责任是其中一个重要方面（Wei et al.，2017）。面对日益严峻的资源约束和生态环境破坏，企业应该将绿色实践纳入其经营管理中，通过增加绿色投资改善经济增长与环境污染等方面的矛盾与冲突。绿色投资理念反映的人与自然和谐的哲学思想，与社会责任理论的哲学基础如出一辙。事实上，改善环境绩效是企业承担社会责任的一种表现，这种差异化战略选择对于提高产品市场竞争优势和企业声誉具有重要意义（Duanmu et al.，2018）。然而，"经济人"属性使得企业往往不愿承担社会责任，需要制度压力、利益相关者压力等外部压力促使企业履行环境责任（姜雨峰和田虹，2014）。

2.2.3　波特假说理论

环境管理的"最佳实践"旨在促使企业保护环境的同时降低成本，成本优势是决定企业绩效的一个重要因素（Christmann，2000）。出于成本优势的考虑，以经济效益导向的企业在日常生产经营中不会主动投资于"组织绿化"事业，向绿色转型需要借助政府的环境规制（杨东宁和周长辉，2004）。这是因为，环境治理作为公共产品在企业追求经济利益的面前并没有多少吸引力，而绿色技术投资通常会为他人创造利益，自己却要承担所有成本，使得企业缺乏投资新技术以创造公共利益的动力，因此，为了克服市场失灵现象，需要政府通过环境规制来减轻环境污染和对企业造成的经济损失（Popp et al.，2010）。波特和范德林德（Porter and Van-der-Linde，1995a）认为，企业产生污染说明其生产管理存在一定的浪费问题，环境规制的本质在于借助政府对企业施加外部压力来克服其组织惰性，改善污染对企业造成的资源低效率利用现象。具体而言，环境规制在导致企业生产成本增加的同时，也为企业优化资源配置效率提供了较为明确的改进方向，有利于促进其技术创新，带来生产率水平的提高，这不仅能够部分或者全部抵消企业改善污染的"遵循成本"、为企业带来盈利，实现"创新补偿"效应，而且可以增强企业在市场上的竞争优势。由此可见，企业值得绿化①。因此，要发挥绿色投资在资源配置中的作用，提高环境质量，就需要政府干预现有的资源配置方式，促使企业从原来污染技术水平较高的化石能源消费转向清洁能源的技术研发（Acemoglu et al.，2016），从而建立节能减排、资源循环再利用的经济增长模式。事实上，"波特假说"对环境规制作用的解释包含了三个层次：较弱的环境规制能够刺激企业创新以此补偿环境成本，其次这一效果的实现基于对环境政策的精心设计和有效执行，再次随着环境规制强度的不断增大，技术创新将提升企业的竞争力（Jaffe and Palmer，1997）。因此，环境规制有助于扩大企业的绿色投资规模，为提高资源生产率和建立竞争优势提供相应的创新源泉。

2.2.4　竞争战略理论

波特（Porter，1980）在其著作《竞争战略》（*Competitive Strategy*）中提出了一个帮助企业判断其行业和发展、加强其市场地位和竞争力的结构框架和分析技术，其中成本领先（cost-leadership）和差异化（cifferentiation）是企业获得竞争优势的主要路径。相应地，企业可以选择成本领先战略（cost-leadership strategy）或者差异化战略（differentiation strategy）保持竞争优势。当企业选择成本领先战略，就要求其最大限度地缩减各项成本费用（如研发支出、广告费、人工费等）以降低整体成本，从而建立在成本上低于竞争对手的市场优势；当企业选择差异化战略，低成本便不再是企业关注的重点，基于消费者需求的多样性，企业可以通过品牌设计、顾客服务、独特技术和性能等多种方式建立其

---

① 根据哈特和阿胡贾（1996）的观点，It does indeed pay to be green；与之对应的问题是，Does it pay to be green.

在产业领域的独特性，使所提供的产品或服务与竞争对手有所区别，从而建立竞争优势。根据竞争优势理论，绿色投资会挤占企业正常的生产资源、增加额外的成本，与成本领先战略的理念背道而驰；但绿色投资对环境绩效的改善作用能够凸显其履行社会责任的积极表现，成为企业追求差异化的一种捷径，符合差异化战略的选择原则。由于企业在绿色投资方面需要兼顾"成本关注路径"（Hassel et al.，2005；Popp et al.，2010；原毅军和耿殿贺，2010；张济建等，2016）和"价值创造路径"（胡曲应，2012；杨静等，2015；Saunila et al.，2018；Tang et al.，2018），是否进行绿色投资除了受制于环境规制，还与企业的竞争战略选择存在很大关系。

2.2.5　技术创新理论

自 1912 年熊彼特（J. A. Schumpeter）发表《经济发展理论》一书以来，该著作中提出的"创新"理论为学者和企业家们所熟知与认同，技术创新也逐渐成为解释经济增长问题的重要因素。自 19 世纪开始，经济学家们发现促进经济增长的动因，除了劳动力和资本，技术创新对经济增长的贡献越来越大（Solow，1956；Romer，1990；Abramovit，1993）。罗森博格（Rosenberg，2006）也表示，技术创新是经济增长的主要力量，创新活动是长期经济增长唯一的也是最重要的组成部分。这是因为，技术创新改变了生产工艺、产品性能以及产品和服务的竞争力，使得企业生产的商品和提供的服务能够以更优质量满足顾客日益旺盛和多样化的需求与效用。这恰好符合熊彼特对创新的定义："新的生产函数的建立"，即"企业家对生产要素的新组合"。然而，技术创新也是一把"双刃剑"，在促进经济增长和提升企业竞争力的同时，污染投入和污染技术也加剧了环境污染问题。因此，绿色技术创新成为技术进步的新方向。通过对污染控制和预防技术、净化技术、循环再生技术等环境技术的研发投资，建立一种与生态环境系统相协调的生产管理系统。既然绿色投资有利于环境技术的研发，那么在一定程度上可能促使清洁技术的进步速度超过污染技术的发展，使能源技术进步偏向资源节约和环境友好，从而使绿色技术成为占据市场主导地位的技术。换言之，绿色投资对清洁技术具有"促进效应"，而对污染投入和污染技术具有"挤出效应"。

2.3 文献综述

2.3.1 企业绿色投资的起源与动机

关于绿色投资的现代根源，可以追溯到 20 世纪 60 年代（Schueth，2003）。在历史早期反对南非种族隔离主义的运动浪潮中，西方社会一些有良知的企业家和投资者抵制在南非的跨国资本投资和贸易往来，并将与军火、赌博和环境有关的交易排除在投资和贸易活动之外，以捍卫有色人种的种族权利。随着全球环境问题日渐凸显，为社会和平进行投资的举动逐渐发展成为绿色投资主义（孟耀，2006）。以"苏利文原则"（Sullivan Principles）和"瓦德兹原则"（Valdez Principles）的签署为代表，反对危害生态环境和妨害人类社会发展的投资行为，在全球达成共识。自英国经济学家皮尔斯（Pearce）于 1989 年首次提出"绿色经济"概念以来，以生态环境保护为核心的绿色投资其内涵变得更加丰富和广泛。凡是有利于人类社会进步与和谐、经济可持续发展、生态文明的一切投资活动，都属于绿色投资的范畴。

尽管绿色投资对于改善人类的生存环境具有十分理想的效果，但是这一行动在实际执行中却总是困难重重。绿色投资是一项蕴含道德伦理精神的经济活动（孟耀，2006），承担环境责任意味着企业要将社会责任感与可持续发展纳入其商业模式，其生产经营活动应该造福于社会而不是损害环境（Fontaine，2013）。但是，环保投资往往体现出一种低回报率的特征（马珩等，2016），这种非生产性的投资具有较强的外部性，难以产生直接的经济效益（Orsato，2006），反而会增加企业的私人成本，导致社会效益远远高于企业的私人收益，企业缺乏主动扩大环保投资规模的主观意愿，排斥节能减排和提高环境效率的清洁生产模式变革（宋马林和王舒鸿，2013）。根本原因是，企业自身的逐利特性（谢智慧等，2018）。如果企业参与绿色实践，就表示他们需要购买环保设备、进行环保技术的研发投资，这会挤占企业正常的生产资料，使原本能够带来更大收益的商业投资被分散，损害企业利润和核心竞争力的提高（Hart and Ahuja，1996；Orsato，2006；Ambec and Lanoie，2008；马珩等，2016；Weche，2018）。这些原因可以解释绿色投资不足的"悖论"，即为什么环境绩效显著的绿色技术不能得到广泛利用的怪象和企业不去投资于环保技术的市场失灵现象（Jaffe and Stavins，1994；Jaffe et al.，2004；Gillingham et al.，2009）。

郁智（2018）对这一问题解释如下：企业是否选择污染治理，取决于在环境治理成本与环境违法成本之间的权衡，环境治理成本即是企业的环保投资，它体现出短期内具有较强正外部性、收益周期长且具有不确定性的特点；环境违法成本则是企业因环境污染问题被相关部门查处的概率、处罚的严厉程度和潜在的诉讼风险等。当环境治理成本高于环境违法成本时，出于成本优势的考虑，企业宁愿承担因污染行为带来的环境违法成本，也不愿从事环保工作，缺乏环境治理的动力。因此，当环境规制处于较低水平时，经济效益的驱动使企业更倾向于缴纳环境罚款而不是环保投资（唐国平等，2013）。由此可见，实践中经济利益往往会战胜道德良知。为了克服市场失灵现象，需要政府通过环境规制来减轻环境污染和对企业造成的经济损失（Popp et al.，2010），向绿色转型需要借助政府的环境规制（杨东宁和周长辉，2004）。企业的环保行为多是政府施加环境管制压力的结果，这是开展绿色投资的主要动因。此外，消费者、投资者等利益相关者向企业施加的外部压力也会驱动绿色投资行为。另外，自然环境问题已经成为企业投资决策、产品开发、生产运营等过程需要考虑的重要因素（杨东宁和周长辉，2004），企业也会积极主动地参与绿色管理，以取得市场地位与先机（González-Benito，2005），赢得良好的声誉和获得环境溢价补偿效应（郁智，2018；Tang et al.，2018）。这要求企业可以同时获得以下三点回报：一是环境行为可以满足经济绩效；二是环境行为可以向外界传递某种信号；三是环境信息可以实现企业的价值（李朝芳，2015）。在此基础上，企业会将环境问题纳入战略决策中，自愿采纳环境协议或标准、遵循环境规制，使他们表现出更好的合法性，从而易于被市场接受（杨东宁和周长辉，2004；李永友和沈坤荣，2008）。因此，企业是否参与环保实践的战略选择对开展绿色投资至关重要。

2.3.2　企业绿色投资与环境规制

习近平总书记指出："建设生态文明必须依靠制度、依靠法制。只有实行最严格的制度、最严密的法治，方可为生态文明建设提供可靠保障"。这既表明了中国共产党实现生态文明的决心和策略，也是对"波特假说"的有力印证。从绿色投资的动因来看，有关企业绿色投资决策的研究主要集中于政府环境规制的影响。就相关文献的研究内容和结论而言，仅有少数文献直接探讨环境规制与绿色投资的关系（李强和田双双，2016；马珩等，2016；张济建等，2016；谢智慧等，2018；Liao and Shi，2018；Huang and Lei，2021），而多数文献的研究则围绕"波特假说"展开（Porter and Van-der-Linde，1995a；王国印和王动，2011；张成等，2011；宋马林和王舒鸿，2013；蒋伏心等，2013；郭进，2019；董直庆和王辉，2019）。此外，还有部分文献通过环境规制与环境绩效或环境质量（张华和魏晓平，2014；王书斌和徐盈之，2015；范庆泉和张同斌，2018；张长江等，2020）、经济增长或经济效益（侯建等，2020）等关系的研究来间接探索环境规制与绿色投资的关系。

由于全球气候恶化，世界各国普遍重视环境治理问题，国际标准化组织（ISO）环境管理委员会制定的 ISO14001/EMAS 环境管理标准、美国的有毒物质排放清单（TRI）、中国环境保护总局颁布的环境认证等制度法规成为规范企业环境行为的重要工具。一旦企业违反环境管理规定，将会受到相应的处罚。为了减少环境违规行为，进行绿色投资无疑是企业的明智之举。在环境规制与绿色投资直接关系的研究方面，部分学者发现，环境规制有利于促进绿色投资，进而能够提高环境质量（张济建等，2016；谢智慧等，2018）；也有研究认为，中国目前的环境规制水平不能促进绿色投资规模的增加，两者之间呈现负相关关系（马珩等，2016）；有些研究则发现，两者之间存在一种非线性的倒"U"型关系（李强和田双双，2016；Huang and Lei，2021）；此外，环境规制在强化外部监督机制（如媒体监督、公众呼吁等）促进绿色投资的路径中发挥了积极作用（王云等，2017；Liao and Shi，2018）。在其他关系的研究方面，环境规制对于环境绩效的作用同样存在倒"U"型的影响轨迹（张华和魏晓平，2014），其中暗含着一个假设，环境绩效的改善需要大量的环保投资，因而这一关系与李强和田双双（2016）、黄和雷（Huang and Lei，2021）等的研究结论存在一定的对应关系和因果逻辑；王书斌和徐盈之（2015）发现，环境规制通过投资者偏好来实现雾霾脱钩效应，并且不同的环境规制类型下对雾霾脱钩的投资者渠道存在差异。整体而言，环境规制对提高环境绩效具有显著的正向影响（张长江等，2020），环境规制政策的组合对于增强企业的污染减排动机和控制污染物累积水平具有积极的效果（范庆泉和张同斌，2018）。

从更深层次的意义来讲，环境规制与绿色投资关系的研究在一定程度上可用波特假说进行解释。如果没有政府环境管制的约束，企业不会主动参与污染治理和开展环保活动（Jaffe and Stavins，1995；李永友和沈坤荣，2008；原毅军和耿殿贺，2010），因而环境规制与绿色投资正相关符合实践经验。在企业践行绿色管理的过程中，技术创新是抵消环境遵循成本、提高资源利用率、实现获利和竞争优势的关键。根据波特假说，虽然环境规制引致的"遵循成本"在短期内挤占了企业的利润空间，但迫于降低规制成本的行动使企业投入的研发资源在长期转化为技术优势，带来了经济效益和竞争力的提升（张成等，2011）。李（Lee，2010）表示，环境法规导致新的、更环保的技术出现和扩散，使拥有先进环境技术的企业在严格的环境政策中获益，取得竞争优势。波普（Popp，2006a）发现，环境规制促使 SO_2 和 NO_x 的减排专利数量大幅增加，从而减少污染气体排放，使企业减少环境违规行为。贝罗内等（Berrone et al.，2013）认为，环境问题更大的监管和规范压力对企业从事环境创新的倾向产生了积极影响。因此，正确认识环境规制的作用和不同环境规制工具的差异，对推动企业的绿色投资、实现可持续发展具有重要意义。

2.3.3　企业绿色投资的影响因素

从前面的分析可以发现，政府的行为在企业是否选择绿色投资的决策中发挥了关键作用。由于生态环境的公共物品性质和绿色投资的正外部性特征，政府必须通过多种类型的环境保护手段约束企业行为，促使企业加强绿色投资，积极参与到环境治理中。因此，环境规制对绿色投资具有显著影响。如果政府环境规制过弱，企业通常不会进行环境投资和污染治理，也会忽视相应社会和环境责任的承担，只有将规制强度设置在合理区间，才能更好地实现绿色增长和可持续发展。

在环境规制的基础上，还有诸多因素在影响企业的绿色投资行为。这些因素大致可以分为外部因素和内部因素。从外部因素来看，一些外部监督机制可以成为环境规制的有效辅助（李培功和沈艺峰，2010），它们利用来自政府的强大环境压力，能够有效弥补政府环境规制的缺陷与不足（Huq and Wheeler，1993）。由于企业的行为与各利益相关者的利益紧密联系，所以通过新闻媒体报道等舆论监督方式能够引起社会公众关注，从而有效反映企业的环境管理状况，向政府部门传递企业在环境治理中的功过等有益信号，为政府部门制定政策方针提供相应依据，从而不断完善环境政策体系，促使企业更好地开展绿色投资活动。王云等（2017）发现，媒体监督对企业的环保投资具有显著的促进作用，而环境规制强度的增加会有效提升这一作用。廖和施（2018）的研究表明，公众呼吁对增加绿色投资具有积极作用，而且公众呼吁促使地方政府实施更严格的环境监管，从而鼓励企业增加绿色投资。

从内部因素来看，查里里等（Chariri et al.，2018）发现，公司规模、外资、行业概况和审计委员会会议频率对绿色投资有显著影响，而ISO14001管理认证对绿色投资没有影响。王等（2018）的研究显示，董事会主席的政治关联对绿色投资有正向影响，而市场化程度、冗余资源数量对政治关联与绿色投资的关系有负向调节作用。其他研究表明，产业结构、人口和地区国内生产总值对绿色投资具有显著的正向影响，而开放性、能源结构、碳市场和外国直接投资对绿色投资具有显著的负向影响（Liao and Shi，2018）。此外，由于融资约束导致创新活动依赖的信贷渠道出现了问题（Hall et al.，2015），使得政府补贴自然成为激励创新的常规手段（康志勇，2013；Howell，2017；Yang et al.，2019）。波普（2006b）认为，合理制定的碳税和研发补贴相结合对气候政策的实施效果最佳，能够实现长期的福利收益。杨等（Yang et al.，2019）发现，政府补贴是支持中小型可再生能源企业发展的主要力量。因此，要通过合理的政府补贴改善企业的资源约束困境，促使企业增加绿色投资。总之，这些影响企业绿色投资行为的因素可以作为政府制定任何有关商业和环境法规的参考，实现经济增长和生态环保的"双赢"目标。

2.3.4　企业绿色投资的经济后果

在绿色治理和可持续发展理念下，企业的竞争优势来源发生了变化，环境绩效也引起了利益相关者的关注。怀特（White，1995）发现，公司的环境条件将影响其负债敞口、声誉和市场价值。因此，与企业的经济绩效相比，环境创新在改善环境绩效方面更为有效（Long et al.，2017）。由于绿色投资主要是对可再生技术和节能技术的投资（Eyraud et al.，2013），这势必在一定程度上改善企业的生产经营活动对环境的影响。然而，上述讨论暗示了一个假设，即企业只有在盈利时才会投资于绿色技术（Schueth，2003；Stucki，2018）。查里里等（2018）的研究表示，绿色投资显著促进了企业财务业绩增长。其他研究也表明，环境绩效与财务绩效之间存在显著的正相关关系（Dixon-Fowler et al.，2013；Clarkson et al.，2011；胡曲应，2012；Chariri et al.，2018；Zhang et al.，2019）。然而，相反的结论也很有趣。斯图基（2018）发现，绿色投资只能提高19%的企业绩效，其余81%的企业在绿色投资之后几乎没有效果，甚至对绩效增长产生负面影响。帕尔默等（Palmer et al.，1995）认为，环境方案必须通过提高环境质量的社会效益来证明其成本的合理性。这意味着，改进减排和生产技术以及抵消监管成本可能会降低公司的运营效率。

哈特和阿胡贾（1996）将这个看似矛盾的问题解释为：减少污染是企业的成本负担，不利于企业的竞争力；但减少排放可以提高效率、节约资金，使企业具有成本优势。一方面，购买环保设备和投资绿色技术研发需要花费大量资金，但给企业带来的收益是不确定的，这使得企业面临更大的环保投资风险（Hart and Ahuja，1996）。而且，绿色技术投资通常会为他人创造利益，但自己必须承担所有成本，这使得企业缺乏投资于新技术以创造公共利益的动机（Popp et al.，2010）。此外，绿色投资还将占用企业正常生产经营所使用的资源，影响企业现有的生产和销售，损害企业的财务业绩。另一方面，绿色投资可以释放企业热衷于对外承担社会责任的信号，为企业带来良好的外部声誉，从而有助于经济绩效的提高（Hart，1995；Tang et al.，2018）。克拉森等（Klassen et al.，1996）表示，环境管理有可能在公司的财务绩效中发挥关键作用。然而，尽管"为绿色付费"与企业绩效的提高相关，但这种战略并非所有企业都能轻易模仿（Hart and Ahuja，1996；Clarkson et al.，2011）。

从以上研究结果可以看出，绿色投资作为企业投资的一种重要形式，对提升企业的竞争优势具有显著影响。尽管企业在环境保护方面的投资是有风险的（Hart and Ahuja，1996），但积极的环境管理战略可以通过工艺创新和产品差异化来提高企业绩效（Porter and Van der Linde，1995a；Hart，1995；Oltra and Saint Jean，2009）。何等（2019）认为，加大环境污染治理支出，调整产业结构，有利于提高绿色经济发展指标。因此，企业可以通过减少商业活动对自然环境的不利影响来获得可持续竞争优势（Clarkson et al.，2011）。具体来说，前期环境绩效的改善可以有效改善后期的财务绩效，而前期环境绩效的下降将显著降低后期的财务绩效。而且，两者之间存在着相互影响的关系，企业早期财务绩效的正向变化将导致后期环境绩效的相对改善，反之亦然（Clarkson et al.，2011）。可能原因有二：一是环境恶化最终会损害持续的经济增长和由此带来的社会福利，最后迫使企业积极参与环境保护工作，因而会形成一种新的市场竞争格局，自动约束企业的生产行为，逐步提高环境质量，使绿色投资成为企业投资不可或缺的一部分；二是率先实施绿色投资的企业可能比其他企业具有更大的市场竞争优势，它们将掌握更多的绿色投资技术和相关信息，使绿色投资成为其可持续发展的重要动力，最终带来财务绩效的改善。换言之，不能将绿色治理当作企业短期利润的来源，因为绿色治理在于提升企业的长期价值。由此可见，绿色投资要符合生态环保、资源节约、经济增长的原则，实现经济效益、环境效益和社会效益的统一（Chariri et al.，2018）。

2.3.5　企业绿色投资与技术创新

在古典经济学理论中，劳动和资本一直被认为是促进经济增长的关键因素。事实上，石油和煤炭等能源资源也是经济增长的重要驱动力之一。遗憾的是，以化石燃料为后盾的增长具有明显的缺陷，它们不可再生并且会产生危害环境的副产品（如二氧化碳）（Zhang et al.，2019）。这些问题伴随着经济全球化进程的加快而集中爆发，空气污染、全球变暖等危及人类生存安全的环境问题不断加剧。于是，可持续发展、绿色增长等理念成为与之对应的解决方案。与此同时，技术创新越来越受到企业家和学者的重视。企业通过绿色投资能够实现清洁技术创新、获取节能环保技术，有利于企业获得经济和环境的双重效益。菲希尔和纽厄尔（Fischer and Newell，2008）、坎普和蓬托格里奥（Kemp and Pontoglio，2011）表示，实现减排目标和降低减排成本在很大程度上依赖于科技创新。但是相比传统创新而言，绿色创新与可持续增长的研究方兴未艾，因而已有文献的成果还存在较大的研究空白。比如，文化问题在这一主题的讨论中基本处于忽略状态，微观层面的研究较为有限（Cancino et al.，2018）。

在前面的讨论中已经提及，污染治理需要政府主导才能取得成效，因而企业的绿色投资需要环境政策的引导与支持。莱特等（Leiter et al.，2011）的研究表明，政府通过提高环境规制的强度，能够更有效地引导企业对环境技术进行投资。李（2010）也有类似的发现，环境法规导致新的、更环保的技术出现和扩散，使拥有先进环境技术的企业在严格的环境政策中获益、取得竞争优势。

这是因为，在面对环境压力时，企业在环境管理与环保新技术方面的投入将成为企业获得竞争优势的宝贵资源（胡曲应，2012）。许士春等（2012）表示，绿色技术创新能力和环境规制的严厉程度是影响企业减排的主要因素，其中环境规制的严厉程度和政府监管力度是导致企业污染谎报问题的主要原因。所以，通过征缴环境税、排污费等形式的环境规制有助于促进企业绿色投资水平和绿色技术创新的提升（许士春等，2012；王锋正和郭晓川，2015；毕茜和于连超，2016）。在开放的经济环境中，当市场经济整体朝着绿色可持续发展，企业为了提高市场适应性，就要摒弃高污染和高能耗的生产策略，开展绿色投资，通过技术创新向市场提供创新环保产品吸引新客户，从而增强可持续竞争优势。

事实上，绿色投资对技术创新以及绿色技术创新的影响还包括一种特殊情况，绿色投资会促进清洁技术发展，抑制企业的污染型投入，从而改变技术进步方向并使之偏向能源节约型、环境友好型技术。如前所述，对于绿色投资和清洁技术的发展，环境规制始终都是需要考虑的重要因素。比如，董直庆等（2015）发现，环境规制存在一定陷阱，清洁技术研发并非与环境规制强度同向变化，只有在清洁技术研发满足激励相容约束时，环境规制对清洁技术研发的激励才有成效。这与景维民和张璐（2014）的观点具有一定的相似性，由于技术进步具有路径依赖性，而中国的能源技术建立在传统化石能源技术基础之上，因而要使中国工业走上绿色技术进步的路径，需要合理的环境规制来改变技术进步方向。因此，要改变行业技术进步偏向于能源消耗、高能耗特征明显的现状（何小钢和张耀辉，2012；何小钢和王自力，2015），需要进一步加强企业的绿色投资，也需要政府制定合宜的环境政策，推动绿色技术创新。

2.3.6　相关文献评述

绿色投资是应对生态环境破坏、能源危机和经济下行等问题而出现的，它是实现可持续发展和绿色增长转型的重要形式与方法。由于宏观问题的解决最终要落实到微观层面的执行上，因此，绿色投资提高环境质量的目标最终需要微观企业这一主体的参与和配合。然而，绿色投资是一项复杂的管理过程和经济活动，由于各国在污染程度、技术创新能力、市场化水平和政府干预程度、企业管理方式等诸多方面存在不同，绿色投资在理论发展和实践经验上都体现出较大的差异和局限，使得这一积极举措的落实和执行效果不尽如人意。从现有文献的研究成果来看，学术界主要关注环境政策与绿色投资之间的关系以及绿色投资行为的经济后果，对于绿色投资动因、绩效与机理的关联性研究仍然较为缺乏，具体体现在以下三个方面，也构成了本书要解决的三个主要问题。

第一，绿色投资的驱动因素。现有文献多以研究环境规制这一被动因素为主（唐国平等，2013；毕茜和于连超，2016；张济建等，2016；Fan et al.，2019），在对微观企业行为的研究上，多侧重于环境规制如何促使企业承担环境责任（范子英和赵仁杰，2019；张琦等，2019）。这导致在一定程度上忽略了主动因素对绿色投资的重要性，缺乏对企业开展绿色投资的动机进行区别和细化探讨。

第二，绿色投资的经济后果。由于被动因素和主动因素对绿色投资影响的差异，企业在绿色投资方面需要兼顾"成本关注路径"（Hassel et al.，2005；Popp et al.，2010；原毅军和耿殿贺，2010）和"价值创造路径"（Saunila et al.，2018；Tang et al.，2018），同时受限于样本选择、分析方法和实证设计的差异，经济绩效与环境绩效之间关系的研究缺乏共识。而且，多数研究主要关注环境规制对企业绩效（如企业成本、生产效率）（Jaffe et al.，1995；王杰和刘斌，2013；Santis et al.，2021）的影响，很少有研究直接关注绿色投资与企业绩效之间的关系。

第三，绿色投资对创新的影响。实现减排目标和降低减排成本在很大程度上依赖于科技创新（Fischer and Newell，2008；Kemp and Pontoglio，2011），绿色投资是实现清洁技术创新、获取节能环保技术的关键途径。然而，现有研究主要关注绿色投资的被动因素"环境规制"对技术创新的影响（Porter and Van-der-Linde，1995a；Lee，2010；Leiter et al.，2011；许士春等，2012；蒋伏心等，2013；郭进，2019；张娟等，2019；李青原和肖泽华，2020），较少直接讨论绿色投资对技术创新的作用。而且，在以往的研究中，对环境规制的创新补偿效应很少区分技术类型（绿色技术和非绿色技术）。

通过绿色投资的起源与动机、绿色投资与环境规制、绿色投资的影响因素和经济后果、绿色投资与技术创新等方面的文献回顾，可以较为全面地把握与企业绿色投资主题相关的研究进展，为本书提供相应的理论基础和研究重心。基于此，本书旨在已有文献的基础上进一步整合方法与思路，为企业绿色投资行为提供新的理论依据和实证经验。

| 第3章 |

绿色投资在中国的缘起、现状与发展

3.1 中国践行绿色投资的缘起

3.1.1 环境治理在中国的缘起

绿色发展理念是为了解决人类发展过程中由于人与自然的不和谐所引起的各种资源环境问题而提出的，其本质是通过降低资源过度消耗、加强环境保护和生态治理，追求经济、社会、生态的全面协调可持续发展（马建堂，2012）。这一理念的由来，很大程度上缘于工业革命对生态环境的破坏。在人类充分意识到生态环境对可持续发展的重要性之前，工业化对经济增长的作用处于主导性地位，工业部门是经济增长的动力来源（赵儒煜等，2015），这直接导致"经济优先"发展思想的泛滥，使人类在忽视环境问题上付出了沉重的代价，包括发达国家在内的诸多国家，无不走了一条"先污染、后治理"的道路。纵观中国的工业化进程，也能找到类似的特征。

新中国成立初期，中国社会百废待兴、百业待举，把中国从落后的农业国转变为先进的工业国、实现国家现代化是党和国家的中心任务。由于工业文明使欧美资本主义国家在社会生产力、经济、科学、城市化等领域取得全球领先地位，世界格局两极化趋势更加明显。为了缩小与发达国家的差距，中国亟须通过工业化提高国际地位和竞争力。改革开放40多年，中国经济增长举世瞩目，快速推进的工业化使中国已发展成为世界第二大经济体。与发达国家一样，中国在工业化进程中对煤炭和石油等化石能源的消费量飞速上升，二氧化碳等多种污染物的排放量急剧增加，使生态环境遭到大规模的破坏和污染。从中国经济增长、工业化历程、产业结构变迁等角度来看，中国环境污染的经济背景具有以下特征。

从 1978～2019 年中国 GDP 增长趋势（见图 3 - 1）来看，在 2000 年以前，中国经济增长呈现出明显的波动和起伏趋势，在 1984 年和 1992 年，经济增长水平分别出现过两次峰值，而在 1981 年和 1990 年经历过两次经济巨幅下滑至低点的情况；随着加入 WTO，中国经济增长迎来新一轮的繁荣景象，GDP 增长率从 2000 年的 8.4% 稳步上升至 2007 年的 14.23%；随着金融危机爆发带来的严重冲击，中国经济增长水平出现明显下滑，虽然在 2010 年出现过回暖势头，但随后又持续下降，中国经济开始由高速转入中高速增长阶段，进入经济发展新常态。在 2012～2019 年，中国经济增长幅度一直在 6%～8% 区间。这些数据变动的背后，是中国工业化和产业结构的调整与转型。

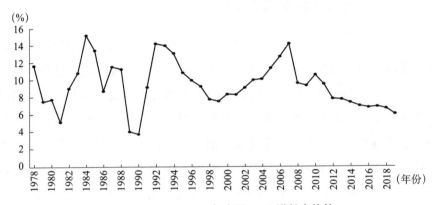

图 3 - 1　1978～2019 年中国 GDP 增长率趋势

资料来源：国家统计局、《中国统计年鉴 2020》。

从中国工业产值占全世界的比重以及与美国、德国、英国的比较（见图 3 - 2）来看，在 19 世纪中期到 20 世纪 90 年代之前的很长时期里，中国工业产值占全世界的比重一直处于美国、德国、英国等传统工业国家之下。自改革开放以来，中国工业产值占全世界的比重持续上升，在 1993 年、1999 年和 2011 年分别超越英国、德国和美国，工业生产总值位居世界第一。2017 年，中国工业产值占全世界的比重已超过 1/5（管汉晖等，2020）。自 19 世纪末以来，中国轻工业、重工业相对比重（见图 3 - 3）的变化来看，在 1887～1956 年，中国重工业的比重不断增大，但轻工业在这一时期占据绝对比重；在 1957～1997 年，中国工业结构中轻工业、重工业所占比重各有增减和相互占优的波动变化，但整体而言，工业结构并不合理；从 1998 年开始，中国重工业产值占比迅速上升，在加入 WTO 后这一比重一度保持在 60% 以上，在 2011 年这一占比上升到 71.8%。目前，中国是一个以重工业为主的制造业大国（管汉晖等，2020），而以重工业为主的发展模式换来的经济高速增长也为环境污染埋下了隐患。

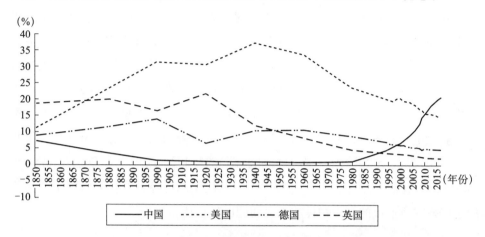

图 3 - 2　1850～2017 年中国、美国、德国、英国工业产值占全世界比重

资料来源：管汉晖，刘冲，辛星．中国的工业化：过去与现在（1887—2017）［J］．经济学报，2020，7（3）：202 - 238.

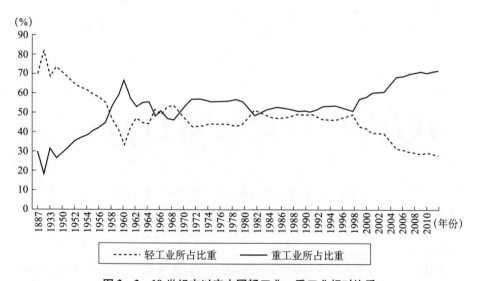

图 3 - 3　19 世纪末以来中国轻工业、重工业相对比重

资料来源：管汉晖，刘冲，辛星．中国的工业化：过去与现在（1887—2017）［J］．经济学报，2020，7（3）：202 - 238.

这一结构性问题可以更清晰地反映在中国产业结构变迁历程中（见图3-4）。从整体发展历程来看，20世纪90年代末到2003年，三大产业中的第二产业、第三产业呈现上升趋势，第一产业呈现持续下降趋势。从结构占比来看，随着在1977年工业产值超过农业产值，中国以农业为主的生产时代结束，经济增长开始迎来工业化阶段。自市场经济体制建立以来，第一产业占比迅速下降，由1978年的28.2%下降到2018年的7.2%，而第二产业在成为中国第一大产业部门以来，对GDP的贡献则持续上升，从1977年的39.21%到1995年已经超过50%，这一占比在2003年更是达到60.11%的历史新高。此后，随着服务业得到快速发展，中国产业结构升级和转型步伐加快，第三产业占比不断上升，第二产业比重开始下滑，并在2012年实现了第三产业对第二产业的超越（管汉晖等，2020）。截至2019年，第二产业、第三产业占GDP比重分别为39%和53.9%。相比服务业，虽然工业产值对GDP的贡献已经下降，但以重工业为主的生产模式所造成的污染物排放过大问题已然形成，形势严峻。

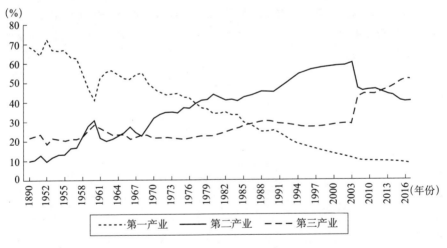

图3-4 19世纪末以来中国产业结构变迁历程

资料来源：管汉晖，刘冲，辛星. 中国的工业化：过去与现在（1887—2017）［J］. 经济学报，2020，7（3）：202-238.

具体而言，改革开放40多年来经济持续的高速增长，其背后是以资源环境的巨大消耗为代价的。"富煤少油贫气"的资源禀赋和煤炭相对廉价的成本优势，使煤炭成为促进中国经济增长的主体能源。中国能源消费结构数据显示，目前中国的能源消费大部分源于传统化石能源，所占比例常年保持在 80% 以上；而煤炭消费在国内能源消费的占比接近 70%，是世界平均水平的 2.4 倍。巨量的煤炭消费给中国带来了异常严峻的环境问题，煤炭燃烧产生的二氧化硫、氮氧化物、烟尘排放分别占中国相应排放量的 86%、56%、74%（林伯强和李江龙，2015），工业化进程使酸雨、水污染、大气污染等一系列生态恶化和环境污染问题集中爆发。

从 2000～2015 年中国工业"三废"排放量的变化情况（见图 3-5）可见，工业"三废"排放量整体呈现增长趋势，这一变化在工业废气、工业固体废物排放上表现得尤为明显，与中国工业化历程中轻工业、重工业相对比重变化和中国工业产值占全世界的比重变化基本保持一致趋势。这说明，随着工业体系逐步建立和工业化水平的逐渐增强，中国经济高速增长的同时污染物的排放量也同步增加，成为危害环境质量的主要来源。尤其是在 2000～2011 年，工业废气、工业固体废物排放量呈现快速上升趋势，但在 2011 年后这一增长势头明显减缓。这一时期的废水排放量增长幅度不大，在 2007 年后开始有所下降，到 2015 年废水排放量接近 2000 年的排放水平。综合而言，随着中国环境法规体系的逐步完善和环保实践工作的全面铺开，对污染物排放量的监管取得显著成效，工业"三废"排放量的增长已经趋缓，但是各项污染物排放基数较大，要实现"零"污染和绿色转型责任重大，形势严峻。比如，随着中国城镇化水平的进一步提高，城市环境问题将成为中国环境治理方面的一个新任务。从 2000～2017 年中国城市环境情况（见图 3-6）来看，城市污水排放量和城市生活垃圾清运量在 2000～2017 年呈现稳步增长趋势，在工业"三废"排放逐步得到控制和减缓的同时，城市环境问题将给现阶段的环境保护工作带来更大的挑战和治理难度。

3.1.2　绿色投资在中国的缘起

世界性的环境污染问题引起了各国政府的高度重视，"绿色新政""绿色经济""绿色发展"等针对环境时弊的概念在全球不断被提出和接纳，应对全球气候变化、投身节能减排和污染防治成为与发展经济同等重要的任务。面对世界竞争的新格局和世界经济发展的新变化以及逆全球化思潮持续发酵，在面临"经济增长的资源环境代价过大"和"资源环境约束加剧"的时代背景下，中

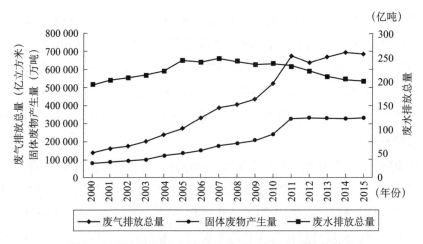

图 3 − 5　2000～2015 年中国工业"三废"排放变化情况

资料来源：国家统计局、生态环境部、《中国环境统计年鉴2018》。

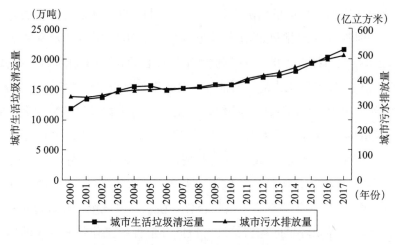

图 3 − 6　2000～2017 年中国城市环境情况

资料来源：国家统计局、生态环境部、《中国环境统计年鉴2018》。

国如何在经济转型和环境保护两个核心方面寻求平衡已成为全民聚焦和共商的头等大事。

　　国际社会为解决环境问题所做出的努力和尝试，在中国得到积极响应的同时也为参与环保实践积累了经验教训。继 1972 年"可持续发展"理念提出之后，1973 年 8 月，国务院召开了第一次全国环境保护会议，强调"综合利用、保护环境、造福于民"的工作思想；1983 年 12 月的第二次全国环境保护会议，更是将"保护环境"定为中国的一项基本国策。这些行动体现了党和国家在环境问题上的高瞻远瞩，更是凸显了中国古人关于人与自然和谐（天人合一）的哲学思想。然而，对于拥有世界上人口最多的中国而言，人口、资源、环境、经济与社会之间矛盾的复杂性和尖锐性更是非比寻常，虽然在环境治理问题上表现出强烈的积极态度和主动性，但环境治理任务依然艰巨、环境质量恶化趋势的遏制面临重重困难。相比欧美国家的工业化历程，中国仅仅用几十年的时间就完成了这一壮举，对资源不加限制的开采和利用、污染物的大量排放所引发的环境问题，绝非一朝一夕就能彻底解决。

为强化环境保护工作，以《环境保护法》为代表的一系列环境法规相继出台，建立了中国开展环境治理的法律法规体系。特别是党的十八大指出，要"着力推进绿色发展、循环发展、低碳发展"，把资源消耗、环境损害、生态效益等纳入国民经济与社会发展评价体系中，使生态文明建设成为"五位一体"总体布局的重要部分。至此，中国共产党对于环境问题的认识和解决措施展现出前所未有的深刻和高度，中国环境治理事业将揭开新的篇章。而要解决环境污染、建设生态文明，离不开在节能减排、污染防治、可再生能源等方面的投资和创新。联合国在2008年12月的联合国气候变化大会提出"绿色新政"理念，呼吁全球领导人向能够创造更多工作机会的环境项目、应对气候变化方面进行投资，促进绿色经济增长和就业，以修复支撑全球经济的自然生态系统。

上述对环境治理的实践探索说明，实现绿色转型需要加强绿色投资。绍尼拉等（2018）表示，解决环境问题的关键所在是要引导企业投资于可再生的绿色环保项目。企业是经济的主体，是能源的主要使用者，也是环境污染的主要生产者（Huang and Lei，2021）。中国的环境污染问题80%以上是因企业排污造成的（沈红波等，2012），因而企业应该承担主要的环境治理责任。而且，企业的这些实践和尝试对其自身发展影响深远。作为环境保护的经济手段，绿色投资对提升企业的生产工艺、倒逼高能耗和高污染行业淘汰、优化产业结构具有促进作用（黄清子等，2016）。聂俊（2001）认为，环保投资在增强企业环保意识、提高环境质量方面具有至关重要的作用。因此，应该鼓励企业扩大绿色投资规模，建立以政府为主导、企业为主体的环境治理模式。

3.2　中国践行绿色投资的现状分析

3.2.1　绿色投资在宏观层面的现状

中国在发展经济的同时一贯重视生态环保事业，在主动参与环境治理工作的同时积极响应国际环保组织的号召，在建立健全环境法规体系、加强污染防治、投资环保项目、促进可再生能源发展和改善人民生存环境等方面坚持不懈，取得了有目共睹的环保成就。

经过多年减排努力，中国控制温室气体排放已经取得显著成效。根据"十三五"生态环境保护工作新闻发布会报道，截至 2018 年，中国单位 GDP 二氧化碳排放比 2005 年下降约 45.8%，相当于减少二氧化碳排放 52.6 亿吨。此外，中国已成为可再生能源投资最多的国家，比如，新能源汽车保有量超过全球半数，可再生能源装机占到全球比例的 30%，增量占比为全球的 44%，能源消费中非化石能源占比达到 14.3%[①]，这些数据表明二氧化碳排放快速增长的形势已经得到初步扭转[②]。何建坤（2020）表示，中国在基于自然的解决方案（NBS）实践上具有领先优势和成功范例，比如，在土地利用和森林碳汇方面，每年碳汇的增加量在 8 亿~10 亿吨二氧化碳，能够为世界上其他国家（特别是发展中国家）在减排战略方面提供借鉴[③]。上述数据说明，中国在低碳转型领域已取得了实质性进展。

从《中国生态环境状况公报 2019》数据可发现，中国在污染治理和提高环境质量上取得了显著成效。比如，在工业"三废"和城市环境治理方面，2018年全国废气治理设施比 2017 年增加了 6.9%，全国废水治理设施比 2017 年增加了 3.7%。截至 2019 年底，全国城市污水处理厂累计污水处理量 532 亿立方米，每日处理能力达 1.77 亿立方米；全国地级及以上城市建成区对黑臭水体的处理消除比例高达 86.7%。在垃圾处理方面，截至 2019 年底，全国城市生活垃圾无

---

① 《中国能源转型现状报告》的数据显示，这一比例在 2019 年上升为 14.9%，并且这一比重贡献了 31% 的电力消费。

② 中国新闻网 . 2019 中国气候投融资国际研讨会 . http://www.chinanews.com/sh/2020/01 - 02/9049012.shtml.

③ 何建坤：《应对气候变化低碳转型与基于自然的解决方案》，CDP 全球环境信息研究中心，2020 年。

害化处理率为 99.2%，日均处理能力达 87.08 万吨；在排查出的非正规垃圾堆放点处理中，整治完成率超过 90%。在能源消费方面，煤炭消费量占能源消费总量的 57.7%，相比 2018 年下降了 1.5 个百分点，而天然气、水电、核电、风电等清洁能源消费量占能源消费总量的 23.4%，比 2018 年上升了 1.3 个百分点，万元国内生产总值能耗比 2018 年下降了 2.6%。在环评审批方面，2019 年全国审批环评报告书（表）项目 22 万个，涉及总投资额约 18.6 万亿元；2018 年全国审批环评报告书（表）项目 22.1 万个，涉及总投资额约 26.8 万亿元；2017 年全国审批环评报告书（表）项目 18.5 万个，涉及总投资额约 28.24 万亿元。

此外，中国在城市环境治理、工业"三废"处理方面也取得了巨大成就。从 2000～2017 年中国城市环境治理情况（见图 3-7）来看，城市污水处理率、城市生活垃圾无害化处理率、建成区绿化覆盖率和人均公园绿地面积在 2000～2017 年呈现稳步增长趋势。在污水和垃圾处理方面，城市污水处理率由 2000 年的 34.4% 上升至 2017 年的 94.5%，处理效率提高了近 3 倍，城市生活垃圾无害化处理率在这一期间也翻了近一番；在绿化方面，建成区绿化覆盖率和人均公园绿地面积均有明显增加，尤其是人均公园绿地面积，由 2000 年的 3.7 平方米/人增加到 2017 年的 14 平方米/人，占有面积扩大了 3 倍以上。这说明，中国城市环境质量处于不断提升阶段。从 2000～2015 年中国工业"三废"处理情况（见图 3-8）来看，工业废气治理设施、工业固体废物综合利用量和工业固体废物综合利用率在 2000～2015 年处于上升状态。具体而言，工业废气治理设施增长速度较快，特别是在 2009 年以后，这一上升趋势明显加快；工业固体废物综合利用量也表现出较快的增长势头，不过在 2011 年之后，这一上升过程趋缓，不及 2000～2011 年水平；工业固体废物综合利用率表现较为平稳，呈现缓慢上升趋势。综合而言，中国的环境治理事业所取得的显著成绩，离不开绿色投资的强有力支撑。

比如，"三同时"环保投资制度在污染治理中发挥了不可替代的作用。这一重要的环境保护法律制度，创新性地将"先污染、后治理"管理模式改变为"防治为主、污染与治理双管齐下"的事前到事后全程监管制度安排，确保工程建设项目的环保部分与主体工程同时设计、同时施工、同时投产使用，从而将对环境造成的污染和破坏降到最低限度。从图 3-9 可见，"三同时"环保投

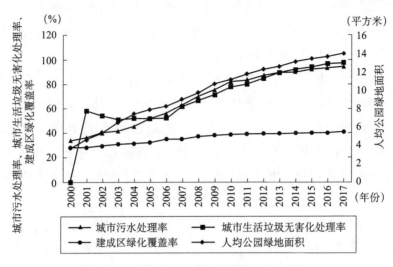

图 3 - 7　2000~2017 年中国城市环境治理情况

资料来源：国家统计局、生态环境部《中国环境统计年鉴 2018》。

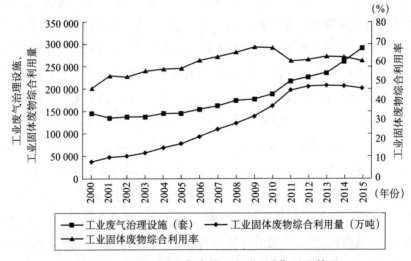

图 3 - 8　2000~2015 年中国工业"三废"处理情况

资料来源：国家统计局、生态环境部《中国环境统计年鉴 2018》。

资呈现逐年稳步增长的发展方向，这一变化趋势对于有效治理工程建设污染、减少工程项目对环境的影响具有深远意义。从 2001~2017 年中国环境污染治理投资情况（见表 3 - 1）来看，中国各项环境污染治理投资在 2001~2017 年均保持逐年上升的趋势，这一良好兆头预示着中国对于环境问题的重视程度在不

断提高，为了解决环境污染所付出的努力，投资也在相应增加，生态文明建设
已经取得"量"的进展。

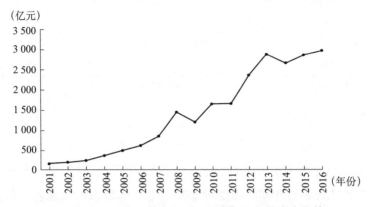

图3-9 2001~2016年中国"三同时"环保投资变化情况

资料来源：国家统计局、生态环境部《中国环境统计年鉴2018》。

表3-1 　　　　　　2001~2017年中国环境污染治理投资情况 　　　　　　单位：亿元

年份	城镇环境基础设施建设投资			工业污染源治理投资				
	排水	园林绿化	市容环境卫生	治理废水	治理废气	治理固体废物	治理噪声	治理其他
2001	244.9	181.4	57.5	72.9	65.8	18.7	0.6	16.5
2002	308.0	261.5	75.4	71.5	69.8	16.1	1.0	29.9
2003	419.8	352.4	110.9	87.4	92.1	16.2	1.0	25.1
2004	404.8	400.5	122.5	105.6	142.8	22.6	1.3	35.7
2005	431.5	456.3	164.8	133.7	213.0	27.4	3.1	81.0
2006	403.6	475.2	217.9	151.1	233.3	18.3	3.0	78.3
2007	517.1	601.6	171.0	196.1	275.3	18.3	1.8	60.7
2008	637.2	823.9	259.2	194.6	265.7	19.7	2.8	59.8
2009	1035.5	1137.6	411.2	149.5	232.5	21.9	1.4	37.4
2010	1172.7	2670.6	423.5	129.6	188.2	14.3	1.4	62.0
2011	971.6	1991.9	556.2	157.7	211.7	31.4	2.2	41.4
2012	934.1	2380.0	398.6	140.3	257.7	24.7	1.2	76.5
2013	1055.0	2234.9	505.7	124.9	640.9	14.0	1.8	68.1
2014	1196.1	2338.5	592.2	115.2	789.4	15.1	1.1	76.9

年份	城镇环境基础设施建设投资			工业污染源治理投资				
	排水	园林绿化	市容环境卫生	治理废水	治理废气	治理固体废物	治理噪声	治理其他
2015	1248.5	2075.4	472.0	118.4	521.8	16.1	2.8	114.5
2016	1485.5	2170.9	561.1	108.2	561.5	46.7	0.6	102.0
2017	1727.5	2390.2	623.0	76.4	446.3	12.7	1.3	144.9

资料来源：国家统计局、生态环境部《中国环境统计年鉴2018》。

从其他相关数据和研究成果来看，中国在低碳绿色转型和引领世界绿色发展上扮演着重要角色，是推动可持续发展的关键力量。ISO统计报告显示，中国企业获得环境管理体系认证的数量截至2018年已经达到136715家，位居世界第一。中国人民银行和相关部委在2020年上半年发布的《绿色债券支持项目目录》（2020年版）征求意见稿中，剔除了对煤炭相关项目的投资支持，这表示中国在推动低碳转型和发展绿色金融方面不断提高标准、走向国际前沿水平[①]。埃罗德等（2013）对过去十年中35个发达国家和新兴国家绿色投资趋势和决定因素的研究发现，绿色投资已成为能源行业的关键驱动力，其快速增长目前主要是由中国推动的。邬娜等（2020）考察了环保投资与资源环境变化综合指数的相关关系和耦合关系，发现中国资源环境变化综合指数在2006～2017年与环保投资水平显著正相关，两者的耦合度呈波动上升趋势，而且环保投资水平与经济增长也存在一定的正相关关系。朱建华等（2014）也发现，环保投资与GDP之间存在长期均衡关系，环保投资每增加1%，就会拉动GDP增长0.13%，表示环保投资对GDP具有显著的拉动效应。这说明在协调经济、环境、资源、社会等关系之间的矛盾上，绿色投资发挥的作用颇有成效并且值得继续扩大绿色投资规模。

然而，环保投资的规模对环境质量的提高程度存在差异，环境污染基本得到控制、环境问题基本得到解决、环境质量明显提高，所需要的环保投资占GNP的比例要分别达到1%、1.5%、2%（龚玉荣和沈颂东，2002）。事实上，中国绿色投资在这一比重的提升方面表现乏力。从中国绿色投资变化情况（见图3-10）来看，在2008～2017年，中国在环境污染治理方面的总投资几乎翻

---

① 资料来源：马骏：《疫情后的绿色金融新趋势》，CDP全球环境信息研究中心，2020年。

了一番，从 2008 年的 49370 亿元到 2017 年的 95390 亿元，表现出持续上升的投资趋势。但是，绿色投资占 GDP 的比重并没有保持与绿色投资一致的发展方向。在 2012 年之前，这一比重呈现"W"型的波动走向；而在 2012 年之后，这一比重持续下降，逼近 1%。在图示的研究时期，绿色投资占 GDP 比重的平均值仅为 1.45%，远远没有达到使环境问题得到基本解决的要求。其他研究也显示，中国的环境投入不足（刘锡良和文书洋，2019），资金投入不足是制约环保产业发展的最关键因素（郭朝先等，2015），加之高污染和高能耗产业比重偏高、环境监管体系不健全，导致中国的环境质量得不到根本性改善（刘锡良和文书洋，2019）。而且，从中国环境污染治理投资的各组成部分（见表 3-1）来看，城镇环境基础设施建设投资明显多于工业污染源治理投资，尤其在治理固体废物和治理噪声方面的投资规模过小。由此可见，中国践行绿色投资最主要的问题在于投资规模不足、投资结构不合理。实现生态文明建设不仅要解决绿色投资不足的问题，还要解决环保融资问题和提高绿色投资效率，从而妥善解决经济增长与环境污染的不相容难题。

图 3-10　2008~2017 年中国绿色投资变化情况

资料来源：国家统计局、生态环境部《中国环境统计年鉴 2018》。

3.2.2　绿色投资在微观层面的现状

从上一节对绿色投资在宏观层面的现状分析可知，中国环境治理成效卓著，但存在的问题不容忽视，还需在绿色投资上下大功夫。从宏观层面分析绿色投资的时间趋势和结构表现，对于探索绿色投资在宏观层面与微观层面的协同和相互转换十分关键。那么，这一宏观现状在微观企业层面又有何表现？唐国平和李龙会（2013）表示，中国多数企业的环保投资规模处于低水平状态，环保投资规模占企业总资产额、总投资额、营业收入的比例均偏低。企业是主要的污染排放者，理应也是污染治理的主要承担者，但是由于企业的逐利特性、生态环境的公共产品属性、绿色投资的正外部性等原因，企业缺乏进行绿色投资的主动性，不愿承担应有的社会责任和环境责任。从中国上市公司社会责任与环境责任评分（见表3-2）来看，无论是综合的企业社会责任评分还是单独考量的企业环境责任评分，两个指标的得分均值都相对偏低。在分数区间对应的等级上，企业社会责任在平均水平上位于 D 等级，说明中国上市公司并没有积极履行社会责任，环保意识还不够自觉。

表 3-2　　　　2008～2017 年中国上市公司社会责任与环境责任评分统计　　　　单位：分

年份	企业社会责任评分			企业环境责任评分		
	均值	最小值	最大值	均值	最小值	最大值
2008	0	0	0	0	0	0
2009	0	0	0	0	0	0
2010	29.17	-8.66	85.77	4.21	0	30
2011	30.94	-6.93	85.55	4.43	0	30
2012	31.50	-6.80	89.17	4.88	0	0
2013	31.02	-6.66	90.87	4.43	0	0
2014	20.68	-9.54	84.43	0.89	0	30
2015	22.10	-13.55	81.51	1.58	0	30
2016	27.07	-6.59	87.02	2.88	0	30
2017	20.81	-10.05	71.33	011	0	23

注：和讯网上市公司社会责任评测体系从股东责任、员工责任、供应商、客户和消费者权益责任、环境责任和社会责任五项考察，各项分别设立二级指标（13 个）和三级指标（37 个）对社会责任进行全面的评价。最终根据赋值权重求得的综合等分将企业社会责任划分为 A～E 五个等级，A～E 等级与分数区间的对应关系为：（100，80]、（80，60]、（60，40]、（40，20]、20 以下。

资料来源：和讯网（http://www.hexun.com/）企业社会责任评分。

基于这一现状，以下将从绿色投资相关占比、绿色投资内部结构及其绿色投资行业分布对中国企业绿色投资情况进行全面概述。从表 3-3 可见，2008～

2017 年中国上市公司绿色投资占其总资产额、总销售额的比重较低，这与唐国平和李龙会（2013）的结论一致，说明企业绿色投资规模整体处于低水平状态。从两个指标的均值来看，绿色投资的相对占比均不超过 1%，而从其最小值分布来看，部分企业没有开展绿色投资活动，只有少数企业的绿色投资在总资产额和总销售额的比例超过了 4% 和 8%。从时间趋势来看，绿色投资占其总资产额、总销售额的比重在均值上并没有表现出增长趋势，反而有下降的迹象。可能原因有：一是企业的总资产额、总销售额逐年增加，企业业绩日趋向好，但绿色投资规模并没有大幅度扩张，基本保持原来的投资规模；二是绿色投资对企业的正常生产经营产生了负面影响，但迫于环境规制压力不能完全停止在绿色项目的投资，因此，企业可能作出了削减绿色投资规模的决策，导致相对占比有所下降。综合而言，中国上市公司绿色投资规模偏小，绿色投资存在很大的增长空间。

表 3 – 3　　　　2008～2017 年中国上市公司绿色投资相关占比统计　　　　单位：%

年份	绿色投资/总资产额			绿色投资/总销售额		
	均值	最小值	最大值	均值	最小值	最大值
2008	0.0029	0	0.0417	0.0049	0	0.0839
2009	0.0023	0	0.0417	0.0043	0	0.0839
2010	0.0020	0	0.0417	0.0034	0	0.0839
2011	0.0022	0	0.0417	0.0036	0	0.0839
2012	0.0017	0	0.0417	0.0029	0	0.0839
2013	0.0017	0	0.0417	0.0029	0	0.0839
2014	0.0018	0	0.0417	0.0035	0	0.0839
2015	0.0015	0	0.0417	0.0032	0	0.0839
2016	0.0017	0	0.0417	0.0035	0	0.0839
2017	0.0019	0	0.0417	0.0035	0	0.0839

资料来源：笔者根据企业年度报告整理。

在对上市公司绿色投资概况整体把握的基础上，有必要进一步了解其内部构成情况。从 2008～2017 年中国上市公司绿色投资内部结构统计（见表 3 – 4）来看，绿色投资总额的均值整体呈现逐年增长的趋势，但最值统计显示绿色投资在各年的分布较不均匀，而且存在较为突出的个体性差异（唐国平和李龙会，2013），表示上市公司在绿色实践方面的投资可能并不稳定，与地方政府在当年落实环境规制的严格程度存在一定的关系；从废水治理投资、废气治理投资、固体废物治理投资、节能节电节水投资、环保项目投资和环保产品投资等结构形式来看，各内部构成的占比存在较大差异，中国上市公司在节能节电节水方面的投资规模较大，并且表现出逐年上升的发展趋势，是绿色投资的主要构成内容，表示中国上市公司环保资金可能主要投向这一领域，其次是环保项目投资、环保产品投资和废水治理投资所占比例较大，但废气治理投资和固体废物治理投资普遍偏低，即便存在整体上升态势，但投资均值明显不足，这一点可以解释图3－5中废水排放量增幅不大，而废气和固体废物排放量增长较快的现象。综合而言，中国上市公司绿色投资结构还不够合理，资金配置和构成内容还须进一步优化，绿色投资整体规模还有待进一步扩大和保持稳步增长。

表3－4　　　　　2008～2017年中国上市公司绿色投资内部结构统计　　　单位：百万元

年份	绿色投资总额			废水治理投资		
	均值	最小值	最大值	均值	最小值	最大值
2008	27.4550	0	2577	1.7221	0	118
2009	26.7038	0	2939	1.5143	0	121
2010	26.3131	0	3811	2.2913	0	689
2011	26.4934	0	3011	1.6822	0	153
2012	31.9832	0	5855	0.9168	0	76
2013	32.3973	0	8059	0.6826	0	73
2014	28.2412	0	7681	1.2774	0	195
2015	20.9205	0	6884	1.5683	0	113
2016	31.2591	0	7921	1.2997	0	104
2017	37.2744	0	4396	1.4630	0	152

年份	废气治理投资			固体废物治理投资		
	均值	最小值	最大值	均值	最小值	最大值
2008	0.4209	0	189	0.0132	0	6
2009	0.0198	0	6	0.0162	0	6
2010	0.0686	0	24	0.0264	0	16
2011	0.3064	0	109	0.1520	0	57
2012	0.1192	0	23	0.1498	0	71
2013	0.1368	0	48	0.1876	0	96

续表

年份	废气治理投资			固体废物治理投资		
	均值	最小值	最大值	均值	最小值	最大值
2014	0.3746	0	169	0.0961	0	20
2015	0.4859	0	174	0.0739	0	28
2016	0.5177	0	247	0.7328	0	197
2017	1.5208	0	239	0.9209	0	329

年份	节能节电节水投资			环保项目投资		
	均值	最小值	最大值	均值	最小值	最大值
2008	6.5542	0	1515	1.6713	0	309
2009	6.4086	0	1648	2.0627	0	367
2010	8.2611	0	1788	2.3173	0	1217
2011	9.4276	0	1701	0.4856	0	126
2012	14.2655	0	3485	0.7253	0	221
2013	11.6572	0	1750	0.3476	0	51
2014	7.2157	0	1442	1.7571	0	503
2015	2.5636	0	895	1.4352	0	451
2016	10.1168	0	1967	1.4259	0	347
2017	20.3993	0	4396	2.9582	0	513

年份	环保产品投资		
	均值	最小值	最大值
2008	1.8108	0	735
2009	0.3605	0	125
2010	0.9314	0	348
2011	2.3151	0	1019
2012	1.7549	0	618
2013	1.6401	0	852
2014	1.9116	0	535
2015	1.9347	0	895
2016	1.7970	0	1062
2017	0	0	0

资料来源：笔者根据企业年度报告整理。

　　除了绿色投资在相关占比和内部结构上表现出的差异与特征，其行业属性也是探索其发展概况的一个重要方面。这是因为，不同行业属性的上市公司在环保事业上的投资规模并不相同。因此，从污染物排放水平来看，能源行业、重污染行业、制造行业与其他行业①可能有所不同。表3-5反映了2008～2017年中国上市公司绿色投资行业分布情况，可以发现：能源行业的绿色投资规模最大，其次是重污染行业和制造行业，其他行业的绿色投资规模较小，但基本呈现逐年递增的发展方向。近年来，面对能源资源约束与经济转型、化石能源的大量消耗与可再生能源市场的逐渐崛起、污染物排放较多的行业对能源消费结构的调整与生产模式的变革等情形，开始刺激企业在提高能源效率、扩大可再生能源应用、节能减排方面的研发投资和技术创新，以更好地协调环境污染与经济增长之间的矛盾。

表3-5　　　　　2008～2017年中国上市公司绿色投资行业分布统计　　　　单位：百万元

年份	能源行业			重污染行业		
	均值	最小值	最大值	均值	最小值	最大值
2008	45.1742	0	2577	29.7547	0	2577
2009	49.1488	0	2939	28.9600	0	3811
2010	63.4221	0	3811	28.9532	0	3811
2011	47.1512	0	3011	29.1720	0	3011
2012	75.2090	0	5855	35.3700	0	5855
2013	124.1297	0	8059	35.7521	0	8059
2014	105.2881	0	7681	31.0088	0	7681
2015	79.5032	0	6884	22.9596	0	6884
2016	154.0434	0	7921	34.6047	0	7921
2017	178.8684	0	4396	41.0561	0	4396
年份	制造行业			其他行业		
	均值	最小值	最大值	均值	最小值	最大值
2008	23.4523	0	1654	3.7117	0	86

---

　　① 能源行业、重污染行业、制造行业、其他行业的具体划分标准和选择依据详见第7章"企业绿色投资行为的行业异质性研究"第7.2节行业属性界定。

年份	制造行业			其他行业		
	均值	最小值	最大值	均值	最小值	最大值
2009	22.4411	0	2270	5.5685	0	130
2010	20.5186	0	1875	2.7532	0	44
2011	23.3808	0	1701	4.0345	0	149
2012	25.5867	0	3727	1.7648	0	110
2013	20.7184	0	1763	16.9402	0	1409
2014	18.4928	0	1442	13.6934	0	1035
2015	12.4903	0	895	5.4158	0	226
2016	15.6846	0	1062	7.4111	0	347
2017	20.7259	0	2077	9.1985	0	334

资料来源：笔者根据企业年度报告整理。

绿色技术是防治环境污染、改善生态环境质量的关键所在。在直接处理污染排放物的同时，绿色投资更主要的作用在于通过投资获取节能减排等绿色技术，通过绿色技术的广泛应用来减少污染物排放、提高资源利用效率、扩大可再生能源消费，最终实现生态文明和可持续发展。因此，通过绿色技术创新能够有效评价绿色投资的产出效率，以及其对环境治理的贡献，是反映环保成效的重要指标。一般在研究中，广泛采用专利数量作为反映技术创新的指标，遵循研究惯例，以专利数量作为技术创新的代理指标[①]。表 3 - 6 通过专利数量的描述性统计，反映了中国上市公司在整体创新、绿色创新和非绿色创新方面的一些特点。

表 3 - 6　　　　　2008 ~ 2017 年中国上市公司专利数量统计　　　　单位：项

年份	专利申请总数			发明专利申请数			实用型专利申请数		
	均值	最小值	最大值	均值	最小值	最大值	均值	最小值	最大值
2008	8	0	859	2	0	364	1	0	69
2009	11	0	694	1	0	92	1	0	161

---

① 选择专利数量作为企业技术创新能力的代理变量，具体选择依据和原因详见第 6 章 "企业绿色投资行为的影响机理研究" 第 6.3.2 节变量选取与测算。

续表

年份	专利申请总数			发明专利申请数			实用型专利申请数		
	均值	最小值	最大值	均值	最小值	最大值	均值	最小值	最大值
2010	14	0	2499	3	0	427	1	0	110
2011	16	0	1220	4	0	222	2	0	84
2012	24	0	1600	6	0	1053	3	0	430
2013	28	0	4442	6	0	907	4	0	507
2014	36	0	4968	6	0	1179	5	0	537
2015	40	0	3769	13	0	1716	10	0	2024
2016	43	0	5612	11	0	2028	8	0	580
2017	44	0	5876	16	0	2151	9	0	585

年份	绿色专利申请总数			绿色发明专利申请数			绿色实用型专利申请数		
	均值	最小值	最大值	均值	最小值	最大值	均值	最小值	最大值
2008	1	0	161	1	0	156	0.2	0	17
2009	1	0	248	1	0	236	0.3	0	30
2010	1	0	449	1	0	449	0.4	0	50
2011	2	0	698	1	0	604	0.5	0	94
2012	2	0	698	1	0	589	0.6	0	109
2013	2	0	611	1	0	525	0.5	0	86
2014	2	0	626	1	0	519	0.7	0	120
2015	2	0	729	1	0	615	1	0	195
2016	2	0	803	2	0	703	1	0	100
2017	2	0	966	2	0	827	1	0	139

年份	绿色专利授权总数			绿色发明专利授权数			绿色实用型专利授权数		
	均值	最小值	最大值	均值	最小值	最大值	均值	最小值	最大值
2008	0.3	0	90	0.2	0	86	0.1	0	18
2009	1	0	136	0.3	0	132	0.2	0	16
2010	1	0	126	0.3	0	105	0.3	0	27
2011	1	0	166	0.3	0	104	0.4	0	65
2012	1	0	316	1	0	223	1	0	93
2013	1	0	458	1	0	339	1	0	119
2014	1	0	582	1	0	487	1	0	95

续表

年份	绿色专利授权总数			绿色发明专利授权数			绿色实用型专利授权数		
	均值	最小值	最大值	均值	最小值	最大值	均值	最小值	最大值
2015	2	0	781	1	0	664	1	0	283
2016	1.5	0	583	1	0	483	1	0	100
2017	1.2	0	472	1	0	369	1	0	103

年份	非绿色专利申请总数			非绿色发明专利申请数			非绿色实用型专利申请数		
	均值	最小值	最大值	均值	最小值	最大值	均值	最小值	最大值
2008	4	0	338	3	0	354	1.4	0	70
2009	3	0	149	1.2	0	92	1.4	0	157
2010	4	0	394	3	0	416	2	0	111
2011	5	0	224	3	0	223	2	0	84
2012	9	0	1055	5	0	1054	4	0	432
2013	10	0	907	6	0	907	4.5	0	508
2014	11	0	1181	6	0	1180	5	0	536
2015	23	0	2737	13	0	1715	10	0	2001
2016	19	0	2026	11	0	2025	8	0	581
2017	25	0	2152	15	0	2151	10	0	586

资料来源：笔者根据 CSMAR 数据库、国家知识产权局专利数据和绿色专利清单整理。

从专利申请总数的均值可知，中国上市公司整体创新能力随着时间的推移逐年提升，符合中国企业的实际情况，也说明研发投资的产出效率在不断提高。从最值的历年变化可见，中国上市公司在创新水平上参差不齐、差异很大。从发明专利和实用型专利的时间变化来看，两种类型的专利在专利总数中的占比并不算高。张等（Zhang et al.，2019）认为，在专利类型中，发明专利所代表的创新能力最高、其次是实用型专利。欧盟委员会《2017 年全球企业研发投资排行榜报告》数据显示，在欧盟、美国、日本和世界其他地区研发份额变化的比较中，中国在 2007～2016 年的研发份额排名较低[①]。这意味着，中国上市公司的创新能力还有待进一步提高。

从绿色专利数量的统计情况来看，不论是专利申请数量还是专利授权数量，

---

① 资料来源：欧盟委员会：《2017 年全球企业研发投资排行榜报告》，2017 年，第 9 页。

中国上市公司绿色专利数量都偏低，即便在时间序列表现出一定的上升走势，但绿色专利在专利总数中的占比处于低水平，表明上市公司的绿色创新能力偏低。而从申请数量到授权数量的变化来看，授权数量小于申请数量，表示部分专利没有通过最终的审核立项，说明部分专利是无效的，预示着绿色投资形成的技术能力没有达到相应的创新性要求，或者专利还无法应用于实践。因此，尽管绿色技术对环境治理的作用相当关键，由于绿色投资的产出效率低下，绿色创新能力无法得到显著提升，对污染治理的作用较为有限。

从非绿色专利申请数量的统计情况来看，在专利申请总数中，非绿色专利的数量明显多于绿色专利，并且呈现逐年增加的趋势，增长速度也快于绿色专利。近年来，中国一直在积极扩大绿色投资规模，加强绿色技术研发，提高对环境质量的改善程度。但是，环境污染现状在一定程度上得到改善的同时，污染反弹和新的污染问题不断出现，给生态文明建设造成极大的阻碍。一个重要的原因是，中国多年来以煤炭等化石能源为主的能源消费结构，导致企业的非绿色技术创新能力明显强于绿色技术能力，绿色技术在应用普及、开发成本、经济效益等方面缺乏明显优势，使得环境问题无法得到根本性的整治。

3.3　绿色投资在中国的发展

据中国环境与发展国际合作委员会计算，中国需要额外的 40.3 万亿 ～ 123.4 万亿元人民币，来资助向绿色经济的过渡。这一数据集中反映了中国绿色投资在规模和资金两个方面掣肘的现状。在"十四五"规划开局的关键时期，绿色投资在中国的发展应该何去何从？

"十四五"规划就绿色发展问题已作出明确指示，要坚持"绿水青山就是金山银山"的发展理念。第一，要发展绿色金融，支持绿色技术创新，推动清洁生产和低碳发展；第二，要全面实行排污许可证，推进排污权、用能权、碳排放权市场化交易；第三，要全面提高资源利用效率，推进资源循环利用。这一发展布局既是建设生态文明的具体方案，也是开展绿色投资的行动指南。首要任务，就是要大力发展绿色金融。马骏（2020）表示，中国在节能环保、清洁能源、绿色交通、绿色建筑等领域存在巨大的绿色投资缺口，这需要绿色金融体系来刺激和调动社会资本进行补充。[1] 由此可见，发展绿色金融是扩大绿色投资规模的资金基础。中国人民银行等七部委发布的《关于构建绿色金融体系的指导意见》（2016 年）、生态环境部等五部门印发的《关于促进应对气候变化投融资的指导意见》、中国人民银行和相关部委发布的《绿色债券支持项目目录》（2021 年版）、国务院印发的《关于加快建立健全绿色低碳循环发展经济体系的指导意见》等一系列文件指出，要充分发挥投融资在应对气候变化、促进绿色低碳发展中的作用，才能保证绿色投资在环境治理中持续发力、促进绿色增长转型。此外，根据"十四五"规划，要强化绿色发展的法律和政策保障。因此，绿色投资在中国未来的发展，要把握两个要点：完善环境法规体系是开展污染防治行动、降低环境违规行为的法治基础；健全中国绿色金融体系是扩大绿色投资规模、向绿色转型的资金基础。

3.4　本章小结

本章内容通过定性和定量相结合的方法分析绿色投资在中国的缘起、现状与发展。首先，从中国环境治理的缘起介绍中国践行绿色发展的事实，引出中国的绿色投资问题。其次，从宏观和微观两个层面概括描述了绿色投资对中国环保和治污发挥的作用、取得的成就和存在的问题。最后，结合现阶段时代背景，对绿色投资在中国的发展方向作了总结。通过三小节的数据分析，初步可以得出以下结论。

第一，工业化是造成中国环境污染的主要原因，而资源环境约束、国际环保实践、中国政府重视环境污染的主动性和积极态度是开展绿色投资的缘起。

第二，中国在环境治理领域的投资正在逐年增加，污染治理取得了显著成效，特别是在碳排放方面成绩卓著[2]。

第三，绿色投资在未来的发展要依靠绿色金融和完善的法律体系作为支撑基础，才能有效解决目前存在的问题，使环境污染问题得到彻底改善。

---

[1]　马骏：《绿色金融政策与实践解读》，CDP 全球环境信息研究中心，2020 年。
[2]　这一成就对于中国力争在 2030 年前实现碳达峰、在 2060 年前实现碳中和战略目标具有重要意义。

第 4 章

企业绿色投资行为的驱动因素研究[①]

4.1 引言

绿色投资是整治环境污染、改善环境质量的重要手段，这一共识已在全球和社会各界得到广泛认同和接纳。对于面临严峻环境问题的中国而言，更需要扩大绿色投资来支持生态文明建设和绿色增长转型。目前，中国环境保护和污染治理工作主要在政府主导下开展，政府层面的污染治理投资（如财政支出、环境税费等）是最重要的环境管理办法（崔也光等，2019）。在党和国家政策和资金的大力支持下，污染治理卓有成效，但改善环境质量的绿色投资还存在巨大缺口。中国环境与发展国际合作委员会计算，中国真正实现绿色转型还需要 40.3 万亿 ~ 123.4 万亿元的额外资金，每年需要 4 万亿元左右投资于节能环保、清洁能源等领域，但政府能够提供的资金支持只有 15%，剩余 85% 的绿色投资则需要社会资本来补充。企业是经济的主体，是能源的主要使用者，也是环境污染的主要生产者（Huang and Lei，2021）。在中国，80% 的环境污染物来自企业，是环境污染的主要来源（沈红波等，2012）。因此，企业应当承担相应的环境治理责任，成为补充这剩余 85% 社会资本的关键力量。这意味着，企业应该积极参与到绿色投资活动中，承担相应的社会环境责任。

在实际中，多数企业在是否开展绿色投资以及投资多少的问题上往往举棋不定。原因主要有以下三点：第一，购买环保设备、投资绿色技术研发需要耗费高额的资金，但带给企业的收益具有不确定性，导致企业的环保投资面临较

[①] 本章内容在笔者已发表论文"企业绿色投资行为的驱动因素研究 [J]. 环境经济研究，2021，6（2）：57 - 79"的基础上扩展而成。

大的风险（Hart and Ahuja，1996；Mohamed et al.，2012）；第二，环境治理作为公共产品在企业追求经济利益的面前没有多少吸引力，而绿色技术投资通常会为他人创造利益，自己却要承担所有成本，使得企业缺乏投资新技术以创造公共利益的动力（Jaffe and Stavins，1995；Popp et al.，2010；宋马林和王舒鸿，2013）；第三，绿色投资会挤占企业的其他商业投资（Weche，2018），导致用于提高企业核心竞争力的资源不足，损害企业的利益和竞争力（Ambec and Lanoie，2008）。结果是，人人都认可绿色投资对改善环境质量的益处，但谁都不愿为想拥有宜居环境的想法付诸行动，出现绿色投资不足、绿色技术应用受限的市场失灵现象（Jaffe and Stavins，1994；Jaffe et al.，2004；Gillingham et al.，2009；唐国平等，2013）。那么，企业开展绿色投资的动机何在？

杨等（2019）认为，企业是否投资于绿色技术取决于投资成本和由此产生的减排效益之间的大小。这与唐国平等（2013）、郁智（2018）的研究观点大致相同，即企业投资于绿色实践的概率是投资成本本身、环境"遵循成本"、环境效益、经济效益等多个方面博弈的结果。从已有文献来看，企业的绿色投资行为有两种动因表现：一种观点认为，绿色投资是企业的"被动"行为，其目的主要是迎合政府环境监管的需要（Jaffe and Stavins，1995；Palmer et al.，1995；Orsato，2006；Lee，2010；Berrone et al.，2013；Liao and Shi，2018；原毅军和耿殿贺，2010；唐国平等，2013），经济活动所造成的环境负外部性只能通过政府采取的环境政策来解决（Popp et al.，2010）。因此，政府可以通过加大环境监管力度，更有效地引导企业投资环境技术（Leiter et al.，2011）。另一种观点则认为，企业的绿色投资也表现为一种"主动"行为，它有助于企业建立良好的社会声誉（毕茜和于连超，2016；杨静等，2015；Tang et al.，2018），能够降低环境保护成本，提高企业的收益和竞争优势（Porter and Van-der-Linde，1995a；Kristrom and Lundgren，2003；Maxwell and Decker，2006；胡曲应，2012），这种情况还体现为公司越重视经济、制度和社会可持续性，就越有可能投资于绿色创新（Martin and Moser，2016；Saunila et al.，2018）。因此，绿色投资是一种"被动"行为和"主动"行为的组合方案。

然而，现有文献多以研究环境规制工具这一被动行为为主。在中国情境下，对于这一因素的研究显得更为突出。相比世界上其他国家，中国政府主导的举措具有更大的影响力（Lin，2010；Schroeder，2014），因而政府立法是推动中国实施可持续发展的主要动力（Zhu et al.，2011），使得部分学者倾向于关注中国的环境规制问题（唐国平等，2013；毕茜和于连超，2016；Fan et al.，2019），在对微观企业行为的研究上，多侧重于环境规制如何促使企业承担环境责任（范子英和赵仁杰，2019；张琦等，2019），较少强调如何通过环境规制提升企业竞争优势，这导致在一定程度上忽略了主动因素对绿色投资的重要性，因而未对企业开展绿色投资的动因进行区别和细化探讨。基于上述分析，本章内容主要探索中国上市公司进行绿色投资的动因，在分别研究绿色投资的被动因素和主动因素的基础上，将两者纳入统一研究框架中，分析两者的共同作用对企业参与绿色实践的影响。与以往研究不同，本章内容对绿色投资动因的分析同时考虑了环境规制和竞争战略两个基本因素，主要从竞争战略角度讨论企业的绿色投资行为，拓展了现有研究对这一问题的局限：一是倾向于关注环境规制的外部力量，忽略了企业的主动性；二是在内部因素的研究上侧重于关注企业特征与治理问题，而非竞争战略选择；三是从竞争战略的论述主要停留在理论和宏观层面，缺乏微观企业的经验证据。本章研究有助于弥补上述三个方面的不足，进一步丰富绿色投资理论的研究内容。

4.2　文献综述

经济活动会对环境产生不良的外部性，为了克服市场失灵现象，需要政府通过环境规制来减轻环境污染和对企业造成的经济损失（Popp et al.，2010）。阿西莫格鲁（Acemoglu，2002）认为，在市场经济的支配下，企业会将大量的研发资金投资于能够获利的非绿色技术创新上，说明仅仅依靠市场力量去促进绿色技术创新及减轻环境污染还不够，需要政府的力量来解决。从解决途径来看，政府治理污染一般采取两种投资形式：第一种形式是政府通过财政支出直接进行污染治理；第二种形式是将政府层面的环境治理成本进行转移，通过出台相关环境政策和法规来干预污染行为。从治理效果而言，第二种形式能够从根源上解决环境污染问题，因为第一种形式只能减少现有的负外部性，会形成污染治理、再污染再治理的恶性循环。因此，政府立法是中国实施可持续发展的重要推动力（Zhu et al.，2011），通过各类环境规制政策，驱动企业将环境成本内部化，是目前政府优化环保资源配置、治理环境污染的主要手段（崔也光等，2019）。为了满足合法性要求，企业应对政府环境规制压力的最佳方式就是投资于污染治理（李永友和沈坤荣，2008）。由此可见，环境规制是促使企业开展绿色投资的一个关键动因。

但是，企业进行绿色投资的动因不限于环境规制。在竞争性市场中，组织成员之间存在一种普遍性的关系，从而构成了一个社会网络。在这个网络中，竞争对手在行为和策略上的变化会影响其他成员的行动，当其中一个企业因采取绿色创新战略而获得顾客青睐和竞争优势时，会引起竞争对手的关注并且可能去模仿和实施绿色投资行为（Lewis and Harvey，2001；McFarland et al.，2008）。当企业将绿色观点融合于产品设计的过程，就会赋予产品在市场上的差异化特征，使产品具有更高的竞争价值（Galdeano-Gómez et al.，2008），尤其是在产品市场竞争程度较高时，企业的亲社会态度对其绿色创新具有积极作用，能够通过吸引具有社会责任感的消费者来摆脱竞争，提高竞争优势（Aghion et al.，2020）。由此可见，竞争战略是企业进行绿色投资的另一个重要动因。比如，彭海珍（2007）、张海姣和曹芳萍（2013）认为，企业参与环保实践的主要动机是获得竞争优势；麦克斯韦和德克尔（Maxwell and Decker，2006）发现，市场竞争会影响企业的环保投资行为，为了提升竞争优势，绿色投资者会将监管审查的注意力转移到竞争对手；张钢和张小军（2011）表示，获得竞争优势是企业是否实施环境战略的重要决定因素，战略选择对于揭示企业绿色创新行为的真实动因十分有益。

具体而言，企业进行绿色投资的动因主要包括以下方面：麦克斯韦和德克尔（2006）认为，企业参与环保投资活动的动机包括节约生产成本、应对环境监管、建立企业形象；彭海珍（2007）提出"三重许可证"理念来解释企业绿色行为的动机，即政府管制形成的管制许可证、利润动机形成的经济许可证、社会反响形成的社会许可证是企业采取绿色行为的动因；刘等（Liu et al.，2010）表示，监管机构的强制性压力、行业协会和公众的规范性压力、同行竞争对手的模仿性压力是企业采取环保实践的驱动因素。相对而言，华锦阳（2011）较为全面地总结了企业参与绿色实践的动力源，包括应对政府监管、获取经济利益和竞争优势、维持企业声誉、企业公民责任与自发环保意识，而追求经济利益和竞争优势是企业开展低碳技术创新最重要的动力源。从上述研究结论来看，企业开展绿色投资行为的动因大致可以分为两类，一类是来自外部的应对政府环境管制的被动因素,另一类是来自内部的提升竞争优势的主动因素,这与引言中提及的绿色投资是一种"被动"行为和"主动"行为的组合方案正好吻合。

综上所述,本书认为,环境规制和竞争战略是企业开展绿色投资最基本的两个动因,这一组因素的共同作用引发了企业的绿色投资行为。在进行环境污染治理的初期,污染问题的解决主要依靠政府层面的力量,而主要生成污染排放物的企业却在继续向外界排污。企业参与绿色投资的前提是能够带来收益的增加,因而仅仅依靠投资者的良知和道德远远不够,需要政府出台政策和法律来解决(孟耀,2006)。针对这一问题,在经济合作与发展组织(OECD)提出"污染者付费"原则的基础上,中国《环境保护法》提出"谁开发谁保护、谁污染谁治理"的环保原则,旨在将环境治理成本转移给污染生成者,政府环境管制成为约束和引导企业参与绿色投资的开端。随着环境规制体系的不断完善,企业的污染行为受到越来越严格的监管,迫使污染型企业不断扩大绿色投资规模,以降低规制成本。同时,为了借助绿色形象提升市场竞争优势、避免被市场淘汰出局,以及获得政府在税收减免、环保补贴、融资优惠等方面的好处,将环境问题纳入企业的战略决策同样受到重视。而且,竞争对手也会在绿色实践方面相互模仿,促使企业对绿色投资的态度开始由被动接受向自愿采纳转变。事实上,在竞争战略选择中,无论企业出于何种目的进行绿色投资,其动机均源于提高市场竞争优势。比如,通过绿色投资获取经济利益(Kristrom and Lundgren,2003)、树立良好的企业形象和社会声誉(毕茜和于连超,2016;杨静等,2015;Tang et al.,2018)、获得税收减免、融资优惠、吸引顾客(Al-Tuwaiji et al.,2004)、抑制工业废物排放和控制环境污染(姜英兵和崔广慧,2019)以及对社会效益表现出的重视(Martin and Moser,2016;Saunila et al.,2018),均会形成企业的竞争力,最终提升竞争优势。因此,环境规制和竞争战略是企业开展绿色投资的基本动因。

4.3 理论分析与研究假设

4.3.1 环境规制与企业的绿色投资行为

习近平总书记指出:"建设生态文明必须依靠制度、依靠法制。只有实行最严格的制度、最严密的法治，方可为生态文明建设提供可靠保障"①。这一指示表明了中国政府建设生态文明的决心和策略，在一定程度上也包含了环境规制影响微观企业行为的可能。政府环境规制政策与制度是影响企业生产经营与环保投资决策的主要外部因素，能够增强企业的环境保护意识、提高企业的环境治理水平（唐国平和李龙会，2013）。陈诗一和陈登科（2018）认为，经济增长与雾霾污染的恶性循环唯有通过执行合理有效的政府环境治理政策来解决。范子英和赵仁杰（2019）通过检验中国环保法庭的污染治理效应，发现法治强化能够促进环境污染治理。这说明，环境规制能够促进企业对环保事业进行投资，为了降低企业发生环境违规行为的可能，增加绿色投资无疑是企业的明智选择。因此，政府通过提高环境规制的强度，能够更有效地引导企业对环境技术进行投资（Leiter et al.，2011）。也就是说，要克服企业忽视相应社会和环境责任承担、放弃环境投资和污染治理的弊端，必须通过提高环境规制强度来促进企业的环保投资（唐国平等，2013；毕茜和于连超，2016）和绿色技术创新（许士春等，2012；蒋伏心等，2013；王锋正和郭晓川，2015；张娟等，2019）。

其他研究也显示，严格的环境法规能够促使私人在环境领域进行投资（Del Río et al.，2011；Taschini et al.，2014；Huang and Lei，2021）。特尔肯等（Turken et al.，2020）的研究发现，如果可变排放税、许可价格或排放惩罚非零，企业应继续保持在绿色减排技术上的投资。李玲和陶锋（2012）认为，环境规制强度与企业的污染治理成本存在均衡关系，较高的环境规制能够提高企业的环保投入，而较弱的环境规制非但不能激发企业创新，还会因为绿色投资对企业生产资源的占用损害其经济绩效和竞争优势。由此可见，环境规制是企业持续开展绿色投资的重要保障。吉利和苏朦（2016）表示，企业面临的政府监管压力越大，使环境成本内部化的可能性就越大、程度就越高，合规性目的是企业将环境成本内部化的主要动力。这意味着，在环境规制的强制约束力下，企业可以通过增加绿色投资获得绿色技术，来减轻环境治理压力、改善生产经营环境。因此，随着环境规制强度的增大，企业会表现出更加积极的绿色投资行为。基于上述分析，提出本章假设4-1：

假设4-1：环境规制会迫使企业增加绿色投资。

———————————

① 习近平总书记系列重要讲话读本 [M]．北京：学习出版社，人民出版社，2014.

4.3.2 竞争战略与企业的绿色投资行为

与"被动"的绿色投资行为不同，竞争战略选择强调企业在环保实践中的自觉性。在环境规制的作用下，为满足合法性要求首先会增加企业的成本负担；而在竞争战略的作用下，环境治理成本会转化为企业的竞争力，企业具有自愿增加绿色投资的动机。由于市场驱动力在控制和预防污染、改善环境绩效中起着重要作用（Zeng et al.，2011），市场竞争会影响公司的环保投资行为（Maxwell and Decker，2006），因而企业在绿色管理方面表现出的积极主动行为，有助于其抢占先机、取得市场地位（González-Benito，2005）。当管理者因为重视环境和社会效益而进行绿色投资（Martin and Moser，2016；Saunila et al.，2018），他们的行动能够为企业培育绿色核心竞争力，从而促进企业的绿色创新绩效、在市场上建立良好的形象和声誉（Chen，2008）。这是因为，市场压力和竞争会影响企业的环保投资决策（Luken and Rompaey，2008；Chaton and Guilleminet，2013）。随着市场竞争程度的增强，行业内的绿色规范会对落后者造成压力，促使个体履行社会责任，使企业获取竞争优势的主动性上升（Cooper，2015；李强和田双双，2016；王云等，2017）。然而，尽管"为绿色付费"能够提高企业绩效，但不同企业之间在绿色投资方面存在相当大的差异，因为这种战略并不能被所有企业轻易模仿（Hart and Ahuja，1996；Clarkson et al.，2011）。

基于此，对企业参与绿色实践的研究应该区分企业在竞争战略选择上的差异。根据竞争战略理论，企业可以选择成本领先战略或者差异化战略来获取竞争优势，两者之间的主要差别在于企业是否把控制总成本放在首要位置。因此，选择成本领先战略的公司对行业竞争加剧的反应可能与选择差异化战略的公司的反应截然不同，公司可以将改善环境绩效作为一种差异化战略（Duanmu et al.，2018），在环境责任的实践中找到发展机会（Schmidheiny，1992）。弗拉默尔（Flammer，2015）发现，美国上市公司在面对来自外来竞争对手的竞争时，增加了对企业社会责任的参与，以使自己与竞争对手有所区别。坎贝尔（Campbell，2007）认为，竞争加剧会迫使企业在社会或环境绩效上"抄近路"，将承担企业社会责任作为一种差异化手段。国内研究也有类似发现，比如，姜雨峰和田虹（2014）的实证结果显示，企业环境责任和环境伦理能够提升企业的竞争优势；田虹和潘楚林（2015）表示，绿色形象是企业提升竞争优势的无形资产。面对环境规制程度、公众环保意识、市场竞争程度的不断提高，企业需要在竞争战略选择上作出取舍，通过环保投资为企业树立绿色形象，使企业在同行竞争中具有较高的区分度，以区别于其他竞争对手来提升竞争优势。

从上述分析可以发现，企业在绿色投资方面获得竞争优势主要来自差异化战略。端木等（Duanmu et al.，2018）研究发现，激烈的市场竞争对企业的环境绩效整体上产生负面影响，但采用差异化战略的企业其负面影响会减弱，而采用成本领先战略的企业在这一影响上的表现正好相反。由此可见，竞争战略对企业参与环保活动的影响在选择方式上存在差异，差异化战略有利于开展绿色投资行为。巴特林等（Bartling et al.，2015）通过实验比较了瑞士和中国的市场行为，在产品市场中，低成本生产为第三方带来了负外部性，通过较高成本的替代生产可以减轻这种负外部性，而在中国的市场上，产生负外部性的低成本生产明显更为普遍。原因在于，绿色投资会挤占企业正常的生产资源、增加额外的成本，与成本领先战略的理念背道而驰；但绿色投资对环境绩效的改善作用能够凸显其履行社会责任的积极表现，成为企业追求差异化的一种捷径，符合差异化战略的选择原则。因此，面对高昂的环境成本，成本领先战略显然不能改善企业的环境绩效，而以环境绩效作为差异化战略，通过节能减排等绿色投资能够起到改善环境绩效的作用。基于此，提出本章假设 4 - 2：

假设 4 - 2a：采取成本领先战略对企业绿色投资具有抑制作用。

假设 4 - 2b：采取差异化战略对企业绿色投资具有促进作用。

4.3.3　环境规制与竞争战略对企业绿色投资行为的共同作用

合法性理论认为，企业的行为既要符合一定标准，又要能被公众所接受（Suchman，1995），而从战略理论的角度来看，合法性则是企业的一种重要战略资源，满足合法性能够让企业更好地获得外部资源，增强竞争优势（Zimmerman and Zeitz，2002）。一方面，环境规制的"倒逼机制"会促使企业通过创新来抵消环境治理成本，提升竞争力（蒋伏心等，2013）；另一方面，企业自愿地遵循环境规制、进行"组织绿化"活动，易于被市场和公众接受（杨东宁和周长辉，2004），使它们从激烈的市场竞争中获得优势。因此，应该综合看待环境规制对企业的影响，而不能局限于遵循成本所带来的运营负担。当污染治理成本低于因排放污染物而造成的经济惩罚时，企业应该选择采取措施进行污染控制，以符合环境标准的要求，这体现为产品的差异化优势（杨东宁和周长辉，2004）。而且，当企业选择控制污染时，就会在规制约束下改进技术水平、提高资源配置效率，通过"创新补偿"效应来抵消部分甚至全部的污染控制成本，为企业带来收益和竞争力的提升（Porter and Van-der-Linde，1995a）。随着竞争优势的不断增强，企业会更加积极主动地参与绿色投资活动，使环境规制、竞争战略与企业的环保行为形成良性循环。正如张成等（2011）的观点，环境规制和企业竞争力之间具备实现"双赢"的现实可能性。

上述研究表明，环境规制会促使企业形成一种开展绿色投资的市场竞争格局，使企业从被动地接受环境规制的约束转变为主动地承担社会责任，使污染治理工作能够通过竞争战略选择进行配置，从而实现环境成本的内部化。华锦阳（2011）发现，随着企业自发环保意识的增强，应对政府监管的动机明显下降，主动地投资于低碳技术创新逐渐成为企业的战略选择。赵等（Zhao et al.，2015）的研究指出，环境规制在促进企业战略向绿色发展的行为转变中起着重要作用，这一转变能够提高企业竞争力。由此可见，企业采取绿色投资行为的动因存在由环境规制向竞争战略过渡的可能性，而且两种因素会对企业履行环境责任产生协同作用。因此，波特和范德林德（1995b）认为，应该以动态的观点认识环境规制对于企业竞争优势的影响。设计合理的环境规制应当激发创新，从而降低企业总成本或者提高其价值。因为创新能够使企业对从原材料到能源再到劳动力的一系列资源投入得到更有效的利用，从而抵消改善环境质量和结束"僵局"[①]的成本，最终资源生产率的提高使公司更具竞争力，而不是降低竞争力。遵循规制约束较好的企业会享受到绿色投资带来的正面效应，激励企业主动增加绿色投资规模、积极承担环境责任，以强化可持续竞争优势。结合本章假设4-1和假设4-2的推理，提出假设4-3：

假设4-3：在环境规制和竞争战略的共同作用下，环境规制和差异化战略对企业的绿色投资具有促进作用，而成本领先战略对企业的绿色投资具有抑制作用。

---

① 僵局是指改善环境质量与增加私人成本成为了一场角力赛（Porter & Van-der-Linde，1995b）。

4.4　研究设计

4.4.1　计量模型构建

本章内容从企业开展绿色投资的动因角度出发，主要研究绿色投资的动因对绿色投资的作用，借鉴唐国平等（2013）、端木等（2018）的建模方法，设定如下模型来检验本章假设：

模型（4-1）检验"被动"因素环境规制对企业绿色投资行为的作用：

$$Greeninvest_{i,t} = \beta_0 + \beta_1 Regulation_{i,t} + \sum_{m=2}^{12} \beta_m ControlVar_{i,t}$$
$$+ \sum Industry + \sum Year + \varepsilon_{i,t} \qquad (4-1)$$

模型（4-2）检验"主动"因素竞争战略对企业绿色投资行为的作用：

$$Greeninvest_{i,t} = \beta_0 + \beta_1 Competition_{i,t} + \sum_{m=2}^{12} \beta_m ControlVar_{i,t}$$
$$+ \sum Industry + \sum Year + \varepsilon_{i,t} \qquad (4-2)$$

模型（4-3）检验环境规制和竞争战略对企业绿色投资行为的共同作用：

$$Greeninvest_{i,t} = \beta_0 + \beta_1 Regulation_{i,t} + \beta_2 Competition_{i,t} + \sum_{m=3}^{13} \beta_m ControlVar_{i,t}$$
$$+ \sum Industry + \sum Year + \varepsilon_{i,t} \qquad (4-3)$$

模型（4-4）检验媒体压力对企业绿色投资行为的作用：

$$Greeninvest_{i,t} = \beta_0 + \beta_1 Media_{i,t} + \sum_{m=2}^{12} \beta_m ControlVar_{i,t}$$
$$+ \sum Industry + \sum Year + \varepsilon_{i,t} \qquad (4-4)$$

模型（4-5）检验媒体压力对环境规制与企业绿色投资行为的调节作用：

$$Greeninvest_{i,t} = \beta_0 + \beta_1 Regulation_{i,t} + \beta_2 Regulation_{i,t} \times Media_{i,t} + \beta_3 Media_{i,t}$$
$$+ \sum_{m=4}^{14} \beta_m ControlVar_{i,t} + \sum Industry + \sum Year + \varepsilon_{i,t}$$
$$(4-5)$$

模型（4-6）检验媒体压力对竞争战略与企业绿色投资行为的调节作用：

$$Greeninvest_{i,t} = \beta_0 + \beta_1 Competition_{i,t} + \beta_2 Competition_{i,t} \times Media_{i,t} + \beta_3 Media_{i,t}$$
$$+ \sum_{m=4}^{14} \beta_m ControlVar_{i,t} + \sum Industry + \sum Year + \varepsilon_{i,t} \qquad (4-6)$$

模型（4-7）检验环保补贴对企业绿色投资行为的作用：

$$Greeninvest_{i,t} = \beta_0 + \beta_1 Subsidy_{i,t} + \sum_{m=2}^{12} \beta_m ControlVar_{i,t}$$
$$+ \sum Industry + \sum Year + \varepsilon_{i,t} \qquad (4-7)$$

模型（4-8）检验环保补贴对环境规制与企业绿色投资行为的调节作用：

$$Greeninvest_{i,t} = \beta_0 + \beta_1 Regulation_{i,t} + \beta_2 Regulation_{i,t} \times Subsidy_{i,t} + \beta_3 Subsidy_{i,t}$$
$$+ \sum_{m=4}^{14} \beta_m ControlVar_{i,t} + \sum Industry + \sum Year + \varepsilon_{i,t} \quad (4-8)$$

模型（4-9）检验环保补贴对竞争战略与企业绿色投资行为的调节作用：

$$Greeninvest_{i,t} = \beta_0 + \beta_1 Competition_{i,t} + \beta_2 Competition_{i,t} \times Subsidy_{i,t} + \beta_3 Subsidy_{i,t}$$
$$+ \sum_{m=4}^{14} \beta_m ControlVar_{i,t} + \sum Industry + \sum Year + \varepsilon_{i,t} \quad (4-9)$$

模型（4-10）检验环境规制对企业长期贷款的影响：

$$Longloan_{i,t} = \beta_0 + \beta_1 Regulation_{i,t} + \sum_{m=2}^{12} \beta_m ControlVar_{i,t}$$
$$+ \sum Industry + \sum Year + \varepsilon_{i,t} \qquad (4-10)$$

模型（4-11）检验长期贷款在环境规制驱动企业绿色投资行为的中介效应：

$$Greeninvest_{i,t} = \beta_0 + \beta_1 Regulation_{i,t} + \beta_2 Longloan_{i,t} + \sum_{m=3}^{13} \beta_m ControlVar_{i,t}$$
$$+ \sum Industry + \sum Year + \varepsilon_{i,t} \qquad (4-11)$$

模型（4-12）检验竞争战略对企业长期贷款的影响：

$$Longloan_{i,t} = \beta_0 + \beta_1 Competition_{i,t} + \sum_{m=2}^{12} \beta_m ControlVar_{i,t}$$
$$+ \sum Industry + \sum Year + \varepsilon_{i,t} \qquad (4-12)$$

模型（4-13）检验长期贷款在竞争战略驱动企业绿色投资行为的中介效应：

$$Greeninvest_{i,t} = \beta_0 + \beta_1 Competition_{i,t} + \beta_2 Longloan_{i,t} + \sum_{m=3}^{13} \beta_m ControlVar_{i,t}$$
$$+ \sum Industry + \sum Year + \varepsilon_{i,t} \qquad (4-13)$$

其中，$Greeninvest$、$Regulation$、$Competition$、$Media$、$Subsidy$、$Longloan$ 分别表示绿色投资、环境规制、竞争战略、媒体压力、环保补贴、长期贷款，$ControlVar$ 代表控制变量，$Year$ 和 $Industry$ 是年份和行业虚拟变量，ε 表示误差项。在模型（4-1）中，β_1 表示"被动"因素环境规制的回归系数，若其为正且显著，说明环境规制会迫使企业增加绿色投资。在模型（4-2）中，β_1 表示"主动"因素竞争战略的回归系数，若企业选择成本领先战略，该系数应显著为负，说明成本领先战略对企业绿色投资行为产生了抑制作用；若企业选择差异化战略，该系数应显著为正，说明差异化战略对企业绿色投资行为具有促进作用。在模型（4-3）中，β_1 表示"被动"因素环境规制的回归系数，β_2 表示"主动"因素竞争战略的回归系数，系数含义与模型（4-1）和模型（4-2）的解释一致。其他模型各变量回归系数的含义类似，不再赘述。β_m 表示各控制变量的回归系数。

4.4.2　变量选取与测算

（1）绿色投资。根据本书对绿色投资的概念界定，企业发生的与环保有关的各种资本支出均纳入企业绿色投资的范畴。借鉴唐国平等（2013）、胡珺等（2017）、廖和施（2018）、王等（2018）、何等（2019）、张琦等（2019）的研究方法，采用企业的环保投资总额衡量绿色投资。为了缩小数量级，以绿色投资的自然对数进行衡量。此外，为了控制企业规模差异的影响，在稳健性检验中对绿色投资用企业年末总资产做平减处理。根据企业社会责任报告等文件以及财务报表附注"在建工程"的内容，本书将以下投资界定为企业绿色投资：购买环保设备、与环保有关的技术改造与研发、工业"三废"等污染物治理、脱硫脱硝设备的购建与锅炉改造、废物循环利用、清洁可再生项目建设、矿山生态环境恢复治理与绿化、环保罚款与捐款等支出和费用。

（2）环境规制。目前，政府采用的各类环境规制政策主要有：出台环境法规、环保行政管制、政府环境污染治理投资、排污权与碳排放权交易、环境税费等（崔也光等，2019；郭进，2019）。从不同规制工具的约束功能、执行方式等角度考察，可以划分为不同的类型，比如，市场型政策工具和命令型政策工具（王班班和齐绍洲，2016），行政监管型工具、经济规制型工具、污染监管型工具（王书斌和徐盈之，2015；王云等，2017）；等等。由于不同规制工具在监管强度上的差异，不同学者在环境规制变量的刻画和测度上各有侧重和取舍。比如，利用污染物排放总量与工业产值的比值表征为污染密集度（Cole and Elliott，2003；徐建中和王曼曼，2018；余东华和胡亚男，2016）；采用环境污染治理投资或费用占工业产值的比重来衡量（张成等，2011；王书斌和徐盈之，2015；Hou et al.，2017；侯建等，2020）；通过各类污染物的排放量或者污染指标构建环境规制综合指数（傅京燕和李丽莎，2010；唐国平等，2013；黄志基等，2015；张长江等，2020）；以环境税费（环境税、排污费）作为环境规制的代理变量（李永友和沈坤荣，2008；张平等，2016；余伟等，2016；毕茜和于连超，2016；于连超等，2019）；等等。由于各种环境规制工具在执行过程中生成和保存的数据在数量、计算口径以及收集难度上的不统一，这一指标在一定程度上难免存在不足。李婉红等（2013）表示，环境规制强度最突出、最直接的作用应该是体现出污染物排放量的减少，因而张文彬等（2010）认为，单位产值的排污量越小表示政府的环境规制强度越高。郭进（2019）指出，税费等市场调控类的环境规制工具更适合中国国情；达维多维奇等（Davidovic et al.，2019）表示，环境税常常被认为是更有效的环境保护的关键；德维和古普塔（Devi and Gupta，2019）的研究发现，征收环境税可以有效控制温室气体的增加水平。此外，自2018年初开始，中国政府开始在全国范围内实施《环境保护税法》，排污收费政策由排污费改为环境税，以应对日益严重的气候变化和空气污染。考虑到数据的可获得性、完善程度以及数据质量等问题，本书选取单位工业产值污染物排放总量的倒数、环境税[①]作为环境规制的代理变量。

（3）竞争战略。市场竞争优势是企业在生产经营中必须考虑的一个关键因素。中国产业政策的取向，应该实施"维护争胜竞争市场过程"的竞争政策，从而通过优胜劣汰来推动产业结构调整（江飞涛和李晓萍，2010），促进经济向绿色转型。市场竞争程度会影响企业的社会责任行为（李四海等，2015），强化环境规制对企业环保投资的作用（李强和田双双，2016）。因此，在竞争性行业中，制定恰当的竞争战略，是帮助企业在激烈的竞争中脱颖而出、获取竞争优势的关键，因而竞争战略选择对提高企业竞争力极为重要。差异化战略和成本领先战略在一般业务层面上通常是不一致的（Hill，1998），本书从成本领先战略和差异化战略两个维度反映企业对竞争战略选择的反应以及其市场竞争力。参照高等（Gao et al.，2010）、端木等（2018）的方法，分别采用以下衡量标准表示企业的成本领先战略和差异化战略：

---

① 借鉴毕茜和于连超（2016）、于连超等（2019）的思路，采用准环境税近似代替环境税，作为环境规制的代理变量，主要包括资源税、环境保护税、城建税、水利建设基金、土地使用税、矿产资源补偿费、车船使用税、河道管理费等。

$$Cost\ Leadership\ Competencies_{i,t} = \frac{(CL)_{i,j,t} - median_{-i,j,t}(CL)}{range\{[(CL)_{i,j,t} - median_{-i,j,t}(CL)] \forall_i \in j, t\}}$$

$$\in [-1, 1] \tag{4-14}$$

$$Differentiation\ Competencies_{i,t} = \frac{(DS)_{i,j,t} - median_{-i,j,t}(DS)}{range\{[(DS)_{i,j,t} - median_{-i,j,t}(DS)] \forall_i \in j, t\}}$$

$$\in [-1, 1] \tag{4-15}$$

其中，i、j、t 分别表示企业、行业、年份。

具体而言，成本领先战略通过以下方法测算：一是生产成本占总销售额的比率（Gao et al.，2010；Duanmu et al.，2018），该值越小表示成本领先性越强；二是销售和管理费用与总销售额的比率（Berman et al.，1999；Nair and Filer，2003），该值越小说明企业运营效率越好。差异化战略通过以下方法测算：一是广告费占总销售额的比率，该值越大表示企业偏离行业的程度越严重，差异性越明显（Duanmu et al.，2018）；二是研发费用除以总销售额（David et al.，2002；Thomas et al.，1991），为了追求差异化战略，一个关键因素是在市场上提供创新产品和服务的能力（Porter，1980，1985），因而研发密度在一定程度上能够体现企业的创新能力，以及与现有市场上产品和服务的差异程度。

（4）媒体压力。因而，媒体监督能够提高企业的合法性（沈洪涛和冯杰，2012；张济建等，2016）。借鉴李培功和沈艺峰（2010）、徐莉萍等（2011）的方法，从《中国重要报纸全文数据库》中通过公司名称及对应的股票代码检索与该公司有关的报道，加总之后得到其全年的媒体报道数量，然后加 1 取自然对数，作为媒体压力的代理变量。此外，媒体对某一事件的选择性报道会影响公众对这一问题的态度，尤其是负面报道带给企业的压力（连燕玲等，2020）。因此，进一步以媒体报道负面倾向反映企业承受的媒体压力。这一指标来自连燕玲等（2020）构建的媒体负面报道数据库，测算方法为消极情感词汇占正负情感词汇之和的比重①。

（5）环保补贴。借鉴豪厄尔（Howell，2017）、杨等（2019）的方法，对企业收到的与环境保护有关的政府补贴加 1 后取自然对数进行衡量。

（6）控制变量。我们参考本书所引用文献中多数学者的做法，控制了企业

---

① 详细测算过程参见：连燕玲，刘依琳，高皓. 代理 CEO 继任与媒体报道倾向——基于中国上市公司的经验分析［J］. 中国工业经济，2020（8）：175－192.

规模、财务杠杆、股权性质、市场化水平①、企业年龄、资产结构、成长能力、独董比例、股权集中度、第一大股东持股比例、两权分离率等变量；此外，在估计模型中加入了年度虚拟变量控制年份、行业虚拟变量控制行业影响因素。各模型包含的变量具体定义如表4-1所示。

表4-1 主要变量定义

变量类型	变量名称	变量符号	变量定义与度量
因变量	绿色投资	$Greeninvest$	GI1：环保投资总额取自然对数 GI2：环保投资总额/年末总资产
自变量	环境规制	$Regulation$	Reg1：1／（污染物排放总量/工业产值） Reg2：准环境税加1后取自然对数
	竞争战略	成本领先战略 CL	CL1：生产成本/总销售额 CL2：（销售费用＋管理费用）/总销售额
		差异化战略 DS	DS1：广告费/总销售额 DS2：研发费用/总销售额
调节变量	媒体压力	$Media$	Media1：全年新闻报道的数量加1后取自然对数 Media2：媒体负面报道倾向
	环保补贴	$Subsidy$	企业获得的政府环保补贴加1后取自然对数
中介变量	长期贷款	$Longloan$	长期借款/总资产额
控制变量	企业规模	$Size$	企业年末总资产的自然对数
	财务杠杆	$Leverage$	总负债/总资产
	股权性质	$SOEs$	虚拟变量，若国有资本控股为1，否则为0
	市场化水平	$Marketindex$	公司注册地所属省份当年的市场化指数
	企业年龄	Age	以公司当年减去成立年份计算
	资产结构	AS	固定资产/总资产额
	成长能力	$Growth$	（本期期末总资产－上期期末总资产）/上期期末总资产
	独董比例	IDR	独立董事人数/董事会人数
	股权集中度	$H5$	前五大股东持股比例的平方和
	第一大股东持股比例	$Top1$	公司年末第一大股东持股数占公司总股数的比例
	两权分离率	$Separation$	实际控制人拥有上市公司控制权与所有权之差

---

① 王小鲁，樊纲，胡李鹏. 中国分省份市场化指数报告（2018）［M］. 北京：社会科学文献出版社，2019.

4.4.3　样本选择与数据来源

自 2006 年开始，深交所和上交所陆续发布《社会责任指引》，要求上市公司对环境信息进行披露，并逐步扩大强制披露社会责任信息的公司类型。从社会责任报告的内容可以发现，环保投资等环境治理信息是其披露的重要内容之一。由于 2006 年和 2007 年为公开披露环境信息的试验年份，只有极少量的上市公司披露社会责任报告，故而难以获得环保投资数据，本书的数据起始年份为 2008 年。由于对中国上市公司没有提出强制性披露环境信息的要求，当公司环境绩效较差时，披露环境信息有损公司形象和声誉，因而隐瞒信息能够减轻相应的社会舆论压力。在自愿性披露原则下，部分上市公司的环境信息并没有公开，增加了本研究数据搜集的难度。经过多个数据库的匹配，研究样本不断完善，但仍然存在部分变量在一定年度缺失的情况，本书以2008~2017 年中国 A 股上市公司①作为研究样本。剔除 ST 公司、数据不完整和存在数据缺失的公司，最终得到包含 1130 家上市公司的 7816 个观测值。为避免异常值的影响，本书对所有连续变量在上下 1% 的水平上进行了缩尾

---

①　本书选定的研究样本为沪深 A 股上市公司，而非一般企业，主要是出于以下几点考虑：第一，一般企业在规模、管理制度的规范性、信息披露等方面存在较大的个体性差异，而上市公司是在具备一定的上市条件后在证券交易所挂牌，在证监会的监管下交易流通。相较之下，一般企业比上市公司具有更高的自由度，而上市公司的经营管理受到更多的限制，比如，上市公司需要定期向公众披露其财务信息，因而上市公司的管理制度更为规范和完善。因此，以上市公司为研究样本，能够获取更为真实可靠、全面充分、具备可比性的数据，有利于本书研究的开展。第二，绿色投资是本书重点关注的一个变量，绿色投资变量的科学测度对于本书具有重要意义。根据本书对绿色投资的概念界定，绿色投资数据属于企业披露的环境信息。对于环境信息的公开和披露，2006 年 9 月，深交所发布《上市公司社会责任指引》，要求上市公司按照指引要求，定期评估公司社会责任的履行情况，自愿披露公司社会责任报告；2007 年 2 月，国家环境保护总局第一次局务会议通过了《环境信息公开办法（试行）》，2008 年 5 月 1 日正式施行；2008 年 5 月，上交所制定并发布《上海证券交易所上市公司环境信息披露指引》。环境信息是政府、社会公众、投资者等多方利益相关者了解企业经济、环境活动的信息渠道，也是监督企业环境行为的重要依据。但是，一般企业对财务、环境信息披露的要求不及上市公司严格，这意味着一般企业在自愿性披露原则下所公开的环境信息在统计口径、信息质量、数据结构等多方面存在巨大差异，一是可用数据在量上偏小，二是数据离散程度过高。另外，证监会、环保部门等正在逐步要求上市公司强制性披露环境信息，特别是涉重排的上市公司。因此，通过上市公司能够获取更为全面的环境信息，从而构建有效的绿色投资数据。第三，上市公司可以通过发行绿色股票、债券来募集资金，支持绿色环保产业发展。同时，上市公司的绿色行为也容易得到环保投资者的青睐，吸引更多的社会资本分配到绿色项目。而一般企业由于无法公开向社会募集资金，其绿色投资行为可能会受到一定限制。因此，以上市公司为研究样本具有较好的代表性和研究参考价值。

（winsorize）处理。

本章的数据来源于以下途径：（1）绿色投资。企业的绿色投资数据来自两个部分，首先通过巨潮资讯网披露的企业社会责任报告、环境报告书以及可持续发展报告进行数据的收集和整理。由于中国上市公司的环境信息基本上属于自愿性披露，所以多数上市公司未在网站公布社会责任报告等文件。为了进一步完善绿色投资数据，对样本公司财务报表附注"在建工程"中与环保有关的投资数据进行收集处理，以补充缺失的绿色投资数据。（2）环境规制。环境规制数据来自《中国环境统计年鉴》和《中国统计年鉴》。（3）媒体监督。媒体报道数据来自《中国重要报纸全文数据库》，由笔者手工收集和整理获得。（4）环境税和政府环保补贴。环境税和环保补贴数据来源于企业财务报表附注，由笔者手工整理所得。（5）竞争战略以及其他研究变量的数据均来自国泰安（CSMAR）数据库，其中，产权性质数据来自色诺芬（CCER）数据库。

4.5　实证结果与分析

4.5.1　描述性统计

表4-2报告了主要变量的描述性统计。如表4-2所示，GI1的均值（0.803）明显高于其中位数，表明中国上市公司中有半数的绿色投资低于行业平均水平，意味着上市公司存在绿色投资不足的问题，再与最大值（6.299）相比，中国上市公司在绿色投资上存在较大的个体性差异。从GI2的均值（0.002）可知，上市公司绿色投资占其总资产额比重平均约为0.2%，也表明了绿色投资不足现象的广泛性。从解释变量环境规制（Reg1和Reg2）和竞争战略（CL1和DS1、CL2和DS2）的均值、中位数和最值来看，上市公司所受到的环境规制强度和在竞争战略选择上存在很大差异，这种突出的个体性差异可能源于中国经济发展在地域上的不平衡、地区污染和环境管制水平不一致以及企业规模、行业属性等因素的影响。因此，不同上市公司在媒体压力和环保补贴上也表现出极大的差异性。在控制变量中，公司特征和公司治理的描述性统计结果符合中国上市公司的特点。

表 4 - 2　　　　　　　　　　主要变量描述性统计

变量名称	观测值	均值	标准差	最小值	中位数	最大值
GI1	7816	0.803	1.545	0.000	0.000	6.299
GI2	7816	0.002	0.006	0.000	0.000	0.042
Reg1	7816	3.699	0.933	0.000	3.755	5.164
Reg2	7816	13.646	3.094	0.000	13.942	18.997
CL1	7816	0.228	0.244	0.007	0.161	1.621
CL2	7816	0.160	0.131	0.013	0.120	0.647
DS1	7816	0.000	0.001	0.000	0.000	0.028
DS2	7816	0.0189	0.031	0.000	0.0090	0.1041
Media1	7816	0.550	1.464	0.000	0.000	6.898
Media2	7816	0.125	0.176	0.000	0.000	1.000
Subsidy	7816	5.909	6.860	0.000	0.000	20.572
Longloan	7816	0.056	0.093	0.000	0.009	0.474
Size	7816	8.220	1.300	5.781	8.018	12.207
Leverage	7816	0.428	0.212	0.045	0.427	0.908
SOEs	7816	0.461	0.499	0.000	0.000	1.000
Marketindex	7816	7.577	2.326	-0.230	7.940	11.710
Age	7816	2.080	0.877	0.000	2.398	7.609
AS	7816	0.309	0.168	0.026	0.284	0.764
Growth	7816	0.196	0.366	-0.264	0.100	2.193
IDR	7816	0.367	0.050	0.273	0.333	0.556
H5	7816	0.175	0.122	0.013	0.148	0.611
Top1	7816	0.363	0.153	0.085	0.349	0.779
Separation	7816	0.054	0.080	0.000	0.000	0.291

4.5.2　企业绿色投资动因的基准回归

表 4 - 3 报告了中国上市公司绿色投资行为的动因检验结果，模型（4 - 1）、模型（4 - 2）、模型（4 - 3）分别是对假设 4 - 1、假设 4 - 2 和假设 4 - 3 的检验结果。从环境规制的系数估计值来看，Reg1 和 Reg2 的系数（$\beta_1 = 0.0398$ 和 0.0130）均在 10% 的水平上显著为正，表示环境规制与绿色投资之间存在正相

关关系。随着环境规制强度的增大，企业会表现出更加积极的绿色投资行为。这表明，环境规制会迫使上市公司增加绿色投资，假设4-1得到验证，环境规制是促进上市公司开展绿色投资的被动动因。从模型（4-2）来看，CL1的系数估计值为负但不显著，DS1的系数估计值 -89.4633 在1%的水平上显著，这与假设4-2b的预计并不一致。原因可能是，广告费虽然能够提高企业的产品市场地位和知名度，显示出与同行业其他企业的不同，以此提升竞争能力，但对于以成本领先战略为主的企业而言，作为费用支出的广告宣传，无疑会增加企业的总成本，使原本重视成本控制的策略在绿色投资决策上变得更加谨慎，因而与绿色投资负相关，对绿色投资行为具有抑制作用，这符合企业利润驱动的特点。从 CL2 和 DS2 的系数估计值来看，成本领先战略和差异化战略与绿色投资分别在1%的水平上显著为负、显著为正，表示企业的竞争战略选择对其开展绿色投资活动的影响存在差异，选择差异化战略会促使企业增加绿色投资，而选择成本领先战略的影响正好相反，假设4-2得到验证。这也凸显了绿色投资活动的特殊性，对企业成本控制与收益的影响比传统投资更为复杂与严格。因此，竞争战略选择是企业开展绿色投资的主动因素。在模型（4-3）中，环境规制、竞争战略对绿色投资的影响被纳入同一模型中，从各解释变量的系数估计值来看，两个动因对绿色投资的共同作用与它们各自对绿色投资的影响在方向与统计显著上基本一致，说明在环境规制和竞争战略的共同作用下，环境规制和差异化战略会促进企业绿色投资的增加，而成本领先战略对企业的绿色投资具有抑制作用，假设4-3成立。因此，环境规制和竞争战略是企业进行绿色投资的两个基本因素。

此外，从表4-3的结果可见，企业规模、负债率、国企属性、资产结构、成长能力与绿色投资规模显著正相关，市场化水平、独董比例与绿色投资规模显著负相关，而股权集中度、第一大股东持股比例、两权分离率对绿色投资的影响未获得数据支持。控制变量的系数估计值说明，企业特征对绿色投资行为的影响比公司治理更为明显。

表4-3   中国上市公司绿色投资行为的动因检验

变量	模型（4-1）	模型（4-2）	模型（4-3）		
Reg1	0.0398 * (1.88)		0.0404 * (1.90)	0.0403 ** (2.01)	

续表

变量	模型 (4-1)		模型 (4-2)		模型 (4-3)			
Reg2		0.0130 * (1.90)					0.0134 * (1.97)	0.0051 (0.74)
CL1			-0.0069 (-0.13)		-0.0304 (-0.53)		0.0014 (0.03)	
DS1			-89.4633 *** (-3.86)		-112.0212 *** (-4.19)		-90.1992 *** (-3.89)	
CL2				-1.1658 *** (-11.95)		-1.1653 *** (-11.94)		-1.1791 *** (-11.82)
DS2				0.0201 *** (2.78)		0.0205 *** (2.84)		0.0203 *** (2.81)
Size	0.2804 *** (14.87)	0.2554 *** (12.66)	0.2666 *** (13.66)	0.2632 *** (14.61)	0.2800 *** (14.74)	0.2659 *** (14.82)	0.2549 *** (12.53)	0.2580 *** (13.21)
Leverage	0.3907 *** (4.06)	0.1447 (1.62)	0.1426 (1.57)	0.3000 *** (3.31)	0.3868 *** (3.97)	0.2802 *** (3.09)	0.1408 (1.54)	0.3037 *** (3.36)
SOEs	0.1408 *** (3.18)	0.1618 *** (4.06)	0.1561 *** (3.91)	0.1446 *** (3.61)	0.1361 *** (3.07)	0.1389 *** (3.47)	0.1576 *** (3.95)	0.1448 *** (3.62)
Marketindex	-0.0277 *** (-3.51)	-0.0182 ** (-2.49)	-0.0196 *** (-2.67)	-0.0282 *** (-3.84)	-0.0287 *** (-3.62)	-0.0309 *** (-4.17)	-0.0191 *** (-2.59)	-0.0280 *** (-3.80)
Age	0.0333 (0.70)	0.0549 * (1.83)	0.0565 * (1.87)	0.0506 * (1.81)	0.0323 (0.68)	0.0521 * (1.86)	0.0542 * (1.80)	0.0509 * (1.82)
AS	1.8087 *** (14.04)	1.2691 *** (9.81)	1.2755 *** (9.71)	1.5945 *** (12.93)	1.7851 *** (13.48)	1.5856 *** (12.84)	1.2691 *** (9.66)	1.5970 *** (12.96)
Growth	0.1201 *** (2.84)	0.1224 *** (3.04)	0.1240 *** (3.06)	0.1000 *** (2.62)	0.1256 *** (2.94)	0.0997 *** (2.62)	0.1287 *** (3.17)	0.1029 *** (2.68)
IDR	-0.7584 ** (-2.28)	-0.8601 *** (-2.87)	-0.8706 *** (-2.91)	-0.6846 ** (-2.24)	-0.7558 ** (-2.27)	-0.7053 ** (-2.31)	-0.8629 *** (-2.88)	-0.6832 ** (-2.23)
H5	0.6406 (1.27)	-0.0207 (-0.05)	-0.0364 (-0.08)	0.5205 (1.13)	0.6175 (1.23)	0.5603 (1.21)	-0.0363 (-0.08)	0.5252 (1.14)
Top1	-0.2384 (-0.65)	0.1169 (0.36)	0.1472 (0.45)	-0.2771 (-0.84)	-0.2202 (-0.60)	-0.2960 (-0.89)	0.1294 (0.40)	-0.2863 (-0.87)
Separation	0.1001 (0.41)	0.2570 (1.16)	0.2378 (1.07)	0.1624 (0.72)	0.0738 (0.30)	0.1448 (0.64)	0.2393 (1.08)	0.1560 (0.71)
Cons	-2.0833 *** (-8.65)	-2.2355 *** (-9.37)	-2.1404 *** (-905)	-1.5715 *** (-7.99)	-2.0480 *** (-8.48)	-1.7043 *** (-8.22)	-2.2244 *** (-9.29)	-1.6005 *** (-8.01)
Year/Industry	Yes	Yes	Yes	Yes	Yes	Yes	Yes	Yes

变量	模型 (4-1)		模型 (4-2)		模型 (4-3)			
F 值	70.79	38.68	37.85	88.06	61.89	81.93	37.15	82.30
Adj_R²	0.1678	0.2238	0.2238	0.1789	0.1686	0.1795	0.2243	0.1790
N	7533	7533	7533	7533	7533	7533	7533	7533

注：括号内为 t 值，***、**、* 分别表示在 1%、5%、10% 的水平上显著，Cons 表示常数项。

4.5.3 扩展：调节效应、中介效应与门槛效应

4.5.3.1 媒体压力和环保补贴的调节效应

环境规制与竞争战略对企业绿色投资行为的影响并非孤立的，而是受到各利益相关者、资金充足与否等压力的影响。生态环境遭受污染和破坏，必然妨害到政府、投资者、竞争者、社区居民以及消费者的利益，使得这些机构和群体直接或间接地参与企业环境监管中，通过施压改变企业的投资行为来提升环境绩效、改善生存环境。刘蓓蓓等（2009）表示，中国政府通过引入利益相关者参与企业环境治理的举措，已经取得了一定成效，投资者、竞争者、社区居民以及消费者等利益相关者均对企业环境绩效的提高具有显著的积极作用。原因在于，它们利用来自政府的强大环境压力，能够有效弥补政府环境规制的缺陷与不足（Huq and Wheeler，1993）。

由于企业行为与各利益相关者的利益紧密联系，因此，通过新闻媒体报道等舆论监督方式能够有效反映企业的环境管理状况，向政府部门和公众传递企业在环境治理中的功过表现等重要信息（Dyck et al.，2008；Bednar et al.，2013），为政府部门制定环境政策提供相应依据，促使企业更好地开展绿色投资活动。李培功和沈艺峰（2010）认为，随着中国法治体系的不断完善，对企业行为监督的外部机制也逐步建立，媒体曝光能够增加这一情境下行政机构介入违规企业的可能性，辅助监管部门执法。媒体报道会影响企业受到的外部关注和利益相关者对企业的评价（李青原和肖泽华，2020），约束企业更好地遵守环境规制，表现出更为积极的绿色投资行为（张济建等，2016）。然而，可再生能源技术研发活动具有较高的不确定性和风险性，面临较大的融资约束（Noaily and Smeets，2016），使得金融问题成为中国能源革命的一个重要制约因素（Ji et al.，2019）；而且，融资约束会抑制企业的研发活动（康志勇，2013）。

这使得政府补贴成为缓解融资约束和激励企业创新的有效手段（康志勇，2013；Howell，2017；Yang et al.，2019），为了激励企业开展节能减排和向绿色转型，政府会通过向企业发放环保补助予以资金支持（张琦等，2019），增加环境保护的财政支出对推进绿色技术创新有显著效果（郭进，2019）。因此，有必要考察媒体压力、环保补贴对绿色投资动因与企业投资行为之间关系的影响。

表 4 - 4 报告了媒体压力对环境规制与绿色投资行为的调节作用检验结果，从模型（4 - 4）可见，Media1 的系数估计值为正但不显著，Media2 的系数估计值显著为正，说明媒体负面报道对企业的绿色投资行为具有更为显著的促进作用。这是因为，不同类型的媒体报道对企业行为产生的影响存在差异（杨道广等，2017），媒体报道的负面倾向性能够提高企业的合法性（沈洪涛和冯杰，2012）。因此，在不引入环境规制作用的情况下，媒体压力可以作为有效的外部监督机制来促使企业增加绿色投资。在引入交互效应后，从模型（4 - 5）中可以发现，环境规制的系数均显著为正，但环境规制与媒体压力交互项的系数并不显著，说明环境规制强度较高时，无论媒体是否监督企业行为，企业都能够较为自觉地遵守环境法规。从媒体压力对竞争战略与绿色投资关系的调节作用 [见表 4 - 5 中模型（4 - 6）] 来看，成本领先战略和差异化战略对绿色投资的影响与对假设 4 - 2 的检验结果一致，但竞争战略与媒体压力的交互效应对绿色投资的影响尚不统一，并且媒体压力在一定程度上会强化成本领先战略对绿色投资的抑制作用、减弱差异化战略对绿色投资的促进作用。这说明，媒体曝光会增加企业付出规制成本的可能性，但是这种可能的行政罚款所增加的成本负担并没有环境污染治理成本高昂，因而并不能刺激企业扩大绿色投资规模。

表 4 - 4　　　　媒体压力对环境规制与绿色投资行为的调节作用检验

变量	模型（4 - 4）		模型（4 - 5）	
Reg1		0.0265 （1.34）		0.0392 * （1.95）
Reg2			0.0139 ** （2.05）	0.0154 ** （2.22）
Media1	0.0100 （0.78）	-0.0380 （-0.78）	0.0496 （0.75）	
Media2		0.2153 ** （2.43）		0.2862 （0.71）	-0.4741 （-1.05）

续表

变量	模型（4-4）		模型（4-5）			
Media1 × Reg1			0.0086 (0.68)			
Media1 × Reg2				-0.0041 (-0.89)		
Media2 × Reg1					-0.0204 (-0.19)	
Media2 × Reg2						0.0354 (1.04)
ControlVar	Yes	Yes	Yes	Yes	Yes	Yes
Cons	-1.9775*** (-10.36)	-2.0057*** (-10.51)	-2.2661*** (-9.21)	-2.2614*** (-9.34)	-2.1052*** (-10.48)	-2.2415*** (-9.34)
Year/Industry	Yes	Yes	Yes	Yes	Yes	Yes
F 值	78.92	80.42	36.73	36.86	69.35	37.08
Adj_R^2	0.1718	0.1723	0.2236	0.2240	0.1728	0.2239
N	7533	7533	7533	7533	7533	7533

注：括号内为 t 值，***、**、*分别表示在1%、5%、10%的水平上显著，Cons 表示常数项。限于篇幅，控制变量的系数未报告，用符号 ControlVar 代替，下同。

表4-5　　　媒体压力对竞争战略与绿色投资行为的调节作用检验

变量	模型（4-6）			
CL1	0.0342 (0.58)		0.0227 (0.37)	
DS1	-90.8936*** (-3.70)		-80.9111*** (-2.65)	
CL2		-1.0978*** (-10.44)		-0.5193*** (-3.68)
DS2		0.0225*** (2.99)		0.0171* (1.87)
Media1	0.0104 (0.56)	0.0412* (1.95)		
Media2			0.0684 (0.54)	0.2616 (1.47)
Media1 × CL1	-0.0749** (-2.06)			

变量	模型（4-6）			
Media1 × DS1	0.4334 (0.03)			
Media1 × CL2		-0.1321* (-1.84)		
Media1 × DS2		-0.0076 (-1.20)		
Media2 × CL1			-0.2292 (-0.99)	
Media2 × DS1			-57.0129 (-0.67)	
Media2 × CL2				-0.1979 (-0.43)
Media2 × DS2				-0.0838** (-2.33)
ControlVar	Yes	Yes	Yes	Yes
Cons	-2.1478*** (-8.93)	-1.5853*** (-8.02)	-2.1324*** (-8.93)	-1.9243*** (-7.88)
Year/Industry	Yes	Yes	Yes	Yes
F 值	35.11	72.09	35.31	37.15
Adj_R^2	0.2241	0.1796	0.2238	0.2247
N	7533	7533	7533	7533

注：括号内为 t 值，***、**、*分别表示在1%、5%、10%的水平上显著，Cons 表示常数项。

从表4-6来看，环保补贴与绿色投资呈正相关关系，表明环保补贴可以为企业开展绿色投资活动提供资金支持，有利于企业扩大绿色投资规模。但是，环保补贴不利于环境规制、竞争战略两个动因发挥对绿色投资的作用。原因可能是，政府补贴"挤出"了企业从事绿色创新的资源和动机（Shleifer and Vishny，1994；李青原和肖泽华，2020）。在企业盈利动机的驱使下，环保补贴会增加企业投资于环保事业的惰性，将补贴资金投入获利更大的其他商业项目中，反而不利于绿色投资的发展。这也暗示着，政府补贴的规模并非越大越好，而是需要通过市场配置资源的力量提高企业的生存能力和竞争优势。

表 4-6 环保补贴对环境规制、竞争战略与绿色投资行为的调节作用检验

变量	模型 (4-7)	模型 (4-8)	模型 (4-9)		
Reg1		0.0183 (0.98)			
Reg2			0.0132 ** (2.08)		
CL1				-0.0331 (-0.49)	
DS1				-100.9064 *** (-4.07)	
CL2					-1.3193 *** (-11.82)
DS2					0.0159 ** (2.06)
Subsidy	0.0296 *** (10.86)	0.0514 *** (4.44)	0.0194 (1.57)	0.0352 *** (9.00)	0.0503 *** (10.64)
Subsidy × Reg1		-0.0059 ** (-1.96)			
Subsidy × Reg2			0.0007 (0.83)		
Subsidy × CL1				-0.0231 ** (-2.07)	
Subsidy × DS1				-12.3665 *** (-3.06)	
Subsidy × CL2					-0.1228 *** (-6.44)
Subsidy × DS2					-0.0009 (-0.82)
ControlVar	Yes	Yes	Yes	Yes	Yes
Cons	-1.9130 *** (-8.10)	-1.7860 *** (-7.19)	-1.8231 *** (-7.51)	-1.7130 *** (-7.12)	-1.2203 *** (-6.18)
Year/Industry	Yes	Yes	Yes	Yes	Yes
F 值	42.22	40.21	40.60	38.79	87.69
Adj_R^2	0.2377	0.2383	0.2384	0.2388	0.2003
N	7533	7533	7533	7533	7533

注：括号内为 t 值，***、** 分别表示在 1%、5% 的水平上显著，Cons 表示常数项。

4.5.3.2　长期贷款的中介效应

企业所拥有的资源是影响其决策的重要因素，会影响企业进行绿色投资的积极性（李青原和肖泽华，2020），特别是资金资源容易限制企业的投资行为。投资于绿色实践要占用和耗费企业额外的资源，企业的绿色投资行为需要大量资金支持，探究其资金来源很有必要。金融摩擦理论表明，由于不完美金融市场存在融资成本和投资限制，融资约束问题会迫使企业减少投资。在中国，以银行贷款为主的间接融资是企业的一个主要资金来源。短期贷款虽然便捷和灵活，但是在资金额度和期限上并不具有优势，而长期贷款能够更好地满足企业的资金需求。面对环境规制和竞争战略的压力，企业可能需要通过长期贷款的资金支持来参与绿色实践。而且，绿色投资具有提高企业形象和声誉的作用，这是否能够帮助履行环境责任的企业更为容易地获得金融机构的长期贷款。因此，环境规制和竞争战略对绿色投资的影响可能是通过长期贷款实现的。

表 4-7 是长期贷款对绿色投资动因的中介效应检验结果。模型（4-10）、模型（4-12）分别是环境规制和竞争战略对长期贷款的影响，可以发现，在政府环境规制和企业竞争战略的影响下，企业有获得更多长期贷款的需要，但是环境税不利于企业获得长期贷款。原因可能是，中国的污染治理多是由政府主导开展的，市场型政策工具对治污的作用相对有限，不能积极地促使企业通过银行贷款来扩大绿色投资，或者通过长期贷款获得的资金更有可能投入营利性更好的商业活动中。模型（4-11）、模型（4-13）分别是长期贷款对两个动因影响绿色投资的中介作用。在加入 Longloan 后 Reg2、CL1 和 DS1、CL2 和 DS2 的系数相比表 4-3 中的系数均有所下降，表明长期贷款在环境规制与绿色投资、竞争战略与绿色投资之间起中介作用。这说明，在被动和主动因素的驱使下，上市公司会争取更多的信贷支持其绿色投资。

表 4-7　　　　　　　　　长期贷款对绿色投资动因的中介效应检验

变量	模型 (4-10)	模型 (4-11)	模型 (4-10)	模型 (4-11)	模型 (4-12)	模型 (4-13)	模型 (4-12)	模型 (4-13)
Reg1	0.0027 *** (3.02)	0.0400 ** (1.99)						
Reg2			-0.0017 *** (-4.62)	0.0121 * (1.77)				

续表

变量	模型 (4-10)	模型 (4-11)	模型 (4-10)	模型 (4-11)	模型 (4-12)	模型 (4-13)	模型 (4-12)	模型 (4-13)
CL1					0.0067* (1.95)	-0.0021 (-0.04)		
DS1					2.7646* (1.82)	-87.4659*** (-3.75)		
CL2							0.0241*** (3.25)	-1.1401*** (-11.68)
DS2							0.0012*** (3.59)	0.0179** (2.49)
Longloan		-1.1537*** (-4.19)		-0.6946** (-2.39)		-0.7225** (-2.50)		-1.0931*** (-3.98)
ControlVar	Yes	Yes	Yes	Yes	Yes	Yes	Yes	Yes
Cons	-0.1236*** (-11.00)	-2.2704*** (-11.09)	-0.1033*** (-9.40)	-2.3069*** (-9.63)	-0.1164*** (-10.80)	-2.2245*** (-9.32)	-0.1269*** (-11.48)	-1.7253*** (-8.61)
Year/Industry	Yes	Yes	Yes	Yes	Yes	Yes	Yes	Yes
F值	117.20	78.66	117.80	38.25	113.92	37.47	114.78	85.77
Adj_R²	0.5210	0.1752	0.5229	0.2246	0.5207	0.2247	0.5215	0.1815
N	7533	7533	7533	7533	7533	7533	7533	7533

注: 括号内为 t 值, ***、**、* 分别表示在 1%、5%、10% 的水平上显著, Cons 表示常数项。

4.5.3.3 环境规制强度和市场竞争强度的门槛效应

在现有研究中, 环境规制与绿色投资的关系除了本章验证的线性表现, 环境规制与绿色投资之间呈非线性关系的结论也得到了证实 (张成等, 2010; 唐国平等, 2013; Huang and Lei, 2021)。与现有文献不同的是, 本书试图用环境规制解释企业开展绿色投资的动机, 并非关注绿色投资的影响因素, 两者之间存在本质的区别。对于动因的分析, 本章旨在考察环境规制和竞争战略对绿色投资的直接作用, 以验证本章的理论分析和假设推理——环境规制和竞争战略是企业开展绿色投资的动因。与此同时, 本书拟进一步探索环境规制以及市场竞争对企业绿色投资行为的作用在强度上的变化, 即是否存在门槛效应。探索这一问题的目的在于解释环境规制与竞争战略两个基本动因之间的相互关系, 它们如何共同作用于企业的绿色投资行为。基于此, 本节讨论了环境规制、市场竞争与绿色投资之间的非线性关系。

在模型（4 - 1）的基础上，进一步纳入环境规制的二次项（Reg1^2 和 Reg2^2），回归结果如表4 - 8中模型（1）和模型（2）所示。可以发现，Reg1 和 Reg2 与绿色投资之间存在显著的正相关关系，Reg1^2 和 Reg2^2 与绿色投资之间存在显著的负相关关系，说明环境规制强度与绿色投资之间存在倒"U"型关系。随着环境规制强度的提高，企业表现出积极的绿色投资行为；随着这一规制强度超过"临界值"，企业绿色投资规模开始缩水，意味着环境规制存在一定的"门槛效益"。原因可能是，企业进一步减少污染需要增加更多的资本和技术，企业越接近"零污染"，成本就越高（Hart and Ahuja，1996）。这一结果符合企业绿色投资行为是迎合政府环境规制的"被动"特征，又与唐国平等（2013）的研究结论相反[①]。对于这一问题的解释，需要结合企业面临的市场竞争强度来考虑。

表 4 - 8　　　　　环境规制强度和市场竞争强度的门槛效应分析

变量	模型（1）	模型（2）	模型（3）	模型（4）	模型（5）	模型（6）
Reg1	0.0026 *** (2.65					
Reg1^2	- 0.0000 * (- 1.81)					
Reg2		0.0491 ** (2.40)				
Reg2^2		- 0.0027 ** (- 2.49)				
HHI			- 3.6290 *** (- 2.86)	- 12.9797 *** (- 4.52)		
HHI^2				98.7713 *** (3.70)		
HHI5					- 5.2007 * (- 1.78)	- 159.2233 * (- 1.94)
HHI5^2						359.6208 * (1.88)
Size	0.2829 *** (15.57)	0.3089 *** (14.24)	0.2829 *** (15.84)	0.2886 *** (16.07)	0.2803 *** (15.64)	0.2809 *** (15.65)

① 唐国平等（2013）的研究表明，环境规制强度与企业环保投资规模呈"U"型关系。

续表

变量	模型（1）	模型（2）	模型（3）	模型（4）	模型（5）	模型（6）
Leverage	0. 1234 ***	0. 4085 ***	0. 4190 ***	0. 4423 ***	0. 4024 ***	0. 3973 ***
	(3. 50)	(4. 67)	(4. 76)	(4. 99)	(4. 54)	(4. 48)
SOEs	0. 1632 ***	0. 1631 ***	0. 1551 ***	0. 1516 ***	0. 1557 ***	0. 1534 ***
	(4. 10)	(4. 06)	(3. 87)	(3. 78)	(3. 86)	(3. 81)
Marketindex	− 0. 0178 **	− 0. 0210 ***	− 0. 0207 ***	− 0. 0204 ***	− 0. 0201 ***	− 0. 0196 ***
	(− 2. 39)	(− 2. 87)	(− 2. 85)	(− 2. 82)	(− 2. 77)	(− 2. 70)
Age	0. 0920 ***	0. 0212	0. 0200	0. 0191	0. 0211	0. 0230
	(2. 87)	(0. 82)	(0. 78)	(0. 74)	(0. 82)	(0. 89)
AS	1. 2635 ***	1. 7414 ***	1. 7501 ***	1. 7509 ***	1. 7527 ***	1. 7471 ***
	(10. 38)	(14. 27)	(14. 41)	(14. 43)	(14. 42)	(14. 39)
Growth	− 0. 0076	0. 1112 ***	0. 1173 ***	0. 1117 ***	0. 1200 ***	0. 1188 ***
	(− 0. 65)	(2. 89)	(3. 08)	(2. 93)	(3. 15)	(3. 12)
IDR	− 0. 7631 ***	− 0. 7027 **	− 0. 6759 **	− 0. 7452 **	− 0. 6678 **	− 0. 6820 **
	(− 2. 97)	(− 2. 28)	(− 2. 20)	(− 2. 43)	(− 2. 17)	(− 2. 22)
H5	− 0. 0695	0. 5639	0. 4885	0. 5116	0. 4662	0. 4796
	(− 0. 15)	(1. 21)	(1. 05)	(1. 10)	(1. 00)	(1. 03)
Top1	0. 1220	− 0. 2287	− 0. 1812	− 0. 1585	− 0. 1787	− 0. 1799
	(0. 39)	(− 0. 69)	(− 0. 54)	(− 0. 48)	(− 0. 54)	(− 0. 54)
Separation	− 0. 0158	0. 1573	0. 1387	0. 1443	0. 1522	0. 1663
	(− 0. 08)	(0. 69)	(0. 61)	(0. 63)	(0. 67)	(0. 73)
Cons	− 2. 1496 ***	− 2. 3284 ***	− 1. 9664 ***	− 1. 9447 ***	− 0. 9213	15. 5151 *
	(− 8. 66)	(− 9. 85)	(10. 29)	(− 10. 23)	(− 1. 45)	(1. 77)
Year/Industry	Yes	Yes	Yes	Yes	Yes	Yes
F 值	38. 09	73. 74	79. 31	73. 39	78. 71	72. 57
Adj_R^2	0. 2246	0. 1727	0. 1725	0. 1738	0. 1720	0. 1723
N	7533	7533	7533	7533	7533	7533

注：括号内为 t 值，*** 、** 、* 分别表示在1%、5%、10%的水平上显著，Cons 表示常数项。

在激烈的市场竞争中，设计合理的竞争战略能够有效提升企业竞争力，战略选择是企业应对市场竞争的手段，市场竞争强度可以反映企业通过竞争战略选择获取竞争优势的事实。因此，在探究竞争战略对绿色投资影响的基础上，进一步分析了市场竞争强度对企业绿色投资的作用。对于市场竞争强度的刻画，赫芬达尔指数（HHI）[1] 是目前研究中广泛使用的一个指标。这一指标通过一个行业中各市场竞争主体营业收入所占行业总收入百分比的平方和来表示市场集中度，当一个行业中企业数量越多时，该行业内企业之间的竞争越激烈。本部分以每个行业的 HHI 和行业内销售额前五名的企业为基础的 HHI5 两个指标测度市场竞争强度。从表 4 - 8 中模型（3）和模型（5）来看，HHI 和 HHI5 与绿色投资呈负相关关系，说明市场竞争强度越弱[2]，企业开展绿色投资活动的动机越小。这表明，行业内企业之间竞争越小，彼此之间在行为上的影响也越小，因而不太可能开展绿色投资。从模型（4）和模型（6）来看，HHI 和 HHI5 的系数估计值显著为负，二次项 HHI^2 和 HHI5^2 的系数估计值显著为正，说明市场竞争强度与绿色投资之间具有"U"型关系，这与环境规制强度对绿色投资的影响恰好相反。

原因在于，在污染治理的初期，政府干预的作用更为明显，较强的环境规制会促使企业开展绿色投资，也在一定程度上会降低市场竞争的灵活性。另外，在政府规制的迫使下不断扩大绿色投资规模，使企业通过改善环境绩效来实施差异化战略成为可能。市场竞争加剧使企业对竞争战略做出不同选择，采取差异化战略可以有效减少企业在市场上面对的竞争产品，降低市场竞争强度（Duanmu et al.，2018）。面对激烈的产品市场竞争和严格的环境规制的双重压力，企业不再被动地开展绿色投资，而是转变为积极主动地参与绿色实践，通过承担社会责任、建立绿色形象来降低规制成本和竞争强度，以保持竞争优势。因此，环境规制强度对企业绿色投资行为呈倒"U"型的"门槛效应"，而市场竞争强度对企业绿色投资行为呈"U"型的"门槛效应"，两者的作用表现出互补性。换言之，当环境规制和竞争战略对企业行为选择的影响达到一定程度，企业在环保方面的行为会形成一种较为稳定的市场格局，无论两者在之后的作用如何，企业都会自愿从事于绿色投资，使环保战略成为企业战略的一个重要组成部分。

4.5.4　稳健性检验

为了保证研究结果的稳健与可靠，本章还做了如下稳健性检验，结果如

---

①　计算公式为：$HHI = \sum (X_i/X)^2$，其中 $X = \sum X_i$，X_i 为企业 i 的营业收入。

②　赫芬达尔指数（HHI）越大，表示市场竞争激烈程度越弱，反之则相反。

表 4 – 9 ~ 表 4 – 13 所示。（1）重要变量的替换。用绿色投资与总资产额的比值（GI2）作为因变量，代替基准回归中绿色投资额的自然对数。（2）剔除部分样本的回归。由于每家公司并未在每年度都披露绿色投资，因而每家公司在本书研究 10 年的研究跨期里绿色投资的分布并不均匀，基于此，分别剔除绿色投资年份少于 3 年、4 年、5 年的样本。（3）在估计模型中加入其他可能影响上市公司绿色投资行为的变量。一是改变成长能力（Growth）的测度方法，用营业收入增长率代替总资产增长率，二是在已有控制变量的基础上加入监事会规模（Board，监事会人数的对数）和两职合一（Dual，董事长与总经理是同一人时取值 1，否则为 0）两个变量。从表 4 – 9 ~ 表 4 – 12 的回归结果来看，虽然存在个别变量的回归系数不具有统计显著的情况，但均未对假设推理和本章研究结论产生实质性影响。稳健性检验结果显示，环境规制、差异化战略对企业绿色投资具有显著的促进作用，成本领先战略对企业绿色投资具有显著的抑制作用，将两者纳入统一分析框架的估计结果与分别回归的结果一致。

表 4 – 9　　　　　　　　变换绿色投资测算方法的稳健性检验

变量	模型（4 – 1）		模型（4 – 2）		模型（4 – 3）			
Reg1	0.0001 ** (2.11)				0.0001 ** (2.15)	0.0001 ** (2.24)		
Reg2		– 0.0000 (– 0.74)					– 0.0000 (– 0.78)	– 0.0000 (– 0.67)
CL1			– 0.0003 (– 1.45)		– 0.0003 (– 1.50)		– 0.0003 (– 1.51)	
DS1				– 0.2221 ** (– 2.57)		– 0.2276 *** (– 2.64)		– 0.2207 ** (– 2.56)
CL2			– 0.0031 *** (– 5.61)		– 0.0031 *** (– 5.66)		– 0.0031 *** (– 5.58)	
DS2				0.0001 ** (1.99)		0.0001 ** (2.03)		0.0001 ** (1.97)
Size	0.0000 (0.55)	0.0001 (0.64)	0.0000 (0.300)	– 0.0000 (– 0.23)	0.0000 (0.45)	– 0.0000 (– 0.07)	0.0000 (0.56)	0.0000 (0.03)
Leverage	0.0009 ** (2.25)	0.0010 ** (2.43)	0.0011 ** (2.51)	0.0010 ** (2.40)	0.0010 ** (2.34)	0.0009 ** (2.22)	0.0011 ** (2.52)	0.0010 ** (2.40)
SOEs	0.0004 ** (2.04)	0.0003 ** (2.14)	0.0004 ** (2.07)	0.0003 * (1.91)	0.0004 * (1.96)	0.0003 * (1.79)	0.0004 ** (2.06)	0.0003 * (1.90)

变量	模型 (4-1)		模型 (4-2)		模型 (4-3)			
Marketindex	0.0001 **	0.0001 ***	0.0001 ***	0.0001 **	0.0001 **	0.0001 *	0.0001 ***	0.0001 **
	(2.43)	(2.88)	(2.78)	(2.31)	(2.29)	(1.82)	(2.75)	(2.29)
Age	0.0001	0.0001	0.0001	0.0002	0.0001	0.0002	0.0001	0.0002
	(0.70)	(0.73)	(0.76)	(1.25)	(0.76)	(1.25)	(0.79)	(1.27)
AS	0.0038 ***	0.0038 ***	0.0037 ***	0.0037 ***	0.0037 ***	0.0036 ***	0.0037 ***	0.0037 ***
	(6.45)	(6.55)	(6.22)	(6.26)	(6.12)	(6.16)	(6.23)	(6.26)
Growth	0.0005 ***	0.0005 **	0.0005 **	0.0005 **	0.0005 **	0.0005 **	0.0005 **	0.0005 **
	(2.60)	(2.59)	(2.58)	(2.31)	(2.54)	(2.27)	(2.52)	(2.27)
IDR	-0.0058 ***	-0.0060 ***	-0.0058 ***	-0.0058 ***	-0.0059 ***	-0.0058 ***	-0.0058 ***	-0.0058 ***
	(-4.90)	(-4.85)	(-4.85)	(-4.85)	(-4.91)	(-4.91)	(-4.86)	(-4.86)
H5	-0.0002	-0.0004	-0.0004	-0.0001	-0.0002	0.0000	-0.0004	-0.0001
	(-0.10)	(-0.19)	(-0.20)	(-0.07)	(-0.12)	(0.02)	(-0.20)	(-0.07)
Top1	0.0004	0.0005	0.0005	0.0002	0.0005	0.0001	0.0005	0.0002
	(0.30)	(0.38)	(0.36)	(0.15)	(0.32)	(0.10)	(0.39)	(0.17)
Separation	0.0011	0.0011	0.0011	0.0011	0.0010	0.0010	0.0011	0.0011
	(1.12)	(1.17)	(1.10)	(1.12)	(1.04)	(1.06)	(1.09)	(1.11)
Cons	-0.0004	0.0002	0.0002	0.0010	-0.0003	0.0005	0.0004	0.0012
	(-0.45)	(0.27)	(0.25)	(1.16)	(-0.31)	(0.59)	(0.42)	(1.27)
Year/Industry	Yes	Yes	Yes	Yes	Yes	Yes	Yes	Yes
F 值	14.74	14.63	14.27	14.59	14.00	14.31	13.91	14.24
Adj_R^2	0.0573	0.0570	0.0572	0.0590	0.0576	0.0595	0.0573	0.0591
N	7533	7533	7533	7533	7533	7533	7533	7533

注: 括号内为 t 值, *** 、** 、* 分别表示在 1%、5%、10% 的水平上显著, Cons 表示常数项。

表 4-10　　　**剔除绿色投资年份少于 3 年后样本的稳健性检验**

变量	模型 (4-1)		模型 (4-2)	模型 (4-3)		
Reg1	0.0380 *			0.0391 *		0.0391 *
	(1.83)			(1.88)		(1.88)
Reg2		0.0148 **			0.0149 **	0.0059
		(2.15)			(2.16)	(0.84)
CL1			-1.1627 ***	-0.0460	0.0050	-1.1648 ***
			(-11.13)	(-0.84)	(0.09)	(-11.14)
DS1			0.0238 ***	-115.8557 ***	-82.2774 ***	0.0242 ***
			(3.01)	(-4.57)	(-3.34)	(3.06)

变量	模型（4-1）		模型（4-2）		模型（4-3）			
CL2				-0.4838 ***				-1.1781 ***
				(-3.71)				(-11.05)
DS2				0.0042				0.0239 ***
				(0.52)				(3.02)
Size	0.2845 ***	0.2520 ***	0.2649 ***	0.2573 ***	0.2838 ***	0.2519 ***	0.2678 ***	0.2590 ***
	(15.45)	(12.00)	(14.26)	(12.51)	(15.28)	(11.91)	(14.46)	(12.89)
Leverage	0.3871 ***	0.1337	0.2897 ***	0.1170	0.3860 ***	0.1290	0.2686 ***	0.2946 ***
	(4.19)	(1.43)	(3.05)	(1.24)	(4.11)	(1.34)	(2.83)	(3.11)
SOEs	0.1340 ***	0.1675 ***	0.1252 ***	0.1565 ***	0.1281 ***	0.1640 ***	0.1191 ***	0.1256 ***
	(3.11)	(3.98)	(2.92)	(3.70)	(2.97)	(3.89)	(2.78)	(2.93)
Marketindex	-0.0254 ***	-0.0205 ***	-0.0305 ***	-0.0231 ***	-0.0267 ***	-0.0213 ***	-0.0332 ***	-0.0302 ***
	(-3.29)	(-2.67)	(-3.95)	(-2.99)	(-3.46)	(-2.75)	(-4.26)	(-3.91)
Age	0.0512	0.0599	0.1134 **	0.0727	0.0511	0.0584	0.1163 **	0.1128 **
	(1.23)	(1.38)	(2.47)	(1.59)	(1.22)	(1.34)	(2.53)	(2.46)
AS	1.7805 ***	1.2561 ***	1.6188 ***	1.2432 ***	1.7511 ***	1.2574 ***	1.6104 ***	1.6219 ***
	(14.13)	(9.28)	(12.68)	(9.18)	(13.51)	(9.14)	(12.60)	(12.71)
Growth	0.1255 ***	0.1255 ***	0.1004 **	0.1107 **	0.1292 ***	0.1314	0.1000 **	0.1037 **
	(3.09)	(2.90)	(2.45)	(2.56)	(3.15)	(3.02)	(2.45)	(2.53)
IDR	-0.6953 **	-0.9289 ***	-0.6825 **	-0.9414 ***	-0.7009 **	-0.9345 ***	-0.7087 **	-0.6803 **
	(-2.16)	(-2.96)	(-2.13)	(-3.00)	(-2.18)	(-2.98)	(-2.21)	(-2.12)
H5	0.4337	-0.0610	0.4937	-0.0331	0.4189	-0.0689	0.5365	0.4997
	(0.89)	(-0.13)	(1.02)	(-0.07)	(0.86)	(-0.14)	(1.11)	(1.03)
Top1	-0.1328	0.1392	-0.2335	0.1176	-0.1237	0.1483	-0.2565	-0.2448
	(-0.38)	(0.40)	(-0.67)	(0.34)	(-0.35)	(0.43)	(-0.73)	(-0.70)
Separation	0.1030	0.2602	0.1181	0.2436	0.0773	0.2426	01.007	0.1153
	(0.44)	(1.13)	(0.51)	(1.06)	(0.33)	(1.06)	(0.43)	(0.49)
Cons	-2.1904 ***	-2.2145 ***	-1.7490 ***	-1.9644 ***	-2.1432 ***	-2.2017 ***	-1.8783 ***	-1.7804 ***
	(-9.61)	(-8.40)	(-7.77)	(-7.29)	(-9.38)	(-8.33)	(-7.95)	(-7.83)
Year/Industry	Yes	Yes	Yes	Yes	Yes	Yes	Yes	Yes
F值	73.53	36.46	81.65	37.23	64.25	35.03	75.91	76.34
Adj_R²	0.1684	0.2206	0.1748	0.2206	0.1693	0.2210	0.1753	0.1749
N	7072	7072	7072	7072	7072	7072	7072	7072

注：括号内为 t 值，***、**、* 分别表示在 1%、5%、10% 的水平上显著，Cons 表示常数项。

表 4 - 11　　　　　　剥除绿色投资年份少于 4 年后样本的稳健性检验

变量	模型（4 - 1）		模型（4 - 2）		模型（4 - 3）			
Reg1	0.0386 *				0.0395 *	0.0401 *		
	(1.83)				(1.87)	(1.90)		
Reg2		0.0176 **					0.0177 **	0.0082
		(2.58)					(2.59)	(1.18)
CL1			- 1.1372 ***		- 0.0348			
			(- 10.60)		(- 0.62)			
DS1			0.0202 **		- 115.4826 ***			
			(2.45)		(- 4.37)			
CL2				- 0.4879 ***		- 1.1408 ***	0.0063	- 1.1578 ***
				(- 3.67)		(- 10.61)	(0.11)	(- 10.59)
DS2				0.0004		0.0207 **	- 79.9420 ***	0.0203 **
				(0.04)		(2.51)	(- 3.10)	(2.47)
Size	0.2819 ***	0.2473 ***	0.2635 ***	0.2554 ***	0.2814 ***	0.2663 ***	0.2473 ***	0.2550 ***
	(15.07)	(11.53)	(13.95)	(12.16)	(14.93)	(14.15)	(11.46)	(12.52)
Leverage	0.4083 ***	0.1496	0.3006 ***	0.1238	0.4058 ***	0.2788 ***	0.1457	0.3079 ***
	(4.30)	(1.54)	(3.09)	(1.27)	(4.22)	(2.86)	(1.48)	(3.16)
SOEs	0.1433 ***	0.1745 ***	0.1320 ***	0.1634 ***	0.1374 ***	0.1254 ***	0.1710 ***	0.1327 ***
	(3.28)	(4.08)	(3.03)	(3.80)	(3.13)	(2.87)	(3.99)	(3.05)
Marketindex	- 0.0278 ***	- 0.0219 ***	- 0.0320 ***	- 0.0242 ***	- 0.0290 ***	- 0.0348 ***	- 0.0225 ***	- 0.0317 ***
	(- 3.56)	(- 2.80)	(- 4.08)	(- 3.09)	(- 3.70)	(- 4.40)	(- 2.87)	(- 4.03)
Age	0.0198	0.0246	0.0860	0.0328	0.0201	0.0902 *	0.0231	0.0846
	(0.42)	(0.50)	(1.64)	(0.63)	(0.43)	(1.71)	(0.47)	(1.61)
AS	1.7827 ***	1.2501 ***	1.6224 ***	1.2407 ***	1.7578 ***	1.6134 ***	1.2516 ***	1.6261 ***
	(13.96)	(9.09)	(12.53)	(9.01)	(13.38)	(12.44)	(8.95)	(12.57)
Growth	0.1178 ***	0.1211 ***	0.0957 **	0.1069 **	0.1228 ***	0.0953 **	0.1271 ***	0.1002 **
	(2.85)	(2.75)	(2.29)	(2.43)	(2.94)	(2.29)	(2.87)	(2.39)
IDR	- 0.7520 **	- 0.9553 ***	- 0.7234 **	- 0.9726 ***	- 0.7517 **	- 0.7517 **	- 0.9573 ***	- 0.7199 **
	(- 2.29)	(- 2.99)	(- 2.21)	(- 3.04)	(- 2.29)	(- 2.30)	(- 3.00)	(- 2.20)
H5	0.5526	0.0314	0.5993	0.0476	0.5325	0.6458	0.0202	0.6097
	(1.11)	(0.06)	(1.22)	(0.10)	(1.07)	(1.31)	(0.04)	(1.24)
Top1	- 0.1854	0.0956	- 0.2794	0.0845	- 0.1697	- 0.3038	0.1085	- 0.2966
	(- 0.51)	(0.27)	(- 0.78)	(0.24)	(- 0.47)	(- 0.85)	(0.31)	(- 0.83)
Separation	0.0829	0.2513	0.0880	0.2342	0.0577	0.0680	0.2350	0.0839
	(0.35)	(1.07)	(0.37)	(1.00)	(0.24)	(0.28)	(1.00)	(0.35)

续表

变量	模型 (4-1)		模型 (4-2)		模型 (4-3)			
Cons	-2.0609*** (-8.65)	-2.0915*** (-7.62)	-1.6452*** (-6.94)	-1.8142*** (-6.44)	-2.0246*** (-8.49)	-1.7794*** (-7.15)	-2.0831*** (-7.57)	-1.6859*** (-7.05)
Year/Industry	Yes	Yes	Yes	Yes	Yes	Yes	Yes	Yes
F 值	71.72	35.61	79.46	36.36	62.57	73.87	34.20	74.35
Adj_R²	0.1674	0.2194	0.1733	0.2192	0.1683	0.1738	0.2198	0.1735
N	6904	6904	6904	6904	6904	6904	6904	6904

注：括号内为 t 值，***、**、* 分别表示在 1%、5%、10% 的水平上显著，Cons 表示常数项。

表 4-12　　剔除绿色投资年份少于 5 年后样本的稳健性检验

变量	模型 (4-1)		模型 (4-2)		模型 (4-3)			
Reg1	0.0398* (1.88)				0.0404* (1.90)	0.0413* (1.94)		
Reg2		0.0174** (2.54)					0.0176** (2.55)	0.0077 (1.09)
CL1			-1.1552*** (-10.57)		-0.0304 (-0.53)		0.0185 (0.32)	
DS1			0.0219*** (2.66)		-112.021*** (-4.19)		-73.8894*** (-2.85)	
CL2				-0.4689*** (-3.47)		-1.1586*** (10.58)		-1.1738*** (-10.56)
DS2				0.0017 (0.20)		0.0225*** (2.72)		0.0220*** (2.67)
Size	0.2804*** (14.87)	0.2468*** (11.38)	0.2624*** (13.79)	0.2555*** (12.05)	0.2800*** (14.74)	0.2653*** (13.99)	0.2472*** (11.31)	0.2545*** (12.38)
Leverage	0.3907*** (4.06)	0.1212 (1.23)	0.2794*** (2.82)	0.0969 (0.98)	0.3868*** (3.97)	0.2572** (2.59)	0.1149 (1.14)	0.2867*** (2.90)
SOEs	0.1408*** (3.18)	0.1730*** (4.01)	0.1292*** (2.93)	0.1621*** (3.73)	0.1361*** (3.07)	0.1219*** (2.76)	0.1705*** (3.95)	0.1298*** (2.95)
Marketindex	-0.0277*** (-3.51)	-0.0224*** (-2.83)	-0.0318*** (-4.03)	-0.0246*** (-3.11)	-0.0287*** (-3.62)	-0.0348*** (-4.37)	-0.0228*** (-2.88)	-0.0315*** (-3.99)
Age	0.0333 (0.70)	0.0446 (0.89)	0.1052** (1.98)	0.0549 (1.03)	0.0323 (0.68)	0.1102 (2.07)	0.0419 (0.84)	0.1038* (1.96)
AS	1.8087*** (14.04)	1.2551*** (9.02)	1.6506*** (12.65)	1.2490*** (8.98)	1.7851*** (13.48)	1.6409*** (12.56)	1.2602*** (8.93)	1.6539*** (12.69)

续表

变量	模型 (4-1)		模型 (4-2)		模型 (4-3)			
Growth	0.1201 ***	0.1244 ***	0.0977 **	0.1100 **	0.1260 ***	0.0972 **	0.1390 ***	0.1019 **
	(2.84)	(2.76)	(2.29)	(2.43)	(2.94)	(2.28)	(2.88)	(2.38)
IDR	-0.7584 **	-0.9524 **	-0.7328 **	-0.9709 ***	-0.7558 **	-0.7633 **	-0.9515 ***	-0.7288 **
	(-2.28)	(-2.94)	(-2.21)	(-2.99)	(-2.27)	(-2.30)	(-2.93)	(-2.20)
H5	0.6406	0.1111	0.6825	0.1265	0.6175	0.7334	0.0996	0.6924
	(1.27)	(0.22)	(1.37)	(0.26)	(1.23)	(1.47)	(0.20)	(1.39)
Top1	-0.2385	0.0638	-0.3282	0.0536	-0.2202	-0.3557	0.0766	-0.3446
	(-0.65)	(0.18)	(-0.90)	(0.15)	(-0.60)	(-0.97)	(0.21)	(-0.95)
Separation	0.1001	0.2736	0.1031	0.2548	0.0738	0.0825	0.2588	0.0994
	(0.41)	(1.15)	(0.43)	(1.07)	(0.30)	(0.34)	(1.09)	(0.41)
Cons	-2.0833 ***	-2.1366 ***	-1.6801 ***	-1.8756 ***	-2.0480 ***	-1.8183 ***	-2.1318 ***	-1.7182 ***
	(-8.65)	(-7.70)	(-7.05)	(-6.61)	(-8.48)	(-7.26)	-7.65	(-7.14)
Year/Industry	Yes	Yes	Yes	Yes	Yes	Yes	Yes	Yes
F 值	70.79	35.14	78.06	35.72	61.89	72.59	33.78	73.01
Adj_R²	0.1678	0.2202	0.1738	0.2199	0.1686	0.1743	0.2205	0.1740
N	6789	6789	6789	6789	6789	6789	6789	6789

注：括号内为 t 值，***、**、* 分别表示在 1%、5%、10% 的水平上显著，Cons 表示常数项。

表 4-13　　　　　　　　　调整控制变量的稳健性检验

变量	模型 (4-1)		模型 (4-2)		模型 (4-3)			
Reg1	0.0472 **				0.0478 **	0.0485 **		
	(2.18)				(2.20)	(2.24)		
Reg2		0.0168 **					0.0168 **	0.0077
		(2.45)					(2.45)	(1.10)
CL1			-0.0212		-0.0593		-0.0093	
			(-0.36)		(-1.01)		(-0.16)	
DS1			-68.3778 **		-104.8230 ***		-68.5816 **	
			(-2.55)		(-3.78)		(-2.56)	
CL2				-1.1880 ***		-1.1918 ***		-1.2082 ***
				(-10.84)		(-10.85)		(-10.82)
DS2				0.0190 **		0.0195 **		0.0190 **
				(2.28)		(2.34)		(2.28)
Size	02884 ***	0.2595 ***	0.2737 ***	0.2699 ***	0.2875 ***	0.2735 ***	0.2594 ***	0.2622 ***
	(15.01)	(11.90)	(12.84)	(13.93)	(14.85)	(14.16)	(11.81)	(12.63)

续表

变量	模型 (4-1)		模型 (4-2)		模型 (4-3)			
Leverage	0.3784 ***	0.0898	0.0882	0.2582 **	0.3798 ***	0.2334 **	0.0886	0.2652 ***
	(3.88)	(0.90)	(0.87)	(2.57)	(3.85)	(2.33)	(0.87)	(2.65)
SOEs	0.1865 ***	0.1957 ***	0.1901 ***	0.1765 ***	0.1830 ***	0.1707 ***	0.1934 ***	0.1778 ***
	(3.99)	(4.28)	(4.15)	(3.79)	(3.92)	(3.66)	(4.23)	(3.82)
Marketindex	-0.0313 ***	-0.0265 ***	-0.0277 ***	-0.0347 ***	-0.0322 ***	-0.0381 ***	-0.0270 ***	-0.0344 ***
	(-3.91)	(-3.33)	(-3.47)	(-4.34)	(-4.02)	(-4.73)	(-3.38)	(-4.30)
Age	0.0178	0.0180	0.0211	0.0864	0.0184	0.0927 *	0.0162	0.0842
	(0.38)	(0.37)	(0.43)	(1.64)	(0.39)	(1.74)	(0.33)	(1.60)
AS	1.7687 ***	1.2263 ***	1.2331 ***	1.6221 ***	1.7325 ***	1.6121 ***	1.2188 ***	1.6234 ***
	(14.01)	(8.98)	(8.97)	(12.75)	(13.48)	(12.66)	(8.85)	(12.77)
Growth	0.0013	0.0207	0.0205	0.0184	0.0036	0.0189	0.0209	0.0196
	(0.05)	(0.74)	(0.72)	(0.64)	(0.12)	(0.66)	(0.74)	(0.69)
IDR	-0.8433 **	-0.9950 ***	-1.0089 ***	-0.8108 **	-0.8464 **	-0.8513 **	-0.9968 ***	-0.8090 **
	(-2.47)	(-3.00)	(-3.04)	(-2.38)	(-2.47)	(-2.50)	(-3.01)	(-2.37)
H5	0.7649	0.1477	0.1225	0.7975	0.7423	0.8649 *	0.1336	0.8113
	(1.50)	(0.30)	(0.24)	(1.58)	(1.46)	(1.71)	(0.27)	(1.61)
Top1	-0.3138	0.0377	0.0829	-0.4087	-0.2990	-0.4457	0.0498	-0.4285
	(-0.84)	(0.10)	(0.23)	(-1.11)	(-0.80)	(-1.21)	(0.14)	(-1.17)
Separation	0.1859	0.3275	0.3076	0.2032	0.1624	0.1813	0.3126	0.2012
	(0.76)	(1.36)	(1.28)	(0.83)	(0.66)	(0.74)	(1.30)	(0.83)
Board	-0.1594 **	-0.0466	-0.0367	-0.1558 **	-0.1612 **	-0.1652 **	-0.0470	-0.1596 **
	(-2.07)	(-0.63)	(-0.49)	(-2.04)	(-2.09)	(-2.15)	(-0.63)	(-2.09)
Dual	0.1027 **	0.1118 ***	0.1151888	0.1012 **	0.1066 ***	0.1068 ***	0.1133 ***	0.1007 **
	(2.55)	(2.89)	(2.97)	(2.52)	(2.64)	(2.65)	(2.92)	(2.51)
Cons	-1.8738 ***	-2.0281 ***	-1.9280 ***	-1.4371 ***	-1.8263 ***	-1.5924 ***	-2.0122 ***	-1.4677 ***
	(-7.50)	(-7.01)	(-6.69)	(-5.77)	(-7.29)	(-6.16)	(-6.93)	(-5.84)
Year/Industry	Yes	Yes	Yes	Yes	Yes	Yes	Yes	Yes
F 值	60.20	32.92	32.16	66.94	53.59	62.88	31.65	63.18
Adj_R²	0.1678	0.2199	0.2193	0.1740	0.1685	0.1748	0.2201	0.1742
N	6708	6708	6708	6708	6708	6708	6708	6708

注：括号内为 t 值，*** 、** 、* 分别表示在 1%、5%、10% 的水平上显著，Cons 表示常数项。

值得注意的是，在现阶段环境规制水平下，污染物排放量的变化能够更好地监测环境政策工具和法规的执行情况，而环境税这一市场型工具的作用不及排污量显著。由于创新投入能够帮助企业在市场上推出新产品，因而采用研发费用能够更好地体现企业的差异化战略，广告费则更适合作为成本领先战略的代理指标，因为广告宣传更容易体现为成本的增加，无法形成有效的生产力。此外，成本领先战略对绿色投资的抑制作用在一定程度上不够显著，说明绿色投资的差异化战略作为企业战略的有效组成得到了市场的认同，即便绿色投资不足，在"组织绿化"过程中寻求企业的发展机会已经势在必行，仅靠降低成本来保持竞争优势显得捉襟见肘。

4.5.5　内生性检验

本章主要考察绿色投资的动因问题，选取中国上市公司中有绿色投资记录的作为研究样本，存在样本选择性问题，因而会造成样本选择偏差。而且，模型存在遗漏部分重要变量的可能。此外，自变量与因变量存在反向因果关系的可能。因此，借鉴王宇和李海洋（2017）、胡珺等（2017）、陈诗一和陈登科（2018）、王等（2018）的处理方法，采用自变量滞后一期、固定效应模型和Heckman两阶段回归法来克服上述内生性问题。

表4-14是自变量滞后一期的处理结果。从对模型（4-1）~模型（4-3）的回归检验来看，在将环境规制、竞争战略纳入同一模型回归之前，Reg1、Reg2的估计系数均显著为正，说明环境规制会迫使企业增加绿色投资；CL1、CL2的系数估计值为负但不显著，DS1、DS2的系数估计值均显著为正，说明一旦企业决定开展绿色投资活动，就会接受因承担环境责任而导致企业成本增加的事实。因此，采取差异化战略会显著提高企业的绿色投资，而成本领先战略的作用不显著。在同时考虑环境规制和竞争战略对企业开展绿色投资决策的影响后，模型（4-3）的回归结果与模型（4-1）和模型（4-2）的回归结果基本一致。

表4-14　　　　　　　　　基于自变量滞后一期的回归检验结果

变量	模型（4-1）	模型（4-2）	模型（4-3）		
L. Reg1	0.0011 * (1.92)		0.0365 * (1.65)	0.0358 (1.62)	
L. Reg2		0.0180 ** (2.55)		0.0153 ** (2.17)	0.0086 (1.21)
L. CL1		-0.0532 (-0.85)	-0.0803 (-1.35)	-0.0431 (-0.71)	

续表

变量	模型（4-1）		模型（4-2）		模型（4-3）			
L. DS1			−127.6429 ***		−139.3603 ***		−105.2705 ***	
			（−4.26）		（−5.06）		（−3.92）	
L. CI2				−1.2170 ***		−1.2296 ***		−1.2518 ***
				（−10.11）		（−10.93）		（−10.88）
L. DS2				0.0248 ***		0.0258 ***		0.0256 ***
				（2.77）		（3.13）		（3.12）
Size	0.2726 ***	0.2436 ***	0.2748 ***	0.2611 ***	0.2778 ***	0.2632 ***	0.2459 ***	0.2523 ***
	（13.58）	（10.41）	（13.05）	（12.46）	（13.69）	（13.04）	（10.93）	（11.69）
Leverage	0.1310 ***	0.1188	0.4088 ***	0.2675 ***	0.4129 ***	0.2835 ***	0.1579	0.3100 ***
	（3.27）	（1.10）	（3.86）	（2.48）	（4.09）	（2.78）	（1.53）	（3.04）
SOEs	0.1524 ***	0.1559 ***	0.1223 **	0.1111 **	01.091 **	0.1087 **	0.1370 ***	0.1135 **
	（3.25）	（3.33）	（2.54）	（2.32）	（2.41）	（2.42）	（3.07）	（2.53）
Marketindex	−0.0203 **	−0.0238 ***	−0.0276 ***	−0.0337 ***	−0.0277 ***	−0.0341 ***	−0.0221 ***	−0.0312 ***
	（−2.44）	（−2.78）	（−3.24）	（−3.94）	（−3.38）	（−4.14）	（−2.70）	（−3.82）
Age	0.1454 ***	0.0654	0.0365	0.1230 **	0.0332	0.0901 **	0.0772 *	0.0875 **
	（3.68）	（1.23）	（0.71）	（2.17）	（0.92）	（2.32）	（1.96）	（2.26）
AS	1.3464 ***	1.3211 ***	1.8538 ***	1.7216 ***	1.7800 ***	1.6511 ***	1.2943 ***	1.6655 ***
	（9.97）	（8.77）	（12.90）	（12.15）	（12.81）	（12.04）	（8.85）	（12.18）
Growth	0.0636	0.0722	0.0199	0.0283	0.0230	0.0325	0.0682	0.0386
	（0.96）	（1.09）	（0.31）	（0.44）	（0.40）	（0.57）	（1.16）	（0.67）
IDR	−0.8544 ***	−1.1021 ***	−0.8798 **	−0.9135 **	−0.8120 **	−0.8425 **	−0.9997 ***	−0.8185 **
	（−2.98）	（−3.21）	（−2.50）	（−2.61）	（−2.45）	（−2.56）	（−3.10）	（−2.48）
H5	−0.0193	0.44317	0.8207	0.9245 *	0.5791	0.6761	0.1366	0.6431
	（−0.04）	（0.81）	（1.51）	（−1.42）	（1.10）	（1.29）	（0.26）	（1.23）
Top1	−0.0202	−0.1947	−0.4444	−0.5630	−0.2984	−0.4121	−0.0165	−0.4083
	（−0.05）	（−0.50）	（−1.12）	（−1.42）	（−0.78）	（−1.08）	（−0.04）	（−1.07）
Separation	0.3210	0.3295	0.1340	0.1518	0.1090	0.1530	0.2788	0.1646
	（1.24）	（1.28）	（0.51）	（0.58）	（0.43）	（0.61）	（1.13）	（0.66）
Cons	−2.1815 ***	−2.1933 ***	−1.7923 ***	−1.5935 ***	−1.9430 ***	−1.6719 ***	−2.2559 ***	−1.6016 ***
	（−7.12）	（−7.35）	（−7.23）	（−6.22）	（−8.47）	（−7.07）	（−8.40）	（−7.03）
Year/Industry	Yes	Yes	Yes	Yes	Yes	Yes	Yes	Yes
F 值	31.59	31.73	57.70	68.29	57.08	67.86	32.27	68.27
Adj_R^2	0.2183	0.2191	0.1672	0.1730	0.1683	0.1743	0.2197	0.1741
N	5938	5938	5938	5938	6345	6345	6345	6345

注：括号内为 t 值，***、**、* 分别表示在 1%、5%、10% 的水平上显著，Cons 表示常数项。

为了解决模型遗漏变量所产生的内生性问题，以及控制时间效应的影响，进一步采用固定效应模型进行参数估计。通过 Hausman 检验后，由于 p 值为 0.0000，强烈拒绝随机效应的原假设，故而采用固定效应模型最有效率。表 4-15 报告了采用面板固定效应对模型检验的结果。从回归结果可知，环境规制、差异化战略对绿色投资具有显著的促进作用，这一结果与本章的研究结论相一致。

表 4-15　　　　　　　　　　基于固定效应模型的回归检验结果

变量	模型 (4-1)		模型 (4-2)		模型 (4-3)			
Reg1	-0.0465 (-0.30)				-0.0460 (-0.30)	-0.0461 (-0.30)		
Reg2		0.0142** (2.15)					0.0147** (2.29)	0.0144** (2.25)
CL1			-0.0160 (-0.14)		0.0063 (0.06)		0.0076 (0.07)	
DS1			-48.9936 (-1.03)		-45.3094 (-1.00)		-44.4067 (-0.98)	
CL2				-0.0730 (-0.25)		-0.1152 (-0.42)		-0.1148 (-0.42)
DS2				0.0198* (1.57)		0.0181* (1.50)		0.0174* (1.44)
Size	0.2282*** (5.48)	0.2172*** (5.18)	0.2289*** (5.48)	0.2281*** (5.44)	0.2365*** (5.94)	0.2346*** (5.87)	0.2256*** (5.63)	0.2238*** (5.56)
Leverage	-0.5029*** (-3.31)	-0.5002*** (-3.30)	-0.5011*** (-3.27)	-0.5092*** (-3.34)	-0.4986*** (-3.41)	-0.5012*** (-3.45)	-0.4866*** (-3.40)	-0.4987*** (-3.44)
SOEs	0.2826** (2.31)	0.2821** (2.30)	0.2799** (2.28)	0.2720** (2.22)	0.2689** (2.25)	0.2629** (2.20)	0.2687** (2.25)	0.2630** (2.20)
Marketindex	-0.0279 (-0.90)	-0.0282 (-0.90)	-0.0280 (-0.90)	-0.0281 (-0.91)	-0.0400 (-1.36)	-0.0401 (-1.37)	-0.0404 (-1.38)	-0.0405 (-1.38)
Age	6.0191 (1.38)	5.9483 (1.37)	6.0055 (1.38)	5.9236 (1.36)	0.4966 (0.28)	0.6423 (0.36)	0.4856 (0.27)	0.6291 (0.35)
AS	0.4886*** (2.72)	0.4819*** (2.62)	0.4842*** (2.68)	0.4927*** (2.74)	0.5248*** (3.02)	0.5293*** (3.06)	0.5083*** (2.93)	0.5127*** (2.96)
Growth	0.0775 (1.64)	0.0801* (1.70)	0.0795* (1.68)	0.0779* (1.65)	0.0704 (1.58)	0.0669 (1.51)	0.0731 (1.64)	0.0696 (1.57)

变量	模型 (4-1)		模型 (4-2)		模型 (4-3)			
IDR	-0.0946 (-0.22)	-0.1023 (-0.24)	-0.0806 (-0.19)	-0.1103 (-0.25)	-0.0606 (-0.15)	-0.0897 (-0.22)	-0.0663 (-0.16)	-0.0945 (-0.23)
H5	0.1914 (0.35)	0.1898 (0.35)	0.1886 (0.34)	0.1674 (0.30)	0.4149 (0.80)	0.4004 (0.77)	0.4156 (0.80)	0.4019 (0.78)
Top1	-0.2803 (-0.65)	-0.2823 (-0.65)	-0.2871 (-0.66)	-0.2659 (-0.61)	-0.3319 (-0.81)	-0.3179 (-0.78)	-0.3358 (-0.82)	-0.3227 (-0.79)
Separation	-0.2518 (-0.64)	-0.2396 (-0.61)	-0.2513 (-0.64)	-0.2677 (-0.68)	-0.3360 (-0.88)	-0.3503 (0.91)	-0.3251 (-0.85)	-0.3389 (-0.88)
Cons	-16.5179 (-1.43)	-16.5926 (-1.44)	-16.6539 (-1.44)	-16.3953 (-1.42)	-1.8535 (-0.41)	-2.1578 (-0.48)	-2.0931 (-0.46)	-2.3912 (-0.53)
Year	Yes	Yes	Yes	Yes	Yes	Yes	Yes	Yes
F 值	5.49	5.71	5.29	5.37	5.60	5.68	5.83	5.90
Adj_R^2	0.0189	0.0196	0.0190	0.0193	0.0197	0.0200	0.0205	0.0207
N	6789	6789	6789	6789	7533	7533	7533	7533

注：括号内为 t 值，***、**、* 分别表示在 1%、5%、10%的水平上显著，Cons 表示常数项。

表 4-16 是 Heckman 两阶段模型的回归结果。根据本章所引用文献中使用 Heckman 两阶段模型的做法，构建模型（4-16）作为第一阶段模型。第一阶段的因变量为绿色投资高低的虚拟变量（HighGI），当上市公司绿色投资规模超过年度—行业的平均值时取值 1，否则取值 0。控制变量不变，采用 Probit 模型进行回归估计。

$$HighGI_{i,t} = \beta_0 + \sum_{m=1}^{11} \beta_m ControlVar_{i,t} + \sum Industry + \sum Year + \varepsilon_{i,t}$$

$$(4-16)$$

表 4-16 　　　　　　基于 Heckman 两阶段模型的回归检验结果

变量	模型 (4-1)		模型 (4-2)		模型 (4-3)		
Reg1	0.0014 * (1.83)				0.0389 * (1.37)	0.0424 * (1.49)	
Reg2		0.0200 * (1.71)				-0.0154 (-1.37)	-0.0174 (-1.55)
CL1			-0.2723 (-1.46)		-0.1667 (-0.92)	-0.1910 (-1.05)	

续表

变量	模型（4-1）	模型（4-2）			模型（4-3）			
DS1		-134.3048 (-1.61)			-153.1315* (-1.94)		-144.2042* (-1.84)	
CL2				-1.9280*** (-4.41)		-1.8692*** (-4.48)		-1.8620*** (-4.47)
DS2				0.0117** (3.58)		0.0096** (3.50)		0.0124** (3.64)
Size	0.7367*** (10.23)	1.0559*** (6.16)	1.0404*** (6.09)	1.0813*** (6.33)	1.0689*** (6.16)	1.1198*** (6.45)	1.0696*** (6.19)	1.1249*** (6.50)
Leverage	0.2902 (1.51)	1.1937*** (3.13)	1.2338*** (3.24)	1.2198*** (3.23)	1.1476*** (3.21)	1.1381*** (3.21)	1.1488*** (3.21)	1.1401*** (3.22)
SOEs	0.7294** (2.58)	0.7356*** (2.61)	0.7440*** (2.64)	0.7987*** (2.83)	0.6193** (2.57)	0.6769*** (2.80)	0.6150** (2.55)	0.6759*** (2.80)
Marketindex	0.0163 (1.18)	-0.0533** (-1.99)	-0.0542** (-2.03)	-0.0659** (-2.47)	-0.0437* (-1.95)	-0.0545** (-2.43)	-0.0376* (-1.72)	-0.0479** (-2.19)
Age	-0.0954 (-1.15)	-0.0492 (-0.50)	-0.0732 (-0.74)	-0.0696 (-0.67)	0.1646 (1.50)	0.2013* (1.83)	0.1640 (1.51)	0.2007* (1.84)
AS	1.7869*** (3.15)	5.6395*** (3.34)	5.5170*** (3.25)	6.0235*** (3.57)	5.3081*** (3.37)	5.7980*** (3.68)	5.2623*** (3.35)	5.7950*** (3.69)
Growth	0.1073 (0.98)	0.5554*** (3.81)	0.5502*** (3.75)	0.5751*** (3.96)	0.5250*** (3.47)	0.5468*** (3.65)	0.5263*** (3.49)	0.5533*** (3.70)
IDR	-1.6789*** (-2.83)	-3.4989*** (-3.72)	-3.5669*** (-3.79)	-3.8757*** (-4.11)	-3.7838*** (-3.94)	-4.1498*** (-4.31)	-3.6930*** (-3.86)	-4.0636*** (-4.23)
H5	-0.2223 (-0.31)	-0.8033 (-1.10)	-0.8687 (-1.20)	-0.9076 (-1.25)	-1.1204 (-1.53)	-1.1990 (-1.64)	-1.0661 (-1.46)	-1.1426 (-1.56)
Top1	0.5677 (0.98)	1.0469* (1.66)	1.0601* (1.68)	1.0269 (1.63)	1.1479* (1.89)	1.1191* (1.84)	1.1035* (1.82)	1.0755* (1.78)
Separation	0.3093 (0.84)	1.2043** (2.42)	1.1230** (2.27)	1.1848** (2.41)	1.0469** (2.29)	1.1082** (2.45)	1.0521** (2.30)	1.1244** (2.48)
IMR	4.6311*** (2.96)	4.6325*** (2.97)	4.6237*** (2.96)	5.1130*** (3.28)	4.4280*** (3.04)	4.9523*** (3.39)	4.3601*** (3.00)	4.9128*** (3.37)
Cons	-13.5391*** (-3.39)	-13.3509*** (-3.36)	-13.2439*** (-3.33)	-13.9343*** (-3.52)	-13.9022*** (-3.50)	-14.8072*** (-3.74)	-13.4692*** (-3.41)	-14.4237*** (-3.65)
Year/Industry	Yes	Yes	Yes	Yes	Yes	Yes	Yes	Yes
F 值	64.88	62.93	66.30	71.92	70.79	81.23	68.73	79.87
Adj_R^2	0.3426	0.3426	0.3434	0.3501	0.3468	0.3534	0.3470	0.3537
N	1799	1799	1799	1799	1900	1900	1900	1900

注：括号内为 t 值，***、**、* 分别表示在 1%、5%、10%的水平上显著，Cons 表示常数项。

通过第一阶段的选择模型，结果显示国企属性、企业规模、负债率、资产结构、成长能力与绿色投资呈正相关关系，市场化水平、独董比例、股权集中度与绿色投资呈负相关关系。将第一阶段模型计算出的逆米尔斯比率（IMR）纳入模型（4-1）~模型（4-3）中，并重复对模型的回归。在控制样本选择偏差后，回归结果显示，环境规制、差异化战略系数显著为正，成本领先战略系数显著为负。总的来说，本章的研究结论是可靠的。

4.6 本章小结

绿色投资是加强污染治理、提高节能减排效率、改善环境质量的重要方式，既是国家层面倡导生态环保的关键举措，也是企业层面响应国家号召的主要形式。本章内容围绕绿色投资的动因展开，试图从环境规制和竞争战略两个角度解答本书提出的第一个问题"企业开展绿色投资的动机何在"。

理论分析表明，环境规制和竞争战略是中国上市公司开展绿色投资的两个基本因素，它们会共同作用于企业的绿色投资行为，而且绿色投资动因存在由被动因素向主动因素转变的现象。实证分析表明，环境规制会迫使上市公司增加绿色投资，随着环境规制强度的提高，企业会表现出更加积极的绿色投资行为；从竞争战略角度来看，成本领先战略对企业绿色投资具有显著的抑制作用，差异化战略对企业绿色投资具有显著的促进作用；从两个动因的共同作用来看，环境规制和差异化战略对企业的绿色投资具有促进作用，而成本领先战略对企业的绿色投资具有抑制作用。

本章的研究结论具有一定的政策启示：第一，政府在设计和落实环境政策的过程中，要充分考虑环境规制工具的异质性与企业规模和相应的资源基础，加强环境政策工具的组合运用。对于资源基础雄厚的企业，政府应该采用环境税费类政策工具"倒逼"企业参与绿色实践、扩大绿色投资规模；对于资源基础薄弱的中小企业，政府应该采用环保补贴类政策工具予以激励，从而缓解因环境治理成本所导致的融资约束问题，降低对正常生产经营活动的不确定性。第二，环境规制工具的应用要与市场运行机制相协调。环境政策应该激发市场配置资源的积极性，借助市场竞争促使企业利用合理的竞争战略实现污染外部性问题的内部化。因此，环境规制的作用在于引导企业形成绿色投资的市场竞争格局，激励企业的绿色技术创新能力。一方面，要通过合理的环境税费和补贴政策增强企业绿色投资的信心；另一方面，要大力发展绿色信贷和绿色直接融资，加强对绿色技术研发和应用的资金支持。第三，政府要加强对新闻媒体的监管，增强其对政府环境管制的辅助和外部监督功能。要净化媒体界"报喜不报忧"、追求轰动效应、新闻炒作的不良风气，对企业污染环境的事件坚决曝光，强力打击和惩戒与生态文明建设相悖的行为，发挥媒体应有的监督功能。

| 第 5 章 |
企业绿色投资行为的绩效表现研究[①]

5.1　引言

可持续性是一个关键问题，绿色增长将受到更多关注和呼吁（Zhang et al.，2019）。近年来，中国政府对环境污染问题的重视程度空前提高，积极鼓励和支持企业在节能减排方面的绿色实践，通过绿色投资改善污染状况已逐渐成为企业重要的经营决策（Wang et al.，2018）。在第 4 章内容中，就企业开展绿色投资的驱动因素已经做了较为系统的讨论，研究结果表明，环境规制和竞争战略是中国上市公司进行绿色投资的两个基本动因。在环境规制和竞争战略的双重动力驱使下，企业参与绿色实践活动必然对其生产经营和所处环境产生相应的影响，这又会进一步影响企业在开展绿色投资决策问题上的判断。安德森－韦尔（Anderson－Weir，2010）指出，理解企业环境行为所产生的结果最直接的方式，就是检验企业环境决策与企业绩效之间的关系。那么，绿色投资对与企业经济活动息息相关的环境表现有何影响？在绿色投资改善环境绩效的过程中，是否带来了经济效益的增长？这些都是实现可持续发展亟须探索的问题。

从企业环境行为的影响而言，企业的绿色投资行为将同时产生两种经济后果。绿色投资的首要任务是实现节能减排，减少经济活动对生态环境的负外部性。因此，绿色投资对生态环境的影响表现为环境绩效。另外，绿色治理并不意味着企业放弃追求经济效益，而是通过投资进行绿色创新来实现其可持续发展。因此，绿色投资在经济方面的影响形成经济绩效。这两种绩效表现，既关

---

① 本章内容在笔者已发表论文 "Does green investment improve energy firm performance？[J]. Energy Policy，2021（153）：112252" 和 "绿色投资会改善企业的环境绩效吗？——来自中国能源上市公司的证据 [J]. 经济理论与经济管理，2021，41（5）：68－84" 的基础上扩展而成。

系到企业在市场竞争中能否获得优势地位，也是把握中国经济转型的重要观测点。当前阶段，煤炭等化石能源消费在中国经济增长中的作用仍是举足轻重，而清洁能源技术和清洁生产与消费还有待进一步提升，在能源结构优化升级、经济增长转型的过渡期，绿色实践的普及与形成企业稳定持续的发展优势尚不成熟。纵然有投资于绿色实践的驱动力，实现环境效益和经济效益的"双赢"并非易事。

沙尔滕布兰德等（2018）的研究显示，企业的财务绩效会影响管理者在环境方面的投资决策，这一表现使它们在应对社会压力、消费者压力上的投资存在不同。公司的环境条件会影响其负债敞口、声誉和市场价值（White，1995），因而随着污染防治技术的改进和创新，企业在环境管理活动中的成本优势将更加明显（Christmann，2000）。查里里等（2018）认为，绿色投资会显著促进企业财务业绩增长。其他研究也表明，环境绩效与财务绩效之间存在显著的正相关关系（Clarkson et al.，2011；Dixon Fowler et al.，2013；Chariri et al.，2018；Zhang et al.，2019）。而相反的结论表示，企业为改善环境绩效而付出的巨大成本将超过由此产生的财务收入，因此，环境绩效与财务绩效之间存在负相关关系（Jaffe et al.，1995；Walley and Whitehead，1994）。斯图基（2018）发现，绿色投资只能改善19%的企业绩效，对其余81%的企业影响甚微，甚至对业绩增长产生负面影响。这是因为，虽然绿色投资有利于抑制工业废物排放、控制环境污染（姜英兵和崔广慧，2019），但与经济绩效相比，环境创新在改善环境绩效方面更为有效（Long et al.，2017）。

从企业经营管理的角度来看，这两种观点都符合一些企业的实际情况。在绿色治理和可持续发展理念下，企业获取竞争优势的来源将发生变化。随着绿色发展逐渐成为经济增长的新方向，这些结论是否会出现新的变化，还有待确定。毋庸置疑的是，绿色投资将在企业成长和社会进步中扮演越来越重要的角色。根据哈特和阿胡贾（1996）的观点，企业确实值得绿化，在节能减排的一到两年后企业的经营业绩和财务业绩将得到改善。这恰好符合绿色投资所暗含的假设，企业在盈利时会投资于绿色技术（Stucki，2018）。基于此，本章提出这样一个问题：绿色投资能否在实现环境污染治理的同时促进企业成长和获得收益？

从现有文献对这一问题的研究结果来看，大多数研究侧重于企业的一般性投资，较少关注可再生能源等绿色投资（Yang et al.，2019）。而且，以往的研究主要集中在环境规制对企业绩效的影响上，很少有研究直接关注绿色投资与企业绩效的关系。此外，由于样本选择、分析方法和实证设计的差异（Zhang et al. , 2019），这一问题的作答仍然缺乏共识。因此，本章研究旨在为绿色投资与企业绩效之间的关系提供新的证据。通过直接探讨绿色投资与环境绩效、绿色投资与经济绩效之间的关系，为绿色投资对企业绩效的影响提供微观层面的证据，在此基础上进一步分析环境绩效与经济绩效的相关性问题。本书从多个角度解读了绿色投资的绩效表现，丰富了绿色发展相关理论的研究范畴。此外，本书为哈特和阿胡贾（1996）的结论提供了新的经验证据，对于企业的绿色投资决策和将环保实践纳入企业长期战略具有重要的现实参考意义。

5.2 文献综述

绿色投资主要是对可再生技术、节能技术的资金投入（Eyraud et al. , 2013），这势必在某种程度上改善企业的生产经营活动对环境的影响，成为企业遵守环境规制、减少环境违规行为的关键基础。企业的环境决策会对环境和公司价值产生巨大的影响（Anderson – Weir, 2010），在企业投资于环境事业之前，其经济活动可能会在损害环境质量的情况下为企业带来正向收益；而一旦决定参与污染治理，企业行为对环境与自身发展的影响会出现迥然不同的情况。对企业而言，更关心的问题不再是"组织是否值得绿化"，而是"环保投资在什么时候获得回报"（King and Lenox, 2001）。这一存在取舍性和争议性的问题，其本质在于企业是否应该将环境保护纳入其核心运营和战略管理体系的决策判断（杨东宁和周长辉，2004）。从20世纪80年代至今，对这一问题的争论始终没有达成共识。

从绿色投资对环境绩效的影响来看，这一研究结果相对统一。李怡娜和叶飞（2011，2013）的实证结果表示，环保创新实践对企业环境绩效具有显著的正向作用。姜英兵和崔广慧（2019）发现，环保投资能够在短期内对工业废物排放起到立竿见影的抑制作用。龙等（Long et al. , 2017）通过研究182家中国企业的环境创新行为，发现环境创新行为对环境绩效的积极作用明显优于经济绩效，显示了企业环保实践在减轻环境污染方面的优越性。樊等（Fan et al. , 2019）的研究显示，在严格的环境法规下，企业的环境实践会显著降低化学需氧量（COD）排放的概率。这些结果说明，企业的环境实践对改善环境绩效具有显著作用。正如秦颖和武春友（2004）认为，企业"好行为"对环境绩效具有很强的正向作用。

　　然而，在探讨企业"好行为"对其经济绩效的影响时，研究结论却莫衷一是，这些文献的研究结果大致可以分为三类。第一类文献认为，企业绿色投资对经济绩效具有正向作用。比如，齐文和斯莫尔（Zivin and Small，2005）表示，由于投资者更容易被企业的"绿色产品"、对环境和社会负责的行为所吸引，因而在资本市场上倾向于"绿色投资"；弗朗德尔等（Frondel et al.，2008）的研究结果显示，企业的环保创新实践可以实现环境绩效和经济绩效的双重目标；京斯特等（Guenster et al.，2011）发现，企业的生态效益与经营绩效和市场价值呈正相关关系；张钢和张小军（2013）认为，企业实施的绿色创新战略不仅会提高企业的社会绩效，同时还能提升企业的经济绩效。很显然，这种观点与"波特假说"存在一定关系，即企业的绿色投资行为能够促使其开展有益于改善环境质量的技术创新活动，环境技术提高了资源利用率和经济效益，抵消环保投资对经营成本的负面影响，使"补偿性收益"大于"遵循成本"。在第二类文献中，企业绿色投资对经济绩效具有负面影响。多数企业在政府环境管制的压力下进行绿色投资，导致企业的私人成本过高，而能够为企业获利的商业项目明显缺乏资源投入（Jaffe and Stavins，1995；Palmer et al.，1995；Orsato，2006；Ambec and Lanoie，2008），导致企业利润、资本和劳动力的急剧下降（Fan et al.，2019），在短期内不利于企业价值（姜英兵和崔广慧，2019）。从第三类文献来看，绿色投资与经济绩效之间存在不相关或者不直接相关的情况。李怡娜和叶飞（2011，2013）的研究结果表明，企业的环保实践对经济绩效没有显著的直接作用，但会通过环境绩效来间接地影响经济绩效。潘飞和王亮（2015）发现，企业环保投资与经济绩效在短期内没有显著关系，但环保投资在长期对经济绩效具有一定的促进作用。由此可见，绿色投资的经济绩效存在时间周期上的迟滞性。

　　正因如此，从环境绩效与经济绩效两者的关系来看，环境绩效的改善具有提高经济绩效的作用。克拉克森等（Clarkson et al.，2011）探讨了影响企业采取积极环境策略的因素，发现环境绩效与财务绩效之间具有稳健的正相关关系；胡曲应（2012）发现，中国上市公司环境绩效与经济绩效存在正相关关系；李等（2016）以韩国企业作为研究样本，发现环境责任绩效与企业 ROE 和 ROA 之间具有正向关系；王等（2015）发现，企业承担社会责任对其财务绩效具有显著的增强效果。在短期内，绿色投资会压缩企业的利润空间，无法有效激励企业的技术创新；但在长期内，企业不会坐以待毙，而会试图通过技术创新改变生产方式、提高生产效率，去抵消和弥补因污染治理所负担的私人成本，提高竞争优势，实现绿色转型与经济效益的相容发展（Porter and Van-der-Linde，1995a；Popp et al.，2010；张成等，2011）。因此，不应该错误地认为企业的环境改善活动与企业的竞争力是此消彼长的取舍关系（Porter and Van-der-Linde，1995a）。

上述研究结果对企业行为的反映可以从两条路径进行把握：由于被动因素和主动因素对绿色投资在影响上的差别，企业在绿色投资方面需要兼顾"成本关注路径"（Hassel et al.，2005；Popp et al.，2010；原毅军和耿殿贺，2010；张济建等，2016）和"价值创造路径"（胡曲应，2012；杨静等，2015；Saunila et al.，2018；Tang et al.，2018），导致绿色投资对经济绩效与环境绩效的影响并不一致，经济绩效与环境绩效之间关系的研究结论也缺乏共识。因此，进一步明晰绿色投资对环境绩效与经济绩效的影响以及两者之间的相互关系，对于提高绿色投资改善环境质量、促进绿色增长转型具有重要的理论和实践价值。

5.3 理论分析与研究假设

5.3.1 企业绿色投资的环境绩效

众所周知，企业（特别是工业企业）在经济活动中对化石能源的消耗，会产生大量废气、废水、废渣以及其他废物，成为环境污染的主要来源，而环境污染最终会妨害经济增长和人民生活水平的提高。比如，雾霾污染显著降低了中国经济发展质量（陈诗一和陈登科，2018）。面对环境污染和资源趋紧，企业一方面要寻求能源效率的提高和能源强度的降低，另一方面要寻求绿色能源作为替代。绿色投资作为企业配置资源的一种新型方式，将企业有限的资源投入绿色技术和可再生资源开发等方面，旨在降低能源消耗和提高资源利用效率的同时实现污染治理。因此，绿色投资是减少和控制污染物排放、提高环境绩效的关键手段。第一，绿色投资可以直接作用于企业和居民已经排放到自然界的污染物，有效处理这些有害物质，在短期内实现环境绩效的显著改善；第二，绿色投资的主要作用体现在对清洁技术的研发上，清洁技术的应用和普及是降低污染物排放、提高资源利用效率、实现资源循环利用的有效途径，是提高环境质量的长期策略；第三，绿色投资的落实和执行可以提高社会公众和企业的环保意识，促使他们自愿参与到环保实践中，形成人与自然和谐发展的良性循环。由此可见，绿色投资能够显著提高环境绩效。

尽管绿色投资会占用企业用于正常生产经营的资源，导致其现有的生产和销售受到影响，损害其财务业绩的提升，使节能减排能提高效率并节省资金与减少污染会增加企业成本成为一个悖论，但从可持续发展角度而言，绿色值得投资（Hart and Ahuja，1996；Arouri et al.，2012）。其原因有二：一是环境恶化最终会损害经济持续增长和由此带来的社会福利，必然迫使企业主动参与环境保护工作，由此形成新的市场竞争格局会自动约束企业的生产行为，使环境质量逐渐好转，进而使绿色投资成为企业投资中不可缺少的一部分；二是率先开展绿色投资的企业可能比其他企业具有更大的市场竞争优势，它们将掌握更多环境技术和相关信息，从而使绿色投资成为其可持续发展的重要动力，最终带来经济绩效的提升。因此，在面对环境压力时，企业在环境管理与环保技术方面的投入将成为企业获得竞争优势的宝贵资源（胡曲应，2012）。绍尼拉等（2017）认为，当公司越重视经济、制度和社会可持续发展时，就越有投资于绿色创新的意愿。换言之，企业对环境战略越重视，越能获得好的环境绩效（程巧莲和田也壮，2012）。

大多数研究结果表明，企业的绿色投资与环境绩效存在显著的正相关性（秦颖和武春友，2004；李怡娜和叶飞，2011，2013；Long et al.，2017；姜英兵和崔广慧，2019），当资源节约、环境保护的投入在环境规制的范围内能够不妨碍企业经济绩效的提升，企业就有参与到资源节约型环境友好型社会建设的意愿（林汉川等，2007）。李维安等（2019）表示，不能将绿色治理当作企业短期利润的来源，因为绿色治理有助于提升企业的长期价值；随着绿色治理水平的提高，公司能够获得更高的成长能力、更低的风险承担水平、更为宽松的融资约束以及更高的长期价值。此外，一旦企业将改善环境绩效作为一种差异化战略，这一选择能够显著降低激烈的市场竞争对环境绩效的负面影响（Duanmu et al.，2018）。基于此，提出本章假设 5 - 1：

假设 5 - 1：企业绿色投资对其环境绩效具有显著的提升作用。

5.3.2 企业绿色投资的经济绩效

对于企业而言，最理想的状态就是环境绩效和经济绩效同时得到改善。然而，由于投资的不可逆性，企业一旦进行绿色投资，在大多数情况下资本成本会随之沉没（Brauneis et al.，2013），节能减排成本是否会降低企业利润的增长并不确定。面对"遵循成本"的压力和"创新补偿"的诱惑，企业在"成本关注"与"价值创造"之间面临抉择两难的境地。无论是政府管制还是竞争战略，企业都希望通过绿色形象建立与利益相关者之间的友好关系，进而扩大市场份额、获得高额回报。所以，在采取绿色投资决策后，企业可能出现环境绩效良好而经济绩效变差、企业"假绿"而经济绩效良好、环境绩效和经济绩效相容发展等多种情形。

阮（Nguyen，2017）通过《京都议定书》这一外生冲击因素研究了碳风险对企业绩效的作用，发现企业为了改善环境绩效所付出的巨大成本会超过从中获得的经济收益，因而这一议案的颁布降低了污染企业的财务绩效。王鹏和张婕（2016）表示，企业既要承担履行社会责任的额外成本，还要承担政府转嫁过来的环境治理成本，将相关经济利益让渡给社会，因而绿色投资对企业财务绩效具有负面影响。对于专注于利润的投资者而言，向环保产业投资并不是最有利可图的策略，公司采取更加环保的做法会损害公司的股价（Jagannathan et al.，2017）。而且，企业越接近"零污染"，治理难度就越大，进一步减少污染意味着资本和技术的增加，进而导致治理成本越高（Hart and Ahuja，1996）。因此，绿色投资与经济绩效呈负相关关系。

但是，不能因为末端的环境治理不能为企业带来财务绩效的改善（胡曲应，2012），而放弃绿色投资。尽管企业在环境保护方面的投资是有风险的，但在节能减排的一两年以后，企业的经营绩效和财务绩效会得到提升（Hart and Ahuja，1996）。夏尔马和弗里登堡（Sharma and Vredenburg，1998）、班纳吉（Banerjee，2001）的研究显示，绿色投资能够提升企业的特殊能力，绿色创新战略能够改进运营方式、降低生产成本、提高企业声誉，从而带来财务绩效和社会绩效的显著提高。克里斯特曼（2000）研究了化工企业的绿色管理行为对企业成本优势的影响，发现随着企业污染预防技术水平的提高和创新性的增强，企业从环境管理活动中获得的成本优势就会越明显。马尔基（Marchi，2010）表示，企业的绿色创新实践活动能够使其在战略制定时关注环境问题，将环境战略纳入其中，进而巩固其竞争优势。何等（2019）认为，提高环境污染控制支出和调整产业结构，有利于提高绿色经济发展指标。因此，企业可以通过减少经营活动对自然环境的不利影响来获得可持续的竞争优势（Clarkson et al.，2011）。基于上述分析，提出竞争性假设 5 - 2：

假设 5 - 2a：绿色投资对企业经济绩效具有负向影响。

假设 5 - 2b：绿色投资对企业经济绩效具有正向影响。

5.3.3　环境绩效与经济绩效的相关性

企业环境绩效（如企业因为环境问题所受到的奖励或惩罚）会影响投资者对企业未来经济绩效的预期（Klassen and McLaughlin，1996），因而环境绩效与经济绩效之间的相互关系是企业开展绿色管理、制定环境策略的重要依据。根据已有文献的研究结果，虽然绿色投资能够显著改善企业的环境绩效，但是绿色投资对经济绩效的影响较为复杂，因而环境绩效与经济绩效之间的相关性难以确定。部分研究发现，环境绩效与经济绩效之间存在负相关关系（Jaffe et al. 1995；Walley and Whitehead，1994）。多数研究表明，环境绩效与经济绩效之间表现为正相关关系（Klassen and McLaughlin，1996；Hart and Ahuja，1996；Clarkson et al.，2011；胡曲应，2012；Dixon-Fowler et al.，2013；Wang et al.，2015）。一方面，绿色投资会挤占企业在其他营利性商业项目上的资源投入，增加企业的额外成本，导致利润空间被压缩，在短期内显著降低了经济绩效；同时，绿色投资能够有效发挥污染治理的作用，使环境质量在短期内得到改善。另一方面，虽然环保企业在短期内没有获得收益，但它们更可能经受住行业内突发动荡的考验（Jagannathan et al.，2017），在后期逐渐将环境治理成本转化为生产力，促进经济绩效显著提升并形成可持续竞争优势。因此，环保投资通过环境绩效这一中介变量促进经济绩效提升是一个长期的过程（潘飞和王亮，2015）。

事实上，由于不同企业在环保投资方面存在突出的个体性差异（唐国平和李龙会，2013），绿色实践战略并不能被所有企业轻易模仿（Hart and Ahuja，1996；Clarkson et al.，2011）。杨东宁和周长辉（2004）在探讨环境绩效与经济绩效的动态关系中指出，两者之间的正反馈是存在条件的，组织能力是联系彼此的纽带。具体而言，经济上的可行性是企业自愿改善环境绩效的动力，经济绩效良好的企业，能够在改善环境绩效方面分配更多资源，使它们在环保活动中获得大量生产能力和经验，并形成相应的专门资产（如更为先进的污染防治设施和清洁技术）来应对具体的环境标准和规则（如ISO14000）。这样的企业更容易获得政策支持、投资者和消费者青睐，在降低成本和提高产品质量上具有无可比拟的优势，继而更有信心推动技术创新，进一步加强其竞争优势。而对于经济绩效较为一般的企业，通过改善环境绩效的间接作用来期待在较长时期里提升经济绩效，反而可能会丧失发展机会，处于竞争劣势。因此，企业环境责任通过企业创新对财务绩效的影响不明显（周方召和戴亦捷，2020）。而且，实施环保创新所带来的收益部分是隐性的，很难引起企业决策层的高度重视（李怡娜和叶飞，2013）。基于此，在假设5-1和假设5-2的基础上，提出竞争性假设5-3：

假设5-3a：环境绩效与经济绩效之间呈正相关关系。

假设5-3b：环境绩效与经济绩效之间呈负相关关系。

5.4　研究设计

5.4.1　计量模型构建

本章内容从企业开展绿色投资的经济后果角度出发，主要研究绿色投资对环境绩效和经济绩效的影响以及两者之间的相关性。借鉴张等（2019）、张兆国等（2020）、张长江等（2020）的建模方法，以及第4章第4.4.1节的研究方法，设定如下模型来实证检验绿色投资的绩效表现。

模型（5-1）检验企业绿色投资行为对环境绩效的影响：

$$CEP_{i,t} = \beta_0 + \beta_1 Greeninvest_{i,t} + \sum_{m=2}^{12} \beta_m ControlVar_{i,t}$$
$$+ \sum Industry + \sum Year + \varepsilon_{i,t} \qquad (5-1)$$

模型（5-2）检验企业绿色投资行为对经济绩效的影响：

$$CFP_{i,t} = \beta_0 + \beta_1 Greeninvest_{i,t} + \sum_{m=2}^{12} \beta_m ControlVar_{i,t}$$
$$+ \sum Industry + \sum Year + \varepsilon_{i,t} \qquad (5-2)$$

模型（5-3）检验企业环境绩效对其经济绩效的影响：

$$CFP_{i,t} = \beta_0 + \beta_1 CEP_{i,t} + \sum_{m=2}^{12} \beta_m ControlVar_{i,t}$$
$$+ \sum Industry + \sum Year + \varepsilon_{i,t} \qquad (5-3)$$

模型（5-4）检验环境绩效对绿色投资与经济绩效之间关系的影响：

$$CFP_{i,t} = \beta_0 + \beta_1 Greeninvest_{i,t} + \beta_2 CEP_{i,t} + \beta_3 Greeninvest_{i,t} \times CEP_{i,t}$$
$$+ \sum_{m=4}^{14} \beta_m ControlVar_{i,t} + \sum Industry + \sum Year + \varepsilon_{i,t} \qquad (5-4)$$

其中，CEP、CFP 分别表示企业的环境绩效和经济绩效，$ControlVar$ 代表控制变量，$Year$ 和 $Industry$ 是年份和行业虚拟变量，ε 表示误差项。在模型（5-1）中，β_1 表示变量绿色投资的回归系数，若其为正且显著，说明绿色投资具有改善企业环境绩效的作用。在模型（5-2）中，β_1 表示变量绿色投资的回归系数，若其为正且显著，说明绿色投资具有提高企业经济绩效的作用，若为负则表示对经济绩效存在负面影响。在模型（5-3）中，β_1 表示变量环境绩效的回归系数，若其显著为正，说明环境绩效与经济绩效呈正相关关系；反之，两者之间负相关。在模型（5-4）中，β_1 表示变量绿色投资的回归系数，β_2 表示变量环境绩效的回归系数，β_3 表示变量绿色投资与环境绩效交互项的系数，考察两者可能存在的交互影响效应，其回归系数的方向取决于 β_1 和 β_2 的变化。β_m 表示各控制变量的回归系数。

5.4.2　变量选取与测算

（1）环境绩效。企业环境绩效是一个被广泛认可的多维结构，但如何对其进行准确测量却是长期困扰学术界的一大难题（Dragomir，2018），因而对企业环境绩效的衡量缺乏统一标准。胡曲应（2012）、德拉戈米尔（Dragomir，2018）对目前环境绩效的计量方法做了整理归纳，主要包括以下几类：因环境问题获得的奖励或惩罚、环境事故与环境问题诉讼、毒物释放清单（美国 TRI）与环境管理标准 ISO14001 / EMAS、环境认证与核查、环境绩效等级排名、因环境治理投入的成本支出与员工培训等多个测量维度，从企业的投入供应和产出循环到前期预防与末端治理基本涵盖其中。例如，帕滕（Patten，2005）、黎文靖和路晓燕（2015）以企业的环境资本支出测量；杨东宁和周长辉（2004）、俞雅乖和刘玲燕（2016）、王兵等（2017）以某污染物排放水平下的产出水平衡量（即单位 GDP 的污染物排放水平）；汪克亮等（2010）、李华晶等（2018）以主要污染物（如二氧化碳、二氧化硫）的排放量衡量；端木等（2018）采用王等（2004）的方法，将企业的环境绩效从最好到最差分为五级进行评分测算；克拉森和麦克劳林（Klassen and McLaughlin，1996）、坎普斯等（Campos et al.，2015）认为，企业在环境方面获得的奖励或惩罚能够更好地体现环境绩效；胡曲应（2012）、张兆国等（2020）、张长江等（2020）均采用单位营业收入的排污费衡量企业的环境绩效。由于自愿性披露环境信息的原则，中国上市公司环境绩效信息缺失、指标选取存在较大困难。排污费作为企业因违反国家环境法规而向环保行政主管部门所缴纳的具有惩罚性质的收费，其用途主要是为污染防治项目进行拨款补助或贷款贴息，加强污染防治和改善环境质量；根据《排污费征收使用管理条例》，排污费的计算和征收以企业排放的各项污染物的种类和数量为依据，能够较为全面、客观地反映污染物的综合排放水平和对环境造成的影响（胡曲应，2012；张兆国等，2020）。此外，环境绩效的变化，更为直接地体现在环境污染治理支出、污染物达标排放的变化上。因此，采用单位营业收入排污费的倒数、单位工业产值的环境污染治理支出、污染物达标排放综合指数[1]作为环境绩效的代理变量。

（2）经济绩效。企业经济绩效的衡量应当反映企业的盈利能力和成长性，净利润能够有效地反映企业的盈利能力（Zhang et al.，2019）。虽然净资产收益率（ROE）能反映企业的经营效率和资本结构（Hart and Ahuja，1996），但是在股东利益最大化原则下，企业存在利用杠杆经营降低总资产回报率（ROA）来提升净资产收益率（ROE）的动机（刘晓光和刘元春，2019），而且 ROE 易受非经常事项的影响（吕峻和焦淑艳，2011），因此，ROA 能够更好地反映企业的成长水平和财务业绩。崔等（Choi et al.，2010）选择托宾 Q 值来衡量公司的财务业绩，苏罗卡等（Surroca et al.，2010）认为，托宾 Q 值被用来衡量财务业绩的原因是它能够捕捉到长期投资（如无形资产）的价值。综上所述，本部分主要采用单位营业收入的净利润、总资产净利润率 ROA 和托宾 Q 值来衡量

---

[1] 在环境绩效指标的测算中，污染物达标排放综合指数的构建参考唐国平等（2013）的做法，通过对各项污染物达标排放指标进行标准化、计算各项污染物达标排放指标的调整系数、利用调整系数对各污染物排放达标指数进行累计加权最终求得污染物达标排放综合指数。

企业的经济绩效。

（3）绿色投资变量和其他变量的衡量详见第 4 章第 4.4.2 节。环境绩效和经济绩效的具体定义如表 5-1 所示。

表 5-1　　　　　　　　　　　　　　　主要变量定义

变量名称	变量符号	变量定义与度量
环境绩效	CEP	CEP1：1 / （排污费/营业收入）
		CEP2：环境污染治理支出/工业产值
		CEP3：污染物达标排放综合指数
经济绩效	CFP	Netprofit：净利润/营业收入
		ROA：净利润/总资产额
		TobinQ：公司市场价格/公司重置价格

5.4.3　样本选择与数据来源

本章样本选择遵循第 4 章第 4.4.3 节的思路，以 2008~2017 年中国 A 股上市公司作为研究样本。为避免异常值的影响，本书对所有连续变量在上下 1% 的水平上进行了缩尾（Winsorize）处理。在数据来源上，绿色投资等变量的数据来源详见第 4 章第 4.4.3 节，此处不再赘述。绿色投资的绩效表现相关数据来源于以下途径：（1）环境绩效。排污费数据来自企业财务报表附注，由笔者手工整理所得；环境污染治理费用、工业废物排放相关指标数据来自《中国环境统计年鉴》和《中国统计年鉴》。（2）经济绩效。财务指标数据均来自国泰安（CSMAR）数据库的企业财务报表。

5.5　实证结果与分析

5.5.1　描述性统计

表 5-2 报告了主要变量的描述性统计。如表 5-2 所示，环境绩效 CEP1 的均值为 0.0003，最小值与最大值在 0~0.0068，标准差为 0.0011，表示不同公司在不同年份因为环境问题而付出的每元营业收入排污费存在较大差异。这意味着，各公司之间的环境绩效水平参差不齐（张兆国等，2020）。从 CEP2 和

CEP3 来看，对应的均值均大于其中位数，说明有半数以上的上市公司环境绩效表现低于行业平均水平。进一步比较各变量相应的最大值和最小值，可以发现，环境绩效在企业间呈现出较大的差距和低水平状态。

表 5 – 2　　　　　　　　　　　　主要变量描述性统计

变量名称	观测值	均值	标准差	最小值	中位数	最大值
CEP1	7816	0.0003	0.0011	0.0000	0.0000	0.0068
CEP2	7816	0.0109	0.0053	0.000	0.0099	0.0764
CEP3	7816	7.113	7.295	− 0.000	5.900	28.941
Netprofit	7816	0.074	0.131	− 0.528	0.063	0.486
ROA	7816	0.041	0.059	− 0.170	0.037	0.213
TobinQ	7816	2.020	1.352	0.000	1.618	8.270

从经济绩效指标的描述性统计来看，Netprofit 的均值为 0.074，中位数为 0.063，说明超过半数的上市公司其单位营业收入的净利润低于行业平均线。ROA 和 TobinQ 值也存在均值大于中位数的情况，说明中国上市公司的盈利能力和经营水平有待进一步提高，这可能也是出现绿色投资不足现象的一个原因。托宾 Q 值的均值为 2.020，根据托宾 Q 理论，当 Q 值 > 1 时，企业可能会购买新的投资产品，投资支出可能会增加。因此，上市公司存在着投资于绿色实践的可能性，而绿色投资的效率与收益，也会对其环境绩效和经济绩效产生影响。

5.5.2　企业绿色投资对环境绩效的影响分析

5.5.2.1　绿色投资对环境绩效影响的基准回归

表 5 – 3 报告了绿色投资对环境绩效影响的基础检验结果。结果显示，当因变量为 CEP1 和 CEP2 时，绿色投资的系数估计值分别在 1% 和 5% 的水平上显著为正，说明绿色投资与环境绩效呈正相关关系。换言之，企业绿色投资行为越积极，企业的环境绩效就越好，假设 5 – 1 得到验证。林等（Lin et al.，2012）指出，污染密度是环境投资的函数，环境投资越高，污染密度越低。因此，随着企业绿色投资规模的增加，污染物排放量开始减少并且实现达标排放、企业付出的排污费逐渐降低、中国总体的环境治理投资规模随之提高，意味着环境绩效得到了改善。从经济意义上讲，企业的绿色投资每增加一个标准差，

企业缴纳的排污费将下降 0.1405 个标准差、其环境绩效将提升 0.1405 个标准差[①]。虽然 GI1 对 CEP3 的作用不显著，但并不影响绿色投资对环境绩效的提升作用。一方面，污染物达标排放水平会随着污染程度和环境质量的变化而变化，即环境规制水平发生改变，环境质量标准对污染物排放的要求在不同区域范围存在量上的差异；另一方面，为实现污染物达标排放，企业需要考虑其投资的环境技术在技术上和经济上的合理性，以及行业内竞争对手在环境投资方面的表现。由此可见，绿色投资对环境绩效的改善存在直接作用，也会通过其他因素间接改善企业的环境质量，从而减少环境违规和行政罚款，实现"组织绿化"。

表 5-3　　　　　　　　　绿色投资对环境绩效影响的基础检验结果

变量	模型（5-1）		
	CEP1	CEP2	CEP3
GI1	0.0001 *** (5.45)	0.0001 ** (2.40)	-0.0112 (-0.23)
Size	-0.0000 (-1.24)	-0.0001 (-1.48)	-0.1773 ** (-2.47)
Leverage	0.0001 (0.73)	0.0015 *** (4.17)	1.4841 *** (3.76)
SOEs	0.0000 (0.41)	0.0015 *** (9.59)	0.3757 ** (2.11)
Marketindex	-0.0000 * (-1.88)	0.0001 ** (2.59)	0.0900 *** (2.64)
Age	0.0000 ** (2.14)	-0.0005 *** (-3.89)	-0.2971 *** (-2.72)
AS	0.0006 *** (5.37)	0.0013 *** (2.81)	2.8498 *** (5.48)
Growth	-0.0000 (-0.53)	-0.0000 (-0.12)	0.2507 (1.32)
IDR	-0.0000 (-0.18)	-0.0005 (-0.46)	4.3955 *** (3.32)
H5	-0.0011 *** (-4.05)	0.0005 (0.29)	0.6907 (0.37)

---

① 具体计算方法为自变量的回归系数×自变量的标准差/因变量的标准差。

变量	模型（5－1）		
	CEP1	CEP2	CEP3
Top1	0.0009 *** （4.21）	0.0019 （1.57）	－1.4519 （－1.06）
Separation	－0.0002 （－1.44）	0.0010 （1.26）	4.8287 *** （5.07）
Cons	0.0001 （0.31）	0.0122 *** （12.78）	5.9435 *** （5.90）
Year/Industry	Yes	Yes	Yes
F 值	17.21	14.30	356.80
Adj_R^2	0.0564	0.0590	0.3837
N	7533	7533	7533

注：括号内为 t 值，***、**、* 分别表示在 1%、5%、10% 的水平上显著，Cons 表示常数项。

5.5.2.2　环境规制对绿色投资与环境绩效之间关系的影响

根据第 5.5.2.1 节的回归分析，可知企业的绿色投资有助于改善其环境绩效。第 4 章的研究已经证实，环境规制和竞争战略是企业开展绿色投资的基本动因，由此可以推断，环境规制和竞争战略会影响绿色投资对企业绩效的作用。环境规制因素使企业更加注重环境保护，能够促进环境效率的提升（宋马林和王舒鸿，2013），比如，环境管理认证体系这一规制工具能够显著提高企业环境绩效（张兆国等，2020）。在环境规制的压力下，一般倾向于增加私人投资和自身收益的企业只能被迫将有限的资源部分用于环保投资，以降低环境处罚和由此给企业声誉带来的负面影响，保持现有市场份额和吸引新的投资者。环境规制在实现节能减排、保护环境的同时，会改变经济资源分配的格局（李青原和肖泽华，2020），使企业还要承受来自市场竞争的压力。具体而言，同业竞争中的企业存在对彼此的行为进行模仿的现象，特别是在竞争对手作出与同业其他企业不一致的战略决策时，更容易吸引其他企业和利益相关者的关注。绿色投资行为就具有这样的特点，部分企业会将环境治理纳入其战略体系中，通过绿色投资使其区别于市场中的现有企业，从而带来竞争优势，提高市场地位。基于上述分析，进一步分析了环境规制、竞争战略（详见第 5.5.2.3 节）对绿色投资与环境绩效之间关系的影响。

表 5 - 4 和表 5 - 5 报告了两种环境规制对绿色投资与环境绩效之间关系的影响结果,可以发现,在单独考察环境规制对环境绩效的影响时,Reg1 和 Reg2 的回归系数显著为正,表明环境规制对企业环境绩效具有显著的提升作用,这符合理论预期,也与中国政府环境管制的实际情况一致。在控制绿色投资与环境规制交互项的影响后,Reg1 和 Reg2 的回归系数仍然显著为正,但是 GI1 以及其与环境规制交互项的回归系数在表 5 - 4 和表 5 - 5 中存在一定差别。在表 5 - 4 中,模型 (2) 和模型 (3) 的 GI1 以及其与环境规制交互项的回归系数均显著为正,说明绿色投资对环境绩效的促进作用显著存在,并且环境规制会强化这一正向作用。在表 5 - 5 中,GI1 的回归系数仅在模型 (4) 中显著为正,交互项 GI1 × Reg2 的回归系数在模型 (4)~模型 (6) 中均不显著,说明绿色投资及其与环境规制的交互效应在很大程度上被环境规制所捕捉。这一结果体现了环境规制在改善企业环境绩效中的强大功能,也在一定程度上佐证了第 4 章的理论分析,环境规制这一被动因素在引导企业通过绿色投资实现污染治理和经济转型的重要性。

表 5 - 4　　　　环境规制对绿色投资与环境绩效之间关系的影响结果 (1)

变量	模型 (1)		模型 (2)		模型 (3)	
	CEP1		CEP2		CEP3	
GI1		0. 0001 * (1. 75)		0. 0002 * (1. 91)		0. 5349 *** (4. 12)
Reg1	0. 0001 *** (3. 63)	0. 0001 *** (4. 09)	0. 0027 *** (45. 99)	0. 0027 *** (34. 27)	2. 6247 *** (38. 37)	2. 7980 *** (34. 16)
GI1 × Reg1		− 0. 0000 (− 0. 48)		0. 0001 * (1. 94)		0. 1549 *** (4. 30)
Size	0. 0000 (0. 16)	− 0. 0000 (− 0. 92)	0. 0002 *** (2. 63)	0. 0002 *** (2. 68)	0. 0529 (0. 80)	0. 0596 (0. 89)
Leverage	0. 0000 (0. 47)	0. 0000 (0. 33)	0. 0001 (0. 21)	0. 0001 (0. 28)	0. 1422 (0. 40)	0. 0945 (0. 26)
SOEs	0. 0000 (0. 45)	0. 0000 (0. 22)	0. 0011 *** (8. 49)	0. 0011 *** (8. 44)	0. 0070 (0. 04)	0. 0356 (0. 22)
Marketindex	− 0. 0000 *** (− 2. 71)	− 0. 0000 ** (− 2. 54)	− 0. 0001 *** (− 4. 02)	− 0. 0001 *** (− 4. 18)	− 0. 0939 *** (− 3. 35)	− 0. 0865 *** (− 3. 07)
Age	0. 0000 ** (2. 27)	0. 0000 ** (2. 13)	− 0. 0005 *** (− 4. 60)	− 0. 0005 *** (− 4. 58)	− 0. 3107 *** (− 3. 00)	− 0. 3087 *** (− 2. 97)

变量	模型（1）		模型（2）		模型（3）	
	CEP1		CEP2		CEP3	
AS	0.0007***	0.0006***	0.0004	0.0005	1.99658***	2.0398***
	(5.86)	(5.24)	(1.10)	(1.13)	(4.17)	(4.28)
Growth	-0.0000	-0.0000	-0.0001	-0.0002	0.1256	0.1470
	(-0.36)	(-0.60)	(-0.93)	(-0.95)	(0.73)	(0.86)
IDR	-0.0001	-0.0001	-0.0019*	-0.0020*	3.1108**	3.1404***
	(-0.48)	(-0.28)	(-1.83)	(-1.87)	(2.59)	(2.62)
H5	-0.0010***	-0.0010***	0.0035**	0.0034**	3.5874**	3.7984**
	(-3.85)	(-3.80)	(2.49)	(2.43)	(2.15)	(2.28)
Top1	0.0009***	0.0009***	0.0006	0.0007	-2.6854**	-2.8598**
	(4.13)	(4.06)	(0.57)	(0.64)	(-2.18)	(-2.32)
Separation	-0.0002	-0.0003	0.0000	0.0001	3.8707***	3.7671***
	(-1.47)	(-1.58)	(0.04)	(0.11)	(4.51)	(4.40)
Cons	-0.0003	-0.0002	0.0023***	0.0025***	-3.4738***	-4.1607***
	(-1.54)	(-0.91)	(2.89)	(3.05)	(-3.76)	(-4.41)
Year/Industry	Yes	Yes	Yes	Yes	Yes	Yes
F值	16.88	16.22	105.33	104.90	280.60	266.63
Adj_R^2	0.0533	0.0584	0.2757	0.2760	0.4888	0.4901
N	7533	7533	7533	7533	7533	7533

注：括号内为 t 值，***、**、* 分别表示在 1%、5%、10% 的水平上显著，Cons 表示常数项。

表5-5　环境规制对绿色投资与环境绩效之间关系的影响结果（2）

变量	模型（4）		模型（5）		模型（6）	
	CEP1		CEP2		CEP3	
GI1		0.0001**		0.0002		0.0062
		(1.98)		(1.18)		(0.04)
Reg2	0.0000*	-0.0000	0.0002***	0.0001***	0.1796***	0.1817***
	(1.66)	(-0.47)	(7.29)	(5.89)	(7.80)	(6.79)
GI1 × Reg2		-0.0000		0.0000		0.0019
		(-0.06)		(1.21)		(0.18)
Size	-0.0000	-0.0000	-0.0002***	-0.0002***	-0.3394***	-0.3345***
	(-0.06)	(-0.99)	(-3.41)	(-3.35)	(-4.63)	(-4.48)
Leverage	0.0001	0.0001	0.0015***	0.0015***	1.4844***	1.4863***
	(0.85)	(0.73)	(4.22)	(4.23)	(3.77)	(3.78)

变量	模型（4）		模型（5）		模型（6）	
	CEP1		CEP2		CEP3	
SOEs	0.0000	0.0000	0.0015 ***	0.0015 ***	0.3921 **	0.3947 **
	(0.68)	(0.40)	(9.74)	(9.74)	(2.21)	(2.22)
Marketindex	−0.0000 **	−0.0000 *	0.0001 ***	0.0001 ***	0.0974 ***	0.0970 ***
	(−2.06)	(−1.90)	(2.75)	(2.76)	(2.86)	(2.85)
Age	0.0000 **	0.0000 **	−0.0005 ***	−0.0005 ***	−0.3253 ***	−0.3241 ***
	(2.30)	(2.17)	(−4.09)	(−4.10)	(−2.99)	(−2.98)
AS	0.0007 ***	0.0006 ***	0.0012 ***	0.0012 ***	2.7067 ***	2.7322 ***
	(5.99)	(5.36)	(2.65)	(2.64)	(5.28)	(5.28)
Growth	−0.0000	−0.0000	0.0000	0.0000	0.3030	0.3059
	(−0.28)	(−0.56)	(0.14)	(0.13)	(1.60)	(1.62)
IDR	−0.0001	−0.0000	−0.0005	−0.0005	4.5103 ***	4.4956 ***
	(−0.38)	(−0.19)	(−0.40)	(−0.41)	(3.41)	(3.40)
H5	−0.0011 ***	−0.0011 ***	0.0005	0.0004	0.6830	0.6943
	(−4.06)	(−4.04)	(0.29)	(0.24)	(0.37)	(0.37)
Top1	0.0009 ***	0.0009 ***	0.0017	0.0017	−1.6924	−1.6970
	(4.25)	(4.21)	(1.41)	(1.45)	(−1.23)	(−1.23)
Separation	−0.0001	−0.0002	0.0010	0.0010	4.8396 ***	4.8474 ***
	(−1.35)	(−1.44)	(1.28)	(1.26)	(5.11)	(5.11)
Cons	−0.0001	0.0001	0.0112 ***	0.0114 ***	4.8793 ***	4.8110 ***
	(−0.33)	(0.39)	(11.80)	(11.78)	(4.83)	(4.67)
Year/Industry	Yes	Yes	Yes	Yes	Yes	Yes
F 值	16.96	16.35	16.17	15.36	355.20	339.07
Adj_R^2	0.0513	0.0565	0.0651	0.0652	0.3882	0.3882
N	7533	7533	7533	7533	7533	7533

注：括号内为 t 值，***、**、* 分别表示在 1%、5%、10% 的水平上显著，Cons 表示常数项。

5.5.2.3　竞争战略对绿色投资与环境绩效之间关系的影响

从竞争战略角度考察绿色投资对企业环境绩效的影响，可以探索企业内部的主动因素对环保实践的效率与效果。在模型（5－1）的基础上，进一步纳入竞争战略及其与绿色投资的交互项，分析竞争战略对绿色投资与环境绩效之间关系的影响，实证结果如表 5－6 和表 5－7 所示。在单独考察竞争战略对企业环境绩效的影响时，CL1 和 CL2 的回归系数显著为负，DS1 和 DS2 的回归系数显著为正，说明企业选择成本领先战略不利于其环境绩效的提升，而采取差异化战略有助于提高企业的环境绩效。在控制竞争战略与绿色投资交互项的影响后，GI1 × CL1 和 GI1 × CL2 的回归系数部分显著为负，GI1 × DS1 和 GI1 × DS2 的回归系数部分显著为正，表明成本领先战略弱化了绿色投资对环境绩效的积极作用，差异化战略增强了绿色投资对环境绩效的积极作用，进一步体现了绿色投资会显著改善环境质量与增加企业额外成本的矛盾特点，企业是否以降低总体成本为竞争优势来源的战略选择会影响其绿色投资决策，进而对环境绩效产生影响。在模型（7）~模型（12）中，绿色投资的系数估计值不再显著甚至出现反向变化，意味着其对环境绩效的影响在很大程度上被交互项所捕捉。这一点与表 5 - 4 和表 5 - 5 的结果较为类似，可能是因为部分企业存在"假绿"现象（Walley and Whitehead，1994），即在环境规制与竞争战略的双重压力下，部分企业不愿意承担绿色投资带来的成本负担和较大的不确定性，以及可能损失的既得收益，因而存在"漂绿"企业形象的可能，这意味着绿色投资对环境绩效的改善作用不会显著。而所采取的环境差异化战略，则是为了借助企业的绿色形象来试图规避激烈的市场竞争（Duanmu et al.，2018）。

表 5 - 6　　竞争战略对绿色投资与环境绩效之间关系的影响结果（1）

变量	模型（7）		模型（8）		模型（9）	
	CEP1		CEP2		CEP3	
GI1		0.0000 ***		0.0001		0.1411 **
		(2.95)		(0.88)		(2.13)
CL1	− 0.0002 ***	− 0.0002 ***	− 0.0002	− 0.0001	− 0.5137 *	− 0.1747
	（ − 3.94）	（ − 3.31）	（ − 0.80）	（ − 0.36）	（ − 1.74）	（ − 0.57）
GI1 × CL1		0.0001		− 0.0003		− 0.8922 ***
		(1.56)		（ − 1.31）		（ − 3.94）
DS1	0.0099	0.0031	0.3866 **	0.2950 *	496.8004 **	425.7979 **
	(0.35)	(0.12)	(2.41)	(1.79)	(2.52)	(2.12)
GI1 × DS1		0.0460		0.3648 **		277.8769
		(0.85)		(2.03)		(0.98)
Size	0.0000	− 0.0000	− 0.0001	− 0.0001	− 0.1941 ***	− 0.1725 **
	(0.18)	（ − 0.96）	（ − 1.51）	（ − 1.43）	（ − 2.73）	（ − 2.38）
Leverage	0.0000	0.0000	0.0015 ***	0.0015 ***	1.6249 ***	1.6250 ***
	(0.19)	(0.05)	(4.27)	(4.23)	(4.06)	(4.07)

续表

变量	模型（7）		模型（8）		模型（9）	
	CEP1		CEP2		CEP3	
SOEs	0.0000 (0.78)	0.0000 (0.42)	0.0015 *** (9.70)	0.0016 *** (9.75)	0.3890 ** (2.19)	0.4276 ** (2.40)
Marketindex	−0.0001 * (−1.89)	−0.0001 * (−1.74)	0.0001 *** (2.66)	0.0001 *** (2.65)	0.0926 *** (2.70)	0.0926 *** (2.71)
Age	0.0000 ** (2.02)	0.0000 ** (2.02)	−0.0005 *** (−3.80)	−0.0005 *** (−3.87)	−0.2797 ** (−2.54)	−0.3125 *** (−2.83)
AS	0.0008 *** (6.57)	0.0007 *** (6.02)	0.0013 *** (2.62)	0.0012 ** (2.48)	2.6342 *** (4.95)	2.5093 *** (4.66)
Growth	0.0000 (0.29)	0.0000 (0.03)	−0.0001 (−0.33)	−0.0001 (−0.38)	0.1793 (0.93)	0.1684 (0.88)
IDR	−0.0001 (−0.38)	−0.0000 (−0.14)	−0.0005 (−0.46)	−0.0005 (−0.45)	4.4296 *** (3.34)	4.3455 *** (3.27)
H5	−0.0011 *** (−4.01)	−0.0011 *** (−3.95)	0.0005 (0.30)	0.0004 (0.25)	0.6866 (0.37)	0.4827 (0.26)
Top1	0.0009 *** (4.24)	0.0009 *** (4.18)	0.0018 (1.54)	0.0018 (1.54)	−1.4948 (−1.09)	−1.4499 (−1.05)
Separation	−0.0002 (−1.25)	−0.0002 (−1.31)	0.0011 (1.35)	0.0011 (1.30)	4.8929 *** (5.16)	4.8206 *** (5.08)
Cons	−0.0001 (−0.81)	−0.0000 (−0.05)	0.0121 *** (12.81)	0.0121 ** (12.70)	6.0735 *** (6.07)	5.9507 *** (5.90)
Year/Industry	Yes	Yes	Yes	Yes	Yes	Yes
F 值	16.47	15.58	14.17	13.39	345.86	320.87
Adj_R²	0.0529	0.0587	0.0599	0.0606	0.3847	0.3860
N	7533	7533	7533	7533	7533	7533

注：括号内为 t 值，*** 、** 、* 分别表示在 1%、5%、10% 的水平上显著，Cons 表示常数项。

表 5-7　竞争战略对绿色投资与环境绩效之间关系的影响结果（2）

变量	模型（10）		模型（11）		模型（12）	
	CEP1		CEP2		CEP3	
GI1		0.0000 (0.66)		−0.0000 (−0.08)		0.1345 * (1.78)
CL2	−0.0002 ** (−2.31)	−0.0001 (−1.04)	−0.0020 *** (−2.95)	−0.0018 *** (−2.62)	−5.6937 *** (−7.84)	−1.2233 (−1.63)

续表

变量	模型（10）		模型（11）		模型（12）	
	CEP1		CEP2		CEP3	
GI1 × CL2		− 0.0005 *** (− 3.26)		− 0.0005 (− 0.81)		− 2.3249 *** (− 3.87)
DS2	0.0000 ** (2.57)	0.0000 *** (3.63)	0.0001 * (1.79)	0.0001 ** (2.36)	0.0873 ** (2.00)	0.0298 (0.75)
GI1 × DS2		− 0.0000 (− 0.60)		0.0000 ** (2.24)		0.0575 ** (2.12)
Size	− 0.0000 (− 0.33)	− 0.0000 (− 1.23)	− 0.0001 ** (− 1.98)	− 0.0001 * (− 1.90)	− 0.9259 *** (− 12.00)	− 0.1926 *** (− 2.64)
Leverage	0.0001 (0.91)	0.0001 (1.51)	0.0013 *** (3.53)	0.0012 *** (3.47)	2.3842 *** (4.83)	1.4462 *** (3.61)
SOEs	0.0000 (1.26)	0.0000 (0.39)	0.0015 *** (9.36)	0.0015 *** (9.40)	− 0.1973 (− 0.92)	0.3765 ** (2.11)
Marketindex	− 0.0000 *** (− 2.62)	− 0.0000 ** (− 2.14)	0.0001 ** (2.50)	0.0001 ** (2.42)	0.0958 *** (2.90)	0.0751 ** (2.17)
Age	0.0001 *** (3.50)	0.0001 *** (2.94)	− 0.0005 *** (− 4.14)	− 0.0005 *** (− 4.23)	1.7849 *** (13.33)	− 0.2469 ** (− 2.23)
AS	0.0009 *** (9.17)	0.0006 *** (5.34)	0.0013 *** (2.68)	0.0012 *** (2.62)	1.8632 *** (3.18)	2.7599 *** (5.30)
Growth	0.0000 (0.38)	− 0.0000 (− 0.84)	− 0.0000 (− 0.21)	− 0.0000 (− 0.23)	0.4458 ** (1.99)	0.2116 (1.11)
IDR	− 0.0001 (− 0.38)	− 0.0000 (− 0.01)	− 0.0006 (− 0.54)	− 0.00007 (− 0.55)	2.9481 * (1.80)	4.3086 *** (3.24)
H5	− 0.0012 *** (− 4.61)	− 0.0010 *** (− 3.65)	0.0005 (0.30)	0.0004 (0.28)	4.9864 ** (2.35)	0.5050 (0.27)
Top1	0.0009 *** (4.35)	0.0008 *** (3.99)	0.0017 (1.46)	0.0018 (1.48)	− 1.4962 (− 0.92)	− 1.4505 (− 1.05)
Separation	− 0.0003 * (− 1.82)	− 0.0002 (− 1.40)	0.0010 (1.20)	0.0009 (1.15)	4.5250 *** (3.99)	4.7632 *** (4.99)
Cons	− 0.0001 (− 0.63)	− 0.0000 (− 0.20)	0.0131 *** (13.33)	0.0132 *** (13.32)	7.0250 *** (7.00)	6.5217 *** (6.20)
Year/Industry	Yes	Yes	Yes	Yes	Yes	Yes
F 值	19.07	15.66	14.09	13.23	38.54	321.66
Adj_R^2	0.0335	0.0609	0.0607	0.0613	0.0488	0.3856
N	7533	7533	7533	7533	7533	7533

注：括号内为 t 值，*** 、** 、* 分别表示在 1%、5%、10% 的水平上显著，Cons 表示常数项。

5.5.3　企业绿色投资对经济绩效的影响分析

5.5.3.1　绿色投资对经济绩效影响的基准回归

表 5－8 报告了绿色投资对经济绩效影响的基础检验结果，可以发现，企业绿色投资对其经济绩效产生了显著影响，但是这种影响在净利润、总资产回报率与托宾 Q 值之间存在差异。当因变量为净利润和托宾 Q 值时，GI1 的回归系数分别在 1% 和 5% 的水平上显著为负，说明绿色投资对企业的净利润和托宾 Q 值具有显著的负面影响。一方面，绿色投资体现为企业的一种额外成本（Orsato，2006；潘飞和王亮，2015），在短期内，环保投资的受益者主要是社会而非企业（张琦等，2019），企业将经济利益让渡给社会，必然导致企业利润下降（王鹏和张健，2016），因而环境成本内部化对企业财务绩效或企业价值并未表现出正向作用（吉利和苏朦，2016）；另一方面，托宾 Q 值可以有效地描述长期投资的价值（Surroca et al.，2010），代表企业的投资机会（唐国平等，2013），而绿色投资会挤占企业的其他商业投资，减少在营利性项目上的资源投入（Ambec and Lanoie，2008；Weche，2018），选择绿色投资意味着企业需要放弃部分有利可图的投资机会。因此，绿色投资与净利润和托宾 Q 值呈现负相关关系。

表 5－8　　　　　　　　　绿色投资对经济绩效影响的基础检验结果

变量	模型 （5－2）		
	Netprofit	ROA	TobinQ
GI1	－0.0033 *** （－3.93）	0.0009 *** （2.71）	－0.0167 ** （－2.54）
Size	0.0276 *** （16.29）	0.0110 *** （16.32）	－0.4123 *** （－21.51）
Leverage	－0.2708 *** （－26.51）	－0.1236 *** （－31.54）	－0.3285 *** （－3.04）
SOEs	－0.0213 *** （－6.31）	－0.0074 *** （－4.87）	－0.0209 （－0.60）
Marketindex	－0.0017 *** （－2.66）	0.0003 （1.32）	－0.0055 （－0.94）
Age	－0.0114 *** （－4.10）	－0.0084 *** （－7.11）	0.5295 *** （17.80）

变量	模型 (5-2)		
	Netprofit	ROA	TobinQ
AS	-0.0678 *** (-5.74)	-0.0302 *** (-6.81)	-0.6817 *** (-6.62)
Growth	0.0537 *** (11.24)	0.0132 *** (7.03)	-0.2599 *** (-7.02)
IDR	-0.0124 (-0.49)	-0.0181 (-1.64)	0.4707 * (1.79)
H5	-0.1279 *** (-3.40)	-0.0648 *** (-3.99)	2.8367 *** (8.01)
Top1	0.1356 *** (4.66)	0.0776 *** (6.15)	-2.2107 *** (-8.03)
Separation	0.0159 (1.03)	0.0313 *** (4.29)	-0.0124 (-0.08)
Cons	-0.0067 (-0.35)	0.0271 *** (3.21)	3.8104 *** (20.87)
Year/Industry	Yes	Yes	Yes
F 值	86.12	82.31	64.51
Adj_R^2	0.3427	0.3451	0.3335
N	7533	7533	7533

注：括号内为 t 值，*** 、 ** 、 * 分别表示在1%、5%、10%的水平上显著，Cons 表示常数项。

但是，当因变量是 ROA 时，GI1 的系数估计值在1%的水平上显著为正，说明企业绿色投资对其总资产回报率具有显著的正向影响。这是因为，在企业的绿色投资中，除了一些影响当期利润、计入当期损益的费用化环境成本外，很大一部分环境成本能够形成企业的相关资产，这部分资本化的环境成本能够在未来期间能够为企业带来经济收益，如购买环保设施、开发环保型生产工艺所产生的成本将计入固定资产、无形资产、在建工程等科目（崔也光等，2019）。因此，企业通过绿色投资能够扩大其总资产额，总资产额的扩大最终会带来总利润规模的扩大，在扣除各项成本费用之后，企业的净利润规模也会相应扩大，最终使总资产回报率得到提高。由此可见，绿色投资对企业经济绩效的影响具有"两面性"特征，绿色投资决策既会在一定程度上导致净利润减少和丧失部分商业投资机会，又会形成企业的资产，随着总资产规模的扩大，净利润规模也随之扩大，从而提高总资产回报率。因此，假设 5 - 2a 和假设 5 - 2b 得到验证。

5.5.3.2　绿色投资对经济绩效的动态影响

从已有研究可知，绿色投资对企业经济绩效的影响具有一定的时间滞后性，在短期和长期对企业经营业绩的影响并不相同（Hart and Ahuja，1996；Popp et al.，2010；张成等，2011；李怡娜和叶飞，2013；潘飞和王亮，2015；Zhang et al.，2019）。因此，在基准模型（5 - 2）的基础上，进一步对绿色投资变量采取滞后 1 ~ 4 期的做法，检验绿色投资对企业经济绩效的动态效应。表 5 - 9 是绿色投资对经济绩效动态影响的检验结果，可以发现：在滞后一期的回归中，L. GI1 的回归系数均显著为负，说明在企业实施绿色投资决策后的一年内，企业经济绩效整体出现下滑迹象，绿色投资的确对经济绩效产生了负面影响。这一影响表现在滞后三期和滞后四期的回归中保持不变，但是在滞后二期的回归中，绿色投资对 ROA 的负面影响不显著。从动态效应的检验结果可知，绿色投资对经济绩效的"两面性"影响普遍存在于中国上市公司。但是，在利润最大化动机下，企业更加关注净利润增长等短期业绩的变化，不愿错失任何有利可图的投资机会，因而绿色投资对经济绩效的改善效果并不理想，导致绿色投资对经济绩效的负面影响在现阶段占据主导地位。这一结果从侧面也反映出中国企业在绿色投资方面的典型特征，政府环境管制依然是企业开展绿色投资活动的主要动因，竞争战略的红利还未得到良好的释放。因此，绿色投资决策依然缺乏主动性，中国企业的绿色投资规模还远远不够，难以形成绿色生产力，导致绿色投资对企业的积极作用无法完全展现，只能在部分企业得到实现，出现负面影响更为显著、正面影响被"隐性化"的现象。

表 5 - 9　　　　　　　　　绿色投资对经济绩效动态影响的检验结果

变量	模型（5 - 2）		
	Netprofit	ROA	TobinQ
滞后一期			
L. GI1	- 0. 0031 *** （ - 3. 74）	- 0. 0006 * （ - 1. 71）	- 0. 0370 *** （ - 5. 32）
ControlVar	Yes	Yes	Yes

续表

变量	模型（5-2）		
	Netprofit	ROA	TobinQ
滞后一期			
Cons	−0.0082 （−0.45）	0.0205 *** （2.76）	5.0123 *** （26.39）
Year/Industry	Yes	Yes	Yes
F 值	121.02	154.54	142.33
Adj_R²	0.2767	0.2917	0.2258
N	6345	6345	6345
滞后二期			
L2. GI1	−0.0029 *** （−3.18）	−0.0006 （−1.56）	−0.0284 *** （−3.76）
ControlVar	Yes	Yes	Yes
Cons	−0.0441 ** （−2.17）	0.0029 （0.34）	5.0984 *** （24.02）
Year/Industry	Yes	Yes	Yes
F 值	98.20	125.67	131.62
Adj_R²	0.2717	0.2879	0.2426
N	5374	5374	5374
滞后三期			
L3. GI1	−0.0032 *** （−3.26）	−0.0008 * （−1.91）	−0.0220 *** （−2.88）
ControlVar	Yes	Yes	Yes
Cons	−0.0775 *** （−3.39）	−0.0104 （−1.12）	5.4161 *** （22.80）
Year/Industry	Yes	Yes	Yes
F 值	84.75	0.2941	121.28
Adj_R²	0.2732	0.2941	0.2574
N	4530	4530	4530
滞后四期			
L4. GI1	−0.0047 *** （−4.28）	−0.0015 *** （−2.99）	−0.0153 * （−1.65）

变量	模型（5-2）		
	Netprofit	ROA	TobinQ
	滞后四期		
ControlVar	Yes	Yes	Yes
Cons	-0.0943 *** (-3.72)	-0.0184 * (-1.77)	5.8521 *** (21.23)
Year/Industry	Yes	Yes	Yes
F 值	70.83	90.71	105.67
Adj_R^2	0.2746	0.2983	0.2768
N	3744	3744	3744

注：括号内为 t 值，***、**、* 分别表示在 1%、5%、10% 的水平上显著，Cons 表示常数项。

5.5.3.3　环境规制对绿色投资与经济绩效的调节效应

来自环境法规或政策的压力对推动企业的环境管理实践起着重要作用（Chan et al.，2016），应对政府监管和获得经济利益是企业开展绿色投资活动的重要动力（华锦阳，2011）。面对日益严格的环境法规，越来越多的企业采用环境战略设计，以期增加总销售额（Zheng et al.，2019）。在第 5.5.2.2 节的分析中，已知环境规制在企业行为选择中的重要性。因此，在模型（5-2）的基础上，进一步纳入环境规制因素，考察绿色投资与环境规制的交互效应对企业经济绩效的影响。表 5-10 报告了环境规制对绿色投资与经济绩效之间关系的影响结果，可以发现：在单独考察环境规制对经济绩效的影响时，Reg1 的回归系数显著为负，而 Reg2 的回归系数显著为正，说明以降低污染物排放量为主要目标的环境规制对经济绩效产生了负面影响，而以缴纳环境税为主的市场型政策工具对经济绩效具有正面影响。在考虑绿色投资与环境规制的交互效应后，GI1 的回归系数在模型（13）和模型（15）中为负但不显著，在模型（14）中显著为正；交互项 GI1 × Reg1 的回归系数在模型（13）和模型（14）中显著为正，在模型（15）中为负但不显著；交互项 GI1 × Reg2 的回归系数在模型（14）中显著为负，在模型（13）和模型（15）中为负但不显著。上述结果说明，异质性环境规制工具对绿色投资与经济绩效之间关系影响各不相同，绿色投资与环境规制的交互项对经济绩效的"两面性"影响主要体现在环境规制工具的类型上。随着企业自发环保意识的不断增强，企业应对政府监管的动机会趋于下降，因而环境保护问题不再是企业对环境规制遵从与否的问题，而是这一问题被引入企业的战略决策中（华锦阳，2011）。随着近年来可持续发展事业的深入落实，企业为污染治理承担一定环境成本的意识增强，使其经济收益在一定程度上受到影响。但是，在承担环境责任的同时，企业形象和声誉也在社会上得到相应提高，因此，也会逐渐改善环境成本内部化这一过程带给企业的经济损失，出现绿色投资与经济绩效正相关的结果。

表 5 – 10　　　　环境规制对绿色投资与经济绩效之间关系的影响结果

变量	模型（13）		模型（14）		模型（15）	
	Netprofit		ROA		TobinQ	
GI1	− 0.0064 ** （− 2.42）	0.0031 （1.02）	− 0.0018 * （− 1.71）	0.0039 *** （3.02）	− 0.0133 （− 0.62）	− 0.0015 （− 0.06）
Reg1	− 0.0045 ** （− 2.33）		− 0.0015 ** （− 2.07）		0.0029 （0.17）	
Reg2		0.0012 ** （2.26）		0.0012 *** （5.56）		0.0141 *** （3.01）
GI1 × Reg1	0.0015 ** （2.24）		0.0007 *** （2.72）		− 0.0009 （− 0.17）	
GI1 × Reg2		− 0.0003 （− 1.36）		− 0.0002 ** （− 2.39）		− 0.0011 （− 0.63）
ControlVar	Yes	Yes	Yes	Yes	Yes	Yes
Cons	0.0092 （0.45）	− 0.0157 （− 0.80）	0.0325 *** （3.63）	0.0186 ** （2.19）	3.8001 *** （19.59）	3.7170 *** （20.09）
Year/Industry	Yes	Yes	Yes	Yes	Yes	Yes
F 值	81.98	82.07	78.61	79.79	61.40	61.42
Adj_R^2	0.3434	0.3432	0.3457	0.3476	0.3335	0.3342
N	7533	7533	7533	7533	7533	7533

注：括号内为 t 值，***、**、* 分别表示在 1%、5%、10% 的水平上显著，Cons 表示常数项。

5.5.3.4　环保补贴、媒体压力对绿色投资与经济绩效的调节效应

除了环境规制因素的影响，政府补贴、媒体监督等因素也会对绿色投资与经济绩效之间的关系产生相应的影响。从表 5 – 11 的回归结果来看，在模型（16）和模型（18）中，GI1、Subsidy 的回归系数均显著为负，而其交互项

GI1 × Subsidy 的回归系数均显著为正，说明环保补贴本身并不能作为企业利润的稳定来源，一旦政府修订或者撤销环保补贴政策，企业将无法获得这些额外收益，其利润将直接受到影响，因而两者之间存在负相关关系。但是，环保补贴作为企业环保实践的一种激励和营业外收入，能够弱化绿色投资对经济绩效的负面影响。这说明，由于能源消费强度、银行信贷和经济发展水平等因素的影响，政府补贴对可再生能源等绿色投资的贡献存在门槛效应（Yang et al.，2019）。然而，上述结果在模型（15）中没有得到验证，表示企业应该在市场竞争中谋求自我生存和发展，不能将弥补环境成本的希望寄托于环保补贴。

表 5－11　环保补贴、媒体压力对绿色投资与经济绩效之间关系的影响结果

变量	模型（16）		模型（17）		模型（18）	
	Netprofit		ROA		TobinQ	
环保补贴的作用						
GI1	− 0. 0023 ** （− 2. 12）		0. 0006 （1. 13）		− 0. 0355 *** （− 3. 54）	
Subsidy	− 0. 0005 ** （− 2. 27）		− 0. 0000 （− 0. 32）		− 0. 0112 *** （− 5. 08）	
GI1 × Subsidy	0. 0002 ** （2. 25）		0. 0000 （0. 90）		0. 0028 *** （3. 34）	
ControlVar	Yes		Yes		Yes	
Cons	− 0. 0090 （0. 47）		0. 0271 *** （3. 20）		3. 7476 *** （20. 43）	
Year/Industry	Yes		Yes		Yes	
F 值	81. 96		78. 47		62. 20	
Adj_R^2	0. 3431		0. 3452		0. 3356	
N	7533		7533		7533	
媒体压力的作用						
变量	模型（19）		模型（20）		模型（21）	
	Netprofit		ROA		TobinQ	
GI1	− 0. 0008 （− 0. 92）	− 0. 0016 * （− 1. 66）	0. 0013 *** （3. 46）	0. 0007 * （1. 77）	− 0. 0122 * （− 1. 74）	− 0. 0027 （− 0. 36）
Media1	0. 0000 （0. 04）		0. 0012 ** （2. 50）		0. 0652 *** （5. 04）	

续表

变量	模型（19）		模型（20）		模型（21）	
	Netprofit		ROA		TobinQ	
GI1 × Media1	−0.0000 （−0.01）		−0.0006 *** （−3.18）		−0.0068 * （−1.73）	
Media2		−0.0302 *** （−3.18）		−0.0147 *** （−3.66）		0.1609 （1.54）
GI1 × Media2		0.0071 * （1.88）		0.0021 （1.07）		0.1264 *** （−3.51）
ControlVar	Yes	Yes	Yes	Yes	Yes	Yes
Cons	−0.0067 （−0.34）	−0.0084 （−0.43）	0.0289 *** （3.41）	0.0259 *** （3.05）	3.9310 *** （21.48）	3.7922 *** （20.72）
Year/Industry	Yes	Yes	Yes	Yes	Yes	Yes
F 值	81.98	82.82	79.11	79.43	62.45	61.76
Adj_R^2	0.3427	0.3436	0.3459	0.3463	0.3366	0.3342
N	7533	7533	7533	7533	7533	7533

注：括号内为 t 值，*** 、** 、* 分别表示在 1%、5%、10% 的水平上显著，Cons 表示常数项。

从媒体压力的调节效应来看，Media1 的回归系数显著为正，而 Media2 的回归系数显著为负，说明媒体负面报道对企业经济绩效产生了显著的负面作用，而媒体报道总数中含有关于企业的正面报道，对企业经济绩效具有促进作用。从交互效应来看，交互项 Media1 × GI1 的回归系数显著为负，而 Media2 × GI1 的回归系数显著为正，说明媒体负面报道对企业具有更大的监督压力，企业为了消除负面报道对其形象和声誉带来的不良影响，会积极参与到环保实践中，以减轻负面报道对经济绩效的消极影响，因而交互项对经济绩效产生正向影响。而新闻媒体整体报道中携带的正面报道，使企业面临较小的舆论监督压力，容易导致自我约束能力较差、不能严于律己的情况，反而可能发生环境违规行为，出现经济绩效下降。

5.5.3.5 融资约束的中介作用

金融摩擦理论表明，由于不完美金融市场存在融资成本和投资限制，融资约束问题会迫使企业减少投资。购买环保设备、投资绿色技术研发需要耗费高额的资金，但带给企业的收益具有不确定性，导致企业的环保投资面临较大的风险（Hart and Ahuja，1996），这会增加企业面临的融资约束，进而影响企业的绿色投资决策。波普和纽厄尔（Popp and Newell，2012）发现，由于企业会受到融资约束的作用，即便绿色技术的研发投资能够为企业带来利润，企业也会因为缺乏资金而无法在绿色技术研发与污染技术研发之间进行最优决策。因此，绿色投资可能会通过融资约束（SA 指数[①]）对企业经济绩效产生影响。

从表 5 - 12 来看，在模型（22）中，GI1 的系数估计值 - 0.0017 在 10% 的水平上显著，说明绿色投资与 SA 指数显著负相关。当企业面临的融资约束越小，对应的 SA 指数越大。因此，随着绿色投资规模的不断扩大，企业面临的融资约束会越大，符合理论和实际预期。在模型（5 - 2）中加入变量 SA，比较GI1 的回归系数在表 5 - 8 和表 5 - 12 中的变化，可以发现，该系数在模型（23）~模型（25）中均出现下降甚至不再显著的情况（从 - 0.0033 下降到 - 0.0008、- 0.0167 下降到 - 0.0138），说明融资约束是绿色投资影响经济绩效的一个重要传导渠道，在两者之间起到了中介作用。具体而言，融资约束完全中介了绿色投资对企业净利润的消极作用，部分中介了绿色投资对总资产回报率的积极作用和对托宾 Q 值的消极作用。因此，企业要重视融资约束问题对其开展绿色实践的影响。

表 5 - 12　　　　　　　　融资约束的中介效应检验结果

变量	模型（22）	模型（23）	模型（24）	模型（25）
	SA	Netprofit	ROA	TobinQ
GI1	- 0.0017 * （- 1.72）	- 0.0008 （- 1.05）	0.0009 *** （2.61）	- 0.0138 ** （- 2.17）
SA		- 0.0236 ** （- 2.05）	- 0.0227 *** （- 5.05）	1.5825 *** （3.99）
ControlVar	Yes	Yes	Yes	Yes
Cons	- 3.1124 *** （- 123.89）	- 0.0784 * （- 1.84）	- 0.0420 ** （- 2.45）	8.6233 *** （7.07）
Year/Industry	Yes	Yes	Yes	Yes
F 值	34496.79	84.26	80.85	68.57
Adj_R^2	0.9967	0.3431	0.3469	0.3501
N	7816	7533	7533	7533

注：括号内为 t 值，*** 、** 、* 分别表示在 1% 、5% 、10% 的水平上显著，Cons 表示常数项。

---

① 选取 SA 指数衡量企业的融资约束程度，$SA = 0.737 \times Size + 0.043 \times Size^2 - 0.04 \times Age$。

5.5.4 环境绩效与经济绩效的相关性分析

5.5.4.1 环境绩效对经济绩效影响的基准回归

基于绿色投资对环境绩效影响和绿色投资对经济绩效影响的实证结果，检验环境绩效与经济绩效的相关性是进一步考察绿色投资影响企业行为选择的必要条件。由于环境绩效的好坏是影响企业财务绩效变化的格兰杰（Granger）原因（胡曲应，2012），故而表5-13~表5-15进一步报告了环境绩效对经济绩效的影响回归结果。从回归结果来看，环境绩效对经济绩效的影响与绿色投资对经济绩效的影响较为相似。在表5-13中，环境绩效与净利润、托宾Q值负相关，与总资产回报率正相关，但均不具有统计显著性。但环境绩效与三个经济绩效指标之间的关系在表5-14中通过了统计检验，说明企业经济绩效的变化与其环境绩效的变化息息相关，环境绩效的改善会降低企业净利润和投资机会，也会提高其总资产回报率。然而，环境绩效对经济绩效的影响并不稳定，当采用第三种方法测度环境绩效时，环境绩效对经济绩效的三个代理指标均产生了负向作用，结果如表5-15所示。对比绿色投资对经济绩效的影响效应，可以发现，两种影响之间的相似性和相通性。环境绩效的改善主要得益于企业积极的绿色投资行为，而环境绩效对经济绩效主要产生负向作用，绿色投资对经济绩效的影响也以负面型为主导，由此可以推断绿色投资对经济绩效的影响受到环境绩效这一因素的干扰。因此，在第5.5.4.2节中进一步讨论环境绩效对绿色投资与经济绩效之间关系的影响。

表5-13　　　　　　　　环境绩效对经济绩效的影响回归结果（1）

变量	模型（5-3）		
	Netprofit	ROA	TobinQ
CEP1	-0.8004 (-0.66)	0.8021 (1.57)	-2.3272 (-0.23)
Size	0.0274 *** (16.35)	0.0113 *** (16.80)	-0.4167 *** (-21.91)
Leverage	-0.2709 *** (-26.52)	-0.1234 *** (-31.47)	-0.3311 *** (-3.07)
SOEs	-0.0215 *** (-6.35)	-0.0072 *** (-4.77)	-0.0236 (-0.68)

变量	模型（5 - 3）		
	Netprofit	ROA	TobinQ
Marketindex	- 0. 0017 *** (- 2. 65)	0. 0003 (1. 21)	- 0. 0052 (- 0. 88)
Age	- 0. 0114 *** (- 4. 10)	- 0. 0083 *** (- 7. 02)	0. 5285 *** (17. 75)
AS	- 0. 0682 *** (- 5. 78)	- 0. 0284 *** (- 6. 40)	- 0. 7046 *** (- 6. 84)
Growth	0. 0536 *** (11. 23)	0. 0133 *** (7. 07)	- 0. 2619 *** (- 7. 08)
IDR	- 0. 0118 (- 0. 46)	- 0. 0190 * (- 1. 72)	0. 4854 * (1. 85)
H5	- 0. 1287 *** (- 3. 42)	- 0. 0657 *** (- 4. 04)	2. 8397 *** (8. 01)
Top1	0. 1362 *** (4. 69)	0. 0785 *** (6. 21)	- 2. 2151 *** (- 8. 03)
Separation	0. 0155 (1. 01)	0. 0314 *** (4. 29)	- 0. 0162 (- 0. 10)
Cons	- 0. 0051 (- 0. 27)	0. 0250 *** (2. 96)	3. 8465 *** (21. 26)
Year/Industry	Yes	Yes	Yes
F 值	85. 52	82. 21	64. 67
Adj_R^2	0. 3427	0. 3348	0. 3332
N	7533	7533	7533

注：括号内为 t 值，*** 、* 分别表示在 1% 、10% 的水平上显著，Cons 表示常数项。

表 5 - 14　　　　环境绩效对经济绩效的影响回归结果（2）

变量	模型（5 - 3）		
	Netprofit	ROA	TobinQ
CEP2	- 0. 9355 *** (- 3. 74)	0. 2241 ** (1. 97)	- 5. 9902 ** (- 2. 37)
Size	0. 0273 *** (16. 34)	0. 0088 *** (14. 75)	- 0. 4162 *** (- 21. 91)
Leverage	- 0. 2696 *** (- 26. 43)	- 0. 1316 *** (- 34. 29)	- 0. 3397 *** (- 3. 15)

变量	模型（5-3）		
	Netprofit	ROA	TobinQ
SOEs	-0.0200 *** (-5.91)	-0.0029 * (-1.93)	-0.0327 (-0.92)
Marketindex	-0.0016 ** (-2.49)	0.0002 (0.93)	-0.0058 (-0.98)
Age	-0.0119 *** (-4.28)	-0.0039 *** (-3.66)	0.5314 *** (17.81)
AS	-0.0676 *** (-5.77)	-0.0331 *** (-8.30)	-0.7110 *** (-6.90)
Growth	0.0536 *** (11.25)	0.0192 *** (10.28)	-0.2618 *** (-7.08)
IDR	-0.0122 (-0.48)	-0.0315 *** (-2.80)	0.4885 * (1.86)
H5	-0.1274 *** (-3.39)	-0.0610 *** (-3.69)	2.8343 *** (8.01)
Top1	0.1372 *** (4.73)	0.0782 *** (6.02)	-2.2243 *** (-8.07)
Separation	0.0166 (1.08)	0.0341 *** (4.49)	-0.0228 (-0.14)
Cons	0.0063 (0.33)	0.0351 *** (5.09)	3.7737 *** (20.87)
Year/Industry	Yes	Yes	Yes
F 值	85.25	214.32	64.20
Adj_R^2	0.3439	0.2963	0.3338
N	7533	7533	7533

注：括号内为 t 值，***、**、*分别表示在 1%、5%、10% 的水平上显著，Cons 表示常数项。

表 5-15　　　　　环境绩效对经济绩效的影响回归结果（3）

变量	模型（5-3）		
	Netprofit	ROA	TobinQ
CEP3	-0.0004 ** (-2.12)	-0.0001 * (-1.78)	-0.0126 *** (-6.42)
Size	0.0273 *** (16.33)	0.0087 *** (14.39)	-0.3333 *** (-19.30)

变量	模型 (5 - 3)		
	Netprofit	ROA	TobinQ
Leverage	- 0. 2703 *** (- 26. 50)	- 0. 1315 *** (- 34. 18)	- 0. 7632 *** (- 6. 81)
SOEs	- 0. 0213 *** (- 6. 30)	- 0. 0033 ** (- 2. 19)	- 0. 0355 (- 0. 95)
Marketindex	- 0. 0016 *** (- 2. 58)	0. 0002 (0. 94)	- 0. 0216 *** (- 3. 47)
Age	- 0. 0116 *** (- 4. 16)	- 0. 0035 *** (- 3. 31)	0. 4441 *** (16. 85)
AS	- 0. 0676 *** (- 5. 73)	- 0. 0327 *** (- 8. 18)	- 1. 2027 *** (- 12. 18)
Growth	0. 0537 *** (11. 25)	0. 0194 *** (10. 33)	- 0. 3057 *** (- 8. 12)
IDR	- 0. 0097 (- 0. 38)	- 0. 0310 *** (- 2. 75)	0. 8651 *** (3. 00)
H5	- 0. 1275 *** (- 3. 40)	- 0. 0607 *** (- 3. 67)	2. 3958 *** (6. 75)
Top1	0. 1348 *** (4. 65)	0. 0778 *** (5. 98)	- 2. 1477 *** (- 7. 50)
Separation	0. 0178 (1. 16)	0. 0343 *** (4. 52)	0. 0233 (0. 14)
Cons	- 0. 0024 (- 0. 13)	0. 0336 *** (4. 86)	4. 7169 *** (27. 41)
Year/Industry	Yes	Yes	Yes
F 值	85. 55	214. 24	133. 82
Adj_R^2	0. 3430	0. 2962	0. 2055
N	7533	7533	7533

注: 括号内为 t 值, *** 、** 、* 分别表示在 1% 、5% 、10% 的水平上显著, Cons 表示常数项。

5.5.4.2　环境绩效在绿色投资改善经济绩效过程中的作用

根据第 5.5.4.1 节的分析, 在模型 (5 - 3) 的基础上, 进一步引入环境绩效的作用, 同时考虑绿色投资与环境绩效的交互效应, 环境绩效在绿色投资改善经济绩效过程中的作用如模型 (5 - 4) 所示, 对模型 (5 - 4) 的回归结果如表 5 - 16 ~ 表 5 - 18 所示。在表 5 - 16 和表 5 - 18 中, 从 GI1 系数估计值的变化可见，绿色投资与净利润、托宾 Q 值负相关，与 ROA 正相关，与表 5 - 8 报告的结果一致。在表 5 - 16 中，CEP1、GI1 × CEP1 的回归系数无论正值还是负值均不显著，说明环境绩效对经济绩效的作用不显著，也没有对绿色投资与经济绩效之间的关系产生显著影响。在表 5 - 17 中，CEP2 的回归系数具有统计显著性，相应系数估计值的方向与表 5 - 8 中绿色投资对经济绩效各代理指标的影响关系保持一致，但环境绩效对两者关系的调节作用均不显著。这一结果与李怡娜和叶飞（2013）、潘飞和王亮（2015）的研究结果类似，环保创新实践对企业环境绩效具有正向作用，而其对经济绩效的作用会通过环境绩效这一中间变量来间接传递。从表 5 - 18 来看，CEP3 与净利润显著负相关，交互项 GI1 × CEP3 与托宾 Q 值显著正相关。上述结果表明，环境绩效是企业通过绿色投资实现经济绩效的一个中间过程，但这一中间变量对经济绩效的影响存在指标间的差异。为了有效规避政府环境监管的压力，绿色投资在短期内能够显著改善环境绩效，然而环境绩效的提升建立在额外资源投入和增加成本的基础上，导致企业利润在短期内显著受损。潘飞和王亮（2015）对此解释道，高效的环保投资所产生的声誉效应、技术创新效应、技术补偿效应以及环境能力的提升，对企业业绩的积极影响等，都需要经过一个周期的转化才能体现出来。所以，绿色投资首先有利于污染治理，然后吸引绿色投资者去持有从事环保事业的企业股票，带来经济绩效的提升。结合以上结论可知，环境绩效是影响绿色投资与经济绩效之间关系的重要因素。因此，企业将绿色投资作为一项长期发展战略，符合绿色增长和可持续发展的理念。

表 5 - 16　　　　　环境绩效对绿色投资与经济绩效关系的调节作用（1）

变量	模型（5 - 4）		
	Netprofit	ROA	TobinQ
GI1	- 0. 0008 （- 0. 98）	0. 0010 ** （2. 56）	- 0. 0146 ** （- 2. 09）
CEP1	- 0. 9438 （- 0. 67）	0. 9774 （1. 53）	- 9. 7543 （- 0. 70）
GI1 × CEP1	0. 1702 （0. 22）	- 0. 0619 （- 0. 22）	4. 5902 （0. 94）
Size	0. 0276 *** （16. 28）	0. 0110 *** （16. 28）	- 0. 4126 *** （- 21. 49）

续表

变量	模型（5-4）		
	Netprofit	ROA	TobinQ
Leverage	-0.2708 *** （-26.51）	-0.1235 *** （-31.52）	-0.3276 *** （-3.03）
SOEs	-0.0213 *** （-6.30）	-0.0074 *** （-4.86）	-0.0207 （-0.59）
Marketindex	-0.0017 *** （-2.66）	0.0003 （1.29）	-0.0056 （-0.95）
Age	-0.0114 *** （-4.08）	-0.0084 *** （-7.07）	0.5291 *** （17.76）
AS	-0.0673 *** （-5.67）	-0.0296 *** （-6.66）	-0.6867 *** （-6.66）
Growth	0.0537 *** （11.24）	0.0132 *** （7.02）	-0.2600 *** （-7.03）
IDR	-0.0122 （-0.48）	-0.0181 （-1.64）	0.4665 * （1.78）
H5	-0.1288 *** （-3.42）	-0.0659 *** （-4.05）	2.8459 *** （8.02）
Top1	0.1363 *** （4.69）	0.0784 *** （6.22）	-2.2166 *** （-8.04）
Separation	0.0157 （1.02）	0.0311 *** （4.25）	-0.0111 （-0.07）
Cons	-0.0069 *** （11.24）	0.0271 *** （3.20）	3.8146 *** （20.87）
Year/Industry	Yes	Yes	Yes
F 值	82.04	78.30	61.90
Adj_R²	0.3427	0.3454	0.3336
N	7533	7533	7533

注：括号内为 t 值，*** 、** 、* 分别表示在 1%、5%、10% 的水平上显著，Cons 表示常数项。

表 5-17　　环境绩效对绿色投资与经济绩效关系的调节作用（2）

变量	模型（5-4）		
	Netprofit	ROA	TobinQ
GI1	-0.0029 * （-1.80）	-0.0005 （-0.64）	-0.0266 * （-1.87）

续表

变量	模型（5-4）		
	Netprofit	ROA	TobinQ
CEP2	-1.1078 *** (-3.70)	0.2533 * (1.91)	-7.6936 ** (-2.36)
GI1 × CEP2	0.1862 (1.51)	-0.0309 (-0.53)	0.5764 (0.53)
Size	0.0275 *** (16.28)	0.0089 *** (14.66)	-0.3135 *** (-18.27)
Leverage	-0.2692 *** (-26.39)	-0.1315 *** (-34.23)	-0.7963 *** (-7.16)
SOEs	-0.0120 *** (-5.86)	-0.0029 * (-1.91)	-0.0401 (-1.06)
Marketindex	-0.0016 ** (-2.56)	0.0002 (0.89)	-0.0243 *** (-3.92)
Age	-0.0118 *** (-4.26)	-0.0038 *** (3.66)	0.4278 *** (16.38)
AS	-0.0665 *** (-5.63)	-0.0328 *** (-8.15)	-1.1785 *** (-11.80)
Growth	0.0537 *** (11.26)	0.0193 *** (10.29)	-0.3073 *** (-8.13)
IDR	-0.0133 (-0.52)	-0.0317 *** (-2.81)	0.8086 *** (2.80)
H5	-0.1280 *** (-3.41)	-0.0611 *** (-3.69)	2.3459 *** (6.64)
Top1	0.1380 *** (4.76)	0.0783 *** (6.02)	-2.1555 *** (-7.51)
Separation	0.0173 (1.13)	0.0342 *** (4.50)	-0.0412 (-0.24)
Cons	0.0061 (0.32)	0.0351 *** (5.08)	4.5132 *** (26.16)
Year/Industry	Yes	Yes	Yes
F 值	81.78	183.95	116.48
Adj_R²	0.3442	0.2963	0.2030
N	7533	7533	7533

注：括号内为 t 值，*** 、** 、* 分别表示在 1%、5%、10% 的水平上显著，Cons 表示常数项。

表 5 – 18　　　环境绩效对绿色投资与经济绩效关系的调节作用（3）

变量	模型（5 – 4）		
	Netprofit	ROA	TobinQ
GI1	– 0. 0017 *	0. 0012 ***	– 0. 0272 ***
	（ – 1. 72）	（2. 62）	（ – 3. 03）
CEP3	– 0. 0006 **	0. 0000	– 0. 0010
	（ – 2. 41）	（0. 09）	（ – 0. 40）
GI1 × CEP3	0. 0001	– 0. 0000	0. 0015 *
	（1. 64）	（ – 0. 86）	（1. 82）
Size	0. 0275 ***	0. 0110 ***	– 0. 4123 ***
	（16. 26）	（16. 30）	（ – 21. 51）
Leverage	– 0. 2701 ***	– 0. 1236 ***	– 0. 3281 ***
	（ – 26. 49）	（ – 31. 55）	（ – 3. 04）
SOEs	– 0. 0212 ***	– 0. 0074 ***	– 0. 0222
	（ – 6. 28）	（ – 4. 84）	（ – 0. 63）
Marketindex	– 0. 0017 ***	0. 0003	– 0. 0058
	（ – 2. 63）	（1. 35）	（ – 0. 98）
Age	– 0. 0113 ***	– 0. 0085 ***	0. 5317 ***
	（ – 4. 06）	（ – 7. 13）	（17. 80）
AS	– 0. 0665 ***	– 0. 0302 ***	– 0. 6811 ***
	（ – 5. 60）	（ – 6. 77）	（ – 6. 58）
Growth	0. 0538 ***	0. 0132 ***	– 0. 2597 ***
	（11. 25）	（7. 02）	（ – 7. 01）
IDR	– 0. 0208	– 0. 0179	0. 4651 *
	（ – 0. 42）	（ – 1. 62）	（1. 76）
H5	– 0. 1286 ***	– 0. 0646 ***	2. 8255 ***
	（ – 3. 42）	（ – 3. 97）	（7. 98）
Top1	0. 1357 ***	0. 0774 ***	– 2. 2021 ***
	（4. 68）	（6. 13）	（ – 8. 00）
Separation	0. 0184	0. 0313 ***	– 0. 0092
	（1. 19）	（4. 26）	（ – 0. 06）
Cons	– 0. 0037	0. 0271 ***	3. 8132 ***
	（ – 0. 19）	（3. 20）	（20. 84）
Year/Industry	Yes	Yes	Yes
F 值	81. 86	78. 25	61. 38
Adj_R^2	0. 3432	0. 3452	0. 3337
N	7533	7533	7533

注：括号内为 t 值，***、**、*分别表示在 1%、5%、10% 的水平上显著，Cons 表示常数项。

5.5.5 拓展：绿色投资结构与边际效应

5.5.5.1 资本化和费用化绿色投资与环境绩效

根据第5.5.2节中绿色投资对环境绩效的实证分析可知，绿色投资显著提升了企业的环境绩效。那么，这种影响在绿色投资的成本构成上是否存在差异？根据现行《企业会计准则》，企业对其发生的各项成本在会计政策选择上可作资本化或费用化处理，对环境成本的处理原则也是如此，可列入相关资产或者计入当前费用。对于环保相关成本的计量和确认问题，崔也光等（2019）作出了较为明确和合理的界定。根据他们的研究，企业在环境污染治理方面的投资，如购买或运行环保设备、设计新的生产工艺等发生的成本，符合资产确认条件的应当予以资本化，记入在建工程、固定资产、无形资产等科目，形成企业的资产；而对于环保罚款、排污费等既不能形成资产、又会影响当期利润的项目，应当进行费用化处理，计入当期损益。基于这一思路和具体的划分方法，本章进一步将绿色投资划分为资本化绿色投资（CapitalGI）和费用化绿色投资（ExpenseGI），分别检验它们对企业环境绩效的影响。

表5-19报告了资本化与费用化的绿色投资对环境绩效的影响，可以发现：CapitalGI的回归系数和ExpenseGI的回归系数均显著为正，说明资本化与费用化的绿色投资均对企业环境绩效产生了显著的促进作用。也就是说，无论企业对绿色投资采取资本化或者费用化的会计政策选择，它们在环境绩效的改善上没有显著差异。这是因为，资本化绿色投资使企业具备清洁生产的基本能力，环保设备、环保技术和清洁型生产流程能够确保企业在生产经营中排放更少的污染物，有效改善环境质量；缴纳环保罚款等费用化成本不仅会降低企业收益，在一定程度上也有损企业形象，为了避免罚款和消除负面影响，企业会努力改善环境绩效。而且，政府部门也将排污收费和环保罚款用于污染治理和改善环境质量。因此，资本化和费用化的绿色投资对企业环境绩效均具有促进作用。

表5-19 　　　　　　资本化与费用化的绿色投资对环境绩效的影响

变量	模型（5-1）					
	CEP1	CEP2	CEP3	CEP1	CEP2	CEP3
CapitalGI	0.0001 *** (5.33)	0.0001 ** (2.21)	0.0012 (0.03)			

续表

变量	模型（5-1）					
	CEP1	CEP2	CEP3	CEP1	CEP2	CEP3
ExpenseGI				0.0000 ** (2.05)	0.0005 *** (4.05)	0.9399 *** (6.81)
Size	-0.0000 (-1.42)	-0.0001 (-1.39)	-0.2410 *** (-3.32)	-0.0000 (-0.50)	-0.0001 ** (-2.11)	-0.2622 *** (-3.75)
Leverage	0.0000 (0.60)	0.0014 *** (4.07)	1.6633 *** (4.16)	0.0001 (0.87)	0.0015 *** (4.25)	1.5234 *** (3.88)
SOEs	0.0000 (0.58)	0.0015 *** (9.50)	0.4631 ** (2.56)	0.0000 (0.75)	0.0015 *** (9.76)	0.4152 ** (2.34)
Marketindex	-0.0000 ** (-1.98)	0.0001 *** (2.66)	0.1077 *** (3.14)	-0.0000 * (1.95)	0.0001 *** (2.75)	0.1017 *** (3.00)
Age	0.0000 ** (1.97)	-0.0004 *** (-3.41)	-0.2644 ** (-2.38)	0.0000 ** (2.27)	-0.0005 *** (-3.90)	-0.3009 *** (-2.77)
AS	0.0007 *** (5.53)	0.0012 ** (2.53)	2.7408 *** (5.28)	0.0007 *** (5.87)	0.0012 ** (2.57)	2.5760 *** (5.02)
Growth	-0.0000 (-0.27)	0.0000 (0.20)	0.3289 * (1.70)	-0.0000 (-0.22)	-0.0000 (-0.05)	0.2684 (1.42)
IDR	0.0000 (0.07)	-0.0008 (-0.67)	4.6092 *** (3.47)	-0.0001 (-0.36)	-0.0005 (-0.43)	4.4983 *** (3.41)
H5	-0.0012 *** (-4.20)	0.0011 (0.65)	1.8252 (0.93)	-0.0011 *** (-3.95)	0.0008 (0.48)	1.2844 (0.69)
Top1	0.0008 *** (3.98)	0.0014 (1.12)	-2.5669 (-1.78)	0.0009 *** (4.12)	0.0016 (1.35)	-1.9614 (-1.43)
Separation	-0.0002 (-1.18)	0.0010 (1.18)	4.2718 *** (4.39)	-0.0002 (-1.31)	0.0011 (1.36)	4.9605 *** (5.25)
Cons	-0.0000 (-0.14)	0.0118 *** (12.08)	6.0004 *** (5.85)	-0.0000 (-0.25)	0.0124 *** (13.21)	6.4974 *** (6.64)
Year/Industry	Yes	Yes	Yes	Yes	Yes	Yes
F 值	15.98	13.51	337.79	17.02	14.57	351.45
Adj_R²	0.0559	0.0567	0.3799	0.0517	0.0614	0.3882
N	7165	7165	7165	7533	7533	7533

注：括号内为 t 值，*** 、** 、* 分别表示在1%、5%、10%的水平上显著，Cons 表示常数项。

5.5.5.2 绿色投资结构与经济绩效

优化环保投资结构、合理配置环保资金是加快解决环境问题的当务之急，因而有必要探索企业环保投资结构及其分布特征（唐国平和李龙会，2013）。本章研究已经分析了绿色投资对企业经济绩效的影响，那么这种影响在绿色投资的内部构成上是否存在差异？根据第 3 章第 3.2.2 节所归纳的企业绿色投资的构成内容，以及环保资金的配置方向，中国上市公司绿色投资的内容主要体现在以下六个方面：废水治理投资（WaterGI）、废气治理投资（GasGI）、固体废物治理投资（SolidGI）、节能节电节水投资（EnergysavGI）、环保项目投资（EnvirprojectGI）和环保产品投资（EcoproductGI）。表 5 - 20 ~ 表 5 - 22 报告了绿色投资结构对经济绩效的影响。

表 5 - 20　　　　　　　　绿色投资结构对经济绩效的影响（1）

变量	模型（5 - 2）					
	Netprofit	ROA	TobinQ	Netprofit	ROA	TobinQ
WaterGI	- 0.0051 *** (- 3.17)	0.0011 (1.49)	- 0.0463 *** (- 2.89)			
GasGI				- 0.0140 *** (- 2.90)	- 0.0013 (- 0.49)	- 0.0104 (- 0.29)
Size	0.0252 *** (16.89)	0.0112 *** (16.69)	- 0.4139 *** (- 21.74)	0.0251 *** (16.82)	0.0113 *** (16.81)	- 0.3226 *** (- 18.91)
Leverage	- 0.2883 *** (- 28.92)	- 0.1234 *** (- 31.49)	- 0.3313 *** (- 3.07)	- 0.2888 *** (- 28.94)	- 0.1235 *** (- 31.48)	- 0.8010 *** (- 7.16)
SOEs	- 0.0131 *** (- 3.90)	- 0.0073 *** (4.79)	- 0.0225 (- 0.65)	- 0.0127 *** (- 3.81)	- 0.0072 *** (- 4.75)	- 0.0333 (- 0.89)
Marketindex	- 0.0021 *** (- 3.21)	0.0003 (1.32)	- 0.0059 (- 1.00)	- 0.0020 *** (- 3.09)	0.0003 (1.25)	- 0.0233 *** (- 3.76)
Age	- 0.0024 (- 0.98)	- 0.0084 *** (- 7.07)	0.5290 *** (17.79)	- 0.0027 (- 1.10)	- 0.0084 *** (- 7.06)	0.4235 *** (16.28)
AS	- 0.0497 *** (- 4.75)	- 0.0294 *** (- 6.62)	- 0.6862 *** (- 6.68)	- 0.0502 *** (- 4.79)	- 0.0289 *** (- 6.52)	- 1.2363 *** (- 12.47)
Growth	0.0658 *** (13.79)	0.0133 *** (7.06)	- 0.2605 *** (- 7.04)	0.0654 *** (13.71)	0.0133 *** (7.07)	- 0.3129 *** (- 8.27)
IDR	- 0.0230 (- 1.16)	- 0.0188 * (- 1.71)	0.4806 * (1.83)	- 0.0306 (- 1.19)	- 0.0190 * (- 1.72)	0.8265 *** (2.86)
H5	- 0.1219 *** (- 3.13)	- 0.0647 *** (- 3.98)	2.8296 *** (8.00)	- 0.1216 *** (- 3.12)	- 0.0648 *** (- 3.99)	2.3375 *** (6.59)
Top1	0.1278 *** (4.15)	0.0777 *** (6.15)	- 2.2118 *** (- 8.04)	0.1279 *** (4.15)	0.0777 *** (6.16)	- 2.1358 *** (- 7.43)

续表

变量	模型（5-2）					
	Netprofit	ROA	TobinQ	Netprofit	ROA	TobinQ
Separation	-0.0005	0.0317 ***	-0.0214	0.0011	0.0317 ***	-0.0316
	（-0.03）	（4.34）	（-0.13）	（0.07）	（4.34）	（-0.19）
Cons	0.0076	0.0254 ***	3.8332 ***	0.0087	0.0249 ***	4.6543 ***
	（0.46）	（3.01）	（21.16）	（0.53）	（2.96）	（27.13）
Year/Industry	Yes	Yes	Yes	Yes	Yes	Yes
F 值	164.54	82.27	64.26	163.93	82.22	131.37
Adj_R^2	0.2830	0.3448	0.3337	0.2828	0.3447	0.2020
N	7533	7533	7533	7533	7533	7533

注：括号内为 t 值，***、* 分别表示在 1%、10% 的水平上显著，Cons 表示常数项。

表 5-21　　绿色投资结构对经济绩效的影响（2）

变量	模型（5-2）					
	Netprofit	ROA	TobinQ	Netprofit	ROA	TobinQ
SolidGI	-0.0059 **	0.0012	-0.030			
	（-2.26）	（0.68）	（-1.08）			
EnergysavGI				-0.0060 ***	-0.0018 ***	-0.0215 **
				（-4.87）	（-3.20）	（-2.33）
Size	0.0250 ***	0.0112 ***	-0.3223 ***	0.0256 ***	0.0090 ***	-0.3205 ***
	（16.77）	（16.77）	（-18.87）	（17.00）	（14.95）	（-18.70）
Leverage	-0.2883 ***	-0.1234 ***	-0.8009 ***	-0.2873 ***	-0.1316 ***	-0.7973
	（-28.91）	（-31.48）	（-7.17）	（-28.82）	（-34.23）	（-7.14）
SOEs	-0.0132 ***	-0.0072 ***	-0.0340	-0.0129 ***	-0.0032 **	-0.0326
	（-3.95）	（-4.77）	（-0.91）	（-3.84）	（2.12）	（-0.87）
Marketindex	-0.0020 ***	0.0003	-0.0232 ***	-0.0020 ***	0.0002	-0.0233 ***
	（-3.05）	（1.24）	（-3.74）	（-3.08）	（0.87）	（-3.76）
Age	-0.0026	-0.0084 ***	0.4234 ***	-0.0026	-0.0037 ***	0.4235 ***
	（-1.05）	（-7.06）	（16.28）	（-1.04）	（-3.56）	（16.28）
AS	-0.0510 ***	-0.0290 ***	-1.2365 ***	-0.0485 ***	-0.0323 ***	-1.2276 ***
	（-4.87）	（-6.54）	（-12.47）	（-4.62）	（-8.09）	（-12.37）
Growth	0.0657 ***	0.0133 ***	-0.3128 ***	0.0657 ***	0.0193 ***	-0.3125 ***
	（13.76）	（7.08）	（-8.27）	（13.77）	（10.30）	（-8.26）
IDR	-0.0290	-0.0190 *	0.8296 ***	-0.0297	-0.0315 ***	0.8266 ***
	（-1.13）	（-1.72）	（2.87）	（-1.15）	（-2.80）	（2.86）

变量	模型（5-2）					
	Netprofit	ROA	TobinQ	Netprofit	ROA	TobinQ
H5	-0.1215 ***	-0.0648 ***	2.3353 ***	-0.1152 ***	-0.0595 ***	2.3587 ***
	(-3.11)	(-3.99)	(6.58)	(-2.94)	(-3.59)	(6.63)
Top1	0.1278 ***	0.0777 ***	-2.1340 ***	0.1244 ***	0.0769 ***	-2.1470 ***
	(4.14)	(6.15)	(-7.42)	(4.02)	(5.90)	(-7.46)
Separation	-0.0005	0.0316 ***	-0.0335	0.0003	0.0339 ***	-0.0303
	(-0.03)	(4.33)	(-0.20)	(0.02)	(4.47)	(-0.18)
Cons	0.0077	0.0252 ***	4.6503 ***	0.0034	0.0314 ***	4.6360 ***
	(0.47)	(2.98)	(27.06)	(0.21)	(4.54)	(26.93)
Year/Industry	Yes	Yes	Yes	Yes	Yes	Yes
F 值	163.07	82.21	131.49	167.45	216.14	135.08
Adj_R^2	0.2824	0.3447	0.2011	0.2837	0.2966	0.2012
N	7533	7533	7533	7533	7533	7533

注：括号内为 t 值，***、**、*分别表示在 1%、5%、10% 的水平上显著，Cons 表示常数项。

表 5-22　　　　绿色投资结构对经济绩效的影响（3）

变量	模型（5-2）					
	Netprofit	ROA	TobinQ	Netprofit	ROA	TobinQ
EnvirprojectGI	0.0042 *	0.0036 ***	0.0227			
	(1.96)	(3.24)	(1.04)			
EcoproductGI				0.0012	0.0033 ***	-0.0662 ***
				(0.45)	(2.87)	(-3.07)
Size	0.0272 ***	0.0112 ***	-0.4173 ***	0.0273 ***	0.0113 ***	-0.4161 ***
	(16.29)	(16.66)	(-21.92)	(16.36)	(16.76)	(-21.90)
Leverage	-0.2709 ***	-0.1234 ***	-0.3309 ***	-0.2709 ***	-0.1234 ***	-0.3313 ***
	(-26.53)	(-31.49)	(-3.07)	(-26.52)	(-31.49)	(-3.07)
SOEs	-0.0217 ***	-0.0074 ***	-0.0247	-0.0215 ***	-0.0072 ***	-0.0235
	(-6.41)	(-4.90)	(-0.70)	(-6.36)	(-4.79)	(-0.67)
Marketindex	-0.0017 **	0.0003	-0.0050	-0.0017 ***	0.0003	-0.0047
	(-2.59)	(1.37)	(-0.85)	(-2.65)	(1.14)	(-0.79)
Age	-0.0114 ***	-0.0083 ***	0.5290 ***	-0.0114 ***	-0.0084 ***	0.5284 ***
	(-4.09)	(-7.00)	(17.77)	(-4.11)	(-7.05)	(17.76)
AS	-0.0685 ***	-0.0287 ***	-0.7013 ***	-0.0688 ***	-0.0291 ***	-0.7004 ***
	(-5.83)	(-6.48)	(-6.82)	(-5.87)	(-6.58)	(-6.82)

续表

变量	模型（5-2）					
	Netprofit	ROA	TobinQ	Netprofit	ROA	TobinQ
Growth	0.0536***	0.0133***	-0.2619***	0.0536***	0.0133***	-0.2611***
	(11.23)	(7.07)	(-7.08)	(11.23)	(7.06)	(-7.06)
IDR	-0.0116	-0.0188*	0.4858*	-0.0116	-0.0186*	0.4785*
	(-0.45)	(-1.71)	(1.85)	(-0.45)	(-1.69)	(1.82)
H5	-0.1272***	-0.0643***	2.8405***	-0.1278***	-0.0649***	2.8371***
	(-3.38)	(-3.96)	(8.01)	(-3.40)	(-3.99)	(8.01)
Top1	0.1352***	0.0775***	-2.2148***	0.1356***	0.0780***	-2.2182***
	(4.65)	(6.14)	(-8.04)	(4.66)	(6.18)	(-8.05)
Separation	0.0156	0.0315***	-0.0170	0.0159	-0.0321***	-0.0288
	(1.02)	(4.32)	(-0.11)	(1.04)	(4.40)	(-0.18)
Cons	-0.0055	0.0247***	3.8441***	-0.0050	0.0321***	3.8420***
	(-0.29)	(2.92)	(21.24)	(-0.26)	(4.40)	(21.24)
Year/Industry	Yes	Yes	Yes	Yes	Yes	Yes
F值	85.43	82.47	64.20	85.40	82.35	64.35
Adj_R²	0.3428	0.3454	0.3333	0.3426	0.3450	0.3335
N	7533	7533	7533	7533	7533	7533

注：括号内为 t 值，***、**、* 分别表示在1%、5%、10%的水平上显著，Cons 表示常数项。

从各部分绿色投资的回归系数来看，废水治理投资与净利润、托宾 Q 值显著负相关，对总资产回报率不具有显著的促进作用；废气治理投资仅对净利润产生负面影响，而对 ROA 和托宾 Q 值的负面影响不显著；固体废物投资会降低企业的净利润，对 ROA 的提升作用与托宾 Q 值的抑制作用均不显著；节能节电节水投资对净利润、ROA 和托宾 Q 值均产生了负向作用；环保项目投资有利于提高企业的净利润和总资产回报率，但对托宾 Q 值不具有显著的正向作用；环保产品投资提升了企业的总资产回报率，降低了托宾 Q 值，对净利润的促进作用并不显著。可以发现，在绿色投资对经济绩效的促进或抑制作用中，不同内容的绿色投资发挥了不同的作用。其中，节能节电节水投资对经济绩效的负向作用更为显著，环保项目投资对经济绩效的正向作用具有更高的显著性，其他四类项目则在"两面性"影响上各有贡献。根据第 3 章对绿色投资现状的分析可知，节能节电节水投资是中国上市公司绿色投资的主要构成，企业在这一方向上大力的资金配置可能导致企业经济绩效出现下滑，因而，节能节电节水投资与经济绩效呈负相关关系。由于环保项目方面的投资可能更容易形成企业资产，在未来期间会带来经济利益，因而与净利润和 ROA 存在正相关关系。其他方面的投资，则存在降低净利润和减少投资机会、通过增加总资产规模来提高利润的可能性。

5.5.5.3 环境绩效对经济绩效影响的边际效应

随着企业环境绩效的不断提升，污染治理成本也会随之提高（Hart and Ahuja，1996），这势必会对企业的经济绩效产生影响。本章内容对环境绩效与经济绩效之间关系的分析表明，改善环境绩效整体上对经济绩效的负面影响更大。那么，这种负面影响是否会随着环境绩效的变化而发生改变？胡曲应（2012）发现，上市公司环境绩效对财务绩效的边际效用是递减的。基于此，以上市公司各年环境绩效变量的增量为自变量，各年经济绩效变量的增量为因变量，对模型（5-3）进行回归，实证结果如表 5-23~表 5-25 所示。

表 5-23　　　　　环境绩效对经济绩效影响边际效应的回归结果（1）

变量	模型（5-3）		
	ΔNetprofit	ΔROA	ΔTobinQ
ΔCEP1	0. 2070 （0. 06）	-0. 1948 （-0. 17）	44. 5022 ** （2. 19）
Size	0. 0015 （0. 88）	0. 0009 （1. 39）	-0. 1166 *** （-6. 96）
Leverage	-0. 0234 * （-2. 02）	-0. 0087 ** （-2. 06）	0. 1737 （1. 63）
SOEs	-0. 0005 （-0. 12）	-0. 0028 * （-1. 80）	-0. 0062 （-0. 16）
Marketindex	0. 0006 （0. 99）	0. 0001 （0. 52）	0. 0014 （0. 22）
Age	0. 0111 *** （3. 15）	0. 0048 *** （3. 68）	-0. 0887 ** （-2. 31）
AS	0. 0138 （1. 24）	0. 0073 * （1. 76）	0. 1176 （1. 19）
Growth	0. 0486 *** （7. 00）	-0. 0018 （-0. 64）	-0. 3829 *** （-4. 53）
IDR	-0. 0325 （-1. 19）	-0. 0085 （-0. 76）	-0. 1098 （-0. 37）

续表

变量	模型（5-3）		
	ΔNetprofit	ΔROA	ΔTobinQ
H5	-0.0859 * （-1.76）	-0.0457 ** （-2.41）	1.2294 *** （2.96）
Top1	0.0696 * （1.72）	0.0357 ** （2.32）	-0.5969 * （-1.86）
Separation	-0.0164 （-1.01）	-0.0099 （-1.40）	0.0935 （0.56）
Cons	-0.0492 *** （-2.76）	-0.0219 *** （-3.17）	1.2591 *** （6.82）
Year/Industry	Yes	Yes	Yes
F 值	5.55	2.92	10.82
Adj_R^2	0.0170	0.0054	0.0275
N	6345	6345	6345

注：括号内为 t 值，*** 、** 、* 分别表示在 1%、5%、10% 的水平上显著，Cons 表示常数项。

表 5-24　环境绩效对经济绩效影响边际效应的回归结果（2）

变量	模型（5-3）		
	ΔNetprofit	ΔROA	ΔTobinQ
ΔCEP2	-1.1826 （-1.07）	0.3037 （0.84）	-4.8625 （-0.67）
Size	0.0008 （0.42）	0.0005 （0.65）	-0.0539 *** （-2.79）
Leverage	-0.0269 ** （-2.16）	-0.0099 ** （-2.20）	0.0253 （0.24）
SOEs	-0.0001 （-0.01）	-0.0027 * （-1.71）	-0.0127 （-0.37）
Marketindex	0.0005 （0.71）	0.0001 （0.27）	-0.0001 （-0.02）
Age	0.0139 *** （3.51）	0.0067 *** （4.58）	-0.2415 *** （-5.83）
AS	0.0025 （0.18）	0.0035 （0.73）	-0.1224 （-1.16）
Growth	0.0481 *** （6.73）	-0.0022 （-0.76）	-0.4521 *** （-5.46）

续表

变量	模型（5-3）		
	ΔNetprofit	ΔROA	ΔTobinQ
IDR	-0.0338 (-1.24)	-0.0111 (-1.00)	0.0251 (0.09)
H5	-0.0811 (-1.64)	-0.0419 ** (-2.20)	0.8091 * (1.96)
Top1	0.0713 * (1.79)	0.0373 ** (2.45)	-0.4846 (-1.58)
Separation	-0.0155 (-0.96)	-0.0097 (-1.39)	0.1486 (0.95)
Cons	-0.0413 * (-1.92)	-0.0248 *** (-3.03)	2.1375 *** (11.15)
Year/Industry	Yes	Yes	Yes
F 值	4.06	4.99	34.96
Adj_R^2	0.0280	0.0283	0.1840
N	6345	6345	6345

注：括号内为 t 值，*** 、** 、* 分别表示在 1%、5%、10% 的水平上显著，Cons 表示常数项。

表 5-25 环境绩效对经济绩效影响边际效应的回归结果（3）

变量	模型（5-3）		
	ΔNetprofit	ΔROA	ΔTobinQ
ΔCEP3	-0.0008 * (-1.94)	0.0005 *** (4.73)	-0.0079 *** (-2.88)
Size	0.0008 (0.43)	0.0006 (0.96)	-0.1135 *** (-6.72)
Leverage	-0.0273 ** (-2.20)	-0.0082 * (1.94)	0.1663 (1.56)
SOEs	-0.0001 (-0.02)	-0.0026 * (-1.72)	-0.0076 (-0.20)
Marketindex	0.0005 (0.69)	0.0001 (0.57)	0.0015 (0.23)
Age	0.0139 *** (3.51)	0.0053 *** (4.05)	-0.0954 ** (-2.47)
AS	0.0027 (0.20)	0.0073 * (1.75)	0.1203 (1.22)

变量	模型 (5 – 3)		
	ΔNetprofit	ΔROA	ΔTobinQ
Growth	0.0483 *** (6.78)	– 0.0017 (– 0.59)	– 0.3857 *** (– 4.57)
IDR	– 0.0333 (– 1.22)	– 0.0087 (– 0.79)	– 0.1028 (– 0.35)
H5	– 0.0815 * (– 1.65)	– 0.0444 ** (– 2.35)	1.2281 *** (2.96)
Top1	0.0719 * (1.80)	0.0362 ** (2.36)	– 0.6177 * (– 1.92)
Separation	– 0.0156 (– 0.96)	– 0.0099 (– 1.41)	0.0953 (0.57)
Cons	– 0.0622 *** (– 3.01)	– 0.0220 *** (– 3.19)	1.2669 *** (6.87)
Year/Industry	Yes	Yes	Yes
F 值	4.11	4.81	11.33
Adj_R^2	0.0285	0.0095	0.0283
N	6345	6345	6345

注：括号内为 t 值，*** 、** 、* 分别表示在 1%、5%、10% 的水平上显著，Cons 表示常数项。

在表 5 – 23 中，环境绩效的增量与托宾 Q 值的增量显著正相关，说明随着环境绩效水平的提高，企业价值和投资机会的年度增量也在上升，环境绩效对经济绩效的边际效益是递增的。这一影响在表 5 – 24 中没有得到体现和证实，表 5 – 24 结果显示，环境绩效的边际效用呈现递减现象，与胡曲应（2012）的研究结果一致。这说明，环境绩效对经济绩效在年度增量上的影响也存在"两面性"，上市公司对提升环境绩效的投资还没有完全融合于企业战略，环保实践对企业经济绩效的影响处于不太稳定的磨合过程，不能形成持续的绿色竞争优势，因而，其边际效应不能表现出持续性的递增状态，也无法在总量上产生规模效益，不能使投资成本转化为有效的经济效益来源。

5.5.6 稳健性检验

5.5.6.1 企业绿色投资与环境绩效的稳健性检验

为了保证绿色投资对环境绩效影响结果的稳健与可靠，本节还做了如下稳健性检验（回归结果详见附录一中的表 5 - 26 ～ 表 5 - 29）。（1）重要变量的替换。第一，分别采用绿色投资与总资产额的比值（GI2）和绿色投资与营业收入的比值（GI3）作为自变量，代替基准回归中绿色投资额的自然对数对模型（5 - 1）进行回归；第二，以上市公司是否披露社会责任报告（EP4，若企业披露社会责任报告取值为 1，否则为 0）和是否披露环境报告（EP5，若企业披露环境报告取值为 1，否则为 0）两个虚拟变量作为环境绩效的代理变量，对模型（5 - 1）采用 Probit 回归。已有研究表明，环境信息披露与环境绩效之间存在密切关系（Patten et al.，2002；Clarkson et al.，2008；吕峻，2012），企业披露的环境信息包含着反映其环境绩效的重要信号，环境绩效的好坏对于企业是选择披露还是隐瞒环境信息有重要影响。（2）剔除部分样本的回归。由于每家公司并未在每年度都披露绿色环保投资，因而每家公司在本书研究 10 年的研究跨期里绿色投资的分布并不均匀，基于此，进一步剔除绿色投资年份少于 3 年、4 年、5 年的样本，对模型（5 - 1）进行回归。（3）在估计模型中加入其他可能影响上市公司绿色投资行为的变量。一是改变成长能力（Growth）的测度方法，用营业收入增长率代替总资产增长率；二是在已有控制变量的基础上加入监事会规模（Board，监事会人数的对数）和两职合一（Dual，虚拟变量，董事长与总经理是同一人时取值 1，否则为 0）两个变量。从回归结果来看，虽然存在个别自变量的回归系数不具有统计意义的情况，但均未对假设推理和回归结果产生实质性影响。稳健性检验结果显示，绿色投资与环境绩效呈正相关关系，企业的绿色投资行为对其环境绩效具有显著的改善作用，与本章的研究结论保持一致。有趣的是，在那些并不显著的自变量回归系数中，其相关方向存在正向关系和负向关系两种情况，这反映了一个十分重要的现实问题，部分企业对改善环境绩效所作出的努力仅仅是一种"表面化"行为，它们大张旗鼓地打着"组织绿化"的幌子来逃避环境监管和稽查，实质上却以牺牲环境质量为代价换取巨额的经济回报，因而它们的绿色实践对环境绩效不具有显著的改善功能。

5.5.6.2 企业绿色投资与经济绩效的稳健性检验

为了保证绿色投资对经济绩效影响结果的稳健与可靠，本节做了如下稳健性检验（回归结果详见附录一中的表 5 - 30 ～ 表 5 - 33）。（1）重要变量的替换。第一，采用绿色投资与总资产额的比值（GI2）作为自变量，代替基准回归中绿色投资额的自然对数重新对模型（5 - 2）进行回归；第二，对自变量

GI2 采取滞后 1~4 期的做法，检验绿色投资对企业经济绩效的动态效应。(2) 剔除部分样本的回归。由于每家公司并未在每年度都披露绿色环保投资，因而每家公司在本书研究 10 年的研究跨期里绿色投资的分布并不均匀，基于此，进一步剔除绿色投资年份少于 3 年、4 年、5 年的样本，对模型 (5-2) 进行回归。(3) 在估计模型中加入其他可能影响上市公司绿色投资行为的变量。第一，改变成长能力（Growth）的测度方法，用营业收入增长率代替总资产增长率；第二，在已有控制变量的基础上加入监事会规模（Board，监事会人数的对数）和两职合一（Dual，虚拟变量，董事长与总经理是同一人时取值 1，否则为 0）两个变量。从回归结果来看，各自变量的系数大小、显著性水平发生了一定变化，但均未对假设推理和回归结果产生实质性影响。结果显示，企业绿色投资行为与其净利润、托宾 Q 值显著负相关，与总资产回报率显著正相关，说明绿色投资对企业经济绩效的影响具有"两面性"特征，既会降低当期利润、减少商业性投资机会，又会扩大企业总资产规模，进而实现净利润规模扩大。综合而言，上述实证检验表明本章的研究结论是稳健的。

5.5.6.3　环境绩效与经济绩效的稳健性检验

为了保证环境绩效对经济绩效影响结果的稳健与可靠，本节做了如下稳健性检验（回归结果详见附录一中的表 5-34~表 5-36）。(1) 重要变量的替换。采用第 5.5.6.1 节中环境绩效指标的替代方法，以上市公司是否披露社会责任报告（EP4，若企业披露社会责任报告取值为 1，否则为 0）和是否披露环境报告（EP5，若企业披露环境报告取值为 1，否则为 0）两个虚拟变量作为环境绩效的代理变量，对模型 (5-3) 进行回归。(2) 剔除部分样本的回归。由于每家公司并未在每年度都披露绿色环保投资，因而每家公司在本书研究 10 年的研究跨期里绿色投资的分布并不均匀，基于此，进一步剔除绿色投资年份少于 3 年、4 年、5 年的样本，对模型 (5-3) 进行回归。(3) 为了克服潜在的反向因果关系可能导致的内生性问题，对自变量 CEP1、CEP2、CEP3 均采取滞后一期的处理。从回归结果来看，各自变量的系数大小、显著性水平发生了一定变化，但均未对假设推理和回归结果产生实质性影响。结果显示，环境绩效对经济绩效的影响多体现出负面性，不排除存在正向影响情况，这一结果与绿色投资对经济绩效的影响结果基本保持一致。综合而言，上述实证结果具有一定的稳健性。

5.5.7 内生性检验

本章主要考察绿色投资的绩效表现问题，选取中国上市公司中有绿色投资记录的作为研究样本，存在样本选择性问题，因而会造成样本选择偏差。而且，模型存在遗漏部分重要变量的可能。此外，自变量与因变量存在反向因果关系的可能。因此，借鉴王宇和李海洋（2017）、胡珺等（2017）、陈诗一和陈登科（2018）、王等（2018）、崔也光等（2019）、张兆国等（2020）的处理方法，采用自变量滞后一期、固定效应模型和 Heckman 两阶段回归法来克服上述内生性问题。

5.5.7.1 企业绿色投资与环境绩效的内生性检验

自变量滞后一期的回归处理结果（回归结果详见附录一中的表 5-37）显示，L. GI1 和 L. GI2 的回归系数在因变量为 CEP1 和 CEP2 时显著为正，表示企业绿色投资对其环境绩效具有显著的提升作用。为了解决模型遗漏重要变量所产生的内生性问题，以及控制时间效应的影响，进一步采用固定效应模型进行参数估计。通过 Hausman 检验后，由于 p 值为 0.0000，强烈拒绝随机效应的原假设，故而采用固定效应模型最有效率。采用面板固定效应对模型检验的结果（回归结果详见附录一中的表 5-38）显示，绿色投资与环境绩效显著正相关，说明企业在节能减排、污染防治方面的投资显著改善了环境质量，有效降低了污染物排放、提高了污染治理水平，对提高环境绩效表现出积极作用，与第5.5.2 节的基准回归一致，说明实证结果具有一定的稳健性。在 Heckman 两阶段模型的回归结果（回归结果详见附录一中的表 5-39），模型（4-14）是其第一阶段估计模型。第一阶段的因变量为绿色投资高低的虚拟变量（HighGI），当上市公司绿色投资规模超过年度—行业的平均值时取值 1，否则取值 0。控制变量不变，采用 Probit 模型进行回归估计。通过第一阶段的选择模型，结果显示，国企属性、企业规模、负债率、企业年龄、资产结构、成长能力与绿色投资呈正相关关系，市场化水平、独董比例与绿色投资呈负相关关系。将第一阶段模型计算出的逆米尔斯比率（IMR）纳入模型（5-1）中，并重复对模型的回归。在控制样本选择偏差后，回归结果显示，绿色投资对环境绩效的促进作用仍然显著。

5.5.7.2　企业绿色投资与经济绩效的内生性检验

由于绿色投资对企业经济绩效在时间上表现出的滞后性，因而在对这一关系进行基准检验的基础上，进一步考虑了其在时间上的动态性问题，对绿色投资变量采取滞后 1 ~ 4 期的处理方法。因此，在克服相应的内生性问题时，通过固定效应模型和 Heckman 两阶段模型来解决可能存在的遗漏重要变量、样本选择偏差问题。通过 Hausman 检验后，由于 p 值为 0.0000，强烈拒绝随机效应的原假设，故而采用固定效应模型最有效率。采用面板固定效应对模型检验的结果（回归结果详见附录一中的表 5 - 41）显示，企业绿色投资行为与其净利润、托宾 Q 值显著负相关，与总资产回报率显著正相关，说明绿色投资对企业经济绩效的影响具有不确定性，既会降低当期利润、减少商业性投资机会，又会形成企业资产、扩大总资产规模，进而实现净利润规模扩大。相较而言，绿色投资对经济绩效的影响主要体现为负面型，正面影响需要经历较长时期的资产积累来实现。在 Heckman 两阶段模型的回归结果（回归结果详见附录一中的表 5 - 42），模型（4 - 14）是其第一阶段估计模型。第一阶段的因变量为绿色投资高低的虚拟变量（HighGI），当上市公司绿色投资规模超过年度—行业的平均值时取值 1，否则取值 0。控制变量不变，采用 Probit 模型进行回归估计。通过第一阶段的选择模型，结果显示，国企属性、企业规模、负债率、企业年龄、资产结构、成长能力与绿色投资呈正相关关系，市场化水平、独董比例与绿色投资呈负相关关系。将第一阶段模型计算出的逆米尔斯比率（IMR）纳入模型（5 - 1）中，并重复对模型的回归。在控制样本选择偏差后，回归结果显示，绿色投资对经济绩效的"两面性"影响与对应的基准回归结果无显著差异。

5.6　本章小结

保护环境已成为当代社会实现经济可持续发展的重要任务，环境战略应成为经济全球化进程中企业战略的重要组成部分，在污染治理等环境问题方面的投资已成为企业实施环境战略的关键举措。由于生态环境的公共产品属性和绿色投资的正外部性问题，面对政府环境监管和激烈的市场竞争，绿色投资对环境绩效和经济绩效的影响展现出极大的不确定性。如何认识环境战略对企业绩效的影响，使绿色投资成为企业提升其竞争力的关键性投资？基于上市公司开展绿色投资的动因研究，本章内容探讨绿色投资对企业绩效的影响，以作答本书提出的第二个问题"在一定的动因驱使下企业行为选择向绿色投资，会对企业生产经营产生什么样的经济后果"。

对环境绩效的研究结果显示，绿色投资与环境绩效呈正相关关系。企业绿色投资行为越积极，污染物排放量减少并且实现达标排放、企业付出的排污费也相应开始减少，环境绩效得到显著改善。环境规制和竞争战略对企业环境绩效存在显著影响，环境规制和差异化战略显著提高了环境绩效，并且会强化绿色投资对环境绩效的积极作用，而成本领先战略不利于环境绩效的改善，同时会弱化绿色投资对环境绩效的正向影响。此外，资本化和费用化的绿色投资对企业环境绩效均具有促进作用。

对经济绩效的研究结果显示，企业绿色投资行为对其经济绩效的影响具有"两面性"特征。绿色投资对企业的净利润和托宾 Q 值具有显著的负面影响，而对企业的总资产回报率具有显著的正向影响。绿色投资决策既会在一定程度上导致净利润减少和丧失部分商业投资机会，又会形成企业的资产，随着总资产规模的扩大，净利润规模也随之扩大，从而提高总资产回报率。融资约束是绿色投资影响经济绩效的一个重要传导渠道，融资约束完全中介了绿色投资对企业净利润的消极作用，部分中介了绿色投资对投资机会的消极作用和对总资产回报率的积极作用。动态影响结果发现，绿色投资对经济绩效的"两面性"影响普遍存在于中国上市公司，但在利润最大化动机的驱使下，企业更加关注净利润等短期业绩的变化，不愿错失任何有利可图的投资机会，因而绿色投资对经济绩效的改善效果在随后四年里并不理想，导致绿色投资对经济绩效的负面影响在现阶段占据主导地位。异质性环境规制工具对绿色投资与经济绩效之间关系影响存在差别，绿色投资与环境规制的交互效应对经济绩效的"两面性"影响主要体现在环境规制工具的类型上。此外，环保补贴和媒体负面报道对企业经济绩效具有显著的负向作用，但环保补贴能够平衡企业收益，媒体负面报道能够强化外部监管，两者均会弱化绿色投资对经济绩效的负面影响。从绿色投资结构来看，不同构成的绿色投资对经济绩效的促进或抑制作用不同，节能节电节水投资对经济绩效的负向作用更为显著，环保项目投资对经济绩效的正向作用具有更高的显著性，废水治理投资、废气治理投资、固体废物治理投资、环保产品投资则在"两面性"影响上各有贡献。

对环境绩效和经济绩效相关性分析的表明，企业经济绩效的变化与其环境绩效的变化息息相关，改善环境绩效显著降低了企业净利润和托宾 Q 值，提高了企业的总资产回报率。对比绿色投资对经济绩效的影响效应可以发现，两种影响之间的相似性和相通性，绿色投资、环境绩效对经济绩效的影响均以负面型为主导。环境绩效的改善主要得益于企业积极的绿色投资行为，环境绩效是企业通过绿色投资实现经济绩效的一个关键影响因素。环境绩效对经济绩效在年度增量上的影响存在一定的不确定性，其边际效应不能表现出递增状态，也无法在总量上产生规模效益，不能使投资成本转化为有效的经济效益来源。

本章实证结果具有以下政策启示：第一，政府应加强环境政策工具的组合运用。政府在环境政策的设计和制定中既要注意行政型政策工具的强制性优势，也不能忽视市场型政策工具的激励效应。由于企业间的高度异质性，单边政策工具的作用有限。第二，政府在制定环境政策时要特别注意时限。绿色投资对经济绩效的影响具有时间滞后性，说明这一行动需要长期政策的支持与配合。这也意味着短期政策的协调是实现长期利益的保证，原因是环境成本对企业的可持续经营造成了经济压力。第三，要运用适当的补贴政策来规制企业的融资约束，促进绿色创新产出。政府补贴是可再生能源企业的重要资金来源之一（Yang et al.，2019），通过政府补贴扩大绿色投资规模是提高企业绿色创新产出的重要前提。

此外，本书研究结论对企业开展绿色投资具有一定的现实意义。实证结果为绿色投资与企业绩效之间的关系提供了新的证据，这一发现也为哈特和阿胡贾（1996）的研究结论提供了有力佐证，换言之，绿色确实值得投资（It does indeed pay to be green）。考虑到绿色投资的时滞性，企业应全面看待绿色投资的"被动行为"和"主动行为"，这意味着企业应放弃利润最大化的经营战略，以价值共创作为可持续发展目标。因此，企业应将绿色投资作为一项长期发展战略，通过绿色治理提升企业的长期价值。

| 第6章 |
企业绿色投资行为的影响机理研究

6.1 引言

通过本书第4章与第5章的理论基础和研究结论，在识别企业开展绿色投资的动因与探讨这些动因驱使企业开展绿色投资对企业绩效产生影响的基础上，需要进一步深入分析这些影响产生的内在作用机理，以实现本书要解决的三个核心问题之间的逻辑衔接。在环境规制和竞争战略驱使下，企业对节能减排等环保技术的投资能否为企业带来创新补偿效应，提升其竞争优势？绿色创新是实现环境保护和可持续发展的重要环节，也是提升企业竞争力的关键（Hart，1995；Sun et al.，2008；齐绍洲等，2018）。了解一个国家的环境技术创新模式，是制定环境管理政策和决策的必要条件（Sun et al.，2008）。国务院印发的《关于加快建立健全绿色低碳循环发展经济体系的指导意见》指出，要鼓励绿色低碳技术研发，加速科技成果转化，构建市场导向的绿色技术创新体系。随着"十四五"规划的开局，中国的环境技术创新将会如何发展，这一宏观环境氛围又会对中国情境下企业的绿色创新带来什么样的影响？企业在助推经济增长的同时，也成为环境污染的主要制造者，处理自然环境与生产经营之间的关系已成为企业战略管理的重要内容（Rugman et al.，1998），对节能减排等环境技术的投资也逐渐成为企业的重要管理决策（Wang et al.，2018）。基于此，深入探索企业绿色投资对技术创新特别是对绿色技术创新的影响机理，对生态文明建设取得新进步，以及提升企业竞争力具有重要意义。

进入"十四五"时期，加快推动经济体系优化升级和推进绿色低碳发展是党和国家的重要任务。在这一新的历史开端，坚持创新在中国现代化建设全局中的核心地位，大力发展节能减排等环境技术是实现经济绿色转型的关键路径。

然而，化石能源的不可再生性以及其消费产生危害环境的副产品（如二氧化碳）的特点，以化石燃料为后盾的经济增长具有明显的缺陷（Zhang et al.，2019），以化石能源（特别是煤炭）为主的能源消费结构，导致了中国严峻的环境问题（林伯强和李江龙，2015）。为了控制经济增长对化石能源的消耗和随之而生的污染物排放，绿色增长被认为是节能减排的有效途径，如何实现绿色增长以及哪些因素推动绿色增长成为各界关注的热点问题（Guo et al.，2017）。已有研究表明，技术创新是促进经济增长的主要动力（Solow，1956；Romer，1990；Abramovit，1993；Rosenberg，2006）。技术创新可以提高效率、介入资源的清洁利用，以及发现可再生能源，是实现可持续增长的有效解决方案（Zhang et al.，2019）。因此，绿色创新的重要性和相关问题开始受到更多的关注（Cancino et al.，2018）。

从前面的讨论可知，由于生态环境属于公共物品，对于污染治理需要政府主导才能取得成效，企业缺乏改善环境质量的动力，因而企业的绿色投资需要环境政策的引导与支持，这也是环境规制与企业行为选择之间的关系被广泛研究的原因之一。根据波特假说，适当的环境规制能够带来"创新补偿"激励。基于这一观点，大量文献发现，政府规制、公众压力等因素是促进创新的重要因素（Lave and Matthews，1996；Christmann，2000），也是促进环境（或绿色）技术应用的主要力量（Green et al.，1994；Garrod and Chadwick，1996；许士春等，2012；王锋正和郭晓川，2015；毕茜和于连超，2016）。这些研究为企业如何应对环境规制等问题提供了充分而有益的经验证据，但是由于过分强调环境规制的作用，在一定程度上忽略了环境管制以外的主动因素对企业行为选择的影响。环境规制和竞争战略是企业开展绿色投资的两个基本动因，但是两者并不能直接作用于绿色创新①，而是促使企业开展绿色投资，引导企业将资本和其他重要资源投入环境技术的研发中，进而将获得的环境技术应用于污染防治、节能减排和提高资源利用效率，最终提升在市场中的绿色竞争力、实现可持续发展。菲希尔和纽厄尔（2008）、坎普和蓬托格里奥（2011）表示，实现减排目标和降低减排成本在很大程度上依赖于科技创新。因此，在环境规制和竞争战略

---

① 尤济红和王鹏（2016）研究发现，单纯的环境规制对工业部门绿色技术进步的作用不显著，而通过引导 R&D 偏向绿色技术方向却是显著的。

的驱动下，绿色投资对环境绩效和经济绩效的影响主要通过技术创新实现。

绿色技术表现出很高的成本效益，但是与企业在绿色技术领域投资不足、绿色技术不能得到广泛利用的现实形成鲜明的反差（Jaffe and Stavins，1994；Jaffe et al.，2004；Gillingham et al.，2009）；当企业被迫在环境规制的压力下进行绿色投资，环境规制与企业竞争力究竟是相互冲突还是协调（Rugman et al.，1998），这些关键问题的研究仍然缺乏统一结论。李青原和肖泽华（2020）表示，现有文献较多研究通过环境规制使企业参与环境治理，而缺乏对如何实现企业竞争力与环境保护"共赢"的探索。综上所述，本章内容首先分析绿色投资对企业技术创新（整体创新、绿色创新和非绿色创新）的影响，进一步将技术创新纳入绿色投资与企业绩效之间关系的讨论框架，重点分析环境规制和竞争战略对技术创新影响绿色投资与企业绩效之间关系的调节作用，这一探索有助于构建企业绿色投资运行机制的研究框架，验证和拓展波特假说在中国的应用情境与理论范畴，为中国企业向清洁生产和可再生能源消费转型，进而加快产业结构优化升级和实现绿色发展提供微观证据。

6.2 理论分析与假设发展

6.2.1 企业绿色投资与技术创新

实现绿色增长的关键在于通过创新（如技术创新、制度创新）提高能源效率、实现绿色生产和绿色消费（陈诗一，2011；胡鞍钢和周绍杰，2014），创新是企业取得竞争优势的关键因素之一（Porter and Van der Linde，1995a），企业可以通过绿色投资来减少商业活动对自然环境的不利影响，进而获得可持续竞争优势（Clarkson et al.，2011）。这说明，作为企业投资的一种重要形式，绿色投资能够帮助企业建立在环境技术领域的研发创新优势。企业是技术创新过程中的重要组成部分，它们能够根据市场需求开发新产品、改造技术，技术创新为企业带来了竞争力和效益（Sun et al.，2008）。企业将有限的资源投资于资源节约型环境友好型产品、工艺的开发与创新，能够有效减少污染排放，彰显其在履行环境社会责任方面的努力，赢得环保政策和消费者青睐。在此基础上，企业的环保投资也会形成专利技术、知识产权、企业声誉等价值，增强企业在行业内的竞争力（周方召和戴亦捷，2020）。由此可见，企业的绿色投资决策对其技术创新具有密切而关键的影响。

从有关环境治理对企业行为选择的现有文献来看，针对"波特假说"的一系列研究无疑是这一领域的一个主要脉络。囿于生态环境的公共物品属性、企业的逐利特征和环保投资的正外部性，企业缺乏参与绿色实践的动力，环境治理和保护在微观企业层面难以取得进展和成效。因此，环境问题必须由政府出面才能得到妥善解决。作为经济活动的主体和污染的主要制造者，企业已然成为政府环境监管的主要目标。根据《环境保护法》规定的"谁开发谁保护、谁污染谁治理"的环保原则，环境法规和政策旨在将环境因素纳入企业的生产决策函数中，使减轻负外部性问题的环境成本在企业实现内部化（李青原和肖泽华，2020）。基于上述制度背景，在微观企业层面的研究主要关注环境规制对企业绩效（如企业成本、生产效率）（Denison，1981；Jaffe et al.，1995；Lanoie et al.，2008；Fleishman et al.，2009；王杰和刘斌，2013）和企业创新（Ambec et al.，2013；Jiang et al.，2018；You et al.，2019；张成等，2011；王国印和王动，2011；蒋伏心等，2013；董直庆和王辉，2019；李青原和肖泽华，2020）的影响。但是，促使企业参与绿色实践的因素不限于环境规制。为提升市场竞争优势，企业战略选择也会倾向对环境技术进行投资和研发。

事实上，环境规制和竞争战略无法直接对技术创新产生影响，两个基本动因首先促使企业开展绿色投资，对环境技术进行研发创新。尤济红和王鹏（2016）表示，单纯的环境规制对技术创新没有显著作用，但是环境规制会引导企业的 R&D 偏向绿色技术方向，进而促进绿色技术进步。这一观点对于竞争战略选择同样适用。在市场竞争环境下，企业的竞争优势除了直接体现在市场份额的变化，通过开展绿色投资履行环境责任也是企业保持竞争力的途径，绿色投资行为的亲社会表现可以吸引消费者和投资者，也能获取专利技术。所以，对技术创新产生直接作用的应该是绿色投资而非其动因，现有研究恰好忽略了这一点，把研究重心放在诸如环境规制等因素对技术创新作用的验证上。诺斯沃西等（Norsworthy et al.，1979）、罗斯（Rose，1983）的研究显示，企业会调拨部分原本用于生产技术创新的资金去支持治污技术创新的研发。R&D 投入（特别是环境投资）对企业创新绩效（特别是绿色环保技术创新）具有显著的促进作用（Chen et al.，2006；Madsen，2009；Lin et al.，2012；Buonocore et al.，2014；Jiang et al.，2018）。此外，以往研究对环境规制的创新补偿效应很少区分技术类型。根据技术应用对生态环境的影响，技术大致可以划分为污染技术和清洁技术，而环境规制的作用在于限制污染技术应用的同时促进清洁技术的发展，所以企业在环境规制和竞争战略的驱动下，绿色投资对技术创新的影响存在实质性的差别。"创新补偿"效应应该体现在绿色技术创新方面；由于绿色投资会占用企业在生产技术创新方面的资源，可能会降低整体技术创新和非绿色技术创新水平，对两者存在一定的"挤出效应"，或者不存在显著影响。基于上述分析，提出本章假设 6-1：

假设 6-1a：绿色投资对企业的绿色技术创新具有显著的促进作用。

假设 6-1b：绿色投资对企业整体技术创新、非绿色技术创新具有"挤出效应"或者不具有显著影响。

6.2.2　技术创新在绿色投资与企业绩效之间的作用

根据本书研究的逻辑思路，环境规制和竞争战略会驱使企业开展绿色投资活动，绿色投资会影响企业的技术创新水平，所获得的环境技术也会对企业绩效产生影响。第5章研究已经证明，绿色投资会显著改善企业的环境绩效，但对于经济绩效却更多地表现为负面效应。那么，技术创新对绿色投资与企业绩效之间的关系又具有什么影响？博诺科雷等（Buonocore et al.，2014）发现，企业的环境投资具有双重功效，能够在激发环保产品和服务创新的同时，促进环保技术的进步，从而提高企业的环境绩效。付强和刘益（2013）认为，创新的绿色也是基于技术创新的社会责任，它会积极影响企业的社会绩效，社会绩效又会进一步对企业财务绩效表现出显著的积极作用。由此可见，绿色投资会通过技术创新影响企业绩效。

从已有文献的研究结论来看，企业履行环境责任的表现越好，企业的创新专利产出水平就越高；而且，当企业通过开展绿色投资等形式更好地履行环境责任，其技术创新对市场价值和成长性具有更强的促进作用，但环境责任通过创新产出影响企业财务绩效的传导途径不存在（周方召和戴亦捷，2020）。张等（2019）的研究表明，绿色专利对两年后的企业绩效表现出积极作用。这说明，从开展绿色投资到获得环境技术，再到环境技术应用于实践为企业产生效益存在一个时间周期。而且，绿色投资的经济后果在环境绩效（或者社会绩效）和经济绩效上表现出非对称性和非同步性，绿色创新对环境绩效的改善作用比经济绩效更为有效（Long et al.，2017）。这一结果在较早的研究中也被证实，阿姆贝克和鲍尔洛（Ambec and Barla，2006）认为，研发创新确实会帮助企业在未来获得长期收益或者竞争优势，但是由于研发创新需要较长周期和这一期间的高不确定性，短期内难以给企业带来经济收益，这可能导致管理层因其现期偏好而推迟研发投资，不利于企业创新。对于这一投资的矛盾心理，库克等（Cook et al.，2019）从投资效率和创新两个渠道考察了企业社会责任对企业价值的影响，发现企业社会责任绩效越好，企业的投资效率就越高，产生的专利和专利引用就越多，企业价值也相应越高，这一良性循环归因于有效的投资和创新。

综合而言，企业绿色投资行为对企业绩效的影响是通过技术创新实现的，但是这一传导途径在环境绩效和经济绩效上存在差异。沿用第4章和第5章的理论分析与实证结果，绿色投资表现出的环境友好型、资源占用性、研发创新的长期性等特征，使得企业获得的环境技术在改善环境绩效和经济绩效上具有显著区别。环境技术主要是针对节能减排、污染整治、环境修复等问题而专门设计研发，在改善环境质量方面具有显著优势和作用，能够有效提升企业的环境绩效。与此同时，这在短期内甚至可能较长的一个时间周期上都不利于企业（特别是资源基础薄弱的中小企业）恢复和开展正常的生产经营，损害企业利润的增长。但是，随着环保技术的落地应用，绿色投资会获得"创新补偿"效应，提升企业的经济绩效。因此，这一传导渠道在经济绩效上会表现出"两面性"。基于此，提出假设6-2和假设6-3：

假设6-2：企业的绿色投资会通过绿色技术创新提高其环境绩效。

假设6-3：企业的绿色投资会通过绿色技术创新对其经济绩效产生"两面性"影响。

6.2.3 绿色投资动因对技术创新作用的调节效应

无论是绿色投资与技术创新之间的关系，还是技术创新对绿色投资影响企业绩效这一关系的作用，都离不开绿色投资动因对上述关系的影响，动因问题是研究绿色投资的逻辑起点。在企业执行绿色投资决策后，环境规制和竞争战略的驱动作用并不会消除，而是会持续影响绿色投资从投入到产出的整个运行过程，以及企业在下一轮绿色投资决策上的态度。

不可否认，政府立法和监管是促进环境（或绿色）技术应用和创新的主要力量（Green et al.，1994；Garrod and Chadwick，1996）。环境问题上更大的监管和规范压力对企业从事环境创新的倾向产生了积极影响（Berrone et al.，2013），环境法规导致新的、更环保的技术出现和扩散，使拥有先进环境技术的企业在严格的环境政策中获益，取得竞争优势（Lee，2010），说明环境规制对技术创新的正面影响体现为"创新补偿"效应。其他研究显示：政府奖惩机制有效激励了企业的绿色技术创新并提高了环境绩效，但对经济绩效的影响存在一定差异（朱建峰等，2015）；不同类型的环境规制对企业技术创新的影响存在差异，费用型环境规制对技术创新具有挤出效应，投资型环境规制对技术创新具有激励效应，能够提升企业的竞争力（张平等，2016）；环境规制对 R&D 投入存在挤出效应，导致环境规制对企业绿色技术进步的正负影响最终相互抵消，不具有显著性（尤济红和王鹏，2016）；研发投入对企业创新绩效有直接的正向影响，产业规制与区域规制对这一影响分别具有正向调节作用和负向调节作用（Jiang et al.，2018）。由此可见，关于环境规制对企业产生经济后果的研究，学术界尚未形成一致意见（李青原和肖泽华，2020）。针对环境规制与企业竞争力是"冲突"还是"协调"的争议（Rugman and Verbeke，1998），张成等（2011）给出了较为全面和合理的解释："创新补偿"效应的大小是协调环境规制、企业竞争力与经济增长之间关系的关键，这取决于环境规制对企业技术进步的影响表现，正面效应表现为"创新补偿"，负面效应表现为环境规制带给企业的"遵循成本"。两者的区别主要表现在时间趋势上，短期内绿色投资无法满足技术创新所需的较长研发周期，其"创新补偿"滞后于"遵循成本"产生负面效应，而在经历较长的研发周期后，企业的技术创新带来了生产率的提高和收益的增长，能够补偿环境治理成本。

另外，开展低碳技术投资和创新，可以为企业创造更多的经济利润、节约生产成本，从而提高产品竞争力和强化竞争优势，这是企业作为市场主体的基本动因（华锦阳，2011）。因此，企业应该将环境问题纳入战略决策中，因而需要在产品、技术方面进行技术攻关和创新，而不是被动地迎合环境法规。虽然企业在环境保护方面的投资是有风险的（Hart and Ahuja，1996），但积极的环境管理战略可以通过工艺创新和产品差异化来提高企业绩效，也能够通过对污染防治技术的投资和创新提高资源利用效率取得成本领先优势（Porter and Van der Linde，1995a；Hart，1995；Shrivastava，1995；Reinhardt，1998；Oltra and Saint Jean，2009），企业在环境保护方面的领先可以为企业创造取得竞争优势的有利条件。这说明，环境规制和竞争战略会影响绿色投资对技术创新的作用。基于上述分析，提出假设6-4和假设6-5：

假设6-4：环境规制对企业绿色投资与其技术创新之间的关系具有显著的调节作用。

假设6-5：竞争战略对企业绿色投资与其技术创新之间的关系具有显著的调节作用。

6.3　研究设计

6.3.1　计量模型构建

本章内容从企业绿色投资的影响机理角度出发，主要研究绿色投资对技术创新的影响以及技术创新在绿色投资与企业绩效之间关系的作用。借鉴王班班和齐绍洲（2016）、张等（2019）、周方召和戴亦捷（2020）、李青原和肖泽华（2020）等的建模方法，以及第4章第4.4.1节的思路，设定如下模型检验绿色投资的影响机理。

模型（6-1）检验企业绿色投资行为对技术创新的影响：

$$Innovation_{i,t} = \beta_0 + \beta_1 Greeninvest_{i,t} + \sum_{m=2}^{12} \beta_m ControlVar_{i,t}$$
$$+ \sum Industry + \sum Year + \varepsilon_{i,t} \qquad (6-1)$$

模型（6-2）和模型（6-3）检验技术创新在绿色投资与企业绩效之间的中介效应。其中，中介效应经典模型的第一步和第二步检验分别为模型（5-1）、模型（5-2）和模型（6-1）：

$$CEP_{i,t} = \beta_0 + \beta_1 Greeninvest_{i,t} + \beta_2 Innovation_{i,t} + \sum_{m=3}^{13} \beta_m ControlVar_{i,t}$$
$$+ \sum Industry + \sum Year + \varepsilon_{i,t} \qquad (6-2)$$

$$CFP_{i,t} = \beta_0 + \beta_1 Greeninvest_{i,t} + \beta_2 Innovation_{i,t} + \sum_{m=3}^{13} \beta_m ControlVar_{i,t}$$
$$+ \sum Industry + \sum Year + \varepsilon_{i,t} \qquad (6-3)$$

模型（6-4）、模型（6-5）分别检验环境规制和竞争战略对绿色投资影响技术创新的调节作用。在模型（6-1）中加入环境规制、竞争战略以及它们分别与绿色投资变量的交互项，具体模型如下：

$$Innovation_{i,t} = \beta_0 + \beta_1 Greeninvest_{i,t} + \beta_2 Regulation_{i,t} + \beta_3 Greeninvest_{i,t} \times Regulation_{i,t}$$

$$+ \sum_{m=4}^{14} \beta_m ControlVar_{i,t} + \sum Industry + \sum Year + \varepsilon_{i,t} \quad (6-4)$$

$$Innovation_{i,t} = \beta_0 + \beta_1 Greeninvest_{i,t} + \beta_2 Competition_{i,t} + \beta_3 Greeninvest_{i,t} \times Competition_{i,t}$$

$$+ \sum_{m=4}^{14} \beta_m ControlVar_{i,t} + \sum Industry + \sum Year + \varepsilon_{i,t} \quad (6-5)$$

其中，$Innovation$ 表示企业的技术创新（包括整体创新、绿色创新和非绿色创新），其他符号代表的变量含义详见第 4 章第 4.4.1 节和第 5 章第 5.4.1 节的解释。在模型（6-1）中，β_1 表示变量绿色投资的回归系数，若其为正且显著，说明绿色投资对技术创新具有促进作用，反之则为抑制作用。在模型（6-2）和模型（6-3）中，β_1 的解释不变，其系数大小和显著程度表示中介效应是否存在以及是部分中介还是完全中介，β_2 为中介变量技术创新的回归系数，若其显著不等于零，则表示存在中介效应。在模型（6-4）和模型（6-5）中，β_1 的解释不变，β_2 分别为环境规制、竞争战略的回归系数，β_3 分别是绿色投资与环境规制、竞争战略交互项的回归系数，考察调节效应是否存在。β_m 表示各控制变量的回归系数。

6.3.2 变量选取与测算

（1）技术创新。从现有文献对技术创新的测度来看，主要有两种衡量方法：一是用研发投入（R&D）来表示，如王国印和王动（2011）、蒋伏心等（2013）；二是用专利数量作为技术创新的代理变量。但是，研发投入是企业进行技术创新的投入阶段，由于研发过程的高风险和不确定性，其产出和收益并不稳定，因而不能很好地反映创新产出效率。赵博和毕克新（2016）认为，专利是衡量创新的基本指标，它能够反映创新的基本态势和活动信息。孙等（Sun et al. , 2008）表示，企业拥有的专利最具应用价值和实用价值，是衡量创新水平的一个良好指标。坎普（Kemp，2008）认为，专利是一个有力的生态创新指标。由于一项专利从申请到授权一般需要较长周期[①]，所以专利的申请能更及时

[①] 《2018 年世界五大知识产权局统计报告》显示，中国发明专利授权平均周期在 22.5 个月左右。

地反映出企业的创新产出（潘敏和袁歌聘，2019）。本书遵循多数学者的研究惯例，以专利申请数量作为衡量技术创新的代理指标。此外，企业的发明专利最能代表企业的创新能力（Tan et al.，2015）；张等（2019）表示，在国家知识产权局授予的三类专利中，发明专利具有最高的技术水平，因为它必须符合"新颖性、创造性和实用性"的要求。因此，进一步区分了发明专利和实用型专利。

（2）绿色技术创新。绿色技术创新以体现节能环保和绿色发展理念为基础。借鉴孙等（2008）、赵博和毕克新（2016）、王班班和齐绍洲（2016）、贾军等（2017）、齐绍洲等（2018）、张等（2019）、董直庆和王辉（2019）、李青原和肖泽华（2020）等的研究思路和方法，首先，根据国际专利分类标准确定国家知识产权局专利数据的 IPC 代码，其次，依据《绿色专利清单》的 IPC 代码，从国家知识产权局公布的专利数据中检索出与环境治理和保护相关的专利数量，汇总形成上市公司绿色专利数据库。虽然专利申请数能够反映企业创新产出的及时性，但并不是每一项专利（特别是发明专利）都能获得授权批准，而实际授权的专利更能凸显企业的创新能力。因此，分别采用绿色专利申请数量和授权数量表示企业的绿色技术创新。

（3）非绿色创新。将专利申请总数中剔除绿色专利申请数量后的其余专利，确定为非绿色创新。

（4）绿色投资变量和其他变量的衡量详见第4章第4.4.2节。技术创新变量的具体定义如表6-1所示。

表6-1　　　　　　　　　　　主要变量定义

变量名称	二级指标及符号	变量定义与度量
整体创新 Patents	专利申请总数 Patent	专利申请总数加1后取自然对数
	发明专利申请数量 Inventionpatent	发明专利申请数量加1后取自然对数
	实用型专利申请数量 Utilitypatent	实用型专利申请数量加1后取自然对数
绿色创新 Greenpatents	专利申请总数 Greenpatent1	专利申请总数加1后取自然对数
	发明专利申请数量 appinvgrepatent	发明专利申请数量加1后取自然对数
	实用型专利申请数量 apputigrepatent	实用型专利申请数量加1后取自然对数
	专利授权总数 Greenpatent2	专利授权总数加1后取自然对数
	发明专利授权数量 grainvgrepatent	发明专利授权数量加1后取自然对数
	实用型专利授权数量 graputigrepatent	实用型专利授权数量加1后取自然对数

变量名称	二级指标及符号	变量定义与度量
非绿色创新 Nogreenpatents	专利申请总数 Nogreenpatent	专利申请总数加 1 后取自然对数
	发明专利申请数量 Nogreinvpatent	发明专利申请数量加 1 后取自然对数
	实用型专利申请数量 Nogreutipatent	实用型专利申请数量加 1 后取自然对数

6.3.3　样本选择与数据来源

本章样本选择遵循第 4 章第 4.4.3 节的思路，以 2008～2017 年中国 A 股上市公司作为研究样本。为避免异常值的影响，本章对所有连续变量在上下 1% 的水平上进行了缩尾（Winsorize）处理。在数据来源方面，绿色投资等变量的数据来源详见第 4 章第 4.4.3 节，此处不再赘述。上市公司专利数据来自中华人民共和国国家知识产权局（China National Intellectual Property Administration，CNIPA①），其中绿色专利数据根据国际专利分类（International Patent Classification，IPC）确定其 IPC 代码，并根据世界知识产权组织（World Intellectual Property Organization，WIPO）发布的《绿色专利清单》（IPC Green Inventory）在国家知识产权局检索与环境治理和保护相关的专利数据。

6.4　实证结果与分析

6.4.1　描述性统计

表 6－2 报告了主要变量的描述性统计。如表 6－2 所示，上市公司专利申请总数 Patent 的均值为 1.022，标准差为 1.6969，说明上市公司专利数据离散程度较高，大部分数值与其均值之间差异较大，这一点在最小值和中位数（均为 0）、最大值（为 6.198）的统计描述也能得到印证。这表示，中国上市公司在技术创新能力上存在巨大的个体性差异，超过半数的上市公司技术创新能力

---

① 根据《2018 年世界五大知识产权局统计报告》显示，中国国家知识产权局在 2018 年进行了重组，专利、商标、地理标志、集成电路布图设计管理职能进行了整合，极大地提升了管理效能。鉴于此，2018 年 8 月，中国国家知识产权局的英文名称由原来的 State Intellectual Property Office（SIPO）更改为 China National Intellectual Property Administration（CNIPA）。

薄弱，专利申请量远低于行业平均水平，只有少数上市公司具有较强的技术创新水平，拥有远高于行业其他公司的专利申请数量。也正是这少数公司具备开发较多专利技术的可能，导致专利申请数量的均值被拉高，从而可能出现创新能力两极分化的现象。上述数据特征，与发明专利申请量 Inventionpatent 和实用型专利申请量 Utilitypatent 的描述性统计具有一致性特征。这一特征同样表现在绿色专利数量和非绿色专利数量上，充分体现了各公司之间的技术创新能力参差不齐。

表 6 - 2　　　　　　　　　　主要变量描述性统计

变量名称	观测值	均值	标准差	最小值	中位数	最大值
Patent	7816	1.022	1.696	0.000	0.000	6.198
Inventionpatent	7816	0.695	1.206	0.000	0.000	4.820
Utilitypatent	7816	0.410	1.017	0.000	0.000	4.533
Greenpatent1	7816	0.230	0.656	0.000	0.000	6.874
appinvgrepatent	7816	0.144	0.454	0.000	0.000	2.639
apputigrepatent	7816	0.120	0.397	0.000	0.000	2.303
Greenpatent2	7816	0.169	0.545	0.000	0.000	6.662
grainvgrepatent	7816	0.068	0.281	0.000	0.000	1.792
graputigrepatent	7816	0.109	0.375	0.000	0.000	2.197
Nogreenpatent	7042	0.964	1.486	0.000	0.000	7.914
Nogreinvpatent	7222	0.745	1.256	0.000	0.000	7.674
Nogreutipatent	7207	0.446	1.077	0.000	0.000	7.601

从绿色专利数量和非绿色专利数量的统计描述可见，绿色专利申请总数 Greenpatent1、绿色专利授权总数 Greenpatent2 和非绿色专利申请总数 Nogreenpatent 的均值分别为 0.230、0.169 和 0.964，可以看出，非绿色专利数量明显高于绿色专利数量，说明上市公司的非绿色技术创新能力要强于绿色技术创新能力。结合第 5 章第 5.5.1 节对上市公司环境绩效的数据分析，在一定程度上可以解释环境绩效偏低的情况，可能原因是非绿色专利在数量上的明显优势，使得污染技术应用对生态环境的损害程度大于清洁技术应用对生态环境的修复程度，绿色技术创新在环境污染治理中的作用有限。从专利类型来看，绿色发明专利和实用型专利在申请数量的均值上基本相当，但授权数量的均值明显前

者低于后者，而非绿色发明专利申请量的均值高于非绿色实用型专利申请量，进一步说明污染技术在整个创新系统占据相对主导的地位，对经济增长的作用相对更大，这可能是阻碍中国经济向绿色转型的一个重要原因。

6.4.2　企业绿色投资对技术创新的影响分析

6.4.2.1　绿色投资对整体技术创新的影响

表6-3报告了绿色投资对其整体技术创新作用的基础检验结果。在不区分技术创新是否为绿色创新的情况下，分别检验了绿色投资对专利申请总数、发明专利申请总数和实用型专利申请总数的作用。结果显示，当因变量为 Patent 时，GI1 的回归系数在1%的水平上显著为负，说明上市公司绿色投资行为对其整体技术创新具有抑制作用，意味着绿色投资"挤出"了企业的整体创新能力，假设6-1b 对整体技术创新的预判得到验证。可能原因是，开展绿色投资一般需要占用企业额外资源，绿色投资对企业存在"资源挤占"效应，"挤出"了企业用于提升生产经营的研发创新资源，而绿色投资的创新产出效率相对低下，从而降低了整体技术创新能力。当因变量为 Inventionpatent 和 Utilitypatent 时，GI1 的回归系数分别为负和为正，但均不具有统计显著性，说明绿色投资对发明专利的积极作用与对实用型专利的消极作用不显著，绿色投资对整体技术创新的影响在专利类型上不存在显著差异。

表6-3　　　　　　　　绿色投资对整体技术创新作用的基础检验结果

变量	模型（6-1）		
	Patent	Inventionpatent	Utilitypatent
GI1	-0.0522***	-0.0062	0.0033
	(-3.72)	(-0.65)	(0.42)
Size	0.3061***	0.1225***	0.0042
	(14.38)	(8.20)	(0.37)
Leverage	-0.4540***	-0.2689***	-0.1471**
	(-4.39)	(-3.61)	(-2.29)
SOEs	0.0786*	-0.0355	-0.0319
	(1.65)	(-1.04)	(-1.09)
Marketindex	0.0481***	0.0396***	0.0131***
	(6.39)	(7.05)	(3.10)

续表

变量	模型（6－1）		
	Patent	Inventionpatent	Utilitypatent
Age	－0.2588 *** （－6.50）	－0.3116 *** （－10.64）	－0.2288 *** （－8.69）
AS	－0.0259 （－0.19）	－0.1844 ** （－1.97）	0.0994 （1.24）
Growth	－0.0491 （－0.89）	0.0083 （0.20）	0.0144 （0.40）
IDR	0.0326 （0.08）	0.2800 （1.02）	0.1349 （0.54）
H5	0.2632 （0.53）	－0.8083 ** （2.49）	－1.0540 *** （－3.73）
Top1	－0.1858 （－0.49）	0.4179 * （1.68）	0.7533 *** （3.43）
Separation	－0.2468 （－0.97）	－0.0678 （－0.36）	－0.3534 ** （－2.50）
Cons	－1.7715 *** （－6.53）	－0.3697 * （－1.94）	0.4186 *** （2.75）
Year/Industry	Yes	Yes	Yes
F 值	31.01	39.13	18.53
Adj_R^2	0.1341	0.1517	0.1069
N	7533	7533	7533

注：括号内为 t 值，*** 、** 、* 分别表示在1%、5%、10%的水平上显著，Cons 表示常数项。

6.4.2.2　绿色投资对绿色技术创新的影响

从表6－4绿色投资对绿色技术创新作用的基础检验结果来看，无论绿色申请专利与绿色授权专利，还是绿色发明专利与绿色实用型专利，GI1 的回归系数均在1%的水平上显著为正，说明企业的绿色投资行为对其绿色技术创新具有显著的促进作用，假设6－1a 得到验证。对比表6－3中的回归检验结果可知，绿色投资主要对绿色技术创新产生显著的正向影响，这种影响并不会体现在所有专利创新上，绿色投资对企业现有资源的占用可能会减少用于非绿色技术创新的资源投入，使得绿色投资在降低整体创新能力的同时有利于绿色技术创新。

表6-4 绿色投资对绿色技术创新作用的基础检验结果

变量	模型（6-1）					
	申请专利			授权专利		
	Greenpatent1	appinvgrepatent	apputigrepatent	Greenpatent2	grainvgrepatent	graputigrepatent
GI1	0.0309 ***	0.0259 ***	0.0176 ***	0.0190 ***	0.0142 ***	0.0139 ***
	(4.91)	(5.30)	(3.88)	(3.57)	(4.02)	(3.24)
Size	0.1416 ***	0.1027 ***	0.0909 ***	0.1091 ***	0.0548 ***	0.0857 ***
	(16.55)	(15.26)	(13.55)	(14.59)	(11.24)	(13.02)
Leverage	-0.1806 ***	-0.1122 ***	-0.1788 ***	-0.1519 ***	-0.0670 ***	-0.1533 ***
	(-4.69)	(-3.73)	(-6.32)	(-4.73)	(-3.31)	(-5.59)
SOEs	0.0974 ***	0.0908 ***	0.0394 ***	0.0639 ***	0.0513 ***	0.0365 ***
	(5.59)	(6.29)	(3.35)	(4.59)	(5.29)	(3.28)
Marketindex	0.0208 ***	0.0167 ***	0.0116 ***	0.0166 ***	0.0111 ***	0.0115 ***
	(8.08)	(7.96)	(6.19)	(7.70)	(7.39)	(6.44)
Age	-0.0498 ***	-0.0366 ***	-0.0165 *	-0.0270 **	-0.0105	-0.0193 **
	(-3.64)	(-3.23)	(-1.85)	(-2.58)	(-1.43)	(-2.32)
AS	0.1076 *	0.0194	0.1820 ***	0.1171 **	0.0129	0.1647 ***
	(1.93)	(0.43)	(4.53)	(2.47)	(0.39)	(4.28)
Growth	-0.0403 **	-0.0362 ***	-0.0234 **	-0.0568 ***	-0.0380 ***	-0.0370 ***
	(-2.51)	(-2.84)	(-2.02)	(-4.59)	(-4.32)	(-3.85)
IDR	-0.1839	-0.2405 **	0.0433	-0.1609	-0.2005 ***	-0.0212
	(-1.24)	(-2.23)	(0.37)	(-1.28)	(-2.62)	(-0.19)
H5	1.1940 ***	1.0637 ***	0.9191 ***	1.1061 ***	0.8824 ***	0.8645 ***
	(5.80)	(5.90)	(6.03)	(6.14)	(6.31)	(5.78)
Top1	-0.8286 ***	-0.7279 ***	-0.5766 ***	-0.7562 ***	-0.5803 ***	-0.5595 ***
	(-5.80)	(-6.01)	(-5.49)	(-6.12)	(-6.50)	(-5.42)
Separation	0.0813	0.0261	-0.0474	0.0001	-0.0460	-0.0387
	(0.84)	(0.34)	(-0.67)	(0.00)	(-0.88)	(-0.57)
Cons	-0.8349 ***	-0.6357 ***	-0.5505 ***	-0.6437 ***	-0.3641 ***	-0.4999 ***
	(-7.94)	(-7.70)	(-7.00)	(-7.27)	(-6.25)	(-6.62)
Year/Industry	Yes	Yes	Yes	Yes	Yes	Yes
F值	21.45	17.09	13.70	17.06	9.78	12.70
Adj_R^2	0.2231	0.2242	0.2148	0.2248	0.2393	0.2068
N	7533	7533	7533	7533	7533	7533

注：括号内为t值，***、**、*分别表示在1%、5%、10%的水平上显著，Cons表示常数项。

6.4.2.3 绿色投资对非绿色技术创新的影响

基于绿色投资对整体技术创新与绿色技术创新的回归分析，进一步分析绿色投资对技术创新的影响在非绿色专利上的表现，这有助于了解绿色投资对企业创新内部构成的作用，从而深层次认识企业绿色投资行为的整个运行过程。从表6-5绿色投资对非绿色技术创新作用的基础检验结果来看，GI1对Nogreenpatent和Nogreinvpatent的负向作用不显著，GI1对Nogreutipatent的正向作用也不显著，说明绿色投资对非绿色技术创新不具有显著的影响，这恰好符合绿色投资显著提升绿色技术创新、"挤出"整体技术创新能力的检验结果，假设6-1b中对非绿色技术创新的预判得到验证。此外，从绿色投资对绿色技术创新的检验结果也可看出，绿色投资会形成有益于污染治理和环境保护的专用性资产。

表6-5　　　　　　　绿色投资对非绿色技术创新作用的基础检验结果

变量	模型（6-1）		
	Nogreenpatent	Nogreinvpatent	Nogreutipatent
GI1	-0.0016 (-0.13)	-0.0063 (-0.60)	0.0050 (0.55)
Size	0.1729*** (9.35)	0.1665*** (10.14)	0.0314** (2.46)
Leverage	-0.3880*** (-4.23)	-0.2762*** (-3.54)	-0.1791*** (-2.67)
SOEs	0.0040 (0.09)	0.0112 (0.31)	-0.0171 (-0.56)
Marketindex	0.0492*** (7.39)	0.0442*** (7.55)	0.0168*** (3.84)
Age	-0.4268*** (-11.85)	-0.3314*** (-10.92)	-0.2378*** (-8.61)
AS	-0.1165 (-1.00)	-0.1824* (-1.86)	0.1192 (1.39)
Growth	-0.0013 (-0.03)	-0.0016 (-0.04)	0.0020 (0.06)
IDR	0.4553 (1.31)	0.3417 (1.18)	0.2002 (0.75)
H5	-0.9477** (-2.19)	-0.5690 (-1.61)	-0.9893*** (-3.15)
Top1	0.5479* (1.69)	0.2319 (0.87)	0.7144*** (2.99)

续表

变量	模型（6-1）		
	Nogreenpatent	Nogreinvpatent	Nogreutipatent
Separation	-0.1355 (-0.58)	-0.0262 (-0.13)	-0.3148 ** (-2.01)
Cons	-0.7059 *** (-3.00)	-0.7840 *** (-3.83)	0.1433 (0.86)
Year/Industry	Yes	Yes	Yes
F 值	45.20	41.24	19.30
Adj_R²	0.1848	0.1678	0.1183
N	6772	6948	6935

注：括号内为 t 值，***、**、* 分别表示在 1%、5%、10% 的水平上显著，Cons 表示常数项。

6.4.3 技术创新在绿色投资与企业绩效之间的中介效应

根据中介效应的经典检验步骤（Baron and Kenny，1986），对技术创新在绿色投资与企业绩效之间中介作用检验的第一步和第二步分别对应表 5-3、表 5-8 和表 6-3、表 6-4、表 6-5 所示的回归结果，表 6-6～表 6-29 是控制中介变量后基于模型（6-2）的检验结果，其中，表 6-6～表 6-17 是技术创新在绿色投资与环境绩效之间的中介效应检验结果，表 6-18～表 6-29 是技术创新在绿色投资与经济绩效之间的中介效应检验结果。

6.4.3.1 技术创新在绿色投资与企业环境绩效之间的中介效应

1. 整体技术创新的中介效应

从表 6-6～表 6-8 的回归结果来看，GI1 的回归系数在表 6-8 中为负但不显著，但在表 6-6 和表 6-7 中均显著为正，说明绿色投资对企业环境绩效具有显著的改善作用。从中介变量技术创新的回归系数来看，Patent 的回归系数在表 6-6 中显著为负、Inventionpatent 的回归系数在表 6-7 中显著为负、Utilitypatent 的回归系数在表 6-8 中显著为正，说明绿色投资会通过技术创新影响企业的环境绩效，技术创新对两者关系具有中介作用，但是这一影响渠道在区分专利类型后存在差异。可能原因是，发明专利和实用型专利分别代表着不同层次的技术创新水平，它们在实践应用中对生态环境的影响效果也不一致，而获得两种类型的专利所要投入的资源和付出的成本自然存在差别，因而在绿色投资影响环境绩效的过程中发挥的作用表现出一定差异。

表 6 - 6 整体技术创新在绿色投资与环境绩效之间的中介效应检验结果（1）

变量	模型（6-2）		
	CEP1		
GI1	0. 0001 ***	0. 0001 ***	0. 0001 ***
	(5. 36)	(5. 45)	(5. 45)
Patent	- 0. 0000 **		
	(- 2. 54)		
Inventionpatent		- 0. 0000	
		(- 0. 14)	
Utilitypatent			- 0. 0000
			(- 1. 31)
Size	- 0. 0000	- 0. 0000	- 0. 0000
	(- 0. 91)	(- 1. 22)	(- 1. 24)
Leverage	0. 0000	0. 0001	0. 0000
	(0. 64)	(0. 73)	(0. 71)
SOEs	0. 0000	0. 0000	0. 0000
	(0. 45)	(0. 41)	(0. 40)
Marketindex	- 0. 0000 *	- 0. 0000 *	- 0. 0000 *
	(- 1. 76)	(- 1. 86)	(- 1. 85)
Age	0. 0000 *	0. 0000 **	0. 0000 **
	(1. 95)	(2. 11)	(2. 00)
AS	0. 0006 ***	0. 0006 ***	0. 0006 ***
	(5. 37)	(5. 37)	(5. 38)
Growth	- 0. 0000	- 0. 0000	- 0. 0000
	(- 0. 56)	(- 0. 53)	(- 0. 52)
IDR	- 0. 0000	- 0. 0000	- 0. 0000
	(- 0. 18)	(- 0. 18)	(- 0. 17)
H5	- 0. 0011 ***	- 0. 0011 ***	- 0. 0011 ***
	(- 4. 04)	(- 4. 06)	(- 4. 09)
Top1	0. 0009 ***	0. 0009 ***	0. 0009 ***
	(4. 19)	(4. 20)	(4. 23)
Separation	- 0. 0002	- 0. 0002	- 0. 0002
	(- 1. 46)	(- 1. 44)	(- 1. 47)
Cons	0. 0000	0. 0001	0. 0001
	(0. 15)	(0. 30)	(0. 34)

变量	模型（6-2）		
	CEP1		
Year/Industry	Yes	Yes	Yes
F 值	16.84	16.78	16.74
Adj_R^2	0.0569	0.0564	0.0565
N	7533	7533	7533

注：括号内为 t 值，***、**、* 分别表示在 1%、5%、10% 的水平上显著，Cons 表示常数项。

表 6-7　　整体技术创新在绿色投资与环境绩效之间的中介效应检验结果（2）

变量	模型（6-2）		
	CEP2		
GI1	0.0001**	0.0001**	0.0001**
	(2.41)	(2.39)	(2.42)
Patent	0.0000		
	(1.02)		
Inventionpatent		-0.0001*	
		(-1.75)	
Utilitypatent			0.0001
			(1.45)
Size	-0.0001	-0.0001	-0.0001
	(-1.42)	(-1.28)	(-1.48)
Leverage	0.0015***	0.0014***	0.0015***
	(4.16)	(4.10)	(4.20)
SOEs	0.0015***	0.0015***	0.0015***
	(9.59)	(9.56)	(9.61)
Marketindex	0.0001***	0.0001***	0.0001**
	(2.60)	(2.68)	(2.56)
Age	-0.0005***	-0.0005***	-0.0004***
	(-3.90)	(-4.10)	(-3.71)
AS	0.0013***	0.0013***	0.0013***
	(2.81)	(2.78)	(2.80)
Growth	-0.0000	-0.0000	-0.0000
	(-0.12)	(-0.11)	(-0.12)
IDR	-0.0006	-0.0005	-0.0006
	(-0.46)	(-0.44)	(-0.47)

续表

变量	模型（6-2）		
	CEP2		
H5	0.0005 (0.29)	0.0004 (0.24)	0.0006 (0.34)
Top1	0.0019 (1.57)	0.0019 (1.60)	0.0018 (1.52)
Separation	0.0010 (1.26)	0.0010 (1.25)	0.0010 (1.29)
Cons	0.0121*** (12.75)	0.0121*** (12.74)	0.0121*** (12.75)
Year/Industry	Yes	Yes	Yes
F 值	13.92	14.02	14.06
Adj_R^2	0.0590	0.0594	0.0592
N	7533	7533	7533

注：括号内为 t 值，***、**、* 分别表示在 1%、5%、10% 的水平上显著，Cons 表示常数项。

表6-8 整体技术创新在绿色投资与环境绩效之间的中介效应检验结果（3）

变量	模型（6-2）		
	CEP3		
GI1	-0.0117 (-0.24)	-0.0114 (-0.23)	-0.0121 (-0.25)
Patent	-0.0104 (-0.26)		
Inventionpatent		-0.0370 (-0.71)	
Utilitypatent			0.2800*** (4.27)
Size	-0.1741** (-2.38)	-0.1728** (-2.38)	-0.1785** (-2.49)
Leverage	1.4793*** (3.74)	1.4741*** (-2.38)	1.5252*** (3.87)
SOEs	0.3765** (2.11)	0.3744** (2.10)	0.3846** (2.16)
Marketindex	0.0905*** (2.64)	0.0914*** (2.67)	0.0863** (2.53)

续表

变量	模型（6-2）		
	CEP3		
Age	-0.2998*** (-2.74)	-0.3086*** (-2.80)	-0.2330** (-2.13)
AS	2.8496*** (5.47)	2.8430*** (5.46)	2.8220*** (5.42)
Growth	0.2502 (1.32)	0.2511 (1.32)	0.2467 (1.30)
IDR	4.3959*** (3.32)	4.4059*** (3.32)	4.3577*** (3.29)
H5	0.6934 (0.37)	0.6607 (0.35)	0.9857 (0.53)
Top1	-1.4539 (-1.06)	-1.4365 (-1.05)	-1.6629 (-1.21)
Separation	4.8261*** (5.07)	4.8262*** (5.07)	4.9276*** (5.19)
Cons	5.9249*** (5.87)	5.9298*** (5.88)	5.8263*** (5.78)
Year/Industry	Yes	Yes	Yes
F值	347.82	347.69	344.84
Adj_R^2	0.3837	0.3837	0.3851
N	7533	7533	7533

注：括号内为t值，***、**分别表示在1%、5%的水平上显著，Cons表示常数项。

2. 绿色技术创新的中介效应

从表6-9~表6-14的回归结果可见，GI1的回归系数基本保持正向显著，说明绿色投资对环境绩效的积极作用是普遍存在的，但是这一作用在绿色申请专利和绿色授权专利上并不一致。从申请专利的回归结果来看，表6-9和表6-10中的Greenpatent1和apputigrepatent的回归系数均显著为正，appinvgrepatent的系数估计值虽然为正但不具有统计意义，说明绿色专利申请总数和绿色实用型专利申请数量中介了绿色投资对环境绩效的作用。与之对应地，GI1的部分回归系数不再显著，意味着部分上市公司绿色投资行为对环境绩效的改善作用完全是通过绿色专利创新特别是实用型专利实现的。从授权专利的回归结果来看，回归结果大致与申请专利的回归结果类似，不同的是，绿色发明专利授权数 grainvgrepatent 的回归系数也显著为正，这一结果具有两层含义：一是绿色技术创新对绿色投资与环境绩效之间的关系具有中介作用（甚至是完全中介效应），是绿色投资影响环境绩效的重要途径，这一发现在发明专利和实用型专利中均得到验证；二是授权专利（特别是发明专利）代表了更高的技术创新水平，对改善环境绩效具有不可忽视的关键作用，提高发明专利在专利创新中的比重对推动绿色转型尤为重要。基于上述分析，假设6-2成立。

表6-9　　绿色技术创新在绿色投资与环境绩效之间的中介效应检验结果（1）

变量	模型（6-2）		
	CEP1		
GI1	0.0001 *** (5.46)	0.0001 *** (5.46)	0.0001 *** (5.43)
Greenpatent1	0.0000 * (1.90)		
appinvgrepatent		0.0000 (1.49)	
apputigrepatent			0.0001 *** (2.83)
Size	-0.0000 (-0.88)	-0.0000 (-0.96)	-0.0000 (-0.84)
Leverage	0.0000 (0.65)	0.0000 (0.68)	0.0000 (0.58)
SOEs	0.0000 (0.52)	0.0000 (0.52)	0.0000 (0.49)
Marketindex	-0.0000 * (-1.78)	-0.0000 * (-1.80)	-0.0000 (-1.77)
Age	0.0000 ** (2.07)	0.0000 ** (2.09)	0.0000 ** (2.10)
AS	0.0006 *** (5.39)	0.0006 *** (5.38)	0.0007 *** (5.45)
Growth	-0.0000 (-0.58)	-0.0000 (-0.58)	-0.0000 (-0.58)
IDR	-0.0001 (-0.21)	-0.0001 (-0.21)	-0.0000 (-0.17)

续表

变量	模型（6-2）		
	CEP1		
H5	-0.0011 *** (-3.89)	-0.0011 *** (-3.89)	-0.0010 *** (-3.86)
Top1	0.0009 *** (4.07)	0.0009 *** (4.07)	0.0008 *** (4.05)
Separation	-0.0002 (-1.42)	-0.0002 (-1.43)	-0.0002 (-1.46)
Cons	0.0000 (0.14)	0.0000 (0.17)	0.0000 (0.11)
Year/Industry	Yes	Yes	Yes
F 值	16.83	16.83	16.76
Adj_R^2	0.0567	0.0566	0.0570
N	7533	7533	7533

注：括号内为 t 值，***、**、* 分别表示在 1%、5%、10% 的水平上显著，Cons 表示常数项。

表 6-10   绿色技术创新在绿色投资与环境绩效之间的中介效应检验结果（2）

变量	模型（6-2）		
	CEP2		
GI1	0.0000 (0.27)	0.0000 (0.29)	0.0000 (0.33)
Greenpatent1	0.0003 *** (3.02)		
appinvgrepatent		0.0001 (1.30)	
apputigrepatent			0.0006 *** (4.59)
Size	-0.0001 ** (-2.09)	-0.0001 * (-1.70)	-0.0001 ** (-2.32)
Leverage	0.0015 *** (4.31)	0.0015 *** (4.21)	0.0016 *** (4.46)
SOEs	0.0015 *** (9.38)	0.0015 *** (9.46)	0.0015 *** (9.43)
Marketindex	0.0001 ** (2.44)	0.0001 ** (2.53)	0.0001 ** (2.41)

续表

变量	模型（6-2）		
	CEP2		
Age	- 0. 0004 *** (- 3. 77)	- 0. 0005 *** (- 3. 84)	- 0. 0004 *** (- 3. 81)
AS	0. 0013 *** (2. 75)	0. 0013 *** (2. 81)	0. 0012 ** (2. 58)
Growth	- 0. 0000 (- 0. 05)	- 0. 0000 (- 0. 09)	- 0. 0000 (- 0. 04)
IDR	- 0. 0005 (- 0. 42)	- 0. 0005 (- 0. 43)	- 0. 0006 (- 0. 48)
H5	0. 0001 (0. 08)	0. 0003 (0. 19)	- 0. 0001 (- 0. 05)
Top1	0. 0021 * (1. 75)	0. 0020 (1. 65)	0. 0022 * (1. 84)
Separation	0. 0010 (1. 23)	0. 0010 (1. 25)	0. 0010 (1. 29)
Cons	0. 0124 *** (13. 03)	0. 0123 *** (12. 88)	0. 0125 *** (13. 14)
Year/Industry	Yes	Yes	Yes
F 值	15. 27	14. 66	16. 05
Adj_R^2	0. 0600	0. 0592	0. 0612
N	7533	7533	7533

注：括号内为 t 值，***、**、* 分别表示在 1%、5%、10% 的水平上显著，Cons 表示常数项。

表 6-11　　绿色技术创新在绿色投资与环境绩效之间的中介效应检验结果（3）

变量	模型（6-2）		
	CEP3		
GI1	- 0. 0114 (- 0. 23)	- 0. 0111 (- 0. 23)	- 0. 0111 (- 0. 23)
Greenpatent1	0. 0458 (0. 43)		
appinvgrepatent		- 0. 0214 (- 0. 17)	
apputigrepatent			0. 0169 (0. 11)
Size	- 0. 1838 ** (- 2. 50)	- 0. 1751 ** (- 2. 40)	- 0. 1789 ** (- 2. 45)

续表

变量	模型（6-2）		
	CEP3		
Leverage	1.4924 ***	1.4817 ***	1.4871 ***
	(3.77)	(3.75)	(3.76)
SOEs	0.3712 **	0.3777 **	0.3750 **
	(2.08)	(2.11)	(2.10)
Marketindex	0.0890 ***	0.0903 ***	0.0898 ***
	(2.61)	(2.64)	(2.63)
Age	−0.2948 ***	−0.2979 ***	−0.2968 ***
	(−2.70)	(−2.73)	(−2.72)
AS	2.8449 ***	2.8503 ***	2.8468 ***
	(5.47)	(5.48)	(5.46)
Growth	0.2526	0.2500	0.2511
	(1.33)	(1.31)	(1.32)
IDR	4.4039 ***	4.3904 ***	4.3948 ***
	(3.32)	(3.31)	(3.32)
H5	0.6359	0.7134	0.6751
	(0.34)	(0.38)	(0.36)
Top1	−1.4140	−1.4675	−1.4422
	(−1.02)	(−1.06)	(−1.04)
Separation	4.8250 ***	4.8293 ***	4.8295 ***
	(5.06)	(5.07)	(5.08)
Cons	5.9817 ***	5.9299 ***	5.9528 ***
	(5.92)	(5.87)	(5.89)
Year/Industry	Yes	Yes	Yes
F 值	347.61	347.72	347.74
Adj_R^2	0.3837	0.3837	0.3837
N	7533	7533	7533

注：括号内为 t 值，*** 、** 分别表示在 1%、5% 的水平上显著，Cons 表示常数项。

表 6-12　　绿色技术创新在绿色投资与环境绩效之间的中介效应检验结果（4）

变量	模型（6-2）		
	CEP1		
GI1	0.0001 ***	0.0001 ***	0.0001 ***
	(5.44)	(5.45)	(5.41)

续表

变量	模型（6-2）		
	CEP1		
Greenpatent2	0.0000 * (1.88)		
grainvgrepatent		0.0000 ** (1.83)	
graputigrepatent			0.0001 ** (2.39)
Size	-0.0000 (-0.98)	-0.0000 (-1.10)	-0.0000 (-0.89)
Leverage	0.0000 (0.67)	0.0000 (0.71)	0.0000 (0.61)
SOEs	0.0000 (0.48)	0.0000 (0.47)	0.0000 (0.47)
Marketindex	-0.0000 * (-1.80)	-0.0000 * (-1.83)	-0.0000 * (-1.78)
Age	0.0000 ** (2.11)	0.0000 ** (2.13)	0.0000 ** (2.10)
AS	0.0006 *** (5.38)	0.0006 *** (5.37)	0.0007 *** (5.43)
Growth	-0.0000 (-0.60)	-0.0000 (-0.58)	-0.0000 (-0.61)
IDR	-0.0000 (-0.20)	-0.0001 (-0.21)	-0.0000 (-0.18)
H5	-0.0011 *** (-3.90)	-0.0011 *** (-3.88)	-0.0011 *** (-3.89)
Top1	0.0009 *** (4.07)	0.0009 *** (4.06)	0.0009 *** (4.07)
Separation	-0.0002 (-1.44)	-0.0002 (-1.44)	-0.0002 (-1.45)
Cons	0.0000 (0.19)	0.0000 (0.24)	0.0000 (0.15)
Year/Industry	Yes	Yes	Yes
F 值	16.91	16.97	16.76
Adj_R^2	0.0566	0.0565	0.0568
N	7533	7533	7533

注：括号内为 t 值，***、**、* 分别表示在1%、5%、10%的水平上显著，Cons 表示常数项。

表 6 - 13   绿色技术创新在绿色投资与环境绩效之间的中介效应检验结果（5）

变量	模型（6 - 2）		
	CEP2		
GI1	0. 0000	0. 0000	0. 0000
	(0. 32)	(0. 30)	(0. 37)
Greenpatent2	0. 0004 ***		
	(3. 09)		
grainvgrepatent		0. 0001	
		(0. 41)	
graputigrepatent			0. 0006 ***
			(4. 01)
Size	- 0. 0001 **	- 0. 0001	- 0. 0001 **
	(- 2. 06)	(- 1. 52)	(- 2. 21)
Leverage	0. 0015 ***	0. 0015 ***	0. 0015 ***
	(4. 32)	(4. 18)	(4. 41)
SOEs	0. 0015 ***	0. 0015 ***	0. 0015 ***
	(9. 43)	(9. 54)	(9. 45)
Marketindex	0. 0001 **	0. 0001 **	0. 0001 **
	(2. 44)	(2. 57)	(2. 43)
Age	- 0. 0005 ***	- 0. 0005 ***	- 0. 0004 ***
	(- 3. 81)	(- 3. 88)	(- 3. 80)
AS	0. 0013 ***	0. 0013 ***	0. 0012 ***
	(2. 73)	(2. 81)	(2. 62)
Growth	- 0. 0000	- 0. 0000	- 0. 0000
	(0. 01)	(- 0. 10)	(- 0. 00)
IDR	- 0. 0005	- 0. 0005	- 0. 0005
	(- 0. 42)	(- 0. 45)	(- 0. 45)
H5	0. 0001	0. 0004	- 0. 0000
	(0. 05)	(0. 25)	(- 0. 00)
Top1	0. 0021 *	0. 0019	0. 0022 *
	(1. 78)	(1. 59)	(1. 81)
Separation	0. 0010	0. 0010	0. 0010
	(1. 26)	(1. 26)	(1. 29)
Cons	0. 0124 ***	0. 0122 ***	0. 0124 ***
	(13. 02)	(12. 81)	(13. 08)
Year/Industry	Yes	Yes	Yes
F 值	15. 34	14. 33	15. 67
Adj_R^2	0. 0600	0. 0590	0. 0607
N	7533	7533	7533

注：括号内为 t 值，*** 、** 、* 分别表示在 1%、5%、10% 的水平上显著，Cons 表示常数项。

表 6 - 14　　绿色技术创新在绿色投资与环境绩效之间的中介效应检验结果（6）

变量	模型（6 - 2）		
	CEP3		
GI1	- 0. 0110 （ - 0. 23）	- 0. 0110 （ - 0. 23）	- 0. 0112 （ - 0. 23）
Greenpatent2	0. 0653 （0. 49）		
grainvgrepatent		- 0. 1195 （ - 0. 71）	
graputigrepatent			- 0. 0088 （ - 0. 05）
Size	- 0. 1844 ** （ - 2. 52）	- 0. 1708 ** （ - 2. 35）	- 0. 1766 ** （ - 2. 43）
Leverage	1. 4940 *** （3. 78）	1. 4761 *** （3. 74）	1. 4827 *** （3. 75）
SOEs	0. 3715 ** （2. 08）	0. 3818 ** （2. 14）	0. 3760 ** （2. 11）
Marketindex	0. 0889 *** （2. 60）	0. 0913 *** （2. 67）	0. 0900 *** （2. 64）
Age	- 0. 2953 *** （ - 2. 71）	- 0. 2983 *** （ - 2. 73）	- 0. 2972 *** （ - 2. 73）
AS	2. 8422 *** （5. 46）	2. 8514 *** （5. 48）	2. 8513 *** （5. 47）
Growth	0. 2545 （1. 34）	0. 2462 （1. 29）	0. 2504 （1. 32）
IDR	4. 4060 *** （3. 32）	4. 3716 *** （3. 30）	4. 3953 *** （3. 32）
H5	0. 6184 （0. 33）	0. 7961 （0. 42）	0. 6983 （0. 37）
Top1	- 1. 4025 （ - 1. 01）	- 1. 5213 （ - 1. 10）	- 1. 4569 （ - 1. 05）
Separation	4. 8287 *** （5. 07）	4. 8232 *** （5. 07）	4. 8284 *** （5. 08）
Cons	5. 9855 *** （5. 93）	5. 8999 *** （5. 86）	5. 9391 *** （5. 89）
Year/Industry	Yes	Yes	Yes
F 值	347. 68	347. 73	347. 85
Adj_R^2	0. 3837	0. 3837	0. 3837
N	7533	7533	7533

注：括号内为 t 值，*** 、** 分别表示在 1%、5% 的水平上显著，Cons 表示常数项。

3. 非绿色技术创新的中介效应

从表 6 – 15 ~ 表 6 – 17 的回归结果来看，绿色投资对环境绩效的积极作用可能会通过非绿色技术创新被降低，非绿色技术创新不利于环境绩效的提升。具体而言，Nogreinvpatent 和 Nogreutipatent 的部分系数估计值均显著为负（这一点多体现在非绿色实用型专利上），GI1 的部分回归系数也从正向显著变为负向不显著，说明非绿色技术创新存在削弱绿色投资提升环境绩效的可能性。结合本章描述性统计结果中非绿色专利在数量上高于绿色专利的现实，非绿色专利在市场经济中的天然优势，使得绿色投资产生的环境收益不足以抵消非绿色技术应用所造成的环境污染，这也许是目前环境污染问题无法得到有效和彻底治理的重要原因之一，这一结果与理论预期一致。

表 6 – 15　非绿色技术创新在绿色投资与环境绩效之间的中介效应检验结果（1）

变量	模型（6 – 2）		
	CEP1		
GI1	0. 0001 *** (5. 47)	0. 0001 *** (5. 59)	0. 0001 *** (5. 04)
Nogreenpatent	– 0. 0000 （– 0. 69）		
Nogreinvpatent		– 0. 0000 （– 0. 38）	
Nogreutipatent			– 0. 0000 * （– 1. 70）
Size	– 0. 0000 （– 1. 04）	– 0. 0000 （– 0. 76）	– 0. 0000 （5. 04）
Leverage	– 0. 0000 （– 0. 21）	– 0. 0000 （– 0. 03）	– 0. 0000 （– 0. 19）
SOEs	0. 0000 （0. 08）	0. 0000 （– 0. 29）	0. 0000 （0. 37）
Marketindex	– 0. 0000 * （– 1. 80）	– 0. 0000 * （– 1. 69）	– 0. 0000 （– 1. 60）
Age	0. 0001 *** （2. 63）	0. 0001 ** （2. 46）	0. 0001 ** （2. 57）
AS	0. 0008 *** （5. 84）	0. 0007 *** （5. 75）	0. 0007 *** （5. 62）

续表

变量	模型（6-2）		
	CEP1		
Growth	-0.0000 (-0.76)	-0.0000 (-0.52)	-0.0000 (-0.77)
IDR	-0.0000 (-0.01)	0.0000 (0.07)	-0.0001 (-0.20)
H5	-0.0009 *** (-3.08)	-0.0008 *** (-2.89)	-0.0011 *** (-3.64)
Top1	0.0008 *** (3.41)	0.0007 *** (3.09)	0.0009 *** (3.92)
Separation	-0.0005 *** (-3.14)	-0.0004 ** (-2.55)	-0.0004 ** (-2.35)
Cons	-0.0000 (-0.25)	-0.0001 (-0.42)	-0.0000 (-0.11)
Year/Industry	Yes	Yes	Yes
F 值	14.23	14.92	6935
Adj_R^2	0.0617	0.0611	0.0584
N	6772	6948	6935

注：括号内为 t 值，***、**、* 分别表示在 1%、5%、10% 的水平上显著，Cons 表示常数项。

表 6-16 非绿色技术创新在绿色投资与环境绩效之间的中介效应检验结果（2）

变量	模型（6-2）		
	CEP2		
GI1	-0.0000 (-0.12)	-0.0000 (-0.18)	-0.0000 (-0.74)
Nogreenpatent	-0.0000 (-0.38)		
Nogreinvpatent		-0.0001 * (-1.89)	
Nogreutipatent			-0.0001 * (-1.67)
Size	-0.0001 ** (-2.23)	-0.0001 * (-1.82)	-0.0002 *** (-2.60)
Leverage	0.0018 *** (4.85)	0.0017 *** (4.80)	0.0016 *** (4.59)

变量	模型（6-2）		
	CEP2		
SOEs	0.0016 *** (9.53)	0.0016 *** (9.61)	0.0016 *** (9.68)
Marketindex	0.0001 *** (2.65)	0.0001 *** (2.78)	0.0001 *** (2.78)
Age	-0.0004 *** (-3.49)	-0.0005 *** (-3.63)	-0.0004 *** (-3.24)
AS	0.0013 *** (2.60)	0.0012 ** (2.49)	0.0013 *** (2.70)
Growth	0.0000 (0.26)	0.0001 (0.29)	0.0001 (0.32)
IDR	-0.0000 (-0.03)	-0.0000 (-0.01)	-0.0002 (-0.16)
H5	0.0002 (0.09)	0.0005 (0.29)	-0.0000 (-0.03)
Top1	0.0020 (1.53)	0.0017 (1.37)	0.0021 * (1.70)
Separation	0.0016 * (1.83)	0.0016 * (1.93)	0.0019 ** (2.23)
Cons	0.0119 *** (11.66)	0.0116 *** (11.51)	0.0122 *** (12.15)
Year/Industry	Yes	Yes	Yes
F 值	9.31	9.84	9.66
Adj_R^2	0.0533	0.0541	0.0538
N	6772	6948	6935

注：括号内为 t 值，***、**、* 分别表示在 1%、5%、10% 的水平上显著，Cons 表示常数项。

表 6-17　非绿色技术创新在绿色投资与环境绩效之间的中介效应检验结果（3）

变量	模型（6-2）		
	CEP3		
GI1	-0.0955 * (-1.82)	-0.0694 (-1.35)	-0.1113 ** (-2.15)
Nogreenpatent	0.0697 (1.42)		

续表

变量	模型（6-2） CEP3		
Nogreinvpatent		−0.0520 （−0.96）	
Nogreutipatent			−0.2824 *** （−4.21）
Size	−0.1501 * （−1.95）	−0.1157 （−1.51）	−0.1232 （−1.63）
Leverage	1.6192 *** （3.92）	1.5212 *** （3.71）	1.5089 *** （3.73）
SOEs	0.4666 ** （2.47）	0.4172 ** （2.23）	0.4926 *** （2.67）
Marketindex	0.1210 *** （3.45）	0.1173 *** （3.36）	0.1199 *** （3.47）
Age	−0.2766 ** （−2.41）	−0.3141 *** （−2.75）	−0.2337 ** （−2.05）
AS	3.3470 *** （6.15）	3.2680 *** （6.08）	3.1449 *** （5.83）
Growth	0.3174 （1.62）	0.3018 （1.56）	0.2935 （1.51）
IDR	4.3400 *** （3.16）	4.6929 *** （3.41）	4.4688 *** （3.22）
H5	0.1889 （0.09）	0.7075 （0.35）	0.9192 （0.46）
Top1	−1.2360 （−0.84）	−1.5855 （−1.09）	−1.5222 （−1.05）
Separation	5.9242 *** （5.82）	5.6327 *** （5.62）	5.7281 *** （5.68）
Cons	4.8445 *** （4.48）	4.6064 *** （4.33）	4.8185 *** （4.47）
Year/Industry	Yes	Yes	Yes
F 值	311.29	321.09	317.11
Adj_R^2	0.3855	0.3840	0.3854
N	6772	6948	6935

注：括号内为 t 值，***、**、* 分别表示在 1%、5%、10% 的水平上显著，Cons 表示常数项。

6.4.3.2　技术创新在绿色投资与企业经济绩效之间的中介效应

1. 整体技术创新的中介效应

根据表 6 − 18 显示的结果，GI1 的估计系数均不显著为负，Patent、Inventionpatent 和 Utilitypatent 的系数估计值也不具有统计显著性，说明绿色投资通过整体技术创新对企业净利润产生负向作用的传导途径不显著。但在表 6 − 20 中，绿色投资通过整体技术创新抑制托宾 Q 值增长的事实得到了验证，GI1、Inventionpatent 和 Utilitypatent 的估计系数均显著为负，说明绿色投资对企业商业投资的"挤出"，部分是通过影响技术创新能力实现的。与之对应地，表 6 − 19 体现了绿色投资对经济绩效抑制作用的对立面。如表 6 − 19 所示，绿色投资对企业的总资产回报率具有显著的正向作用，由于 Inventionpatent 的回归系数在 5% 的水平上显著为正，说明发明专利创新部分中介了绿色投资对总资产回报率的提升作用。

表 6 − 18　　整体技术创新在绿色投资与经济绩效之间的中介效应检验结果（1）

变量	模型（6 − 3）		
	Netprofit		
GI1	− 0.0008 （− 1.05）	− 0.0008 （− 0.99）	− 0.0008 （− 1.00）
Patent	− 0.0009 （− 1.37）		
Inventionpatent		0.0000 （0.03）	
Utilitypatent			0.0008 （0.76）
Size	0.0278 *** （16.29）	0.0276 *** （16.29）	0.0276 *** （16.29）
Leverage	− 0.2712 *** （− 26.47）	− 0.2708 *** （− 26.45）	− 0.2707 *** （− 26.49）
SOEs	− 0.0213 *** （− 6.29）	− 0.0213 *** （− 6.30）	− 0.0213 *** （− 6.29）
Marketindex	− 0.0017 *** （− 2.60）	− 0.0017 *** （− 2.65）	− 0.0017 *** （− 2.68）
Age	− 0.0116 *** （− 4.20）	− 0.0114 *** （− 4.13）	− 0.0112 *** （− 4.06）

续表

变量	模型（6-3）		
	Netprofit		
AS	-0.0679***	-0.0678***	-0.0679***
	(-5.74)	(-5.74)	(-5.75)
Growth	0.0537***	0.0537***	0.0537***
	(11.23)	(11.24)	(11.24)
IDR	-0.0123	-0.0124	-0.0125
	(-0.48)	(-0.49)	(-0.49)
H5	-0.1276***	-0.1278***	-0.1271***
	(-3.39)	(-3.40)	(-3.37)
Top1	0.1354***	0.1356***	0.1350***
	(4.66)	(4.66)	(4.64)
Separation	0.0156	0.0159	0.0161
	(1.02)	(1.03)	(1.05)
Cons	-0.0083	-0.0067	-0.0071
	(-0.43)	(-0.35)	(-0.37)
Year/Industry	Yes	Yes	Yes
F 值	83.95	83.90	83.91
Adj_R^2	0.3428	0.3427	0.3427
N	7533	7533	7533

注：括号内为 t 值，*** 表示在 1% 的水平上显著，Cons 表示常数项。

表 6-19　整体技术创新在绿色投资与经济绩效之间的中介效应检验结果（2）

变量	模型（6-3）		
	ROA		
GI1	0.0010***	0.0010***	0.0009***
	(2.77)	(2.72)	(2.70)
Patent	0.0005		
	(1.54)		
Inventionpatent		0.0010**	
		(2.24)	
Utilitypatent			0.0004
			(0.84)
Size	0.0109***	0.0109***	0.0110***
	(15.87)	(16.10)	(16.31)

变量	模型（6-3）		
	ROA		
Leverage	-0.1234*** (-31.42)	-0.1233*** (-31.39)	-0.1235*** (-31.53)
SOEs	-0.0074*** (-4.89)	-0.0074*** (-4.85)	-0.0074*** (-4.86)
Marketindex	0.0003 (1.23)	0.0003 (1.16)	0.0003 (1.30)
Age	-0.0083*** (-7.00)	-0.0081*** (-6.82)	-0.0083*** (-7.02)
AS	-0.0302*** (-6.81)	-0.0300*** (-6.76)	-0.0302*** (-6.82)
Growth	0.0132*** (7.03)	0.0132*** (7.02)	0.0132*** (7.02)
IDR	-0.0181 (-1.64)	-0.0184* (-1.66)	-0.0182 (-1.64)
H5	-0.0650*** (-4.00)	-0.0640*** (-3.94)	-0.0644*** (-3.96)
Top1	0.0777*** (6.17)	0.0772*** (6.12)	0.0773*** (6.12)
Separation	0.0314*** (4.30)	0.0314*** (4.30)	0.0315*** (4.31)
Cons	0.0279*** (3.29)	0.0274*** (3.25)	0.0269*** (3.19)
Year/Industry	Yes	Yes	Yes
F值	80.38	80.79	80.21
Adj_R^2	0.3453	0.3455	0.3452
N	7533	7533	7533

注：括号内为t值，***、**、*分别表示在1%、5%、10%的水平上显著，Cons表示常数项。

表6-20　整体技术创新在绿色投资与经济绩效之间的中介效应检验结果（3）

变量	模型（6-3）		
	TobinQ		
GI1	-0.0161** (-2.45)	-0.0168** (-2.55)	-0.0166** (-2.53)

续表

变量	模型（6-3）		
	TobinQ		
Patent	0.0110 (1.57)		
Inventionpatent		-0.0168* (-1.65)	
Utilitypatent			-0.0184* (-1.71)
Size	-0.4156*** (-21.65)	-0.4102*** (-21.42)	-0.4122*** (-21.52)
Leverage	-0.3235*** (-3.00)	-0.3330*** (-3.09)	-0.3312*** (-3.07)
SOEs	-0.0218 (-0.62)	-0.0215 (-0.61)	-0.0215 (-0.61)
Marketindex	-0.0060 (-1.03)	-0.0049 (-0.82)	-0.0053 (-0.90)
Age	0.5324*** (17.93)	0.5243*** (17.75)	0.5253*** (17.69)
AS	-0.6814*** (-6.62)	-0.6847*** (-6.64)	-0.6798*** (-6.60)
Growth	-0.2594*** (-7.01)	-0.2598*** (-7.03)	-0.2596*** (-7.02)
IDR	0.4703* (1.79)	0.4754* (1.81)	0.4732* (1.80)
H5	2.8338*** (8.00)	2.8231*** (7.99)	2.8173*** (7.97)
Top1	-2.2087*** (-8.02)	-2.2037*** (-8.02)	-2.1969*** (-7.99)
Separation	-0.0097 (-0.06)	-0.0135 (-0.08)	-0.0189 (-0.12)
Cons	3.8299*** (20.90)	3.8042*** (20.84)	3.8181*** (20.91)
Year/Industry	Yes	Yes	Yes
F 值	62.98	63.42	62.91
Adj_R^2	0.3337	0.3337	0.3337
N	7533	7533	7533

注：括号内为 t 值，***、**、*分别表示在 1%、5%、10%的水平上显著，Cons 表示常数项。

2. 绿色技术创新的中介效应

表6-21～表6-26的回归结果显示，在申请专利的回归结果中，绿色投资既会部分通过绿色专利申请总数降低企业的净利润，也会完全通过绿色实用型专利申请数量降低企业的净利润。但在绿色投资负向影响托宾Q值的过程中，绿色技术创新对托宾Q值具有显著的正向作用，说明绿色技术创新能够有效弥补绿色投资"挤出"其他商业投资机会的负面效应。在以创新驱动为发展理念的背景下，企业的绿色实践能够有效吸引投资者（特别是绿色投资者）的注意，增加对企业环境项目的投资机会，进而带来经济绩效的提升。然而，绿色申请专利创新对绿色投资提高总资产回报率不具有显著的中介作用。

在授权专利的回归结果中，当因变量为Netprofit时，绿色投资的回归系数不再显著，而绿色技术创新的系数均显著为负，说明绿色投资对净利润的负面效应完全是通过绿色技术创新实现的。不同的是，在绿色投资正向影响ROA上，graputigrepatent的系数显著为正，说明绿色实用型专利创新部分中介了绿色投资对总资产回报率的促进作用。这一结果与张等（2019）的发现一致，绿色专利对经济绩效具有显著的积极影响，并且这种关系主要是由绿色实用型专利驱动的。从对托宾Q值的回归结果来看，绿色投资和绿色技术创新的回归系数分别显著为负和显著为正，与在申请专利中的回归结果一致，说明"组织绿化"在挤出部分商业投资机会的同时，也会吸引新的绿色偏好型投资者持有企业股票，从而补充企业的现金流和增加收益。对于绿色技术创新的回归系数显著为正、绿色投资的回归系数为负但不显著，恰好可以说明绿色投资对企业经济绩效的负面效应会通过绿色技术创新得到缓解，最终使其负面影响不再显著，实现"创新补偿"效应。

值得注意和思考的是，虽然现有研究结果已经表明，技术创新是经济增长的主要动力，也是企业保持竞争优势的关键因素（Abramovit, 1993；Rosenberg, 2006），但从本书实证结果来看，绿色投资对经济绩效并不具有显著的促进作用，而是对其产生了负面影响，在纳入技术创新这一因素后，绿色创新对经济绩效也没有表现出积极作用。这说明，中国企业的绿色投资还远远不够，没有形成绿色生产力；而且，即便有些企业的绿色投入较大，但绿色投资的成果转化为实际应用仍然具有难度，这意味着企业的绿色创新能力较弱。深层次的原因，绿色创新对企业现有业务的提升能力和对收益增长的促进作用有限。

这说明，中国企业扩大绿色投资规模、借助绿色实践提升竞争优势、实现可持续发展的任务还很艰巨。

表 6 – 21　　　绿色技术创新在绿色投资与经济绩效之间的中介效应检验结果（1）

变量	模型（6 – 3）		
	Netprofit		
GI1	– 0. 0028 ***	– 0. 0008	– 0. 0008
	（ – 3. 63）	（ – 0. 98）	（ – 1. 02）
Greenpatent1	– 0. 0110 ***		
	（ – 6. 46）		
appinvgrepatent		– 0. 0029	
		（ – 1. 45）	
apputigrepatent			– 0. 0069 **
			（ – 2. 53）
Size	0. 0276 ***	0. 0279 ***	0. 0282 ***
	（17. 63）	（16. 15）	（16. 27）
Leverage	– 0. 2883 ***	– 0. 2712 ***	– 0. 2721 ***
	（ – 28. 86）	（ – 26. 48）	（ – 26. 53）
SOEs	– 0. 0120 ***	– 0. 0211 ***	– 0. 0211 ***
	（ – 3. 58）	（ – 6. 19）	（ – 6. 22）
Marketindex	– 0. 0018 ***	– 0. 0017 **	– 0. 0016 **
	（ – 2. 83）	（ – 2. 58）	（ – 2. 54）
Age	– 0. 0034	– 0. 0115 ***	– 0. 0115 ***
	（ – 1. 37）	（ – 4. 13）	（ – 4. 14）
AS	– 0. 0458 ***	– 0. 0678 ***	– 0. 0666 ***
	（ – 4. 28）	（ – 5. 73）	（ – 5. 62）
Growth	0. 0653 ***	0. 0536 ***	0. 0535 ***
	（13. 69）	（11. 27）	（11. 22）
IDR	– 0. 0325	– 0. 0131	– 0. 0121
	（ – 1. 27）	（ – 0. 51）	（ – 0. 47）
H5	– 0. 1043 ***	– 0. 1248 ***	– 0. 1215 ***
	（ – 2. 66）	（ – 3. 30）	（ – 3. 22）
Top1	0. 1174 ***	0. 1335 ***	0. 1316 ***
	（3. 79）	（4. 58）	（4. 51）
Separation	– 0. 0000	0. 0159	0. 0155
	（ – 0. 00）	（1. 04）	（1. 01）
Cons	– 0. 0075	– 0. 0086	– 0. 0105
	（ – 0. 45）	（ – 0. 44）	（ – 0. 54）

续表

变量	模型（6-3）		
	Netprofit		
Year/Industry		Yes	Yes
F 值	84.13	84.05	84.26
Adj_R^2	0.3428	0.3428	0.3432
N	7533	7533	7533

注：括号内为 t 值，*** 、** 分别表示在 1%、5% 的水平上显著，Cons 表示常数项。

表 6-22　　绿色技术创新在绿色投资与经济绩效之间的中介效应检验结果（2）

变量	模型（6-3）		
	ROA		
GI1	0.0009 ***	0.0009 ***	0.0009 ***
	(2.69)	(2.69)	(2.70)
Greenpatent1	0.0011		
	(1.30)		
appinvgrepatent		0.0016	
		(1.63)	
apputigrepatent			-0.0010
			(-0.89)
Size	0.0109 ***	0.0109 ***	0.0111 ***
	(15.61)	(15.75)	(15.95)
Leverage	-0.1234 ***	-0.1234 ***	-0.1237 ***
	(-31.17)	(-31.40)	(-31.41)
SOEs	-0.0075 ***	-0.0075 ***	-0.0074 ***
	(-4.92)	(-4.94)	(-4.84)
Marketindex	0.0003	0.0003	0.0003
	(1.23)	(1.21)	(1.36)
Age	-0.0084 ***	-0.0084 ***	-0.0084 ***
	(-7.06)	(-7.06)	(-7.12)
AS	-0.0303 ***	-0.0302 ***	-0.0300 ***
	(-6.83)	(-6.82)	(-6.75)
Growth	0.0132 ***	0.0132 ***	0.0132 ***
	(7.05)	(7.06)	(7.01)
IDR	-0.0179	-0.0177	-0.0181
	(-1.62)	(-1.60)	(-1.64)

续表

变量	模型（6-3）		
	ROA		
H5	-0.0661*** (-4.05)	-0.0666*** (-4.08)	-0.0639*** (-3.91)
Top1	0.0785*** (6.20)	0.0788*** (6.23)	0.0770*** (6.07)
Separation	0.0312*** (4.27)	0.0313*** (4.28)	0.0313*** (4.28)
Cons	0.0280*** (3.30)	0.0281*** (3.32)	0.0265*** (3.13)
Year/Industry	Yes	Yes	Yes
F值	80.42	80.46	80.26
Adj_R²	0.3452	0.3453	0.3452
N	7533	7533	7533

注：括号内为 t 值，*** 表示在1%的水平上显著，Cons 表示常数项。

表6-23　绿色技术创新在绿色投资与经济绩效之间的中介效应检验结果（3）

变量	模型（6-3）		
	TobinQ		
GI1	-0.0170** (-2.59)	-0.0169** (-2.58)	-0.0164** (-2.51)
Greenpatent1	0.0709*** (4.53)		
appinvgrepatent		0.0741*** (4.06)	
apputigrepatent			0.0940*** (4.23)
Size	-0.4223*** (-21.36)	-0.4199*** (-21.39)	-0.4208*** (-21.32)
Leverage	-0.3157*** (-2.91)	-0.3202*** (-2.96)	-0.3117*** (-2.87)
SOEs	-0.0278 (-0.79)	-0.0276 (-0.78)	-0.0246 (-0.70)
Marketindex	-0.0070 (-1.180)	-0.0068 (-1.14)	-0.0066 (-1.12)

续表

变量	模型（6-3）		
	TobinQ		
Age	0.5331 ***	0.5322 ***	0.5311 ***
	(17.88)	(17.85)	(17.85)
AS	-0.6893 ***	-0.6831 ***	-0.6988 ***
	(-6.71)	(-6.64)	(-6.79)
Growth	-0.2570 ***	-0.2572 ***	-0.2577 ***
	(-6.95)	(-6.95)	(-6.97)
IDR	0.4837 *	0.4885 *	0.4666 *
	(1.84)	(1.86)	(1.78)
H5	2.7520 ***	2.7578 ***	2.7502 ***
	(7.78)	(7.78)	(7.78)
Top1	-2.1520 ***	-2.1568 ***	-2.1565 ***
	(-7.82)	(-7.83)	(-7.84)
Separation	-0.0182	-0.0143	-0.0079
	(-0.11)	(-0.09)	(-0.05)
Cons	3.8696 ***	3.8575 ***	3.8222 ***
	(20.91)	(7.78)	(20.87)
Year/Industry	Yes	Yes	Yes
F 值	62.88	62.86	62.96
Adj_R^2	0.3345	0.3342	0.3344
N	7533	7533	7533

注：括号内为 t 值，*** 、** 、* 分别表示在 1% 、5% 、10% 的水平上显著，Cons 表示常数项。

表 6-24　　绿色技术创新在绿色投资与经济绩效之间的中介效应检验结果（4）

变量	模型（6-3）		
	Netprofit		
GI1	-0.0008	-0.0008	-0.0008
	(-1.01)	(-0.98)	(-1.06)
Greenpatent2	-0.0067 ***		
	(-3.20)		
grainvgrepatent		-0.0078 ***	
		(-3.10)	
graputigrepatent			-0.0091 ***
			(-3.40)
Size	0.0283 ***	0.0280 ***	0.0283 ***
	(16.35)	(16.34)	(16.39)

续表

变量	模型 (6-3)		
	Netprofit		
Leverage	-0.2719*** (26.55)	-0.2714*** (-26.52)	-0.2722*** (-26.56)
SOEs	-0.0209*** (-6.16)	-0.0209*** (-6.16)	-0.0210*** (-6.20)
Marketindex	-0.0016** (2.49)	-0.0016** (-2.52)	-0.0016** (-2.50)
Age	-0.0116*** (-4.16)	-0.0115*** (-4.13)	-0.0116*** (-4.16)
AS	-0.0671*** (-5.67)	-0.0677*** (-5.73)	-0.0663*** (-5.60)
Growth	0.0533*** (11.16)	0.0534*** (11.18)	0.0534*** (11.17)
IDR	-0.0134 (-0.53)	-0.0139 (-0.55)	-0.0126 (-0.49)
H5	-0.1205*** (-3.19)	-0.1210*** (-3.20)	-0.1200*** (-3.18)
Top1	0.1306*** (4.48)	0.1311*** (4.49)	0.1305*** (4.48)
Separation	0.0159 (1.03)	0.0155 (1.01)	0.0150 (1.01)
Cons	-0.0110 (-0.57)	-0.0096 (-0.49)	-0.0113 (-0.58)
Year/Industry	Yes	Yes	Yes
F 值	84.54	84.35	84.43
Adj_R^2	0.3433	0.3431	0.3434
N	7533	7533	7533

注：括号内为 t 值，***、** 分别表示在 1%、5% 的水平上显著，Cons 表示常数项。

表 6-25　　绿色技术创新在绿色投资与经济绩效之间的中介效应检验结果（5）

变量	模型 (6-3)		
	ROA		
GI1	0.0009*** (2.70)	0.0009*** (2.70)	0.0009*** (2.67)

续表

变量	模型（6-3）		
	ROA		
Greenpatent2	-0.0009 (-0.99)		
grainvgrepatent		0.0003 (0.21)	
graputigrepatent			0.0026 ** (2.33)
Size	0.0111 *** (16.04)	0.0110 *** (16.11)	0.0113 *** (16.21)
Leverage	-0.1237 *** (-31.45)	-0.1236 *** (-31.46)	-0.1240 *** (-31.48)
SOEs	-0.0073 *** (-4.82)	-0.0074 *** (-4.86)	-0.0073 *** (-4.80)
Marketindex	0.0004 (1.38)	0.0003 (1.30)	0.0004 (1.44)
Age	-0.0085 *** (-7.13)	-0.0084 *** (-7.11)	-0.0085 *** (-7.15)
AS	-0.0301 *** (6.78)	-0.0302 *** (-6.81)	-0.0298 *** (-6.70)
Growth	0.0131 *** (7.00)	0.0132 *** (7.03)	0.0131 *** (6.98)
IDR	-0.0183 * (-1.65)	-0.0180 (-1.63)	-0.0182 (-1.65)
H5	-0.0638 *** (-3.90)	-0.0651 *** (-3.98)	-0.0626 *** (-3.82)
Top1	0.0769 *** (6.06)	0.0778 *** (6.13)	0.0762 *** (6.00)
Separation	0.0313 *** (4.29)	0.0313 *** (4.29)	0.0312 *** (4.27)
Cons	0.0265 *** (3.12)	0.0272 *** (3.21)	0.0258 *** (3.04)
Year/Industry	Yes	Yes	Yes
F 值	80.27	80.29	80.26
Adj_R^2	0.3452	0.3451	0.3454
N	7533	7533	7533

注：括号内为 t 值，*** 、 ** 、 * 分别表示在 1%、5%、10% 的水平上显著，Cons 表示常数项。

表 6 - 26　　绿色技术创新在绿色投资与经济绩效之间的中介效应检验结果（6）

变量	模型（6 - 3）		
	TobinQ		
GI1	- 0. 0165 **	- 0. 0168 **	- 0. 0163 **
	（ - 2. 52）	（ - 2. 56）	（ - 2. 48）
Greenpatent2	0. 0697 ***		
	（3. 74）		
grainvgrepatent		0. 0854 ***	
		（3. 25）	
graputigrepatent			0. 0757 ***
			（3. 41）
Size	- 0. 4199 ***	- 0. 4169 ***	- 0. 4188 ***
	（ - 21. 34）	（ - 21. 47）	（ - 21. 26）
Leverage	- 0. 3179 ***	- 0. 3228 ***	- 0. 3169 ***
	（ - 2. 93）	（ - 2. 99）	（ - 2. 92）
SOEs	- 0. 0254	- 0. 0253	- 0. 0237
	（ - 0. 72）	（ - 0. 72）	（ - 0. 67）
Marketindex	- 0. 0067	- 0. 0065	- 0. 0064
	（ - 1. 13）	（ - 1. 09）	（ - 1. 08）
Age	0. 5314 ***	0. 5304 ***	0. 5310 ***
	（17. 83）	（17. 81）	（17. 83）
AS	- 0. 6898 ***	- 0. 6828 ***	- 0. 6941 ***
	（ - 6. 71）	（ - 6. 64）	（ - 6. 74）
Growth	- 0. 2559 ***	- 0. 2566 ***	- 0. 2571 ***
	（ - 6. 91）	（ - 6. 93）	（ - 6. 94）
IDR	0. 4819 *	0. 4878 *	0. 4723 *
	（1. 84）	（1. 86）	（1. 80）
H5	2. 7596 ***	2. 7613 ***	2. 7712 ***
	（7. 80）	（7. 78）	（7. 84）
Top1	- 2. 1580 ***	- 2. 1612 ***	- 2. 1684 ***
	（ - 7. 84）	（ - 7. 83）	（ - 7. 89）
Separation	- 0. 0124	- 0. 0085	- 0. 0095
	（ - 0. 08）	（ - 0. 05）	（ - 0. 06）
Cons	3. 8553 ***	3. 8415 ***	3. 8482 ***
	（20. 92）	（20. 96）	（20. 85）
Year/Industry	Yes	Yes	Yes
F 值	62. 85	62. 86	62. 91
Adj_R²	0. 3341	0. 3340	0. 3340
N	7533	7533	7533

注：括号内为 t 值，***、**、* 分别表示在 1%、5%、10% 的水平上显著，Cons 表示常数项。

3. 非绿色技术创新的中介效应

从表 6 - 27 ~ 表 6 - 29 中非绿色技术创新的中介效应来看，绿色投资对净利润的负向作用不显著，非绿色技术创新对净利润的负向或者正向作用也不显著，但这一影响在因变量为托宾 Q 值时具有统计意义。不同的是，绿色投资与非绿色技术创新对总资产回报率均具有显著的正向作用。这可能是因为，绿色投资本身具备形成企业资产、扩大企业总资产规模的特性，而本章描述性统计结果也显示，非绿色专利在数量上比绿色专利具有明显优势，体现出非绿色创新专利在中国具有更广泛的应用市场和规模优势，非绿色专利虽然不利于环境保护，但有利于营利性企业的成长。在中国化石能源消费占据主导地位的能源消费结构下，与化石能源消费互补的非绿色技术，是企业获取收益的关键。因此，非绿色技术创新对企业的总资产回报率具有提升作用。

表 6 - 27　　非绿色技术创新在绿色投资与经济绩效之间的中介效应检验结果（1）

变量	模型（6 - 3）		
	Netprofit		
GI1	- 0. 0360 （ - 0. 19）	- 0. 0009 （ - 1. 02）	- 0. 0010 （ - 1. 10）
Nogreenpatent	- 0. 0002 （ - 0. 30）		
Nogreinvpatent		- 0. 0000 （ - 0. 10）	
Nogreutipatent			0. 0005 （0. 47）
Size	0. 0276 *** （15. 10）	0. 0281 *** （15. 40）	0. 0278 *** （15. 05）
Leverage	- 0. 2742 *** （ - 24. 96）	- 0. 2751 *** （ - 25. 36）	- 0. 2725 *** （ - 25. 43）
SOEs	- 0. 0215 *** （ - 5. 89）	- 0. 0210 *** （ - 5. 83）	- 0. 0211 *** （ - 5. 92）
Marketindex	- 0. 0016 ** （ - 2. 30）	- 0. 0016 ** （ - 2. 43）	- 0. 0017 ** （ - 2. 48）
Age	- 0. 0117 *** （ - 4. 01）	- 0. 0117 *** （ - 4. 01）	- 0. 0117 *** （ - 4. 02）
AS	- 0. 0764 *** （ - 6. 01）	- 0. 0752 *** （ - 6. 00）	- 0. 0741 *** （ - 5. 88）

续表

变量	模型（6-3）		
	Netprofit		
Growth	0.0518 *** （10.43）	0.0517 *** （10.56）	0.0529 *** （10.75）
IDR	-0.0105 （-0.38）	-0.0105 （-0.39）	-0.0144 （-0.53）
H5	-0.1067 ** （-2.51）	-0.1091 *** （-2.66）	-0.1136 *** （-2.72）
Top1	0.1293 *** （4.03）	0.1270 *** （4.07）	0.1322 *** （4.18）
Separation	0.0093 （0.54）	0.0078 （0.47）	0.0121 （0.73）
Cons	-0.0095 （-0.46）	-0.0123 （-0.59）	-0.0099 （-0.47）
Year/Industry	Yes	Yes	Yes
F 值	72.55	75.17	75.89
Adj_R²	0.3383	0.3387	0.3411
N	6772	6948	6935

注：括号内为 t 值，*** 、** 分别表示在 1%、5% 的水平上显著，Cons 表示常数项。

表 6-28　非绿色技术创新在绿色投资与经济绩效之间的中介效应检验结果（2）

变量	模型（6-3）		
	ROA		
GI1	0.0009 ** （2.25）	0.0010 ** （2.50）	0.0009 ** （2.25）
Nogreenpatent	0.0008 ** （2.02）		
Nogreinvpatent		0.0011 ** （2.40）	
Nogreutipatent			0.0005 （0.91）
Size	0.0107 *** （14.50）	0.0109 *** （14.99）	0.0110 *** （14.92）
Leverage	-0.1214 *** （-29.11）	-0.1229 *** （-29.76）	-0.1224 *** （-29.96）

续表

变量	模型（6-3）		
	ROA		
SOEs	−0.0075 ***	−0.0072 ***	−0.0077 ***
	（−4.65）	（−4.50）	（−4.87）
Marketindex	0.0002	0.0002	0.0003
	（0.77）	（0.66）	（1.02）
Age	−0.0087 ***	−0.0086 ***	−0.0088 ***
	（−7.02）	（−6.95）	（−7.14）
AS	−0.0306 ***	−0.0316 ***	−0.0307 ***
	（−6.49）	（−6.78）	（−6.55）
Growth	0.0119 ***	0.0120 ***	0.0125 ***
	（6.27）	（6.33）	（6.55）
IDR	−0.0139	−0.0137	−0.0178
	（−1.17）	（−1.18）	（−1.51）
H5	−0.0611 ***	−0.0605 ***	−0.0627 ***
	（−3.36）	（−3.43）	（3.49）
Top1	0.0782 ***	0.0763 ***	0.0788 ***
	（5.68）	（5.68）	（5.77）
Separation	0.0303 ***	0.0298 ***	0.0273 ***
	（3.81）	（3.83）	（3.53）
Cons	0.0271 ***	0.0257 ***	0.0285 ***
	（2.97）	（2.86）	（3.13）
Year/Industry	Yes	Yes	Yes
F 值	69.90	72.74	73.09
Adj_R^2	0.3383	0.3393	0.3412
N	6772	6948	6935

注：括号内为 t 值，***、** 分别表示在 1%、5%的水平上显著，Cons 表示常数项。

表6-29　非绿色技术创新在绿色投资与经济绩效之间的中介效应检验结果（3）

变量	模型（6-3）		
	TobinQ		
GI1	−0.0107	−0.0117	−0.0128 *
	（−1.37）	（−1.56）	（−1.71）
Nogreenpatent	−0.0159 *		
	（−1.76）		

续表

变量	模型（6 - 3）		
	TobinQ		
Nogreinvpatent		− 0. 0133 （1. 25）	
Nogreutipatent			− 0. 0141 （ − 1. 28）
Size	− 0. 4359 *** （ − 20. 44）	− 0. 4314 *** （ − 20. 58）	− 0. 4406 *** （ − 20. 77）
Leverage	− 0. 2429 ** （ − 2. 09）	− 0. 2590 ** （ − 2. 26）	− 0. 2681 *** （ − 2. 37）
SOEs	− 0. 0129 （ − 0. 34）	− 0. 0119 （ − 0. 32）	− 0. 0195 （ − 0. 53）
Marketindex	− 0. 0057 （ − 0. 92）	− 0. 0059 （ − 0. 95）	− 0. 0073 （ − 1. 20）
Age	0. 5340 *** （16. 91）	0. 5345 *** （17. 12）	0. 5440 *** （17. 39）
AS	− 0. 7026 *** （ − 6. 34）	− 0. 6984 *** （ − 6. 41）	− 0. 7199 *** （ − 6. 58）
Growth	− 0. 2639 *** （ − 6. 85）	− 0. 2607 *** （ − 6. 85）	− 0. 2566 *** （ − 6. 73）
IDR	0. 5069 * （1. 77）	0. 5133 * （1. 83）	0. 4974 * （1. 77）
H5	2. 8648 *** （ − 7. 59）	2. 8333 *** （7. 39）	2. 7281 *** （7. 05）
Top1	− 2. 2952 *** （7. 22）	− 2. 2542 *** （ − 7. 67）	− 2. 1572 *** （ − 7. 29）
Separation	0. 0710 （0. 39）	0. 0724 （0. 41）	0. 0345 （0. 19）
Cons	3. 9448 *** （19. 64）	3. 8922 *** （19. 76）	3. 9708 *** （20. 04）
Year/Industry	Yes	Yes	Yes
F 值	55. 20	57. 41	56. 28
Adj_R^2	0. 3298	0. 3306	0. 3311
N	6772	6948	6935

注：括号内为 t 值，*** 、 ** 、 * 分别表示在 1% 、5% 、10% 的水平上显著，Cons 表示常数项。

6.4.4 绿色投资动因对绿色投资与技术创新的调节效应

6.4.4.1 环境规制的作用

表6－30是环境规制对绿色投资与整体技术创新关系的调节效应检验结果。从 GI1 的回归系数来看，除因变量为 Inventionpatent、调节变量为 Reg2 时显著为负，其他系数估计值均不显著，说明绿色投资对企业整体技术创新不具有显著作用，甚至产生负面影响。Reg1 对 Patent、Inventionpatent 具有显著的负面影响，表明环境规制抑制了企业的整体技术创新；Reg2 对 Patent 具有显著的正向作用，表明市场型环境规制工具显著激励了企业的整体技术创新，由此可见，异质性环境规制工具对技术创新的影响存在显著差异。由于绿色投资与环境规制的交互项（GI1 × Reg1 和 GI1 × Reg2）回归系数均不具有统计显著性，可知环境规制对绿色投资与整体技术创新的关系不存在显著的调节作用。据此从前面相关理论分析、回归结果可以推断，绿色投资的创新效应并非体现为整体创新，主要是指对绿色创新的影响。

表6－30　　环境规制对绿色投资与整体技术创新关系的调节效应检验结果

变量	模型（6－4）					
	Patent	Inventionpatent	Utilitypatent	Patent	Inventionpatent	Utilitypatent
GI1	－0.0536 （－1.31）	－0.0202 （－0.73）	0.0010 （0.05）	0.0124 （0.22）	－0.0440 * （－1.74）	－0.0129 （－0.57）
Reg1	－0.0563 ** （－2.43）	－0.0361 ** （－2.28）	0.0103 （0.85）			
GI1 × Reg1	0.0006 （0.06）	0.0039 （0.58）	0.0006 （0.11）			
Reg2				0.0190 *** （2.66）	0.0035 （0.78）	0.0036 （0.97）
GI1 × Reg2				－0.0045 （－1.16）	0.0026 （1.43）	0.0011 （0.72）
Size	0.3010 *** （14.19）	0.1197 *** （8.03）	0.0052 （0.45）	0.2926 *** （13.47）	0.1177 *** （7.64）	0.0003 （0.03）
Leverage	－0.4255 *** （－4.09）	－0.2514 *** （－3.35）	－0.1524 ** （－2.35）	－0.4565 *** （－4.40）	－0.2672 *** （－3.59）	－0.1463 ** （－2.28）
SOEs	0.0862 * （1.80）	－0.0317 （－0.92）	－0.0335 （－1.14）	0.0786 * （1.65）	－0.0339 （－0.99）	－0.0310 （－1.06）

变量	模型（6-4）					
	Patent	Inventionpatent	Utilitypatent	Patent	Inventionpatent	Utilitypatent
Marketindex	0.0520 ***	0.0416 ***	0.0123 ***	0.0487 ***	0.0398 ***	0.0133 ***
	(6.51)	(7.02)	(2.70)	(6.46)	(7.09)	(3.14)
Age	-0.2586 ***	-0.3114 ***	-0.2288 ***	-0.2608 ***	-0.3126 ***	-0.2295 ***
	(-6.49)	(-10.63)	(-8.70)	(-6.55)	(-10.67)	(-8.72)
AS	-0.0084	-0.1749 *	0.0959	-0.0372	-0.1873 **	0.0968
	(-0.06)	(-1.88)	(1.19)	(-0.27)	(-2.01)	(1.20)
Growth	-0.0466	0.0093	0.0138	-0.0438	0.0096	0.0156
	(-0.84)	(0.23)	(0.38)	(-0.79)	(0.24)	(0.43)
IDR	0.0604	0.2943	0.1292	0.0479	0.2789	0.1356
	(0.16)	(1.08)	(0.52)	(0.12)	(1.02)	(0.55)
H5	0.2010	-0.8486 ***	-1.0427 ***	0.2914	-0.8251 **	-1.0612 ***
	(0.40)	(-2.61)	(-3.68)	(0.59)	(-2.54)	(-3.76)
Top1	-0.1591	0.4372 *	0.7489 ***	-0.2223	0.4198 *	0.7514 ***
	(-0.42)	(1.75)	(3.40)	(-0.59)	(1.69)	(3.43)
Separation	-0.2263	-0.0535	-0.3569 **	-0.2395	-0.0707	-0.3544 **
	(-0.89)	(-0.28)	(-2.52)	(-0.94)	(-0.38)	(-2.50)
Cons	-1.5677 ***	-0.2399	0.3812 **	-1.9144 ***	-0.3766 **	0.4027 ***
	(-5.68)	(-1.23)	(2.43)	(-6.83)	(-1.79)	(2.62)
Year/Industry	Yes	Yes	Yes	Yes	Yes	Yes
F 值	29.48	37.25	17.70	29.55	37.40	17.65
Adj_R^2	0.1350	0.1523	0.1070	0.1349	0.1521	0.1071
N	7533	7533	7533	7533	7533	7533

注：括号内为 t 值，***、**、*分别表示在 1%、5%、10% 的水平上显著，Cons 表示常数项。

表 6-31 和表 6-32 是环境规制对绿色投资与绿色技术创新关系的调节效应检验结果。从表 6-31 可以发现，GI1、Reg1 的回归系数均显著为正，两者交互项 GI1 × Reg1 的系数估计值也均显著为正，说明绿色投资、环境规制均对绿色技术创新具有显著的促进作用，同时环境规制会强化绿色投资对绿色技术创新的积极影响。这一经验证据表明，"波特假说" 在中国情境中是存在的，但是环境规制激发的 "创新补偿" 效应并非针对企业所有技术创新，而是环境规制以及竞争战略驱动下的绿色投资为企业带来的 "绿色创新补偿"。虽然表 6-32 中仅有 Reg2 的部分回归系数显著为正，而 GI1 和交互项 GI1 × Reg2 的

回归系数不显著，但均不对上述结果产生实质性影响，环境规制的"绿色创新补偿"效应依然成立。

表6-31　　　环境规制对绿色投资与绿色技术创新关系的调节效应检验结果（1）

变量	模型（6-4）					
	申请专利			授权专利		
	Greenpatent1	appinvgrepatent	apputigrepatent	Greenpatent2	grainvgrepatent	graputigrepatent
GI1	0.0563 ***	0.0403 ***	0.0420 **	0.0566 ***	0.0254 **	0.0496 ***
	(2.84)	(2.63)	(2.55)	(3.24)	(2.09)	(3.23)
Reg1	0.0366 ***	0.0334 ***	0.0247 ***	0.0348 ***	0.0262 ***	0.0284 ***
	(4.33)	(4.86)	(3.79)	(4.78)	(5.14)	(4.56)
GI1 × Reg1	0.0162 ***	0.0117 ***	0.0106 **	0.0147 ***	0.0072 **	0.0119 ***
	(3.28)	(3.13)	(2.56)	(3.39)	(2.55)	(3.07)
Size	0.1404 ***	0.1012 ***	0.0900 ***	0.1079 ***	0.0533 ***	0.0847 ***
	(16.74)	(15.46)	(13.47)	(14.75)	(11.35)	(13.12)
Leverage	− 0.1656 ***	− 0.0978 ***	− 0.1686 ***	− 0.1375 ***	− 0.0553 ***	− 0.1415 ***
	(− 4.35)	(− 3.27)	(− 6.10)	(− 4.36)	(− 2.76)	(− 5.30)
SOEs	0.0976 ***	0.0919 ***	0.0397 ***	0.0644 ***	0.0527 ***	0.0369 ***
	(5.58)	(6.33)	(3.35)	(4.59)	(5.39)	(3.29)
Marketindex	0.0213 ***	0.0175 ***	0.0119 ***	0.0171 ***	0.0120 ***	0.0119 ***
	(7.51)	(7.53)	(5.74)	(7.13)	(7.05)	(5.98)
Age	− 0.0497 ***	− 0.0365 ***	− 0.0164 *	− 0.0269 **	− 0.0104	− 0.0192 **
	(− 3.63)	(− 3.21)	(− 1.84)	(− 2.57)	(− 1.45)	(− 2.31)
AS	0.1115 **	0.0245	0.1848 ***	0.1211 **	0.0177	0.1681 ***
	(2.00)	(0.54)	(4.56)	(2.55)	(0.53)	(4.33)
Growth	− 0.0412 **	− 0.0365 ***	− 0.0239 **	− 0.0575 ***	− 0.0379 ***	− 0.0375 ***
	(− 2.56)	(− 2.87)	(− 2.07)	(− 4.66)	(− 4.33)	(− 3.92)
IDR	− 0.1816	− 0.2353 **	0.0452	− 0.1579	− 0.1945 **	− 0.0187
	(− 1.23)	(− 2.18)	(0.38)	(− 1.26)	(− 2.55)	(− 0.17)
H5	1.1514 ***	1.0252 ***	0.8904 ***	1.0657 ***	0.8526 ***	0.8316 ***
	(5.67)	(5.77)	(5.93)	(6.01)	(6.22)	(5.65)
Top1	− 0.8011 ***	− 0.7047 ***	− 0.5583 ***	− 0.7306 ***	− 0.5635 ***	− 0.5386 ***
	(− 5.64)	(− 5.87)	(− 5.36)	(− 5.95)	(− 6.39)	(− 5.26)
Separation	0.1000	0.0421	− 0.0349	0.0176	− 0.0341	− 0.0245
	(1.04)	(0.55)	(− 0.50)	(0.22)	(− 0.66)	(− 0.36)
Cons	− 0.7057 ***	− 0.5170 ***	− 0.4634 ***	− 0.5209 ***	− 0.2710 ***	− 0.3997 ***
	(− 6.80)	(− 6.43)	(− 5.89)	(− 5.95)	(− 4.82)	(− 5.31)

续表

变量	模型（6-4）					
	申请专利			授权专利		
	Greenpatent1	appinvgrepatent	apputigrepatent	Greenpatent2	grainvgrepatent	graputigrepatent
Year/Industry	Yes	Yes	Yes	Yes	Yes	Yes
F 值	20.72	16.55	13.21	16.61	9.63	12.24
Adj_R²	0.2254	0.2267	0.2167	0.2277	0.2421	0.2096
N	7533	7533	7533	7533	7533	7533

注：括号内为 t 值，***、**、* 分别表示在 1%、5%、10% 的水平上显著，Cons 表示常数项。

表6-32　环境规制对绿色投资与绿色技术创新关系的调节效应检验结果（2）

变量	模型（6-4）					
	申请专利			授权专利		
	Greenpatent1	appinvgrepatent	apputigrepatent	Greenpatent2	grainvgrepatent	graputigrepatent
GI1	-0.0221 (-0.94)	0.0081 (0.38)	-0.0143 (-0.78)	-0.0095 (-0.44)	-0.0054 (-0.38)	0.0093 (0.45)
Reg2	0.0027 (0.89)	0.0164 *** (5.27)	0.0043 * (1.90)	0.0037 (1.40)	0.0055 *** (2.90)	0.0128 *** (4.87)
GI1 × Reg2	0.0018 (1.05)	0.0012 (0.85)	0.0008 (0.58)	0.0005 (0.32)	0.0004 (0.40)	0.0001 (0.07)
Size	0.1380 *** (15.95)	0.0994 *** (14.79)	0.0866 *** (12.60)	0.1055 *** (14.02)	0.0496 *** (10.61)	0.0837 *** (12.51)
Leverage	-0.1794 *** (-4.66)	-0.1114 *** (-3.69)	-0.1782 *** (-6.30)	-0.1515 *** (-4.71)	-0.0667 *** (-3.29)	-0.1532 *** (-5.58)
SOEs	0.0985 *** (5.65)	0.0916 *** (6.34)	0.0402 *** (3.42)	0.0645 *** (4.62)	0.0521 *** (5.36)	0.0368 *** (3.30)
Marketindex	0.0210 *** (8.10)	0.0169 *** (7.98)	0.0118 *** (6.25)	0.0167 *** (7.71)	0.0113 *** (7.46)	0.0116 *** (6.44)
Age	-0.0506 *** (-3.69)	-0.0373 *** (-3.28)	-0.0173 * (-1.94)	-0.0276 *** (2.64)	-0.0114 (-1.59)	-0.0196 ** (-2.37)
AS	0.1054 * (1.91)	0.0173 (0.39)	0.1791 *** (4.49)	0.1146 ** (2.44)	0.0092 (0.28)	0.1632 *** (4.27)
Growth	-0.0393 ** (-2.44)	-0.0352 *** (-2.76)	-0.0220 * (-1.91)	-0.0556 *** (-4.50)	-0.0362 *** (-4.11)	-0.0363 *** (-3.79)
IDR	-0.1844 (-1.25)	-0.2403 ** (-2.23)	0.0447 (0.38)	-0.1594 (-1.27)	-0.1980 *** (-2.61)	-0.0201 (-0.18)

变量	模型（6-4）					
	申请专利			授权专利		
	Greenpatent1	appinvgrepatent	apputigrepatent	Greenpatent2	grainvgrepatent	graputigrepatent
H5	1. 1823 ***	1. 0558 ***	0. 9138 ***	1. 1027 ***	0. 8793 ***	0. 8638 ***
	(5. 71)	(5. 82)	(5. 95)	(6. 09)	(6. 26)	(5. 74)
Top1	− 0. 8277 ***	− 0. 7287 ***	− 0. 5802 ***	− 0. 7599 ***	− 0. 5865 ***	− 0. 5623 ***
	(− 5. 75)	(− 5. 97)	(− 5. 47)	(− 6. 09)	(− 6. 49)	(− 5. 40)
Separation	0. 0793	0. 0249	− 0. 0480	− 0. 0002	− 0. 0460	− 0. 0387
	(0. 82)	(0. 32)	(− 0. 68)	(− 0. 00)	(− 0. 88)	(− 0. 57)
Cons	− 0. 8415 ***	− 0. 6466 ***	− 0. 5723 ***	− 0. 6639 ***	− 0. 3957 ***	− 0. 5136 ***
	(− 7. 67)	(7. 37)	(− 7. 02)	(− 7. 17)	(− 6. 30)	(− 6. 52)
Year/Industry	Yes	Yes	Yes	Yes	Yes	Yes
F 值	20. 53	16. 35	13. 07	16. 24	9. 33	12. 10
Adj_R^2	0. 2237	0. 2248	0. 2157	0. 2253	0. 2412	0. 2070
N	7533	7533	7533	7533	7533	7533

注：括号内为 t 值，*** 、** 、* 分别表示在 1%、5%、10% 的水平上显著，Cons 表示常数项。

表 6-33 是环境规制对绿色投资与非绿色技术创新关系的调节效应检验结果。如表 6-33 所示，GI1、Reg1、GI1 × Reg1、GI1 × Reg2 的部分回归系数显著为负，说明绿色投资对非绿色创新具有负面影响，而且，在环境规制的作用下，这种负面效应得到了强化。由此也可看出，绿色投资对企业的影响在于形成绿色生产力和绿色竞争力。综上所述，假设 6-4 成立。

表 6-33　　环境规制对绿色投资与非绿色技术创新关系的调节效应检验结果

变量	模型（6-4）					
	Nogreenpatent	Nogreinvpatent	Nogreutipatent	Nogreenpatent	Nogreinvpatent	Nogreutipatent
GI1	− 0. 0205	− 0. 0346	− 0. 0086	− 0. 0953 **	− 0. 0681 **	− 0. 0185
	(− 0. 58)	(− 1. 15)	(− 0. 34)	(− 2. 53)	(− 2. 30)	(− 0. 68)
Reg1	− 0. 0270	− 0. 0454 ***	0. 0019			
	(− 1. 41)	(− 2. 72)	(0. 15)			
GI1 × Reg1	0. 0051	0. 0076	0. 0036			
	(0. 58)	(1. 04)	(0. 57)			
Reg2				0. 0018	0. 0029	0. 0045
				(0. 29)	(0. 58)	(1. 07)

变量	模型（6-4）					
	Nogreenpatent	Nogreinvpatent	Nogreutipatent	Nogreenpatent	Nogreinvpatent	Nogreutipatent
GI1 × Reg2				−0.0066 ** （−2.42）	−0.0043 ** （−1.98）	0.0016 （0.85）
Size	0.1715 *** （9.28）	0.1638 *** （10.02）	0.0320 ** （2.50）	0.1669 ** （8.72）	0.1610 *** （9.46）	0.0262 ** （2.01）
Leverage	−0.3753 *** （−4.05）	−0.2552 *** （−3.24）	−0.1808 *** （−2.66）	−0.3866 *** （−4.21）	−0.2758 *** （−3.53）	−0.1788 *** （−2.66）
SOEs	0.0065 （0.15）	0.0156 （0.43）	−0.0185 （−0.60）	0.0071 （0.17）	0.0138 （0.38）	−0.0160 （−0.52）
Marketindex	0.0507 *** （7.11）	0.0467 *** （7.49）	0.0162 *** （3.36）	0.0494 *** （7.43）	0.0445 *** （7.61）	0.0170 *** （3.88）
Age	−0.4268 *** （−11.85）	−0.3313 *** （−10.91）	−0.2378 *** （−8.61）	−0.4277 *** （−11.87）	−0.3323 *** （−10.95）	−0.2389 *** （−8.64）
AS	−0.1084 （−0.93）	−0.1687 * （−1.73）	0.1162 （1.35）	−0.1200 （−1.03）	−0.1844 * （−1.89）	0.1162 （1.35）
Growth	−0.0009 （−0.02）	−0.0006 （−0.01）	0.0014 （0.04）	−0.0002 （−0.01）	−0.0004 （−0.01）	0.0034 （0.09）
IDR	0.4638 （1.33）	0.3574 （1.24）	0.1972 （0.74）	0.4581 （1.32）	0.3437 （1.19）	0.2035 （0.76）
H5	−0.9751 ** （−2.25）	−0.6136 * （−1.74）	−0.9888 *** （−3.14）	−0.9876 ** （−2.29）	−0.5927 * （−1.68）	−1.0054 *** （−3.20）
Top1	0.5621 * （1.73）	0.2540 （0.95）	0.7167 *** （2.99）	0.5624 * （1.74）	0.2370 （0.89）	0.7171 *** （3.01）
Separation	−0.1234 （−0.52）	−0.0072 （−0.04）	−0.3152 ** （−2.01）	−0.1392 （−0.59）	−0.0293 （−0.14）	−0.3159 ** （−2.01）
Cons	−0.6155 ** （−2.56）	−0.6305 *** （−3.02）	0.1359 （0.80）	−0.6869 *** （−2.90）	−0.7839 *** （−3.83）	0.1224 （0.73）
Year/Industry	Yes	Yes	Yes	Yes	Yes	Yes
F 值	42.96	39.27	18.40	43.13	39.32	18.38
Adj_R^2	0.1850	0.1686	0.1184	0.1855	0.1683	0.1186
N	6772	6948	6935	6772	6948	6935

注：括号内为 t 值，*** 、** 、*分别表示在1%、5%、10%的水平上显著，Cons 表示常数项。

根据技术创新在绿色投资与企业绩效之间的中介效应检验结果，在此可以较为深入和全面地探讨绿色投资的经济后果。环境规制对绿色技术创新的正向作用，既验证了"波特假说"在中国这一新兴市场的应用情境，也能解释绿色投资通过技术创新负向影响经济绩效不再显著的结果，意味着技术创新能够扭转绿色投资降低企业经济绩效的不利局面，说明企业值得"绿化"。而绿色投资对整体技术创新具有负向影响，说明目前中国的污染技术仍在经济增长中占有相当比重，虽然绿色投资对绿色技术创新具有显著的促进作用，但绿色创新能力偏低，不足以改善污染技术对环境的影响，污染技术对清洁投入具有"替代效应"，导致企业缺乏向绿色转型的动力，对经济绩效产生了负面影响。一方面，企业会通过重新优化污染投入来应对环境规制（Gibson，2019），即企业会通过绿色投资改善环境绩效、降低环境规制对企业生产运营的约束；另一方面，绿色投资对环境质量、经济增长的作用有限，很大程度上与中国技术进步的路径依赖有关。景维民和张璐（2014）的研究显示，由于中国工业企业技术进步的路径依赖性，污染排放强度较大，工业行业的绿色技术进步缓慢。这是因为，初始的能源技术水平对中国的能源技术偏向产生了重要的影响，由于化石能源在中国的消费量远高于可再生能源，污染型能源技术水平相对较高，将导致能源技术偏向污染型能源技术进步（Aghion et al.，2016），这一点可以解释中国污染技术水平高于清洁技术水平、具有明显竞争优势的现象。此外，选择何种生产要素进行研发取决于其先前所累积的知识存量（Nordhaus，1973），中国富煤少油贫气的资源禀赋，煤炭消费在长期的工业生产中占据着关键地位，这也使得以煤炭为主的化石能源积累了较为丰富的知识存量；而绿色能源的研发和应用历程从时间上相对较晚、积累的知识存量较少，因此，其研发和应用面临的不确定性较高，限制了绿色能源在中国市场的广泛应用。其结果是，污染技术占据主导地位，对清洁技术具有较高的"替代效应"，环境污染问题难以得到根本解决。

6.4.4.2 竞争战略的作用

表6-34和表6-35是竞争战略对绿色投资与整体技术创新关系的调节效应检验结果。从表6-34来看，GI1与Patent显著负相关、GI1与Utilitypatent显著正相关，CL1与Patent、Inventionpatent显著负相关，DS1的回归系数均不显著，交互项GI1×CL1与Utilitypatent显著负相关，交互项GI1×DS1与Patent、Inventionpatent显著正相关。上述结果表明，两种不同形式的竞争战略对绿色投资与整体技术创新之间关系的影响存在显著差异，当企业侧重于控制总成本时，

成本领先战略不利于企业创新，同时它会弱化绿色投资对实用型专利创新的正向作用；当企业试图通过区别于竞争对手的方式建立市场竞争优势时，差异化战略会将绿色投资对整体技术创新的负面影响调节为积极作用。这一观点可以在表 6-35 中得到验证，DS2 的回归系数显著为正，表明差异化战略有利于促进企业的技术创新，特别是借助研发投入建立的差异化竞争策略，能够显著激励整体技术创新能力。

表 6-34　　竞争战略对绿色投资与整体技术创新关系的调节效应检验结果（1）

变量	模型（6-5）		
	Patent	Inventionpatent	Utilitypatent
GI1	-0.0696 ***	-0.0047	0.0216 **
	(-3.97)	(-0.39)	(2.23)
CL1	-0.2330 ***	-0.1129 **	-0.0372
	(-3.22)	(-2.03)	(-0.83)
GI1 × CL1	0.0843	-0.0279	-0.1104 ***
	(1.42)	(-0.63)	(-3.90)
DS1	66.4335	-20.2147	4.9117
	(1.37)	(-0.53)	(0.16)
GI1 × DS1	90.1992 *	101.2997 **	41.2493
	(1.91)	(2.47)	(0.91)
Size	0.2996 ***	0.1206 ***	0.0046
	(13.99)	(8.03)	(0.39)
Leverage	-0.4079 ***	-0.2438 ***	-0.1284 **
	(-3.85)	(-3.21)	(-1.97)
SOEs	0.0763	-0.0357	-0.0277
	(1.60)	(-1.04)	(-0.95)
Marketindex	0.0479 ***	0.0390 ***	0.0129 ***
	(6.36)	(6.93)	(3.06)
Age	-0.2487 ***	-0.3085 ***	-0.2305 ***
	(-6.22)	(-10.51)	(-8.71)
AS	-0.0892	-0.2341 **	0.0520
	(-0.61)	(-2.39)	(0.62)
Growth	-0.0696	-0.0023	0.0060
	(-1.26)	(-0.06)	(0.17)
IDR	0.0535	0.2849	0.1271
	(0.14)	(1.04)	(0.51)

变量	模型（6-5）		
	Patent	Inventionpatent	Utilitypatent
H5	0.2710 (0.54)	-0.8257** (-2.54)	-1.0845*** (-3.83)
Top1	-0.1999 (-0.53)	0.4170* (1.67)	0.7576*** (3.44)
Separation	-0.2391 (-0.94)	-0.0806 (-0.43)	-0.3652** (-2.58)
Cons	-1.7109** (-6.30)	-0.3374* (-1.77)	0.4297*** (2.79)
Year/Industry	Yes	Yes	Yes
F 值	28.57	35.61	16.95
Adj_R^2	0.1357	0.1529	0.1083
N	7533	7533	7533

注：括号内为 t 值，***、**、* 分别表示在 1%、5%、10% 的水平上显著，Cons 表示常数项。

表 6-35   竞争战略对绿色投资与整体技术创新关系的调节效应检验结果（2）

变量	模型（6-5）		
	Patent	Inventionpatent	Utilitypatent
GI1	-0.0314 (-1.50)	0.0034 (0.22)	0.0113 (0.99)
CL2	0.0010 (0.01)	0.0645 (0.42)	-0.1713* (-1.70)
GI1×CL2	-0.1973 (-1.28)	-0.1402 (-1.03)	-0.0357 (-0.42)
DS2	0.1450*** (11.79)	0.1200*** (12.54)	0.0659*** (8.40)
GI1×DS2	-0.0015 (-0.20)	0.0032 (0.56)	-0.0040 (-0.85)
Size	0.3122*** (14.57)	0.1291*** (8.62)	0.0039 (0.34)
Leverage	-0.1955* (-1.88)	-0.0484 (-0.65)	-0.0376 (-0.57)
SOEs	0.0947** (2.02)	-0.0202 (-0.60)	-0.0283 (-0.97)

续表

变量	模型（6-5）		
	Patent	Inventionpatent	Utilitypatent
Marketindex	0.0378 ***	0.0309 ***	0.0082 *
	(4.96)	(5.52)	(1.91)
Age	-0.1351 ***	-0.2090 ***	-0.1722 ***
	(-3.26)	(-6.87)	(-6.26)
AS	-0.0483	-0.2019 **	0.0829
	(-0.35)	(-2.21)	(1.04)
Growth	-0.0845	-0.0210	-0.0039
	(-1.55)	(-0.53)	(-0.11)
IDR	0.1345	0.3682	0.1796
	(0.35)	(1.37)	(0.73)
H5	0.4024	-0.6857 **	-0.9794 ***
	(0.80)	(-2.14)	(-3.48)
Top1	-0.2313	0.3815	0.7169 ***
	(-0.62)	(1.55)	(3.27)
Separation	-0.2185	-0.0458	-0.3418 **
	(-0.87)	(-0.25)	(-2.43)
Cons	-2.2230 ***	-0.7674 ***	0.2717 *
	(-7.93)	(-3.85)	(1.68)
Year/Industry	Yes	Yes	Yes
F 值	32.37	38.92	18.27
Adj_R^2	0.1541	0.1796	0.1175
N	7533	7533	7533

注：括号内为 t 值，*** 、** 、* 分别表示在 1%、5%、10% 的水平上显著，Cons 表示常数项。

表 6-36 和表 6-37 是竞争战略对绿色投资与绿色技术创新关系的调节效应检验结果。在表 6-36 中，交互项 GI1 × CL1 分别与 apputigrepatent、graputigrepatent 显著负相关，交互项 GI1 × DS1 与 Greenpatent1 显著正相关，其他主要解释变量的系数均不具有统计显著性，说明成本领先战略会弱化绿色投资对绿色实用型专利创新的影响，而差异化战略会增强绿色投资对绿色技术创新的影响，这一结果在表 6-37 中得到了进一步认证和强化，与理论预期一致。不同的是，CL2 的多数回归系数显著为正，说明成本领先战略对绿色技术创新也存在促进作用，这与最初成本领先战略抑制企业绿色投资，进而不利于绿色技术

创新的预判存在偏差。事实上，这恰好符合第 4 章第 4.5.3.3 节中环境规制和市场竞争在强度表现上的"门槛"特征。环境规制和竞争战略①驱使企业进行绿色投资，其经济后果主要体现在对企业绩效（如生产率、成本）和企业创新的影响，表现为"遵循成本"效应和"创新补偿"效应，并且，两种效应在时期表现上存在差异。从环境规制和竞争战略两个基本动因的作用表现可知，两者在作用上具有互补性，这可以恰当地反映绿色投资的经济后果在时间跨度上的变化。"创新补偿"效应在短期内往往滞后于"遵循成本"效应，环境规制的被动作用对技术创新的影响主要体现为负面作用。

表 6 – 36　　　竞争战略对绿色投资与绿色技术创新关系的调节效应检验结果（1）

变量	模型（6 – 5）					
	申请专利			授权专利		
	Greenpatent1	appinvgrepatent	apputigrepatent	Greenpatent2	grainvgrepatent	graputigrepatent
GI1	0.0116 (1.43)	0.0063 (0.98)	0.0045 (0.71)	0.0010 (0.14)	0.0007 (0.15)	0.0002 (0.04)
CL1	0.0042 (0.18)	0.0091 (0.46)	0.0027 (0.17)	– 0.0132 (– 0.68)	– 0.0091 (– 0.61)	– 0.0019 (– 0.12)
GI1 × CL1	– 0.0380 (– 1.60)	– 0.0148 (– 0.77)	– 0.0385 ** (– 2.39)	– 0.0152 (– 0.69)	0.0046 (0.27)	– 0.0310 ** (– 2.04)
DS1	13.8656 (1.09)	9.6057 (0.93)	3.2739 (0.37)	1.1955 (0.11)	– 1.5716 (– 0.24)	– 0.5841 (– 0.07)
GI1 × DS1	22.3036 * (1.72)	– 16.9715 (– 3.63)	– 8.2471 (– 0.95)	12.0164 (1.19)	– 5.3382 (– 0.81)	– 7.9490 (– 1.04)
Size	0.1419 *** (16.49)	0.1030 *** (15.21)	0.0913 *** (13.29)	0.1088 *** (14.44)	0.0545 *** (11.12)	0.0860 *** (12.93)
Leverage	– 0.1765 *** (– 4.48)	– 0.1119 *** (– 3.63)	– 0.1752 *** (– 6.04)	– 0.1469 *** (– 4.47)	– 0.0653 *** (– 3.15)	– 0.1496 *** (– 5.32)
SOEs	0.0991 *** (5.65)	0.0916 *** (6.32)	0.0409 *** (3.44)	0.0642 *** (4.57)	0.0508 *** (5.22)	0.0375 *** (3.34)
Marketindex	0.0209 *** (8.12)	0.0168 *** (8.01)	0.0116 *** (6.19)	0.0165 *** (7.69)	0.0111 *** (7.36)	0.0114 *** (6.43)

---

① 现有研究主要强调环境规制的经济后果，即"遵循成本"与"创新补偿"之间的均衡问题，在一定程度上忽略了竞争战略对企业参与绿色实践的作用。

续表

变量	模型（6－5）					
	申请专利			授权专利		
	Greenpatent1	appinvgrepatent	apputigrepatent	Greenpatent2	grainvgrepatent	graputigrepatent
Age	− 0. 0511 ***	− 0. 0373 ***	− 0. 0177 **	− 0. 0271 **	− 0. 0102	− 0. 0201 **
	（ − 3. 70）	（ − 3. 28）	（ − 1. 97）	（ − 2. 58）	（ − 1. 42）	（ − 2. 40）
AS	0. 0968 *	0. 0179	0. 1710 ***	0. 1069 **	0. 0106	0. 1542 ***
	（1. 69）	（0. 39）	（4. 08）	（2. 18）	（0. 31）	（3. 83）
Growth	− 0. 0418 **	− 0. 0363 ***	− 0. 0246 **	− 0. 0581 ***	− 0. 0382 ***	− 0. 0381 ***
	（ − 2. 58）	（ − 2. 81）	（ − 2. 12）	（ − 4. 66）	（ − 4. 27）	（ − 3. 95）
IDR	− 0. 1890	− 0. 2430 **	0. 0387	− 01. 633	− 0. 2004 ***	− 0. 0251
	（ − 1. 27）	（ − 2. 25）	（0. 33）	（ − 1. 30）	（ − 2. 63）	（ − 0. 23）
H5	1. 1856 ***	1. 0613 ***	0. 9097 ***	1. 1012 ***	0. 8827 ***	0. 8564 ***
	（5. 74）	（5. 87）	（5. 94）	（6. 09）	（6. 30）	（5. 70）
Top1	− 0. 8266 ***	− 0. 7271 ***	− 0. 5742 ***	− 0. 7548 ***	− 0. 5802 ***	− 0. 5572 ***
	（ − 5. 78）	（ − 6. 00）	（ − 5. 47）	（ − 6. 10）	（ − 6. 50）	（ − 5. 40）
Separation	0. 0801	0. 0269	− 0. 0506	− 0. 0024	− 0. 0466	− 0. 0423
	（0. 83）	（0. 35）	（ − 0. 71）	（ − 0. 3）	（ − 0. 89）	（ − 0. 62）
Cons	− 0. 8351 ***	− 0. 6380 ***	− 0. 5501 ***	− 0. 6381 ***	− 0. 3606 ***	− 0. 4978 ***
	（ − 7. 95）	（ − 7. 72）	（ − 7. 01）	（ − 7. 21）	（ − 6. 18）	（ − 6. 60）
Year/Industry	Yes	Yes	Yes	Yes	Yes	Yes
F 值	19. 57	15. 55	12. 56	15. 55	8. 87	11. 64
Adj_R^2	0. 2235	0. 2244	0. 2154	0. 2250	0. 2394	0. 2073
N	7533	7533	7533	7533	7533	7533

注：括号内为 t 值，***、**、* 分别表示在 1%、5%、10% 的水平上显著，Cons 表示常数项。

表 6－37　竞争战略对绿色投资与绿色技术创新关系的调节效应检验结果（2）

变量	模型（6－5）					
	申请专利			授权专利		
	Greenpatent1	appinvgrepatent	apputigrepatent	Greenpatent2	grainvgrepatent	graputigrepatent
GI1	0. 0078	0. 0022	0. 0037	0. 0053	0. 0041	0. 0002
	（0. 79）	（0. 26）	（0. 51）	（0. 64）	（0. 69）	（0. 03）
CL2	0. 1230 **	0. 1011 **	0. 0676 *	0. 1445 ***	0. 0970 ***	0. 0798 **
	（2. 11）	（2. 15）	（1. 75）	（2. 80）	（2. 65）	（2. 05）
GI1 × CL2	− 0. 2013 ***	− 0. 1077 *	− 0. 1636 ***	− 0. 2050 ***	− 0. 0853 **	− 0. 1573 ***
	（ − 2. 99）	（ − 1. 87）	（ − 3. 79）	（ − 3. 95）	（ − 2. 24）	（ − 3. 93）

续表

变量	模型（6－5）					
	申请专利			授权专利		
	Greenpatent1	appinvgrepatent	apputigrepatent	Greenpatent2	grainvgrepatent	graputigrepatent
DS2	0. 0047 （1. 28）	0. 0037 （1. 26）	－ 0. 0014 （ － 0. 54）	0. 0019 （0. 64）	－ 0. 0008 （ － 0. 40）	－ 0. 0003 （ － 0. 11）
GI1 × DS2	0. 0126 *** （4. 00）	0. 0092 *** （3. 59）	0. 0075 *** （3. 35）	0. 0100 *** （3. 96）	0. 0045 *** （2. 77）	0. 0076 *** （3. 43）
Size	0. 1448 *** （16. 73）	0. 1053 *** （15. 46）	0. 0925 *** （13. 45）	0. 1123 *** （14. 79）	0. 0566 *** （11. 43）	0. 0876 *** （13. 15）
Leverage	－ 0. 1649 *** （ － 4. 21）	－ 0. 0983 *** （ － 3. 22）	－ 0. 1787 *** （ － 6. 11）	－ 0. 1423 *** （ － 4. 31）	－ 0. 0639 *** （ － 3. 08）	－ 0. 1505 *** （ － 5. 31）
SOEs	0. 1031 *** （5. 94）	0. 0951 *** （6. 61）	0. 0423 *** （3. 60）	0. 0691 *** （4. 99）	0. 0540 *** （5. 59）	0. 0398 *** （3. 59）
Marketindex	0. 0195 *** （7. 36）	0. 0158 *** （7. 33）	0. 0110 *** （5. 71）	0. 0158 *** （7. 05）	0. 0110 *** （7. 01）	0. 0109 *** （5. 88）
Age	－ 0. 0440 *** （ － 3. 09）	－ 0. 0323 *** （ － 2. 70）	－ 0. 0163 * （ － 1. 80）	－ 0. 0240 ** （ － 2. 25）	－ 0. 0107 （ － 1. 43）	－ 0. 0182 ** （ － 2. 19）
AS	0. 1068 * （1. 93）	0. 0194 （0. 44）	0. 1818 *** （4. 49）	0. 1188 ** （2. 51）	0. 0154 （0. 47）	0. 1649 *** （4. 25）
Growth	－ 0. 0422 *** （ － 2. 63）	－ 0. 0375 *** （ － 2. 95）	－ 0. 0235 ** （ － 2. 04）	－ 0. 0570 *** （ － 4. 62）	－ 0. 0371 *** （ － 4. 28）	－ 0. 0372 *** （ － 3. 86）
IDR	－ 0. 1831 （ － 1. 24）	－ 0. 2376 ** （ － 2. 21）	0. 0384 （0. 33）	－ 0. 1630 （ － 1. 30）	－ 0. 2018 *** （ － 2. 64）	－ 0. 0247 （ － 0. 22）
H5	1. 1812 *** （5. 72）	1. 0603 *** （5. 86）	0. 9000 *** （5. 90）	1. 0846 *** （6. 02）	0. 8705 *** （6. 21）	0. 8473 *** （5. 67）
Top1	－ 0. 8146 *** （ － 5. 71）	－ 0. 7194 *** （ － 5. 93）	－ 0. 5643 *** （ － 5. 40）	－ 0. 7377 *** （ － 5. 98）	－ 0. 5691 *** （ － 6. 37）	－ 0. 5471 *** （ － 5. 33）
Separation	0. 0760 （0. 79）	0. 0227 （0. 29）	－ 0. 0517 （ － 0. 73）	－ 0. 0036 （ － 0. 05）	－ 0. 0472 （ － 0. 90）	－ 0. 0425 （ － 0. 63）
Cons	－ 0. 8743 *** （ － 8. 09）	－ 0. 6731 *** （ － 7. 99）	－ 0. 5547 *** （ － 6. 85）	－ 0. 6827 *** （ － 7. 38）	－ 0. 3891 *** （ － 6. 40）	－ 0. 5128 *** （ － 6. 55）
Year/Industry	Yes	Yes	Yes	Yes	Yes	Yes
F 值	20. 00	15. 88	12. 81	15. 94	9. 00	11. 86
Adj_R^2	0. 2266	0. 2269	0. 2171	0. 2283	0. 2408	0. 2094
N	7533	7533	7533	7533	7533	7533

注：括号内为 t 值，***、**、* 分别表示在 1%、5%、10% 的水平上显著，Cons 表示常数项。

从表6-38和表6-39对非绿色创新的检验结果可知，成本领先战略与差异化战略的基本理念在非绿色创新中同样适用，不同的是，绿色投资对非绿色创新的作用可能是消极的或者不显著的，绿色投资也不利于在非绿色技术创新中的成本控制，而差异化战略对非绿色创新的积极作用可能是开发新产品（或者新的工艺和服务）来吸引消费者和投资者，但是这种新产品极有可能会损害环境质量。综上所述，假设6-5成立。

表6-38　　竞争战略对绿色投资与非绿色技术创新关系的调节效应检验结果（1）

变量	模型（6-5）		
	Nogreenpatent	Nogreinvpatent	Nogreutipatent
GI1	-0.0023 (-0.17)	-0.0292 *** (-2.62)	0.0180 (1.13)
CL1	-0.1176 ** (-2.08)	-0.0462 (-1.01)	-0.1472 ** (-2.26)
GI1 × CL1	-0.0436 (-0.93)	-0.1382 *** (-4.55)	-0.1274 ** (-2.38)
DS1	-24.7622 (-0.63)	1.6064 (0.05)	1.0443 (0.02)
GI1 × DS1	103.1315 ** (2.48)	38.4354 (0.83)	103.4984 ** (2.00)
Size	0.1645 *** (9.97)	0.0319 ** (2.47)	0.1710 *** (9.18)
Leverage	-0.2483 *** (-3.11)	-0.1557 ** (-2.28)	-0.3442 *** (-3.67)
SOEs	0.0115 (0.32)	-0.0116 (-0.38)	0.0090 (0.21)
Marketindex	0.0435 *** (7.43)	0.0165 *** (3.79)	0.0486 *** (7.30)
Age	-0.3283 *** (10.80)	-0.2403 *** (-8.65)	-0.4251 *** (-11.77)
AS	-0.2406 ** (-2.34)	0.0591 (0.66)	-0.2129 * (-1.75)
Growth	-0.0129 (-0.31)	-0.0078 (-0.21)	-0.0199 (-0.40)
IDR	0.3471 (1.20)	0.1946 (0.73)	0.4570 (1.32)

续表

变量	模型（6－5）		
	Nogreenpatent	Nogreinvpatent	Nogreutipatent
H5	－0. 5869 *	－1. 0314 ***	－0. 9863 **
	（－1. 65）	（－3. 27）	（－2. 27）
Top1	0. 2302	0. 7200 ***	0. 5459 *
	（0. 86）	（3. 01）	（1. 68）
Separation	－0. 0388	－0. 3314 **	－0. 1561
	（－0. 19）	（－2. 12）	（－0. 67）
Cons	－0. 7505 ***	0. 1534	－0. 6663 ***
	（－3. 66）	（0. 92）	（－2. 82）
Year/Industry	Yes	Yes	Yes
F 值	37. 54	17. 68	41. 08
Adj_R^2	0. 1691	0. 1202	0. 1868
N	6772	6948	6935

注：括号内为 t 值，*** 、** 、* 分别表示在 1%、5%、10% 的水平上显著，Cons 表示常数项。

表 6 - 39　　竞争战略对绿色投资与非绿色技术创新关系的调节效应检验结果（2）

变量	模型（6－5）		
	Nogreenpatent	Nogreinvpatent	Nogreutipatent
GI1	0. 0073	0. 0180	0. 0237
	（0. 43）	（1. 35）	（1. 17）
CL2	0. 0834	－0. 1456	－0. 0080
	（0. 53）	（－1. 42）	（－0. 05）
GI1 × CL2	－0. 2580 *	－0. 1337	－0. 3785 **
	（－1. 77）	（－1. 39）	（－2. 29）
DS2	0. 1222 ***	0. 0667 ***	0. 1474 ***
	（12. 34）	（8. 20）	（13. 03）
GI1 × DS2	0. 0103	0. 0004	0. 0109
	（1. 60）	（0. 07）	（1. 42）
Size	0. 1722 ***	0. 0307 **	0. 1776 ***
	（10. 45）	（2. 40）	（9. 61）
Leverage	－0. 0560	－0. 0676	－0. 1275
	（－0. 72）	（－0. 99）	（－1. 39）
SOEs	0. 0321	－0. 0120	0. 0278
	（0. 92）	（－0. 39）	（0. 67）

续表

变量	模型 (6-5)		
	Nogreenpatent	Nogreinvpatent	Nogreutipatent
Marketindex	0.0343 *** (5.89)	0.0112 ** (2.51)	0.0369 *** (5.55)
Age	-0.2221 *** (-7.02)	-0.1778 *** (-6.13)	-0.2948 *** (-7.88)
AS	-0.2062 ** (-2.16)	0.0994 (1.17)	-0.1485 (-1.31)
Growth	-0.0314 (-0.77)	-0.0163 (-0.45)	-0.0390 (-0.81)
IDR	0.4288 (1.51)	0.2403 (0.90)	0.5522 (1.62)
H5	-0.4647 (-1.33)	-0.9368 *** (-2.99)	-0.8328 * (-1.96)
Top1	0.2113 (0.80)	0.6942 *** (2.91)	0.5192 (1.62)
Separation	0.0137 (0.07)	-0.2963 * (-1.90)	-0.0794 (-0.35)
Cons	-1.1750 *** (-5.50)	0.0004 (0.00)	-1.1316 *** (-4.62)
Year/Industry	Yes	Yes	Yes
F 值	41.13	19.00	45.59
Adj_R^2	0.1977	0.1296	0.2156
N	6772	6948	6935

注：括号内为 t 值，*** 、** 、* 分别表示在1%、5%、10%的水平上显著，Cons 表示常数项。

6.4.5 拓展：其他因素的调节效应及绿色投资结构分析

6.4.5.1 融资约束、环保补贴、媒体压力的影响

1. 融资约束的影响

从表6-40的回归结果可知，GI1 的回归系数均为负但不显著，SA 的回归系数在因变量为 Patent 时显著为正，而交互项 GI1×SA 的回归系数均不显著，说明融资约束对技术创新存在显著的负向作用。这一结果符合哈特（Hart，1995）的观点，研发活动在很大程度上受到融资约束的抑制作用。在表6-41中，GI1 的

回归系数均为正但不显著，SA 的回归系数均显著为正，交互项 GI1×SA 的回归系数均不显著，表明当企业面临一定的融资约束，在绿色实践方面的投资可能会受到较大的资金限制，绿色投资乏力、对绿色技术创新的促进作用不再显著。

表 6 - 40　　　　　融资约束对绿色投资影响整体技术创新的作用检验结果

变量	模型 (1)	模型 (2)	模型 (3)
	Patent	Inventionpatent	Utilitypatent
GI1	-0.0158 (-0.21)	-0.0576 (-1.10)	-0.0118 (-0.28)
SA	0.7446 *** (3.30)	0.0101 (0.07)	-0.2082 (-1.54)
GI1×SA	-0.0034 (-0.45)	0.0049 (0.95)	0.0014 (0.35)
ControlVar	Yes	Yes	Yes
Cons	0.4630 (0.68)	-0.2950 (-0.66)	-0.2019 (-0.47)
Year/Industry	Yes	Yes	Yes
F 值	29.58	37.41	17.62
Adj_R^2	0.1363	0.1519	0.1074
N	7533	7533	7533

注：括号内为 t 值，*** 表示在 1% 的水平上显著，Cons 表示常数项。

表 6 - 41　　　　　融资约束对绿色投资影响绿色技术创新的作用检验结果

变量	模型 (4)	模型 (5)	模型 (6)	模型 (7)	模型 (8)	模型 (9)
	Greenpatent1	appinvgrepatent	apputigrepatent	Greenpatent2	grainvgrepatent	graputigrepatent
GI1	0.0600 (1.35)	0.0542 (1.44)	0.0210 (0.61)	0.0168 (0.43)	0.0166 (0.58)	0.0118 (0.35)
SA	1.0055 *** (3.37)	0.8419 *** (3.32)	0.7435 *** (3.26)	0.8635 *** (3.30)	0.5774 *** (3.21)	0.7228 *** (3.25)
GI1×SA	-0.0052 (-1.17)	-0.0048 (-1.28)	-0.0021 (-0.61)	-0.0017 (-0.42)	-0.0014 (-0.47)	-0.0015 (-0.45)
ControlVar	Yes	Yes	Yes	Yes	Yes	Yes
Cons	2.1769 ** (2.51)	1.8823 ** (2.56)	1.6918 ** (2.55)	1.9677 ** (2.59)	1.3798 *** (2.65)	1.6845 *** (2.61)
Year/Industry	Yes	Yes	Yes	Yes	Yes	Yes

续表

变量	模型（4）	模型（5）	模型（6）	模型（7）	模型（8）	模型（9）
	Greenpatent1	appinvgrepatent	apputigrepatent	Greenpatent2	grainvgrepatent	graputigrepatent
F 值	22.67	17.84	14.31	17.87	10.09	13.21
Adj_R^2	0.2495	0.2518	0.2437	0.2539	0.2656	0.2372
N	7533	7533	7533	7533	7533	7533

注：括号内为 t 值，***、** 分别表示在 1%、5% 的水平上显著，Cons 表示常数项。

2. 环保补贴的影响

从表 6-42 和表 6-43 的结果可以得出以下信息，环保补贴对企业的绿色投资及其对绿色技术创新产生了显著作用，但这一作用并没有扩展到整体创新层面。在表 6-43 中，Subsidy 的部分回归系数显著为负，环保补贴与绿色投资的交互项 GI1 × Subsidy 的部分回归系数显著为正，说明环保补贴会调节绿色投资对绿色技术创新的作用，但其单独影响并不利于企业的绿色技术创新。原因可能是政府补贴"挤出"了企业从事绿色创新的资源和动机（Shleifer and Vishny，1994；李青原和肖泽华，2020），企业在获得政府补贴后，有可能减少自有资源中的绿色投资，使政府补贴与绿色投资出现"替代"的现象。正因如此，部分企业的"绿化"可能是为了获得环保补助的一项"面子"工程，一旦政府撤销或者修订补贴政策，这种"假绿"的局面将失去资金基础，并不能形成绿色创新能力。

表 6-42　　　　环保补贴对绿色投资影响整体技术创新的作用检验结果

变量	模型（10）	模型（11）	模型（12）
	Patent	Inventionpatent	Utilitypatent
GI1	-0.0550 *** (-2.68)	-0.0255 ** (-1.97)	0.0017 (0.14)
Subsidy	-0.0038 (-1.10)	0.0011 (0.45)	-0.0005 (-0.23)
GI1 × Subsidy	0.0006 (0.32)	0.0020 (1.65)	0.0002 (0.20)
ControlVar	Yes	Yes	Yes
Cons	-1.7948 *** (-6.58)	-0.3525 * (-1.85)	0.4163 *** (2.72)

续表

变量	模型（10）	模型（11）	模型（12）
	Patent	Inventionpatent	Utilitypatent
Year/Industry	Yes	Yes	Yes
F 值	29.44	37.22	17.65
Adj_R^2	0.1343	0.1523	0.1069
N	7533	7533	7533

注：括号内为 t 值，***、**、*分别表示在1%、5%、10%的水平上显著，Cons 表示常数项。

表 6 – 43　　　　环保补贴对绿色投资影响绿色技术创新的作用检验结果

变量	模型（13）	模型（14）	模型（15）	模型（16）	模型（17）	模型（18）
	Greenpatent1	appinvgrepatent	apputigrepatent	Greenpatent2	grainvgrepatent	graputigrepatent
GI1	0.0106	0.0063	0.0179***	0.0190**	0.0051	0.0238***
	(1.15)	(0.83)	(2.60)	(2.58)	(0.93)	(3.83)
Subsidy	− 0.0003	0.0002	− 0.0022**	− 0.0018	− 0.0013*	− 0.0023**
	(− 0.23)	(0.20)	(− 2.31)	(− 1.63)	(− 1.81)	(− 2.45)
GI1 × Subsidy	0.0016*	0.0010	0.0018***	0.0019***	0.0008*	0.0021***
	(1.94)	(1.52)	(2.87)	(2.84)	(1.66)	(3.62)
ControlVar	Yes	Yes	Yes	Yes	Yes	Yes
Cons	− 0.8292***	− 0.6294***	− 0.5571***	− 0.6465***	− 0.3692***	− 0.5051***
	(− 7.83)	(− 7.55)	(− 7.04)	(− 7.25)	(− 6.27)	(− 6.65)
Year/Industry	Yes	Yes	Yes	Yes	Yes	Yes
F 值	20.75	16.47	13.19	16.48	9.39	12.27
Adj_R^2	0.2239	0.2248	0.2165	0.2263	0.2399	0.2095
N	7533	7533	7533	7533	7533	7533

注：括号内为 t 值，***、**、*分别表示在1%、5%、10%的水平上显著，Cons 表示常数项。

3. 媒体压力的影响

在表 6 – 44 中，媒体负面报道对绿色投资影响整体技术创新的调节作用不显著，但在表 6 – 45 中，GI1 的部分系数估计值为正且显著，媒体负面报道 Media2 的部分回归系数显著为负，两者交互项 GI1 × Media2 的回归系数均显著为正，说明媒体负面报道能够有效强化绿色投资的"创新补偿"效应。相比于正面的媒体报道，企业的负面新闻更容易引起利益相关者的注意，其负面报道可能会损害企业形象和声誉，给企业造成经济损失，甚至可能面临监管部门的稽查和行政处罚，不利于企业正常的生产经营和可持续发展。环境问题是现阶段经济社会发展中的一项重大议题，与环境污染相关的负面报道更容易引起公众和相关部门的关注，对企业造成沉重打击。面对媒体负面报道带来的外部压力，加强对环境领域的投资和节能减排技术创新，是挽回企业形象和声誉、保持市场份额和竞争优势的有效手段。因此，媒体负面报道对绿色投资促进绿色技术创新具有显著的正向调节作用。

表 6 – 44　　　　媒体负面报道对绿色投资影响整体技术创新的作用检验结果

变量	模型（19）Patent	模型（20）Inventionpatent	模型（21）Utilitypatent
GI1	− 0.0556 *** （− 3.57）	− 0.0139 （− 1.39）	0.0061 （0.70）
Media2	0.1530 （1.05）	− 0.0875 （− 0.86）	0.1331 （1.34）
GI1 × Media2	0.0305 （0.40）	0.0700 （1.34）	− 0.0251 （− 0.55）
ControlVar	Yes	Yes	Yes
Cons	− 1.7429 *** （− 6.41）	− 0.3594 * （− 1.88）	0.4278 *** （2.80）
Year/Industry	Yes	Yes	Yes
F 值	29.52	37.18	17.65
Adj_R^2	0.1344	0.1520	0.1072
N	7533	7533	7533

注：括号内为 t 值，***、* 分别表示在 1%、10% 的水平上显著，Cons 表示常数项。

表 6 – 45　　　　媒体负面报道对绿色投资影响绿色技术创新的作用检验结果

变量	模型（22）Greenpatent1	模型（23）appinvgrepatent	模型（24）apputigrepatent	模型（25）Greenpatent2	模型（26）grainvgrepatent	模型（27）graputigrepatent
GI1	0.0079 （1.09）	0.0037 （0.63）	0.0126 ** （2.29）	0.0125 ** （2.03）	0.0032 （0.76）	0.0129 ** （2.42）
Media2	− 0.0289 （− 0.62）	− 0.0137 （− 0.36）	− 0.0522 * （− 1.71）	0.0025 （0.07）	− 0.0127 （− 0.54）	− 0.0145 （− 0.48）
GI1 × Media2	0.1079 *** （3.27）	0.0613 ** （2.32）	0.0901 *** （3.66）	0.0944 *** （3.39）	0.0417 ** （2.19）	0.0666 *** （2.82）

变量	模型（22）	模型（23）	模型（24）	模型（25）	模型（26）	模型（27）
	Greenpatent1	appinvgrepatent	apputigrepatent	Greenpatent2	grainvgrepatent	graputigrepatent
ControlVar	Yes	Yes	Yes	Yes	Yes	Yes
Cons	-0.8056 ***	-0.6187 ***	-0.5296 ***	-0.6146 ***	-0.3530 ***	-0.4815 ***
	(-7.63)	(-7.42)	(-6.74)	(-6.91)	(-5.99)	(-6.37)
Year/Industry	Yes	Yes	Yes	Yes	Yes	Yes
F 值	20.49	16.29	13.14	16.47	9.41	12.24
Adj_R^2	0.2249	0.2251	0.2171	0.2271	0.2401	0.2083
N	7533	7533	7533	7533	7533	7533

注：括号内为 t 值，*** 、** 、* 分别表示在 1%、5%、10% 的水平上显著，Cons 表示常数项。

6.4.5.2 资本化绿色投资与费用化绿色投资的影响差异

根据第 5 章第 5.5.5.1 节的研究思路，进一步分析资本化绿色投资与费用化绿色投资对技术创新在影响上的差异。从表 6-46 可见，资本化绿色投资 CapitalGI 对整体技术创新具有促进作用，而费用化绿色投资 ExpenseGI 对整体技术创新具有抑制作用。从表 6-47 和表 6-48 来看，资本化绿色投资对绿色技术创新具有显著的促进作用，而费用化绿色投资对绿色技术创新的促进作用不显著。但是，资本化绿色投资和费用化绿色投资对非绿色技术创新均不具有显著的抑制作用（见表 6-49）。从上述回归结果可知，对企业技术创新特别是绿色技术创新产生激励作用的主要是资本化绿色投资，因为它们能够形成企业的有效资产，实现企业总资产规模扩大，进而为企业带来收益。而费用化绿色投资更多地表现为企业对当期环境监管事项的应对，这些支出和费用一般影响当期损益的变化，不符合成本领先战略的基本要求，也不参与固定资产、无形资产、在建工程等项目的构建，因此，对专利创新不具有贡献作用。

表 6-46　　　　资本化与费用化的绿色投资对整体技术创新的影响检验结果

变量	模型（6-1）					
	Patent	Inventionpatent	Utilitypatent	Patent	Inventionpatent	Utilitypatent
CapitalGI	0.0622 ***	0.0119	0.0008			
	(4.47)	(1.25)	(0.10)			
ExpenseGI				-0.1010 **	-0.0039	0.0019
				(-2.59)	(-0.14)	(0.08)

续表

变量	模型（6-1）					
	Patent	Inventionpatent	Utilitypatent	Patent	Inventionpatent	Utilitypatent
ControlVar	Yes	Yes	Yes	Yes	Yes	Yes
Cons	-1.9380 *** (-6.95)	-0.4430 ** (-2.25)	0.3414 ** (2.16)	-1.7161 *** (-6.38)	-0.3586 * (-1.89)	0.4125 *** (2.70)
Year/Industry	Yes	Yes	Yes	Yes	Yes	Yes
F 值	29.73	37.22	18.16	31.11	39.12	18.50
Adj_R^2	0.1365	0.1518	0.1112	0.1334	0.1517	0.1069
N	7165	7165	7165	7533	7533	7533

注：括号内为 t 值，*** 、** 、* 分别表示在1%、5%、10%的水平上显著，Cons 表示常数项。

表6-47　　　资本化与费用化的绿色投资对绿色技术创新的影响检验结果（1）

变量	模型（6-1）					
	Greenpatent1	appinvgrepatent	apputigrepatent	Greenpatent1	appinvgrepatent	apputigrepatent
CapitalGI	0.0352 *** (5.89)	0.0267 *** (5.50)	0.0188 *** (4.17)			
ExpenseGI				0.0223 (1.23)	0.0235 (1.61)	0.0115 (0.80)
ControlVar	Yes	Yes	Yes	Yes	Yes	Yes
Cons	-0.8517 *** (-7.85)	-0.6485 *** (-7.62)	-0.5595 *** (-6.85)	-0.8308 *** (-7.98)	-0.6290 *** (-7.68)	-0.5383 *** (-6.93)
Year/Industry	Yes	Yes	Yes	Yes	Yes	Yes
F 值	20.13	15.88	13.02	21.34	17.06	13.68
Adj_R^2	0.2315	0.2365	0.2232	0.2234	0.2247	0.2149
N	7165	7165	7165	7533	7533	7533

注：括号内为 t 值，*** 表示在1%的水平上显著，Cons 表示常数项。

表6-48　　　资本化与费用化的绿色投资对绿色技术创新的影响检验结果（2）

变量	模型（6-1）					
	Greenpatent2	grainvgrepatent	grautigrepatent	Greenpatent2	grainvgrepatent	grautigrepatent
CapitalGI	0.0240 *** (4.70)	0.0145 *** (4.02)	0.0159 *** (3.75)			
ExpenseGI				0.0223 (1.41)	0.0071 (0.76)	0.0196 (1.36)

变量	模型（6-1）					
	Greenpatent2	grainvgrepatent	grautigrepatent	Greenpatent2	grainvgrepatent	grautigrepatent
ControlVar	Yes	Yes	Yes	Yes	Yes	Yes
Cons	-0.6495*** （-7.10）	-0.3733*** （-6.15）	-0.4947*** （-6.35）	-0.6267*** （-7.16）	-0.3631*** （-6.26）	-0.4770*** （-6.41）
Year/Industry	Yes	Yes	Yes	Yes	Yes	Yes
F 值	16.06	9.17	11.97	17.09	10.00	12.71
Adj_R^2	0.2328	0.2484	0.2166	0.2253	0.2394	0.2071
N	7165	7165	7165	7533	7533	7533

注：括号内为 t 值，*** 表示在1%的水平上显著，Cons 表示常数项。

表6-49　　　资本化与费用化的绿色投资对非绿色技术创新的影响检验结果

变量	模型（6-1）					
	Nogreenpatent	Nogreinvpatent	Nogreutipatent	Nogreenpatent	Nogreinvpatent	Nogreutipatent
CapitalGI	-0.0133 （-1.06）	-0.0151 （-1.48）	0.0013 （0.15）			
ExpenseGI				-0.0160 （-0.42）	-0.0274 （-0.90）	-0.0096 （-0.39）
ControlVar	Yes	Yes	Yes	Yes	Yes	Yes
Cons	-0.8702*** （-3.57）	0.2056 （0.98）	0.9009*** （5.16）	-0.7131*** （-3.03）	0.2704 （1.34）	0.9507*** （5.67）
Year/Industry	Yes	Yes	Yes	Yes	Yes	Yes
F 值	43.20	34.44	19.19	43.20	36.11	19.69
Adj_R^2	0.1860	0.1625	0.1288	0.1860	0.1609	0.1249
N	6450	7165	7165	6772	7533	7533

注：括号内为 t 值，*** 表示在1%的水平上显著，Cons 表示常数项。

6.4.6　稳健性检验

为了保证对绿色投资影响机理各实证结果的稳健与可靠，借鉴第4章和第5章的稳健性检验思路，本节对绿色投资对技术创新的影响、技术创新在绿色投资与企业绩效之间的作用、绿色投资动因对技术创新作用的调节效应做了如下稳健性检验：（1）重要变量的替换。采用绿色投资与总资产额的比值（GI2）

作为自变量，代替基准回归中绿色投资额的自然对数对模型（6-1）~模型（6-5）进行回归；（2）剔除部分样本的回归。由于每家公司并未在每年度都披露绿色环保投资，因而每家公司在本书研究10年的研究跨期里绿色投资的分布并不均匀，基于此，进一步剔除绿色投资年份少于3年、4年、5年的样本，对模型（6-1）~模型（6-5）进行回归；（3）在估计模型中加入其他可能影响上市公司绿色投资行为的变量。第一，改变成长能力（Growth）的测度方法，用营业收入增长率代替总资产增长率；第二，在已有控制变量的基础上加入监事会规模（Board，监事会人数的对数）和两职合一（Dual，虚拟变量，董事长与总经理是同一人时取值1，否则为0）两个变量。本章各小节具体回归结果的安排如下（回归结果详见附录二中的表6-50~表6-117）。

绿色投资对技术创新影响的稳健性检验。表6-50和表6-51是替换重要变量的检验结果，表6-52~表6-57是剔除部分样本的检验结果，表6-58和表6-59是调整控制变量的检验结果。绿色投资对企业的绿色技术创新具有显著的促进作用，对企业整体技术创新、非绿色技术创新具有"挤出效应"，或者不具有显著影响。综合而言，上述实证检验结果与本章的研究结论保持一致。

技术创新对绿色投资与企业绩效之间关系的作用的稳健性检验。其中，表6-60~表6-83是技术创新在绿色投资与企业环境绩效之间的作用的稳健性检验结果，表6-84~表6-107是技术创新在绿色投资与企业经济绩效之间的作用的稳健性检验结果。替换重要变量的检验结果如表6-60~表6-71、表6-84~表6-95所示，调整控制变量的检验结果如表6-72~表6-83、表6-96~表6-107所示。结果显示，企业的绿色投资会通过绿色技术创新提高其环境绩效，而绿色投资通过绿色技术创新对企业经济绩效的影响具有"两面性"特征，该结果与前面研究结论保持一致。

绿色投资动因对技术创新作用的调节效应稳健性检验。表6-108~表6-111是环境规制的调节效应在替换重要变量后的检验结果，表6-112~表6-117是竞争战略的调节效应在替换重要变量后的检验结果。从表中结果可知，环境规制与竞争战略对绿色投资与整体技术创新、绿色技术创新和非绿色技术创新之间的关系具有显著的调节作用，环境规制能够有效强化绿色投资对绿色技术创新的积极作用，支持"波特假说"在中国的应用情境；差异化战略也会正向调节绿色投资对绿色技术创新的积极作用；环境规制和差异化战略的作用会激发

"创新补偿"效应，为企业带来成本领先优势，而成本领先战略在一定程度上弱化了绿色投资与绿色技术创新之间的正相关关系。因此，上述实证结果具有一定的稳健性。

6.4.7 内生性检验

本章研究围绕企业绿色投资行为的影响机理，主要考察绿色投资对企业技术创新的作用，上述研究可能存在以下内生性问题。选取中国上市公司中有绿色投资记录的作为研究样本，存在样本选择性问题，因而会造成样本选择偏差。而且，模型存在遗漏部分重要变量的可能。此外，自变量与因变量存在反向因果关系的可能。因此，借鉴王宇和李海洋（2017）、王班班和齐绍洲（2016）、张等（2019）、周方召和戴亦捷（2020）、李青原和肖泽华（2020）等的处理方法，采用自变量滞后一期、固定效应模型和 Heckman 两阶段回归法来克服上述内生性问题。本章各小节具体检验结果的安排如下（回归结果详见附录二中的表 6 – 117 ～ 表 6 – 123）。

表 6 – 118 和表 6 – 119 是自变量滞后一期的回归处理结果。结果显示，滞后一期的绿色投资 L. GI1 对整体技术创新 Patent 和非绿色技术创新 Nogreinvpatent 具有显著的抑制作用，而对绿色技术创新具有显著的促进作用。为了解决模型遗漏变量所产生的内生性问题，以及控制时间效应的影响，进一步采用固定效应模型进行参数估计。通过 Hausman 检验后，由于 p 值为 0.0000，强烈拒绝随机效应的原假设，故而采用固定效应模型最有效率。表 6 – 120 和表 6 – 121 报告了采用面板固定效应对模型检验的结果。从回归结果可知，绿色投资显著激励了企业的绿色技术创新，在对整体技术创新和非绿色技术创新的影响方面，仅对实用型专利创新具有促进作用，对其他类型的专利创新作用并不显著。表 6 – 122 和表 6 – 123 是 Heckman 两阶段模型的回归结果，模型（4 – 14）是其第一阶段估计模型。第一阶段的因变量为绿色投资高低的虚拟变量（HighGI），当上市公司绿色投资规模超过年度—行业的平均值时取值 1，否则取值 0。控制变量不变，采用 Probit 模型进行回归估计。通过第一阶段的选择模型，结果显示，国企属性、企业规模、负债率、企业年龄、资产结构、成长能力与绿色投资呈正相关关系，市场化水平、独董比例与绿色投资呈负相关关系。将第一阶段模型计算出的逆米尔斯比率（IMR）纳入模型（6 – 1）中，并重复对模

型的回归。在控制样本选择偏差后，回归结果显示，绿色投资对绿色技术创新的促进作用仍然显著，绿色投资对整体技术创新、非绿色技术创新的"挤出效应"也符合理论预期。综上所述，在控制内生性问题以后，绿色投资对技术创新的影响作用是稳健的。

6.5 本章小结

在中国经济进入新常态、工业经济转型的新时代背景下，要实现绿色发展与经济高质量发展，就必须秉承经济增长、社会进步、生态文明的均衡发展理念。中国目前的能源消费大部分源于传统化石能源，而近年来日益严重的"雾霾"天气等环境问题并不利于绿色发展。绿色投资是否促进了清洁技术进步，"挤出"了污染技术的研发投入，抑制了污染技术的发展，使企业的技术进步偏向有利于节能减排和环境友好的方向？基于这一思考和第4章与第5章的研究结论，本章研究主要讨论了三个方面的内容，绿色投资对技术创新（特别是绿色技术创新）的作用、技术创新对绿色投资与企业绩效关系的影响以及绿色投资基本动因对技术创新中介作用的调节效应，以作答本书提出的第三个问题"企业的绿色投资影响其生产经营的机理是什么，即技术创新在绿色投资与企业绩效之间如何发挥作用"。

对绿色投资与技术创新之间关系的研究结果显示，绿色投资的创新激励效应主要针对绿色技术创新，并非体现在所有专利创新上。无论绿色申请专利与绿色授权专利，还是绿色发明专利与绿色实用型专利，企业的绿色投资行为对其绿色技术创新具有显著的促进作用。但是，上市公司绿色投资行为对其整体技术创新、非绿色技术创新具有抑制作用或者不具有显著影响，意味着绿色投资可能会"挤出"企业的整体创新能力和非绿色创新能力。

对技术创新在绿色投资与环境绩效之间作用的研究结果显示，绿色技术创新中介了绿色投资对企业环境绩效的促进作用，即绿色投资会通过绿色技术创新来实现企业环境绩效的改善，而且，绿色发明专利创新和绿色实用型专利创新在这一传导过程中均发挥了显著的作用。由于整体技术创新中包含了绿色技术创新和非绿色技术创新，因而整体技术创新的中介效应也显著存在，但是绿色投资对环境绩效的积极作用可能会通过非绿色技术创新被降低，非绿色技术创新不利于环境绩效的提升。

对技术创新在绿色投资与经济绩效之间作用的研究结果显示，绿色技术创新在绿色投资与企业经济绩效之间起中介效应，绿色投资对企业经济绩效的"两面性"影响会通过绿色技术创新实现。绿色投资会通过绿色技术创新降低企业的净利润和托宾 Q 值，提升企业的总资产回报率。同时，绿色投资对企业经济绩效的负面效应会通过绿色技术创新得到缓解，最终使其负面影响不再显著，实现"创新补偿"效应。但是，绿色投资通过整体技术创新、非绿色技术创新对企业净利润的负向作用不显著，而对托宾 Q 值具有显著的负向作用。由于非绿色专利不利于环境保护，但有利于营利性企业成长的缘故，非绿色技术创新在企业生产制造和能源消费方面的天然优势，整体的发明专利创新、非绿色专利创新部分中介了绿色投资对总资产回报率的提升作用。

环境规制对技术创新作用的调节效应检验结果显示，环境规制抑制了企业的整体技术创新和非绿色技术创新，但市场型环境规制工具显著激励了企业的整体技术创新，而异质性环境规制对绿色投资与整体技术创新的关系不存在显著的调节作用，但会强化绿色投资对非绿色技术创新的抑制作用。与理论预期一致，环境规制会强化绿色投资对绿色技术创新的积极影响，验证了"波特假说"在中国这一新兴市场的应用情境，表明绿色投资能够为企业带来"绿色创新补偿"效应。

竞争战略对技术创新作用的调节效应检验结果显示，两种不同形式的战略选择对绿色投资与整体技术创新、非绿色技术创新之间关系的影响存在显著差异。当企业侧重于控制总成本时，成本领先战略不利于企业整体创新和非绿色创新；当企业试图通过区别于竞争对手的方式建立市场竞争优势时，差异化战略会将绿色投资对整体创新和非绿色创新的负面作用调节为促进作用。对于这一因素在绿色技术创新方面的影响，差异化战略会增强绿色投资对绿色技术创新的积极影响，但成本领先战略对绿色投资与绿色技术创新之间的积极关系存在负向调节和正向调节两种情况，这是环境规制与市场竞争的互补性关系共同作用的结果。"创新补偿"效应在短期内往往滞后于"遵循成本"效应，环境规制的被动作用对技术创新的影响主要体现为负面作用；随着时间周期的不断拉长，在前期环境规制压力下开展的绿色投资被逐渐"消化"为企业的动能，环境规制的被动作用开始向竞争战略的主动作用过渡和转化，企业环保意识不断增强，开始自觉地履行环境责任，将环境问题纳入企业战略体系中，使"创新补偿"效应超过遵循成本，能够部分甚至全部抵消环境治理成本，同时绿色技术创新还提高了企业生产率和资源利用效率，为企业带来成本领先优势。

拓展性分析发现，融资约束对技术创新存在显著的抑制作用，对绿色投资促进绿色技术创新具有负面影响；环保补贴对绿色技术创新具有抑制作用，但会强化绿色投资对绿色技术创新的作用，说明政府补贴与绿色投资之间存在互相替代的可能；媒体负面报道对绿色投资促进绿色技术创新具有显著的正向调节作用，能够有效强化绿色投资的"创新补偿"效应。此外，资本化绿色投资对企业技术创新特别是绿色技术创新具有显著的促进作用，但费用化绿色投资对整体技术创新具有抑制作用、对绿色技术创新的促进作用不显著。

本章研究的政策意义在于：第一，政府在设计和落实环境政策的过程中，要充分考虑环境规制工具的异质性、企业规模与其相应的资源基础，加强环境政策工具的组合运用。本书研究结果已经表明，环境税费类政策工具与政府补贴类政策工具对企业开展绿色实践的影响存在显著差异。杨等（2019）发现，税收激励政策对可再生能源投资的促进作用比货币补贴更为显著，政府补贴还是支持中小型可再生能源企业发展的主要力量，李青原和肖泽华（2020）表示，环保补助对企业的绿色创新能力具有"挤出"效应，合理制定的碳税和研发补贴相结合对气候政策的实施效果最佳（Popp，2006b），而且碳税和研发补贴可能会鼓励清洁技术的生产和创新（Acemoglu et al.，2016）。另外，资源基础对于企业开展绿色投资的作用不可忽视（Clarkson et al.，2011；Berrone et al.，2013；李青原和肖泽华，2020）。对于资源基础雄厚的企业，政府应该采用环境税费类政策工具"倒逼"企业参与绿色实践、提升绿色创新水平；对于资源基础薄弱的中小企业，政府应该采用环保补贴类政策工具予以激励，从而缓解因环境治理成本所导致的融资约束问题，降低对企业正常生产经营活动的不确定性。因此，政策补贴需要区分绿色投资的内容、对应的企业特质以及市场需求的迫切程度等，从而有效发挥政府补贴的激励效果。第二，要利用环境规制和市场竞争的互补性特点激励企业扩大绿色投资规模、提升绿色技术创新水平和绿色竞争力，加强"绿色创新补偿"效应在企业的实现基础。从绿色投资对企业经济绩效的"两面性"影响来看，绿色投资会直接损害企业的利润和投资机会，但会扩大总资产规模，最终提高净利润规模，说明绿色投资有必要纳入企业的生产函数。因此，企业应该积极参与绿色实践活动，将环境问题纳入企业战略制定中，使绿色投资决策这一环境战略成为企业战略的有机构成。此外，绿色管理价值观是新时代企业应该具备的精神，要在研发管理、财务管理、人力资源管理、营销管理等多方面实现绿色化。如开发环保工艺、进行绿色产品和服务创新。

| 第 7 章 |

企业绿色投资行为的行业异质性研究

7.1 引言

不同行业的企业在投资类型和规模上都存在一定差异，这一特征在绿色投资上表现得更为显著（唐国平等，2013；杜雯翠等，2019）。面对不同的市场环境和政府监管强度，企业的绿色投资行为必然会受行业属性的影响。不同行业属性的上市公司在环保事业上的投资规模并不相同，因而行业异质性问题会使企业绿色投资行为的动因、绩效与机理发生新的变化。一般而言，对污染物排放更多、环境污染更大的行业，往往需要更大规模的绿色投资。当同样面对政府的环境规制政策时，污染较小的行业受到环境规制的约束较小，而污染较为严重的行业在达到国家或地方规定的排放标准上显得更为困难，被稽核、查处、通报或罚款的概率更高，因而面临更为严格的环境管制。为了减轻环境规制对生产经营的影响，污染较多的行业需要在环保设备购买、环保技术研发方面投入大量资金，以确保污染物的排放达到国家规定的标准。重污染行业更有可能向自然界排放污染物，对生态环境的破坏程度和引发环境问题的概率也会更大，更有可能遭遇政府相关部门的监管和核查、社会公众的举报和媒体曝光，因而可能需要更大规模的绿色投资来整治污染问题，而非重污染行业对这一问题的重视程度可能并不高。类似地，能源行业和制造行业也可能存在类似情形。从污染物排放水平来看，重污染行业、能源行业、制造行业与其他行业可能有所不同。因此，本章研究区分了绿色投资行为在行业间的差异，进一步分析和比较绿色投资行为的动因、绩效与机理在重污染行业、能源行业、制造业以及其他行业的表现和差异。

7.2 行业属性界定

在现有文献中，由于所依据的划分标准各不相同，对重污染行业与非重污染行业以及能源行业的分类方法大同小异。借鉴沈洪涛和冯杰（2012）、黎文靖和路晓燕（2015）、姜英兵和崔广慧（2019）、张琦等（2019）、李青原和肖泽华（2020）等对行业属性的划分思路，依据生态环境部办公厅公布的《上市公司环保核查行业分类管理名录》和《上市公司环境信息披露指南》，根据证监会《上市公司行业分类指引（2012 年修订版）》二位码行业分类标准，对重污染行业、能源行业、制造行业以及其他行业①的界定如下。

重污染行业：煤炭开采和洗选业（B06）、石油和天然气开采业（B07）、黑色金属矿采选业（B08）、有色金属矿采选业（B09）、纺织业（C17）、皮革、毛皮、羽毛及其制品和制鞋业（C19）、造纸和纸制品业（C22）、石油加工、炼焦和核燃料加工业（C25）、化学原料和化学制品制造业（C26）、医药制造业（C27）、化学纤维制造业（C28）、橡胶和塑料制品业（C29）、非金属矿物制品

---

① 在本章研究中，仅将研究样本根据二位码行业分类和各大类行业在业务属性、对生态环境影响程度上的相似性进行归类，最终将全部样本划分为重污染行业、能源行业、制造行业以及其他行业四类，来考察中国上市公司的绿色投资行为在行业属性上表现出的差异。但是，本部分研究并没有将行业异质性的比较细化至某个或者几个具体的行业，主要是出于以下考虑：第一，比较某个或者几个具体的行业，如纺织业（C17）、造纸和纸制品业（C22）、石油加工、炼焦和核燃料加工业（C25）、化学原料和化学制品制造业（C26），可能会发现现有结论上更细致的差异，但是，从这些行业对生态环境的影响而言，它们都属于重污染行业的范围。从行业异质性研究的初衷来讲，本章旨在发现重污染行业、非重污染行业等在绿色投资行为上存在的区别，为国家通过制定产业政策、环境政策来引导企业参与绿色实践提供政策依据。从这一层面考虑，纺织业、造纸和纸制品业等行业在绿色投资上并无差异，因为它们对环境的污染程度将使它们面临规制程度相当的环境法规约束。第二，在关于环境问题的现有研究中，多数学者习惯于以重污染行业这一大类为研究样本，如沈洪涛和冯杰（2012）、黎文靖和路晓燕（2015）、张琦等（2019）、李青原和肖泽华（2020）等，从而获得具有一般意义的研究结论。本部分的研究也是基于这一思路，主要考虑对环境的影响程度，并不关注其业务类型。而国家出台的环境政策和法规、绿色转型发展理念，一个主要方面也是整治涉重排上市公司。因而，绿色实践的落脚点在于率先加强重污染行业的绿色投资，而不是关注某个具体的细分行业。第三，细分行业在样本量上存在较大差异，如纺织业包含49 家上市公司的359 个观测值，造纸和纸制品业包含31 家上市公司的235 个观测值，石油加工、炼焦和核燃料加工业包含19 家上市公司的141 个观测值，而化学原料和化学制品制造业包含247 家上市公司的1560 个观测值，样本量的巨大差异可能导致从细分行业的研究结论出现较大偏差。一般而言，大样本的抽样误差理论上更小些，因而从细分行业的研究可能不利于得出较为一般性的结论。

业（C30）、黑色金属冶炼和压延加工业（C31）、有色金属冶炼和压延加工业（C32）、电力、热力生产和供应业（D44）。

能源行业：煤炭开采和洗选业（B06）、石油和天然气开采业（B07）、石油加工、炼焦和核燃料加工业（C25）、电力、热力生产和供应业（D44）、燃气生产和供应业（D45）。

制造行业：制造业本门类二位码行业分类 C13 ~ C43。

其他行业：本研究样本公司中除重污染行业、能源行业、制造行业外的其他上市公司均列入这一行业分组。

7.3　实证结果与分析

7.3.1　描述性统计

表 7-1 报告了重污染行业、能源行业、制造行业、其他行业的绿色投资及其占销售额比重的描述性统计。从绿色投资规模（GI1）的均值来看，能源行业的绿色投资水平最高（1.247），其次是重污染行业（0.863），制造行业位列第三（0.746），其他行业最低（0.388）；而单位销售额的绿色投资（GI2）均值的分布也与规模水平表现出一致性。造成上述分布的原因可能是，中国经济的发展主要依赖于以化石燃料为主的能源消费（Ji and Zhang，2019），但是以化石燃料为后盾的增长具有明显的缺陷，它们不可再生并且会产生危害环境的副产品（如二氧化碳）（Zhang et al.，2019），导致了严重的环境污染。而且，绿色投资已成为能源行业的关键驱动力，其快速增长目前主要由中国推动（Eyraud et al.，2013）。因此，能源行业可能比重污染行业更需要在清洁技术、可再生能源领域扩大绿色投资规模，以降低环境污染和环境规制成本、提高市场竞争优势。此外，重污染行业的能源消费也依赖于能源行业，可见能源行业既是污染的源头，也是助长环境污染的关键力量。而制造行业中存在大量的重污染企业和能源企业，其生产加工过程也对环境具有极大的危害性，因此，也需要加强绿色投资来应对环境污染。其他行业如信息服务、批发零售等行业，主要以提供服务为主业，对环境危害相对较小，需要进行污染治理的投资也相对较少。

表 7 - 1　　　　　　　　　　基于行业异质性的绿色投资统计描述

行业分类	变量名称	观测值	均值	标准差	最小值	中位数	最大值
重污染行业	GI1	7065	0.863	1.594	0.000	0.000	6.299
	GI2	7065	0.002	0.006	0.000	0.000	0.042
能源行业	GI1	1044	1.247	1.942	0.000	0.000	6.299
	GI2	1044	0.003	0.007	0.000	0.000	0.042
制造行业	GI1	6662	0.746	1.476	0.000	0.000	6.299
	GI2	6662	0.002	0.006	0.000	0.000	0.042
其他行业	GI1	892	0.388	1.060	0.000	0.000	6.299
	GI2	892	0.001	0.002	0.000	0.000	0.042

7.3.2　企业绿色投资动因的行业比较

7.3.2.1　环境规制的被动作用

表 7 - 2 和表 7 - 3 是环境规制对各行业绿色投资行为的影响检验结果。整体而言，在控制其他因素干扰和排除竞争战略作用的条件下，环境规制对不同行业绿色投资行为的影响存在异质性特征。在重污染行业，Reg1 和 Reg2 的回归系数均显著为正，说明污染物排放密度、与环保相关的税收和收费对重污染行业开展绿色投资活动具有显著的积极影响。在能源行业和其他行业中，Reg2 的回归系数均显著为正，说明环境税对这两类行业企业的绿色投资存在显著的促进作用。在制造行业中，Reg1 的回归系数均显著为正，说明污染物排放密度对制造业的绿色投资行为存在显著影响。可以发现，异质性环境规制工具对绿色投资的"倒逼"效应存在显著的行业异质性。在直观认识中，重污染行业最容易引起政府、社会和公众的关注，也是环保稽查的首选目标，因而对环境规制的反应最为敏感，其污染物排放量以及环境税费的变化，都会对其绿色投资产生直接影响。中国已成为名副其实的"世界工厂"，低成本制造的背后，是大量污染物的排放（Duanmu et al., 2018），随着政府对环境保护的不断重视和环境规制强度的上升，制造业的污染物排放密度能够有效反映其对环境问题的重视程度以及在这一问题上付出的努力。虽然经济增长需要能源的消耗来维持，但是能源行业对环境的污染主要是通过各行各业对污染型能源的消费而体现出来的，因此，污染物排放密度的变化对能源行业而言可能是间接性的。相反，

税费类市场型环境规制工具能够在调节各行各业对能源消费的同时，影响能源行业对污染治理的态度，促使其参与绿色实践。此外，相较于重污染行业和制造行业，其他行业直接性的污染物排放较少，因而对环境税的作用更为明显。综上所述，环境规制对上市公司开展绿色投资具有显著的促进作用，但是这一表现会因行业异质性特征导致异质性环境规制工具的作用存在差异。

表 7 - 2　　　　　　被动因素环境规制的行业异质性检验结果（1）

变量	模型（4 - 1）			
	重污染行业		能源行业	
Reg1	0. 0464 ** （2. 18）		0. 0183 （0. 33）	
Reg2		0. 0624 *** （8. 67）		0. 0424 *** （3. 10）
Cons & ControlVar	Yes	Yes	Yes	Yes
Year/Industry	Yes	Yes	Yes	Yes
F 值	74. 73	36. 44	7. 16	7. 32
Adj_R^2	0. 1694	0. 2162	0. 1414	0. 1485
N	6844	6844	1034	1034

注：括号内为 t 值，***、** 分别表示在 1%、5% 的水平上显著，Cons 表示常数项。

表 7 - 3　　　　　　被动因素环境规制的行业异质性检验结果（2）

变量	模型（4 - 1）			
	制造行业		其他行业	
Reg1	0. 0378 * （1. 79）		0. 0319 （0. 78）	
Reg2		0. 0053 （0. 70）		0. 0415 *** （3. 52）
Cons & ControlVar	Yes	Yes	Yes	Yes
Year/Industry	Yes	Yes	Yes	Yes
F 值	76. 91	38. 17	5. 67	5. 81
Adj_R^2	0. 2100	0. 2529	0. 3145	0. 3243
N	6391	6391	830	830

注：括号内为 t 值，***、* 分别表示在 1%、10% 的水平上显著，Cons 表示常数项。

7.3.2.2 竞争战略的主动作用

如果不考虑环境规制因素，仅从竞争战略角度看待企业的绿色投资行为，在竞争性市场上运营的企业为了在激烈的市场竞争中获得优势，会考虑通过降低成本或者差异化的竞争策略来实现这一目的。因此，在成本领先战略下，企业一般不会参与到绿色实践中，成本领先战略对企业绿色投资具有显著的抑制作用。但是，单位销售额的生产成本（CL1）与单位销售额的销管费用（CL2）对不同行业的影响并不一致。在表7-5中，重污染行业、能源行业、制造行业以及其他行业均对控制销管费用具有积极态度；但在表7-4中，仅在能源行业中单位销售额的生产成本与绿色投资呈现负相关关系，而这一关系在重污染行业、制造行业以及其他行业不显著。在差异化战略下，当市场上的企业可以通过绿色形象（如绿色产品、工艺或服务）成功吸引消费者、投资者来提高竞争优势，或者规避激烈的市场竞争，那么绿色投资的差异化战略符合这一条件。因此，差异化战略对企业绿色投资具有显著的促进作用。这种关系会通过单位销售额的研发费用（DS2）体现出来，但在单位销售额的广告费（DS1）中表现出了相反特征。极有可能的一个原因是，广告费虽然对宣传企业口碑、扩大市场影响力具有一定作用，但是广告费最终会纳入管理费用中，反映到企业的成本控制上，这些费用挤占了绿色投资的份额，反而不利于绿色实践的开展，可能导致绿色投资不足。综合而言，成本领先战略会抑制重污染行业、能源行业、制造行业和其他行业开展绿色投资，而差异化战略会促进重污染行业、能源行业和制造行业的绿色投资活动，但对其他行业参与绿色实践没有显著影响。

表7-4　　　　主动因素竞争战略的行业异质性检验结果（1）

变量	模型（4-2）			
	重污染行业	能源行业	制造行业	其他行业
CL1	-0.0172 （-0.27）	-0.6888 ** （-2.46）	0.0106 （0.19）	0.0907 （1.15）
DS1	-84.1401 *** （-3.26）	-388.1827 （-1.50）	-82.9976 *** （-3.68）	-41.1973 （-0.09）
Cons & ControlVar	Yes	Yes	Yes	Yes
Year/Industry	Yes	Yes	Yes	Yes
F 值	35.67	6.89	37.27	5.48

变量	模型 (4-2)			
	重污染行业	能源行业	制造行业	其他行业
Adj_R²	0.2163	0.1421	0.2534	0.3147
N	6844	1034	6391	830

注：括号内为 t 值，***、** 分别表示在 1%、5% 的水平上显著，Cons 表示常数项。

表 7-5　　　　　主动因素竞争战略的行业异质性检验结果（2）

变量	模型 (4-2)			
	重污染行业	能源行业	制造行业	其他行业
CL2	-0.5462*** (-4.14)	-1.4592* (-1.73)	-1.3785*** (-11.49)	-0.5086* (-1.78)
DS2	0.0025* (1.31)	0.1206** (1.98)	0.0440*** (6.16)	0.0135 (0.99)
Cons & ControlVar	Yes	Yes	Yes	Yes
Year/Industry	Yes	Yes	Yes	Yes
F 值	38.04	6.66	39.34	5.55
Adj_R²	0.2168	0.1456	0.2535	0.3153
N	6844	1034	6391	830

注：括号内为 t 值，***、**、* 分别表示在 1%、5%、10% 的水平上显著，Cons 表示常数项。

7.3.2.3　环境规制和竞争战略的共同作用

表 7-6～表 7-9 是环境规制和竞争战略共同作用的行业异质性检验结果。结合第 7.3.2.1 节和第 7.3.2.2 节的实证结果，可以得出如下结论：第一，成本领先战略对企业绿色投资多呈现出抑制作用，说明多数企业对降本增效的重视远高于环境保护，这一点可以解释绿色投资不足的问题。第二，在环境规制的作用下，无论行业属性，企业都会表现出"绿化组织"的行为（即便这种行为是"假绿"的），但是这种表现在竞争战略上是不同的。当企业在竞争战略的选择过程中考虑到环境规制因素的影响，成本领先战略不利于重污染行业、能源行业、制造行业和其他行业企业开展绿色投资，而差异化战略促进绿色投资的事实主要体现在重污染行业和能源行业。第三，在其他行业中，虽然环境规制对绿色投资具有一定的作用，但竞争战略选择对促进绿色投资的作用不显著。这说明，在除能源行业、重污染行业和制造业以外的其他行业中，污染物

的排放量较少，对环境的危害较低，因此，绿色投资规模较小，企业较少选择差异化战略这一承担社会责任的表现作为环境绩效的标准，因而竞争战略对绿色投资的作用不明显，对于其他企业而言，最主要的任务并不是绿色实践，而是提升业绩。综上所述，在环境规制和竞争战略的共同作用下，环境规制对各行各业的绿色投资都存在一定的促进作用，成本领先战略对各行各业的绿色投资都存在一定的抑制作用，而差异化战略对绿色投资的促进作用主要反映在重污染行业和能源行业中。

表7-6　　环境规制和竞争战略共同作用的行业异质性检验结果（1）

变量	模型（4-3）			
	重污染行业	能源行业	制造行业	其他行业
Reg1	0.0303 * (1.44)	0.0195 (0.35)	0.0394 * (1.86)	0.0327 (0.80)
CL1	-0.0224 (-0.34)	-0.0833 (-0.26)	-0.1124 ** (-2.02)	0.0973 (1.24)
DS1	-86.4090 *** (-3.34)	-282.8450 (-1.12)	-113.9076 *** (-4.75)	-36.0459 (-0.81)
Cons & ControlVar	Yes	Yes	Yes	Yes
Year/Industry	Yes	Yes	Yes	Yes
F 值	34.85	6.69	66.93	5.23
Adj_R^2	0.2166	0.1422	0.2113	0.3154
N	6844	1034	6391	830

注：括号内为t值，***、**、*分别表示在1%、5%、10%的水平上显著，Cons表示常数项。

表7-7　　环境规制和竞争战略共同作用的行业异质性检验结果（2）

变量	模型（4-3）			
	重污染行业	能源行业	制造行业	其他行业
Reg2	0.0115 * (1.57)	0.0427 *** (3.12)	0.0055 (0.72)	0.0414 *** (3.50)
CL1	-0.0075 (-0.12)	-0.0087 (-0.03)	0.0134 (0.24)	0.0667 (0.84)
DS1	-84.5013 *** (-3.27)	-299.9027 (-1.18)	-83.2589 *** (-3.70)	-51.5828 (-1.13)
Cons & ControlVar	Yes	Yes	Yes	Yes
Year/Industry	Yes	Yes	Yes	Yes

变量	模型（4－3）			
	重污染行业	能源行业	制造行业	其他行业
F 值	34.91	6.80	36.31	5.35
Adj_R^2	0.2167	0.1494	0.2534	0.3250
N	6844	1034	6391	830

注：括号内为 t 值，*** 、* 分别表示在 1%、10% 的水平上显著，Cons 表示常数项。

表7－8　　环境规制和竞争战略共同作用的行业异质性检验结果（3）

变量	模型（4－3）			
	重污染行业	能源行业	制造行业	其他行业
Reg1	0.0306 *	0.0214	0.0358 *	0.0352
	(1.46)	(0.39)	(1.60)	(0.87)
CL2	－ 0.5560 ***	－ 1.4687 *	－ 1.0126 ***	－ 0.5332 *
	（－4.20）	（－1.74）	（－10.36）	（－1.84）
DS2	0.0028 *	0.1209 **	0.0036	0.0138
	(1.35)	(1.98)	(0.51)	(1.01)
Cons & ControlVar	Yes	Yes	Yes	Yes
Year/Industry	Yes	Yes	Yes	Yes
F 值	37.19	6.49	76.56	5.29
Adj_R^2	0.2171	0.1457	0.2168	0.3160
N	6844	1034	6391	830

注：括号内为 t 值，*** 、** 、* 分别表示在 1%、5%、10% 的水平上显著，Cons 表示常数项。

表7－9　　环境规制和竞争战略共同作用的行业异质性检验结果（4）

变量	模型（4－3）			
	重污染行业	能源行业	制造行业	其他行业
Reg2	0.0118 *	0.0437 ***	0.0059	0.0420 ***
	(1.63)	(3.20)	(0.77)	(3.53)
CL2	－ 0.5550 ***	－ 1.4010 *	－ 0.4402 ***	－ 0.5386 *
	（－4.20）	（－1.67）	（－3.54）	（－1.85）
DS2	0.0028	0.1350 **	0.0033	0.0162
	(0.35)	(2.21)	(0.44)	(1.17)
Cons & ControlVar	Yes	Yes	Yes	Yes
Year/Industry	Yes	Yes	Yes	Yes
F 值	37.14	6.59	38.28	5.42

续表

变量	模型（4-3）			
	重污染行业	能源行业	制造行业	其他行业
Adj_R^2	0.2172	0.1532	0.2536	0.3260
N	6844	1034	6391	830

注：括号内为 t 值，***、**、* 分别表示在 1%、5%、10% 的水平上显著，Cons 表示常数项。

7.3.3 企业绿色投资绩效的行业比较

7.3.3.1 企业绿色投资的环境绩效

从表 7-10 和表 7-11 中绿色投资对环境绩效影响的行业异质性检验结果来看，绿色投资对各行各业的环境绩效整体上均具有显著的改善作用，但是这种改善会因环境绩效指标的不同在行业属性上表现出差异。GI1 与 CEP1 在重污染行业、能源行业、制造行业和其他行业均具有显著的正相关关系，说明绿色投资的增加，能够显著递降企业单位营业收入所负担的排污费。但在因变量为 CEP2 和 CEP3 时，这种影响在各行业的表现不一致。相对而言，绿色投资能够更显著地提升重污染行业和制造行业的环境绩效。值得注意的是，在重污染行业、能源行业和制造行业中，存在 GI1 的回归系数为负但不显著的情况，表示绿色投资对环境绩效具有负面影响，即便这种影响不显著，但说明有一部分企业可能存在"假绿"形象。在环境污染较为严重的行业中，改善环境绩效需要更大规模的绿色投资，但大规模的环保投资会影响经济效益的提升。为了迎合环境规制和逃避相关部门对污染的惩罚，这些企业极有可能建设"面子"工程，因而它们的绿色投资和实践活动对改善环境质量不具有实质性的意义，它们只是通过掩饰污染的事实进一步攫取利润和导致污染加剧，也可能是费用化的绿色投资对污染治理效果的间接性，并没有起到环保的作用。

表 7-10　　绿色投资对环境绩效影响的行业异质性检验结果（1）

变量	模型（5-1）					
	重污染行业			能源行业		
	CEP1	CEP2	CEP3	CEP1	CEP2	CEP3
GI1	0.0001 ***	0.0001 **	-0.0004	0.0001 *	-0.0000	-0.0375
	(5.57)	(2.36)	(-0.01)	(1.88)	(-0.32)	(-0.38)

续表

变量	模型 (5-1)					
	重污染行业			能源行业		
	CEP1	CEP2	CEP3	CEP1	CEP2	CEP3
Cons & ControlVar	Yes	Yes	Yes	Yes	Yes	Yes
Year/Industry	Yes	Yes	Yes	Yes	Yes	Yes
F 值	9.42	14.78	339.33	4.61	21.42	51.79
Adj_R^2	0.0533	0.0629	0.3845	0.1047	0.2493	0.3655
N	6844	6844	6844	1034	1034	1034

注：括号内为 t 值，*** 、** 、* 分别表示在 1% 、5% 、10% 的水平上显著，Cons 表示常数项。

表 7-11　　　　绿色投资对环境绩效影响的行业异质性检验结果（2）

变量	模型 (5-1)					
	制造行业			其他行业		
	CEP1	CEP2	CEP3	CEP1	CEP2	CEP3
GI1	0.0001 ***	0.0001 ***	-0.0436	0.0001 *	0.0001	0.4158 **
	(5.65)	(2.67)	(-0.77)	(1.76)	(0.97)	(2.28)
Cons & ControlVar	Yes	Yes	Yes	Yes	Yes	Yes
Year/Industry	Yes	Yes	Yes	Yes	Yes	Yes
F 值	15.37	7.85	365.62	3.94	5.27	61.73
Adj_R^2	0.0628	0.0382	0.3950	0.1339	0.1135	0.3952
N	6391	6391	6391	830	830	830

注：括号内为 t 值，*** 、** 、* 分别表示在 1% 、5% 、10% 的水平上显著，Cons 表示常数项。

7.3.3.2　企业绿色投资的经济绩效

表 7-12 和表 7-13 报告了绿色投资对经济绩效影响的行业异质性检验结果。可以发现，在重污染行业、能源行业和制造行业中，GI1 与 Netprofit 和 TobinQ 显著负相关，而与 ROA 显著正相关；在其他行业中，GI1 与 Netprofit 和 TobinQ 显著负相关，而对 ROA 的负相关关系不显著。上述结果说明，就对环境污染较为严重的重污染行业、能源行业和制造行业而言，在环境规制和竞争战略的强大推动力下，发生较多的绿色投资会显著降低企业的净利润和投资机会，但同时会提高企业的总资产回报率，绿色投资的经济绩效表现出"两面性"特征；然而，其他行业对生态环境的损害较小，本身不需要较多的绿色投资，因

而开展绿色投资对其经济绩效产生了负面影响。

表 7 - 12   绿色投资对经济绩效影响的行业异质性检验结果（1）

变量	模型（5 - 2）					
	重污染行业			能源行业		
	Netprofit	ROA	TobinQ	Netprofit	ROA	TobinQ
GI1	- 0.0036 *** (- 4.32)	0.0011 *** (3.00)	- 0.0143 ** (- 2.17)	- 0.0037 ** (- 2.21)	0.0021 *** (3.18)	- 0.0168 * (- 1.91)
Cons & ControlVar	Yes	Yes	Yes	Yes	Yes	Yes
Year/Industry	Yes	Yes	Yes	Yes	Yes	Yes
F 值	85.46	80.75	61.77	16.86	18.85	20.26
Adj_R^2	0.3414	0.3471	0.3442	0.3553	0.3790	0.3068
N	6844	6844	6844	1034	1034	1034

注：括号内为 t 值，***、**、*分别表示在 1%、5%、10%的水平上显著，Cons 表示常数项。

表 7 - 13   绿色投资对经济绩效影响的行业异质性检验结果（2）

变量	模型（5 - 2）					
	制造行业			其他行业		
	Netprofit	ROA	TobinQ	Netprofit	ROA	TobinQ
GI1	- 0.0020 ** (- 2.46)	0.0008 ** (2.05)	- 0.0164 ** (- 2.12)	- 0.0055 * (- 1.89)	- 0.0002 (- 0.10)	- 0.1005 ** (- 2.47)
Cons & ControlVar	Yes	Yes	Yes	Yes	Yes	Yes
Year/Industry	Yes	Yes	Yes	Yes	Yes	Yes
F 值	93.82	85.89	65.08	27.11	22.90	14.56
Adj_R^2	0.3818	0.3598	0.3356	0.4079	0.4149	0.3351
N	6391	6391	6391	830	830	830

注：括号内为 t 值，**、*分别表示在 5%、10%的水平上显著，Cons 表示常数项。

7.3.4   企业绿色投资影响机理的行业比较

7.3.4.1   企业绿色投资对技术创新的影响

表 7 - 14 ～表 7 - 21 是绿色投资对整体技术创新、绿色技术创新和非绿色技术创新影响的行业异质性检验结果。从整体技术创新的检验结果（见表 7 - 14 和表 7 - 15）来看，GI1 与重污染行业、能源行业和制造行业中的专利申请总数

（Patent）呈显著负相关关系，而与其他行业中的实用型专利申请总数（Utility-patent）呈显著正相关关系。这说明，绿色投资显著降低了重污染行业、能源行业和制造行业的整体创新水平，却提高了其他行业的实用型专利创新水平。原因在于，绿色投资自身存在较高的投资风险和不确定性，绿色技术创新的产出效率较低，无法为提高整体创新水平做出有效贡献；同时，绿色投资挤占了其他研发创新的资源，降低了生产类技术创新水平，导致整体创新水平被拉低；此外，技术进步的路径依赖性和中国以煤为主的能源消费结构，导致非绿色技术应用在市场上占据绝对优势，尽管绿色技术创新对改善环境质量和推动社会进步效益明显，其正向作用也会被非绿色技术的广泛应用所抵消和捕获。

从绿色技术创新的结果（见表 7 - 16 ~ 表 7 - 19）来看，无论绿色专利的类型、抑或申请专利还是授权专利，绿色投资对重污染行业、能源行业、制造行业和其他行业的绿色技术创新均具有显著的促进作用。但是，绿色投资对重污染行业、能源行业和制造行业的非绿色技术创新不具有显著的影响（见表 7 - 20 和表 7 - 21），体现了绿色投资的专用性，即绿色投资的目的在于获取绿色技术；而绿色投资对其他行业的非绿色实用型专利创新具有抑制作用（见表 7 - 21，恰好与表 7 - 15 中的结果相反）。这是因为，污染较高的行业主要依赖污染技术获利，绿色技术水平明显低于非绿色技术水平；而其他行业本身污染较小，却能通过绿色投资提高实用型专利创新的整体水平，抑制非绿色实用型专利创新，说明其他行业在能源技术领域受技术进步的路径依赖性较小，实现绿色转型相对更为容易。因此，绿色投资对绿色技术创新的促进作用在行业属性上无显著差异，而在整体技术创新和非绿色技术创新上，重污染行业、能源行业和制造行业与其他行业的表现不一致。

表 7 - 14　　　绿色投资对整体技术创新影响的行业异质性检验结果（1）

变量	模型（6 - 1）					
	重污染行业			能源行业		
	Patent	Inventionpatent	Utilitypatent	Patent	Inventionpatent	Utilitypatent
GI1	- 0. 0565 ***	- 0. 0073	- 0. 0014	- 0. 0828 ***	- 0. 0064	- 0. 0016
	（- 3. 98）	（- 0. 76）	（- 0. 18）	（- 3. 81）	（- 0. 55）	（- 0. 13）
Cons & ControlVar	Yes	Yes	Yes	Yes	Yes	Yes
Year/Industry	Yes	Yes	Yes	Yes	Yes	Yes

变量	模型（6－1）					
	重污染行业			能源行业		
	Patent	Inventionpatent	Utilitypatent	Patent	Inventionpatent	Utilitypatent
F 值	30.48	38.92	16.90	5.86	2.46	1.62
Adj_R^2	0.1354	0.1591	0.0930	0.2564	0.1126	0.1057
N	6844	6844	6844	1034	1034	1034

注：括号内为 t 值，*** 表示在 1% 的水平上显著，Cons 表示常数项。

表 7－15　　绿色投资对整体技术创新影响的行业异质性检验结果（2）

变量	模型（6－1）					
	制造行业			其他行业		
	Patent	Inventionpatent	Utilitypatent	Patent	Inventionpatent	Utilitypatent
GI1	－0.0497 ***	－0.0088	－0.0006	0.0490	0.0084	0.0760 **
	（－2.90）	（－0.74）	（－0.06）	（0.78）	（0.20）	（2.05）
Cons & ControlVar	Yes	Yes	Yes	Yes	Yes	Yes
Year/Industry	Yes	Yes	Yes	Yes	Yes	Yes
F 值	23.20	31.87	17.99	7.04	5.54	7.07
Adj_R^2	0.1090	0.1312	0.1011	0.1693	0.1394	0.2125
N	6391	6391	6391	830	830	830

注：括号内为 t 值，***、** 分别表示在 1%、5% 的水平上显著，Cons 表示常数项。

表 7－16　　绿色投资对绿色技术创新影响的行业异质性检验结果（1）

变量	模型（6－1）					
	重污染行业			能源行业		
	Greenpatent1	appinvgrepatent	apputigrepatent	Greenpatent1	appinvgrepatent	apputigrepatent
GI1	0.0335 ***	0.0258 ***	0.0164 ***	0.0275 *	0.0173	0.0265 **
	（5.42）	（5.16）	（3.57）	（1.95）	（1.55）	（2.30）
Cons & ControlVar	Yes	Yes	Yes	Yes	Yes	Yes
Year/Industry	Yes	Yes	Yes	Yes	Yes	Yes
F 值	20.80	16.54	13.02	9.91	8.13	7.59
Adj_R^2	0.2267	0.2269	0.2215	0.4330	0.4733	0.3853
N	6844	6844	6844	1034	1034	1034

注：括号内为 t 值，***、**、* 分别表示在 1%、5%、10% 的水平上显著，Cons 表示常数项。

表 7 – 17   绿色投资对绿色技术创新影响的行业异质性检验结果（2）

变量	模型（6－1）					
	制造行业			其他行业		
	Greenpatent1	appinvgrepatent	apputigrepatent	Greenpatent1	appinvgrepatent	apputigrepatent
GI1	0. 0162 **	0. 0110 *	0. 0050	0. 0917 ***	0. 0623 ***	0. 0407 **
	(2. 26)	(1. 84)	(0. 98)	(4. 26)	(3. 83)	(2. 54)
Cons & ControlVar	Yes	Yes	Yes	Yes	Yes	Yes
Year/Industry	Yes	Yes	Yes	Yes	Yes	Yes
F 值	19. 71	15. 35	11. 82	5. 03	4. 11	3. 44
Adj_R^2	0. 1515	0. 1194	0. 1421	0. 2345	0. 2171	0. 1891
N	6391	6391	6391	830	830	830

注：括号内为 t 值，*** 、** 、* 分别表示在 1% 、5% 、10% 的水平上显著，Cons 表示常数项。

表 7 – 18   绿色投资对绿色技术创新影响的行业异质性检验结果（3）

变量	模型（6－1）					
	重污染行业			能源行业		
	Greenpatent2	grainvgrepatent	graputigrepatent	Greenpatent2	grainvgrepatent	graputigrepatent
GI1	0. 0221 ***	0. 0144 ***	0. 0133 ***	0. 0240 *	0. 0107	0. 0227 **
	(4. 23)	(3. 96)	(3. 06)	(1. 96)	(1. 22)	(2. 12)
Cons & ControlVar	Yes	Yes	Yes	Yes	Yes	Yes
Year/Industry	Yes	Yes	Yes	Yes	Yes	Yes
F 值	16. 44	9. 76	12. 08	8. 05	5. 51	6. 89
Adj_R^2	0. 2292	0. 2422	0. 2140	0. 4230	0. 4649	0. 3770
N	6844	6844	6844	1034	1034	1034

注：括号内为 t 值，*** 、** 、* 分别表示在 1% 、5% 、10% 的水平上显著，Cons 表示常数项。

表 7 – 19   绿色投资对绿色技术创新影响的行业异质性检验结果（4）

变量	模型（6－1）					
	制造行业			其他行业		
	Greenpatent2	grainvgrepatent	graputigrepatent	Greenpatent2	grainvgrepatent	graputigrepatent
GI1	0. 0292 ***	0. 0153 ***	0. 0186 ***	0. 0538 ***	0. 0282 **	0. 0286 **
	(5. 15)	(3. 90)	(4. 00)	(3. 12)	(2. 22)	(2. 24)
Cons & ControlVar	Yes	Yes	Yes	Yes	Yes	Yes
Year/Industry	Yes	Yes	Yes	Yes	Yes	Yes

变量	模型（6-1）					
	制造行业			其他行业		
	Greenpatent2	grainvgrepatent	graputigrepatent	Greenpatent2	grainvgrepatent	graputigrepatent
F 值	15.64	8.63	10.97	3.72	1.83	2.88
Adj_R^2	0.1393	0.0836	0.1325	0.2139	0.1548	0.1755
N	6391	6391	6391	830	830	830

注：括号内为 t 值，***、** 分别表示在 1%、5% 的水平上显著，Cons 表示常数项。

表 7-20　　绿色投资对非绿色技术创新影响的行业异质性检验结果（1）

变量	模型（6-1）					
	重污染行业			能源行业		
	Nogreenpatent	Nogreinvpatent	Nogreutipatent	Nogreenpatent	Nogreinvpatent	Nogreutipatent
GI1	-0.0050 (-0.39)	-0.0075 (-0.71)	0.0005 (0.06)	-0.0120 (-0.70)	-0.0121 (-0.95)	-0.0023 (-0.16)
Cons & ControlVar	Yes	Yes	Yes	Yes	Yes	Yes
Year/Industry	Yes	Yes	Yes	Yes	Yes	Yes
F 值	43.40	40.98	16.62	2.89	2.68	1.75
Adj_R^2	0.1847	0.1751	0.1008	0.1345	0.1421	0.1192
N	6303	6303	6303	906	906	906

注：括号内为 t 值，Cons 表示常数项。

表 7-21　　绿色投资对非绿色技术创新影响的行业异质性检验结果（2）

变量	模型（6-1）					
	制造行业			其他行业		
	Nogreenpatent	Nogreinvpatent	Nogreutipatent	Nogreenpatent	Nogreinvpatent	Nogreutipatent
GI1	-0.0028 (-0.18)	-0.0079 (-0.59)	0.0027 (0.24)	0.0627 (1.07)	0.0190 (0.39)	-0.0717* (-1.73)
Cons & ControlVar	Yes	Yes	Yes	Yes	Yes	Yes
Year/Industry	Yes	Yes	Yes	Yes	Yes	Yes
F 值	37.45	33.08	18.92	9.26	6.36	7.34
Adj_R^2	0.1603	0.1443	0.1125	0.2360	0.1722	0.2371
N	5774	5918	5928	755	772	764

注：括号内为 t 值，* 表示在 10% 的水平上显著，Cons 表示常数项。

7.3.4.2　绿色技术创新对绿色投资与企业绩效的中介效应

1. 绿色技术创新对绿色投资与企业环境绩效之间关系的中介作用

结合表 7－10、表 7－11、表 7－16～表 7－19 的实证结果，表 7－22～表 7－25 分别报告了绿色技术创新对绿色投资与环境绩效之间关系的中介作用在四类行业中的不同表现。从绿色投资和各绿色专利的回归系数可知，在重污染行业、能源行业和制造行业，绿色技术创新在绿色投资与环境绩效之间起部分或完全中介作用，环境绩效的改善是通过绿色投资取得的绿色技术实现的。无论是绿色申请专利或绿色授权权利，还是绿色发明专利或绿色实用型专利，这种传导途径都存在；但是，在制造行业中，绿色投资仅通过绿色实用型专利创新实现环境绩效的提升。而在其他行业中，绿色技术创新的完全中介效应表现更为突出，说明环境绩效的改善主要是通过绿色投资的绿色创新激励实现的。

表 7－22　　**绿色技术创新对绿色投资与环境绩效之间中介作用的**
行业异质性检验结果（1）

变量	模型（6－2）					
	重污染行业					
	CEP1		CEP2		CEP3	
GI1	0.0001 ***	0.0001 ***	0.0001 **	0.0001 **	－ 0.0004	－ 0.0004
	(5.58)	(5.55)	(2.13)	(2.06)	(－ 0.01)	(－ 0.01)
appinvgrepatent	0.0000		0.0004 ***		－ 0.0078	
	(1.48)		(3.25)		(－ 0.6)	
apputigrepatent		0.0001 ***		0.0008 ***		0.0020
		(2.92)		(5.86)		(0.01)
Cons & ControlVar	Yes	Yes	Yes	Yes	Yes	Yes
Year/Industry	Yes	Yes	Yes	Yes	Yes	Yes
F 值	9.17	9.20	14.85	16.36	330.17	330.22
Adj_R^2	0.0536	0.0540	0.0630	0.0649	0.3845	0.3845
N	6844	6844	6844	6844	6844	6844
	CEP1		CEP2		CEP3	
GI1	0.0001 ***	0.0001 ***	0.0001 **	0.0001 **	－ 0.0003	－ 0.0006
	(5.57)	(5.53)	(2.21)	(2.13)	(－ 0.01)	(－ 0.01)
grainvgrepatent	0.0000		0.0004 ***		－ 0.0596	
	(0.80)		(2.80)		(－ 0.35)	

续表

变量	模型（6-2）					
	重污染行业					
	CEP1		CEP2		CEP3	
graputigrepatent		0.0001 **		0.0008 ***		-0.0352
		(2.53)		(5.33)		(-0.20)
Cons & ControlVar	Yes	Yes	Yes	Yes	Yes	Yes
Year/Industry	Yes	Yes	Yes	Yes	Yes	Yes
F 值	9.20	9.24	14.77	16.01	330.18	330.30
Adj_R^2	0.0534	0.0538	0.0629	0.0645	0.3845	0.3845
N	6844	6844	6844	6844	6844	6844

注：括号内为 t 值，*** 、** 分别表示在 1%、5% 的水平上显著，Cons 表示常数项。

表 7-23   绿色技术创新对绿色投资与环境绩效之间中介作用的行业异质性检验结果（2）

变量	模型（6-2）					
	能源行业					
	CEP1		CEP2		CEP3	
GI1	0.0001 ***	0.0001 ***	0.0000	0.0000	0.0473	0.0545
	(2.88)	(2.82)	(0.23)	(0.12)	(0.51)	(0.58)
appinvgrepatent	0.0001 **		0.0005 **		0.4034 **	
	(2.25)		(2.54)		(2.28)	
apputigrepatent		0.0001 **		0.0007 ***		0.3762 *
		(2.24)		(3.63)		(1.86)
Cons & ControlVar	Yes	Yes	Yes	Yes	Yes	Yes
Year/Industry	Yes	Yes	Yes	Yes	Yes	Yes
F 值	4.98	5.10	24.43	22.86	49.46	49.61
Adj_R^2	0.1049	0.1047	0.2518	0.2552	0.3660	0.3656
N	1034	1034	1034	1034	1034	1034
	CEP1		CEP2		CEP3	
GI1	0.0001 ***	0.0001 ***	0.0000	0.0000	0.0462	0.0542
	(2.88)	(2.83)	(0.27)	(0.16)	(0.49)	(0.58)
grainvgrepatent	0.0001 *		0.0005 **		0.5411 ***	
	(1.81)		(2.16)		(2.93)	

续表

变量	模型（6-2）					
	能源行业					
	CEP1		CEP2		CEP3	
graputigrepatent		0.0001 *		0.0007 ***		0.4282 **
		(1.83)		(3.27)		(2.00)
Cons & ControlVar	Yes	Yes	Yes	Yes	Yes	Yes
Year/Industry	Yes	Yes	Yes	Yes	Yes	Yes
F 值	5.16	4.98	26.21	22.63	50.00	49.52
Adj_R^2	0.1048	0.1048	0.2508	0.2539	0.3664	0.3657
N	1034	1034	1034	1034	1034	1034

注：括号内为 t 值，*** 、** 、* 分别表示在 1%、5%、10%的水平上显著，Cons 表示常数项。

表 7-24　　**绿色技术创新对绿色投资与环境绩效之间中介作用的 行业异质性检验结果（3）**

变量	模型（6-2）					
	制造行业					
	CEP1		CEP2		CEP3	
GI1	0.0001 ***	0.0001 ***	0.0001 **	0.0001 **	0.0441	0.0449
	(5.63)	(5.66)	(2.59)	(2.31)	(0.78)	(0.79)
appinvgrepatent	0.0000		0.0001		0.0456	
	(0.13)		(0.71)		(0.29)	
apputigrepatent		0.0000		0.0007 ***		0.2684
		(0.75)		(4.24)		(1.29)
Cons & ControlVar	Yes	Yes	Yes	Yes	Yes	Yes
Year/Industry	Yes	Yes	Yes	Yes	Yes	Yes
F 值	14.94	14.91	7.62	8.10	355.27	354.65
Adj_R^2	0.0628	0.0629	0.0382	0.0403	0.3950	0.3952
N	6391	6391	6391	6391	6391	6391
	CEP1		CEP2		CEP3	
GI1	0.0001 ***	0.0001 ***	0.0001 ***	0.0001 **	0.0436	0.0435
	(5.62)	(5.64)	(2.67)	(2.41)	(0.77)	(0.77)
grainvgrepatent	0.0000		0.0000		0.0118	
	(0.44)		(0.10)		(0.05)	

变量	模型（6-2）					
	制造行业					
	CEP1		CEP2		CEP3	
graputigrepatent		0.0000 (0.54)	0.0007*** (3.66)		0.2273 (0.99)	
Cons & ControlVar	Yes	Yes	Yes	Yes	Yes	Yes
Year/Industry	Yes	Yes	Yes	Yes	Yes	Yes
F 值	15.00	14.92	7.63	8.00	355.23	355.03
Adj_R²	0.0629	0.0629	0.0383	0.0398	0.3950	0.3951
N	6391	6391	6391	6391	6391	6391

注：括号内为 t 值，***、** 分别表示在 1%、5% 的水平上显著，Cons 表示常数项。

表 7-25 　　绿色技术创新对绿色投资与环境绩效之间中介作用的
行业异质性检验结果（4）

变量	模型（6-2）					
	其他行业					
	CEP1		CEP2		CEP3	
GI1	0.0001 (1.54)	0.0001 (1.51)	0.0002 (0.91)	0.0002 (1.03)	0.4010** (2.26)	0.4145** (2.28)
appinvgrepatent	0.0001** (2.08)		0.0009 (1.64)		1.1539* (1.75)	
apputigrepatent		0.0001 (0.92)		0.0012*** (2.99)		0.2589 (0.50)
Cons & ControlVar	Yes	Yes	Yes	Yes	Yes	Yes
Year/Industry	Yes	Yes	Yes	Yes	Yes	Yes
F 值	3.80	3.80	5.32	5.72	59.29	59.06
Adj_R²	0.1361	0.1347	0.1163	0.1215	0.3977	0.3954
N	830	830	830	830	830	830
	CEP1		CEP2		CEP3	
GI1	0.0001 (1.51)	0.0001 (1.53)	0.0001 (0.97)	0.0002 (1.06)	0.4165** (2.32)	0.4137** (2.27)
grainvgrepatent	0.0002*** (2.69)		0.0004 (0.57)		2.9430*** (4.27)	

续表

变量	模型（6-2）					
	其他行业					
	CEP1		CEP2		CEP3	
graputigrepatent		0.0001 (1.07)		0.0009 ** (2.18)		0.1366 (0.24)
Cons & ControlVar	Yes	Yes	Yes	Yes	Yes	Yes
Year/Industry	Yes	Yes	Yes	Yes	Yes	Yes
F 值	3.83	3.90	5.07	5.55	58.67	59.19
Adj_R^2	0.1363	0.1353	0.1138	0.1178	0.4017	0.3953
N	830	830	830	830	830	830

注：括号内为 t 值，*** 、** 、* 分别表示在1%、5%、10%的水平上显著，Cons 表示常数项。

2. 绿色技术创新对绿色投资与企业经济绩效之间关系的中介作用

结合表7-12、表7-13、表7-16~表7-19 的实证结果，表7-26~表7-29 分别报告了绿色技术创新对绿色投资与经济绩效之间关系的中介作用在四类行业中的不同表现。在重污染行业中，绿色技术创新在绿色投资与企业净利润之间起完全中介作用，说明绿色投资完全通过绿色技术创新降低企业利润；绿色发明专利创新（appinvgrepatent）在绿色投资与总资产回报率之间起部分中介作用，说明绿色投资既会直接提高 ROA，也会通过绿色发明专利创新提高 ROA；虽然直接的绿色投资不利于 TobinQ 的提升，但会通过绿色技术创新提升 TobinQ、获得投资机会。在能源行业中，绿色投资会通过绿色技术创新降低企业净利润；尽管绿色投资有利于总资产回报率的提高，但是会通过绿色技术创新降低这种影响；绿色投资会通过绿色实用型专利创新提高 TobinQ，降低绿色投资对 TobinQ 的不利作用。在制造行业中，绿色投资会完全通过绿色实用型专利创新降低企业净利润，通过绿色发明专利创新提高 ROA，也会通过绿色实用型专利降低 ROA；但是，绿色投资会通过绿色技术创新提高 TobinQ，降低绿色投资对 TobinQ 的消极影响。在其他行业中，绿色投资均会通过绿色技术创新降低企业净利润、ROA 和 TobinQ。由此可见，绿色技术创新在绿色投资影响企业经济绩效的过程中扮演了关键角色。在企业正常的生产经营里，技术创新要以实现盈利为核心，绿色创新并不是企业获得收益的主要动力。因此，绿色创造是在整个市场向可持续发展转变中的产物，是企业正常生产经营之外的附加，因此，对其经济绩效多具有负面影响。

表7-26　　绿色技术创新对绿色投资与经济绩效之间中介作用的
行业异质性检验结果（1）

变量	模型（6-3）					
	重污染行业					
	Netprofit		ROA		TobinQ	
GI1	−0.0007 （−0.92）	−0.0007 （−0.95）	0.0010 *** （2.97）	0.0011 *** （3.00）	−0.0146 ** （−2.22）	−0.0140 ** （−2.14）
appinvgrepatent	−0.0016 （−0.78）		0.0023 ** （2.25）		0.0866 *** （4.60）	
apputigrepatent		−0.0056 * （−1.94）		−0.0004 （−0.37）		0.1141 *** （4.97）
Cons & ControlVar	Yes	Yes	Yes	Yes	Yes	Yes
Year/Industry	Yes	Yes	Yes	Yes	Yes	Yes
F 值	83.23	83.43	78.97	78.68	60.17	60.21
Adj_R^2	0.3414	0.3417	0.3475	0.3471	0.3452	0.3454
N	6844	6844	6844	6844	6844	6844
	Netprofit		ROA		TobinQ	
GI1	−0.0007 （−0.92）	−0.0008 （−0.97）	0.0011 *** （2.99）	0.0010 *** （2.98）	−0.0145 ** （−2.20）	−0.0139 ** （−2.12）
grainvgrepatent	−0.0066 *** （−2.61）		0.0009 （0.69）		0.0933 *** （3.48）	
graputigrepatent		−0.0073 *** （−2.62）		−0.0018 （−1.59）		0.0892 *** （3.78）
Cons & ControlVar	Yes	Yes	Yes	Yes	Yes	Yes
Year/Industry	Yes	Yes	Yes	Yes	Yes	Yes
F 值	83.53	83.54	78.73	78.68	60.12	60.15
Adj_R^2	0.3417	0.3419	0.3471	0.3473	0.3448	0.3449
N	6844	6844	6844	6844	6844	6844

注：括号内为 t 值，*** 、** 、* 分别表示在1%、5%、10%的水平上显著，Cons 表示常数项。

表 7 - 27　　　绿色技术创新对绿色投资与经济绩效之间中介作用的
行业异质性检验结果（2）

变量	模型（6 - 3）					
	能源行业					
	Netprofit		ROA		TobinQ	
GI1	- 0.0040 ** (- 2.39)	- 0.0040 ** (- 2.42)	0.0020 *** (3.13)	0.0020 *** (3.06)	- 0.0095 (- 1.06)	- 0.0083 (- 0.92)
appinvgrepatent	- 0.0168 *** (- 3.85)		- 0.0018 (- 1.17)		0.0333 (1.38)	
apputigrepatent		- 0.0238 ** (- 2.45)		- 0.0025 (- 1.45)		0.0660 ** (2.05)
Cons & ControlVar	Yes	Yes	Yes	Yes	Yes	Yes
Year/Industry	Yes	Yes	Yes	Yes	Yes	Yes
F 值	16.84	16.43	18.58	18.18	14.00	14.02
Adj_R^2	0.3617	0.3596	0.3795	0.3801	0.3838	0.3858
N	1034	1034	1034	1034	1034	1034
	Netprofit		ROA		TobinQ	
GI1	- 0.0039 ** (- 2.37)	- 0.0040 ** (- 2.44)	0.0020 *** (3.13)	0.0020 *** (3.03)	- 0.0100 (- 1.11)	- 0.0085 (- 0.94)
grainvgrepatent	- 0.0220 *** (- 4.72)		- 0.0036 ** (- 2.17)		0.0131 (0.43)	
graputigrepatent		- 0.0167 *** (- 3.05)		- 0.0044 *** (- 2.61)		0.0696 * (1.93)
Cons & ControlVar	Yes	Yes	Yes	Yes	Yes	Yes
Year/Industry	Yes	Yes	Yes	Yes	Yes	Yes
F 值	16.59	16.43	18.64	18.10	14.01	14.03
Adj_R^2	0.3628	0.3611	0.3804	0.3819	0.3833	0.3858
N	1034	1034	1034	1034	1034	1034

注：括号内为 t 值，*** 、** 、* 分别表示在 1%、5%、10%的水平上显著，Cons 表示常数项。

表 7 - 28　　　绿色技术创新对绿色投资与经济绩效之间中介作用的
行业异质性检验结果（3）

变量	模型（6 - 3）					
	制造行业					
	Netprofit		ROA		TobinQ	
GI1	0.0003 (0.36)	0.0003 (0.40)	0.0008 ** (1.97)	0.0008 ** (2.06)	- 0.0171 ** (- 2.22)	- 0.0168 ** (- 2.18)

变量	模型（6-3）					
	制造行业					
	Netprofit		ROA		TobinQ	
appinvgrepatent	0.0003 （0.13）		0.0027 ** （2.07）		0.0696 *** （3.15）	
apputigrepatent		-0.0062 ** （-2.28）		-0.0004 （-0.26）		0.0802 *** （2.67）
Cons & ControlVar	Yes	Yes	Yes	Yes	Yes	Yes
Year/Industry	Yes	Yes	Yes	Yes	Yes	Yes
F 值	91.04	91.37	83.65	83.35	63.27	63.31
Adj_R^2	0.3818	0.3822	0.3602	0.3598	0.3361	0.3360
N	6391	6391	6391	6391	6391	6391
	Netprofit		ROA		TobinQ	
GI1	0.0003 （0.38）	0.0003 （0.36）	0.0008 ** （2.03）	0.0008 ** （2.05）	-0.0169 ** （-2.19）	-0.0164 ** （-2.13）
grainvgrepatent	-0.0025 （-0.82）		0.0018 （0.93）		0.0969 *** （2.80）	
graputigrepatent		-0.0088 *** （-3.30）		-0.0026 * （1.69）		0.0573 ** （2.00）
Cons & ControlVar	Yes	Yes	Yes	Yes	Yes	Yes
Year/Industry	Yes	Yes	Yes	Yes	Yes	Yes
F 值	91.21	91.57	83.43	83.39	63.24	63.25
Adj_R^2	0.3819	0.3824	0.3599	0.3600	0.3360	0.3358
N	6391	6391	6391	6391	6391	6391

注：括号内为 t 值，*** 、** 、* 分别表示在1%、5%、10%的水平上显著，Cons 表示常数项。

表7-29　　绿色技术创新对绿色投资与经济绩效之间中介作用的
行业异质性检验结果（4）

变量	模型（6-3）					
	其他行业					
	Netprofit		ROA		TobinQ	
GI1	-0.0017 （-0.61）	-0.0024 （-0.82）	0.0000 （0.01）	-0.00002 （-0.13）	-0.0988 ** （-2.45）	-0.1013 ** （-2.51）
appinvgrepatent	-0.0400 *** （-4.86）		-0.0164 *** （-2.72）		-0.1348 （-1.48）	

右上角：续表

变量	模型 (6-3)					
	其他行业					
	Netprofit		ROA		TobinQ	
apputigrepatent		-0.0287*** (-3.94)		-0.0098*** (-2.91)		-0.1561* (-1.76)
Cons & ControlVar	Yes	Yes	Yes	Yes	Yes	Yes
Year/Industry	Yes	Yes	Yes	Yes	Yes	Yes
F 值	23.27	22.72	22.81	22.34	14.31	14.41
Adj_R²	0.4628	0.4600	0.4215	0.4183	0.3360	0.3368
N	830	830	830	830	830	830
	Netprofit		ROA		TobinQ	
GI1	-0.0023 (-0.78)	-0.0029 (-0.98)	-0.0002 (-0.11)	-0.0004 (-0.25)	-0.1005** (-2.47)	-0.1017** (-2.49)
grainvgrepatent	-0.0494*** (-4.41)		-0.0246*** (-3.80)		-0.0759 (-0.58)	
graputigrepatent		-0.0403*** (-4.43)		-0.0166*** (-4.01)		-0.0786 (-1.05)
Cons & ControlVar	Yes	Yes	Yes	Yes	Yes	Yes
Year/Industry	Yes	Yes	Yes	Yes	Yes	Yes
F 值	22.99	23.37	22.96	23.17	14.33	14.22
Adj_R²	0.4589	0.4659	0.4208	0.4238	0.3352	0.3355
N	830	830	830	830	830	830

注：括号内为 t 值，***、**、*分别表示在 1%、5%、10% 的水平上显著，Cons 表示常数项。

7.3.4.3 绿色投资动因对绿色投资与技术创新的调节效应

1. 环境规制对绿色投资与技术创新的调节效应

表 7-30～表 7-37 报告了环境规制对绿色投资与绿色技术创新关系的调节效应检验结果。在重污染行业中，GI1、Reg1、GI1×Reg1 的回归系数均显著为正，表明以污染物排放密度表征的环境规制对绿色投资的创新补偿效应具有显著的强化作用；然而，以环境税衡量环境规制强度时，只有 Reg2 的回归系数显著为正。从两个结果统一来看，环境规制会激励绿色技术创新，也会强化绿色投资对绿色技术创新的促进作用，这一结果证明了"波特假说"在中国微观情境中的存在性。从能源行业和制造行业来看，其实证结果均与表 7-30 类似，

表明环境规制会强化绿色投资对绿色技术创新的积极影响。从其他行业来看，环境规制强化绿色投资对绿色技术创新的影响不及前三个行业活跃和显著，以污染物排放密度为指标的环境规制会强化绿色投资对绿色实用型专利创新的促进作用，而环境税对绿色投资促进绿色发明专利创新和实用型专利创新均具有一定的强化作用。上述结果说明，环境规制对强化绿色投资促进绿色技术创新的调节作用存在显著的行业异质性。

表 7 - 30   环境规制对绿色投资与绿色技术创新关系的
调节效应检验结果（1）

变量	模型（6 - 4）			
	重污染行业			
	申请专利		授权专利	
	appinvgrepatent	apputigrepatent	grainvgrepatent	graputigrepatent
GI1	0. 0398 **	0. 0401 **	0. 0238 *	0. 0483 ***
	(2. 56)	(2. 41)	(1. 93)	(3. 11)
Reg1	0. 0361 ***	0. 0288 ***	0. 0267 ***	0. 0325 ***
	(4. 92)	(4. 23)	(4. 91)	(5. 00)
GI1 × Reg1	0. 0117 ***	0. 0102 **	0. 0069 **	0. 0118 ***
	(3. 10)	(2. 45)	(2. 41)	(3. 03)
Cons & ControlVar	Yes	Yes	Yes	Yes
Year/Industry	Yes	Yes	Yes	Yes
F 值	15. 97	12. 53	9. 58	11. 63
Adj_R^2	0. 2295	0. 2239	0. 2449	0. 2174
N	6844	6844	6844	6844

注：括号内为 t 值，*** 、** 、* 分别表示在 1%、5%、10% 的水平上显著，Cons 表示常数项。

表 7 - 31   环境规制对绿色投资与绿色技术创新关系的
调节效应检验结果（2）

变量	模型（6 - 4）			
	重污染行业			
	申请专利		授权专利	
	appinvgrepatent	apputigrepatent	grainvgrepatent	graputigrepatent
GI1	0. 0137	0. 0104	0. 0039	0. 0036
	(0. 68)	(0. 56)	(0. 27)	(0. 19)

续表

变量	模型（6-4）			
	重污染行业			
	申请专利		授权专利	
	appinvgrepatent	apputigrepatent	grainvgrepatent	graputigrepatent
Reg2	0.0035	0.0058 ***	0.0066 ***	0.0042 *
	(1.25)	(2.69)	(3.24)	(1.89)
GI1 × Reg2	0.0012	0.0005	0.0004	0.0001
	(0.82)	(0.40)	(0.34)	(0.05)
Cons & ControlVar	Yes	Yes	Yes	Yes
Year/Industry	Yes	Yes	Yes	Yes
F 值	15.77	12.41	9.30	11.51
Adj_R^2	0.2276	0.2230	0.2446	0.2146
N	6844	6844	6844	6844

注：括号内为 t 值，***、* 分别表示在1%、10%的水平上显著，Cons 表示常数项。

表7-32　　　　环境规制对绿色投资与绿色技术创新关系的
调节效应检验结果（3）

变量	模型（6-4）			
	能源行业			
	申请专利		授权专利	
	appinvgrepatent	apputigrepatent	grainvgrepatent	graputigrepatent
GI1	0.0629 *	0.0885 ***	0.0513 *	0.0686 **
	(1.95)	(2.66)	(1.90)	(2.13)
Reg1	0.0979 ***	0.1061 ***	0.0801 ***	0.0970 ***
	(4.54)	(5.32)	(4.45)	(4.97)
GI1 × Reg1	0.0127 *	0.0172 **	0.0113 *	0.0128 *
	(1.79)	(2.30)	(1.95)	(1.75)
Cons & ControlVar	Yes	Yes	Yes	Yes
Year/Industry	Yes	Yes	Yes	Yes
F 值	7.90	7.48	5.31	6.78
Adj_R^2	0.4834	0.3986	0.4748	0.3897
N	1034	1034	1034	1034

注：括号内为 t 值，***、**、* 分别表示在1%、5%、10%的水平上显著，Cons 表示常数项。

表 7 - 33   环境规制对绿色投资与绿色技术创新关系的
调节效应检验结果 （4）

变量	模型（6 - 4）			
	能源行业			
	申请专利		授权专利	
	appinvgrepatent	apputigrepatent	grainvgrepatent	graputigrepatent
GI1	0.0818	0.0994 **	0.0650 *	0.1037 **
	(1.59)	(2.06)	(1.66)	(1.98)
Reg2	0.0184 ***	0.0157 ***	0.0220 ***	0.0132 **
	(2.75)	(2.85)	(4.14)	(2.48)
GI1 × Reg2	0.0068 *	0.0085 **	0.0053 *	0.0085 **
	(1.85)	(2.42)	(1.77)	(2.29)
Cons & ControlVar	Yes	Yes	Yes	Yes
Year/Industry	Yes	Yes	Yes	Yes
F 值	7.67	7.37	5.24	6.67
Adj_R^2	0.4796	0.3930	0.4767	0.3846
N	1034	1034	1034	1034

注：括号内为 t 值，*** 、** 、* 分别表示在 1%、5%、10% 的水平上显著，Cons 表示常数项。

表 7 - 34   环境规制对绿色投资与绿色技术创新关系的
调节效应检验结果 （5）

变量	模型（6 - 4）			
	制造行业			
	申请专利		授权专利	
	appinvgrepatent	apputigrepatent	grainvgrepatent	graputigrepatent
GI1	0.0320 *	0.0283	0.0218	0.0482 ***
	(1.76)	(1.43)	(1.60)	(2.68)
Reg1	0.0126 **	0.0030	0.0102 **	0.0061
	(2.01)	(0.54)	(2.45)	(1.14)
GI1 × Reg1	0.0114 **	0.0088 *	0.0071 **	0.0127 ***
	(2.45)	(1.68)	(2.11)	(2.65)
Cons & ControlVar	Yes	Yes	Yes	Yes
Year/Industry	Yes	Yes	Yes	Yes
F 值	14.65	11.27	8.42	10.48
Adj_R^2	0.1208	0.1439	0.0851	0.1354
N	6391	6391	6391	6391

注：括号内为 t 值，*** 、** 、* 分别表示在 1%、5%、10% 的水平上显著，Cons 表示常数项。

表 7 - 35 环境规制对绿色投资与绿色技术创新关系的
调节效应检验结果 (6)

变量	模型 (6-4)			
	制造行业			
	申请专利		授权专利	
	appinvgrepatent	apputigrepatent	grainvgrepatent	graputigrepatent
GI1	0. 0534 ***	0. 0472 ***	0. 0290 **	0. 0390 **
	(3. 22)	(3. 03)	(2. 32)	(2. 47)
Reg2	0. 0044 **	0. 0009	0. 0017	0. 0028
	(2. 00)	(0. 45)	(1. 21)	(1. 27)
GI1 × Reg2	0. 0045 ***	0. 0037 ***	0. 0024 **	0. 0027 **
	(3. 73)	(3. 10)	(2. 49)	(2. 32)
Cons & ControlVar	Yes	Yes	Yes	Yes
Year/Industry	Yes	Yes	Yes	Yes
F 值	14. 66	11. 32	8. 22	10. 40
Adj_R^2	0. 1219	0. 1447	0. 0854	0. 1339
N	6391	6391	6391	6391

注: 括号内为 t 值, *** 、 ** 分别表示在 1% 、5% 的水平上显著, Cons 表示常数项。

表 7 - 36 环境规制对绿色投资与绿色技术创新关系的
调节效应检验结果 (7)

变量	模型 (6-4)			
	其他行业			
	申请专利		授权专利	
	appinvgrepatent	apputigrepatent	grainvgrepatent	graputigrepatent
GI1	0. 0518	0. 1554 ***	- 0. 0022	0. 1213 **
	(0. 81)	(2. 86)	(- 0. 04)	(2. 29)
Reg1	- 0. 0043	0. 0089	- 0. 0134	0. 0054
	(- 0. 33)	(0. 57)	(- 1. 45)	(0. 37)
GI1 × Reg1	- 0. 0102	0. 0394 **	0. 0006	0. 0277 *
	(- 0. 67)	(2. 44)	(0. 05)	(1. 77)
Cons & ControlVar	Yes	Yes	Yes	Yes
Year/Industry	Yes	Yes	Yes	Yes
F 值	3. 83	3. 29	1. 70	2. 69
Adj_R^2	0. 2183	0. 2008	0. 1575	0. 1817
N	830	830	830	830

注: 括号内为 t 值, *** 、 ** 、 * 分别表示在 1% 、5% 、10% 的水平上显著, Cons 表示常数项。

表 7 - 37　　　　　　　　　环境规制对绿色投资与绿色技术创新关系的
调节效应检验结果（8）

变量	模型（6 - 4）			
	其他行业			
	申请专利		授权专利	
	appinvgrepatent	apputigrepatent	grainvgrepatent	graputigrepatent
GI1	0.1433 **	0.1223	- 0.0383	0.1396
	(2.19)	(1.43)	(- 0.86)	(1.48)
Reg2	0.0030	- 0.0114	- 0.0038	0.0144 *
	(0.79)	(- 1.45)	(- 1.17)	(1.80)
GI1 × Reg2	0.0092 **	- 0.0071	0.0023	0.0087 *
	(2.20)	(- 1.51)	(0.78)	(1.68)
Cons & ControlVar	Yes	Yes	Yes	Yes
Year/Industry	Yes	Yes	Yes	Yes
F 值	3.94	3.26	1.74	2.78
Adj_R^2	0.2251	0.2015	0.1576	0.1968
N	830	830	830	830

注：括号内为 t 值，** 、* 分别表示在 5%、10% 的水平上显著，Cons 表示常数项。

2. 竞争战略对绿色投资与技术创新的调节效应

表 7 - 38 ~ 表 7 - 45 是竞争战略对绿色投资与绿色技术创新关系的调节效应检验结果。从重污染行业的结果来看，绿色投资的部分回归系数显著为正，与前面结果一致。交互项 GI1 × CL 的部分回归系数显著为负，交互项 GI1 × DS 的部分回归系数显著为正，表明竞争战略与企业绿色投资行为之间产生了交互效应，成本领先战略会减弱绿色投资对绿色技术创新的积极作用，差异化战略会强化绿色投资对绿色技术创新的积极作用。值得注意的是，绿色投资的部分回归系数在控制交互项的影响后不再显著，表明其影响在很大程度上被交互项所捕获；此外，成本领先战略的部分回归系数显著为正，表明绿色投资的创新激励效应可以提高生产效率、抵消环境成本，使企业具有成本领先优势。相比表 7 - 30 而言，重污染行业的绿色创新激励效应主要借助于环境规制的强化。

在能源行业和制造行业中，绿色投资与成本领先战略交互项、与差异化战略交互项的回归系数均与前面保持一致，即成本领先战略会减弱绿色投资对绿色技术创新的积极效应，差异化战略会强化绿色投资对绿色技术创新的积极效应。但是在其他行业中，竞争战略对绿色投资促进绿色技术创新的调节作用绝大部分不显著，其他自变量的回归系数大部分也不显著。相比前三个行业，竞争战略选择对这一关系的调节效应不稳定、影响较小甚至不显著。

表 7 - 38 竞争战略对绿色投资与绿色技术创新关系的
调节效应检验结果（1）

变量	模型（6 - 5）			
	重污染行业			
	申请专利		授权专利	
	appinvgrepatent	apputigrepatent	grainvgrepatent	graputigrepatent
GI1	0. 0061 *	0. 0040 *	0. 0001	0. 0006
	(1. 93)	(1. 63)	(0. 03)	(0. 10)
CL1	0. 0019	- 0. 0029	- 0. 0182	- 0. 0048
	(0. 08)	(- 0. 15)	(- 1. 00)	(- 0. 27)
GI1 × CL1	- 0. 0105	- 0. 0342 **	0. 0111	- 0. 0271 *
	(- 0. 52)	(- 2. 15)	(0. 61)	(- 1. 73)
DS1	9. 3248	6. 3788	- 1. 9607	1. 9993
	(0. 83)	(0. 66)	(- 0. 28)	(0. 20)
GI1 × DS1	16. 5534 *	9. 1810 *	5. 1064	9. 7835 *
	(1. 51)	(1. 12)	(0. 73)	(1. 24)
Cons & ControlVar	Yes	Yes	Yes	Yes
Year/Industry	Yes	Yes	Yes	Yes
F 值	14. 95	11. 91	8. 81	11. 04
Adj_R^2	0. 2270	0. 2221	0. 2423	0. 2144
N	6844	6844	6844	6844

注：括号内为 t 值，** 、* 分别表示在 5% 、10% 的水平上显著，Cons 表示常数项。

表 7 - 39 竞争战略对绿色投资与绿色技术创新关系的
调节效应检验结果（2）

变量	模型（6 - 5）			
	重污染行业			
	申请专利		授权专利	
	appinvgrepatent	apputigrepatent	grainvgrepatent	graputigrepatent
GI1	0. 0017 *	0. 0029 *	0. 0036 *	0. 0008
	(1. 20)	(1. 39)	(1. 59)	(1. 11)

变量	模型（6－5）			
	重污染行业			
	申请专利		授权专利	
	appinvgrepatent	apputigrepatent	grainvgrepatent	graputigrepatent
CL2	0.0965 *	0.0473	0.0964 **	0.0651
	(1.91)	(1.16)	(2.43)	(1.58)
GI1 × CL2	－0.0916	－0.1547 ***	－0.0709 *	－0.1506 ***
	(－1.51)	(－3.58)	(－1.78)	(－3.70)
DS2	0.0042	0.0024	0.0007	0.0008
	(1.29)	(0.89)	(0.32)	(0.30)
GI1 × DS2	0.0086 ***	0.0075 ***	0.0041 **	0.0072 ***
	(3.32)	(3.31)	(2.49)	(3.22)
Cons & ControlVar	Yes	Yes	Yes	Yes
Year/Industry	Yes	Yes	Yes	Yes
F 值	15.30	12.19	8.93	11.32
Adj_R^2	0.2294	0.2238	0.2434	0.2163
N	6844	6844	6844	6844

注：括号内为 t 值，*** 、** 、* 分别表示在 1%、5%、10% 的水平上显著，Cons 表示常数项。

表 7－40　　　　竞争战略对绿色投资与绿色技术创新关系的
调节效应检验结果（3）

变量	模型（6－5）			
	能源行业			
	申请专利		授权专利	
	appinvgrepatent	apputigrepatent	grainvgrepatent	graputigrepatent
GI1	0.0357 ***	0.0481 ***	0.0263 **	0.0416 ***
	(2.67)	(3.51)	(2.41)	(3.27)
CL1	－0.4767 ***	－0.4216 ***	－0.4256 ***	－0.3961 ***
	(－3.02)	(－3.48)	(－3.11)	(－3.45)
GI1 × CL1	0.1546 ***	0.1874 ***	0.1371 ***	0.1700 ***
	(3.00)	(3.69)	(3.26)	(3.71)
DS1	－280.6518 **	－276.9107 ***	－309.3255 ***	－251.3352 **
	(－2.59)	(－3.58)	(－4.46)	(－2.55)
GI1 × DS1	108.1994 *	118.8150 *	68.1451 **	88.3330 *
	(1.79)	(1.84)	(2.56)	(1.76)

续表

变量	模型（6-5）			
	能源行业			
	申请专利		授权专利	
	appinvgrepatent	apputigrepatent	grainvgrepatent	graputigrepatent
Cons & ControlVar	Yes	Yes	Yes	Yes
Year/Industry	Yes	Yes	Yes	Yes
F 值	7.20	6.93	4.95	6.16
Adj_R²	0.4830	0.3960	0.4781	0.3866
N	1034	1034	1034	1034

注：括号内为 t 值，***、**、* 分别表示在 1%、5%、10% 的水平上显著，Cons 表示常数项。

表 7-41　　　　　竞争战略对绿色投资与绿色技术创新关系的
调节效应检验结果（4）

变量	模型（6-5）			
	能源行业			
	申请专利		授权专利	
	appinvgrepatent	apputigrepatent	grainvgrepatent	graputigrepatent
GI1	0.0397 **	0.0525 ***	0.0296 **	0.0398 **
	(2.50)	(3.26)	(2.37)	(2.57)
CL2	-0.3564	-0.1717	-0.2370	0.0104
	(-0.96)	(-0.32)	(-0.78)	(0.02)
GI1 × CL2	0.1944	0.2653	0.1981 *	0.1594
	(1.21)	(1.50)	(1.68)	(0.95)
DS2	0.0060	0.0360	0.0227	0.0580
	(0.16)	(1.03)	(0.68)	(1.57)
GI1 × DS2	0.0589 **	0.0602 **	0.0334 *	0.0520 **
	(1.98)	(2.03)	(1.83)	(2.03)
Cons & ControlVar	Yes	Yes	Yes	Yes
Year/Industry	Yes	Yes	Yes	Yes
F 值	7.24	7.22	4.96	6.58
Adj_R²	0.4791	0.3952	0.4685	0.3878
N	1034	1034	1034	1034

注：括号内为 t 值，***、**、* 分别表示在 1%、5%、10% 的水平上显著，Cons 表示常数项。

表 7 – 42 　　　　　　竞争战略对绿色投资与绿色技术创新关系的
调节效应检验结果（5）

变量	模型（6-5）			
	制造行业			
	申请专利		授权专利	
	appinvgrepatent	apputigrepatent	grainvgrepatent	graputigrepatent
GI1	0.0208 ***	0.0217 ***	0.0068	0.0132 **
	(2.81)	(3.19)	(1.20)	(2.02)
CL1	0.0315 **	0.0068	0.0075	0.0012
	(2.09)	(0.54)	(0.81)	(0.10)
GI1 × CL1	− 0.0438 **	− 0.0789 ***	− 0.0072	− 0.0635 ***
	(− 2.22)	(− 4.90)	(− 0.37)	(− 3.94)
DS1	17.0029 *	9.7408	4.6106	4.1732
	(1.80)	(1.19)	(0.88)	(0.51)
GI1 × DS1	22.2275 **	13.3546 **	− 7.5579	− 9.0051
	(2.43)	(2.17)	(− 1.25)	(− 1.40)
Cons & ControlVar	Yes	Yes	Yes	Yes
Year/Industry	Yes	Yes	Yes	Yes
F 值	13.80	10.71	7.72	9.89
Adj_R^2	0.1205	0.1455	0.0839	0.1350
N	6391	6391	6391	6391

注：括号内为 t 值，***、**、* 分别表示在 1%、5%、10% 的水平上显著，Cons 表示常数项。

表 7 – 43 　　　　　　竞争战略对绿色投资与绿色技术创新关系的
调节效应检验结果（6）

变量	模型（6-5）			
	制造行业			
	申请专利		授权专利	
	appinvgrepatent	apputigrepatent	grainvgrepatent	graputigrepatent
GI1	0.0129	0.0185 **	0.0093	0.0090
	(1.24)	(2.14)	(1.24)	(1.09)
CL2	0.1186 ***	0.0415	0.1169 ***	0.0509 *
	(2.61)	(1.48)	(3.30)	(1.80)
GI1 × CL2	− 0.1294 *	− 0.2126 ***	− 0.1033 **	− 0.1866 ***
	(− 1.88)	(− 4.43)	(− 2.27)	(− 4.17)
DS2	0.0076 ***	0.0023	0.0019	0.0025
	(2.63)	(1.02)	(1.15)	(1.17)

续表

变量	模型（6-5）			
	制造行业			
	申请专利		授权专利	
	appinvgrepatent	apputigrepatent	grainvgrepatent	graputigrepatent
GI1 × DS2	0.0075 ***	0.0053 **	0.0042 **	0.0064 ***
	(2.86)	(2.37)	(2.52)	(2.87)
Cons & ControlVar	Yes	Yes	Yes	Yes
Year/Industry	Yes	Yes	Yes	Yes
F 值	14.04	11.19	7.72	10.24
Adj_R²	0.1238	0.1462	0.0873	0.1369
N	6391	6391	6391	6391

注：括号内为 t 值，***、**、*分别表示在 1%、5%、10% 的水平上显著，Cons 表示常数项。

表 7-44　　　竞争战略对绿色投资与绿色技术创新关系的
调节效应检验结果（7）

变量	模型（6-5）			
	其他行业			
	申请专利		授权专利	
	appinvgrepatent	apputigrepatent	grainvgrepatent	graputigrepatent
GI1	0.0377	-0.0050	0.0179	-0.0114
	(1.41)	(-0.19)	(0.88)	(-0.46)
CL1	0.0316	-0.0354	0.0261 *	-0.0420
	(1.30)	(-1.19)	(1.72)	(-1.46)
GI1 × CL1	-0.1206	-0.0001	-0.0892 *	-0.0222
	(-1.34)	(-0.00)	(-1.81)	(-0.32)
DS1	3.7437	-67.4106 ***	-3.7031	-64.4799 ***
	(0.14)	(-4.03)	(-0.23)	(-4.00)
GI1 × DS1	-27.8926	-15.0834	-5.5258	6.8190
	(-1.33)	(-0.69)	(-0.51)	(0.29)
Cons & ControlVar	Yes	Yes	Yes	Yes
Year/Industry	Yes	Yes	Yes	Yes
F 值	3.65	3.14	1.66	2.56
Adj_R²	0.2219	0.1941	0.1618	0.1806
N	830	830	830	830

注：括号内为 t 值，***、*分别表示在 1%、10% 的水平上显著，Cons 表示常数项。

表 7 - 45　　　　　　　竞争战略对绿色投资与绿色技术创新关系的
调节效应检验结果（8）

变量	模型（6 - 5）			
	其他行业			
	申请专利		授权专利	
	appinvgrepatent	apputigrepatent	grainvgrepatent	graputigrepatent
GI1	0.0557 * (1.77)	-0.0033 (-0.12)	0.0247 (1.03)	-0.0259 (-1.12)
CL2	0.1465 * (1.88)	0.1292 (1.11)	0.0816 * (1.66)	0.1261 (1.05)
GI1 × CL2	-0.4381 *** (-0.92)	-0.0441 (-0.20)	-0.2628 ** (-2.15)	-0.0726 (-0.43)
DS2	-0.0058 (-0.92)	0.0021 (0.24)	-0.0037 (-1.15)	-0.0015 (-0.18)
GI1 × DS2	0.0069 (0.71)	0.0053 (0.32)	0.0053 (0.56)	0.0277 (1.56)
Cons & ControlVar	Yes	Yes	Yes	Yes
Year/Industry	Yes	Yes	Yes	Yes
F 值	3.68	3.00	1.63	2.59
Adj_R^2	0.2288	0.1901	0.1661	0.1824
N	830	830	830	830

注：括号内为 t 值，***、**、* 分别表示在 1%、5%、10% 的水平上显著，Cons 表示常数项。

7.4　本章小结

不同行业的企业，其经济活动对生态环境的影响各不相同，所导致的污染问题自然存在差异。在中国政府大力倡导建成生态文明、实现经济向绿色转型的时代背景下，污染程度不同的企业所承受的环境管制压力并不一致。政府对竞争性市场中企业行为的干预，会改变市场秩序和竞争激烈程度，企业的竞争策略也会随之变化。吉布森（Gibson，2019）发现，企业会通过重新优化污染投入来应对环境规制。考斯蒂亚和兰塔拉（Kaustia and Rantala，2015）认为，企业的投资决策等经济活动容易受到同行业、同地区其他企业相同活动的影响。基于上述思考，本章内容主要分析中国上市公司绿色投资行为的行业异质性特征。

从绿色投资动因的行业比较发现：第一，环境规制对不同行业属性的企业开展绿色投资均具有促进作用，异质性环境规制工具会显著促进污染物排放较多的重污染行业和制造行业增加绿色投资，而市场型规制工具——环境税对能源行业和其他行业的作用更显著。第二，成本领先战略会抑制不同行业属性的企业开展绿色投资，而差异化战略会促进重污染行业、能源行业和制造行业的绿色投资活动，但对其他行业参与绿色实践没有显著影响。第三，在考虑环境规制和竞争战略的共同作用后，无论行业属性，环境规制都会"倒逼"企业的绿色投资，选择成本领先战略不利于企业开展绿色投资，而差异化战略促进绿色投资的事实主要体现在重污染行业和能源行业，但是竞争战略选择对其他行业绿色投资的作用不显著。

从绿色投资绩效的行业比较发现：第一，绿色投资对不同行业属性的企业环境绩效具有显著的改善作用，并且能够更显著地提升重污染行业和制造行业的环境绩效。第二，在重污染行业、能源行业和制造行业，绿色技术创新在绿色投资与环境绩效之间起部分或完全中介作用，但制造行业的绿色投资仅通过绿色实用型专利创新实现环境绩效的提升；而在其他行业中绿色技术创新的完全中介效应表现更为突出。值得注意的是，在对环境污染较为严重的行业中，这一促进效应可能有部分企业存在"假绿"形象，绿色投资在实质上没有发挥环保的作用。第三，对经济绩效的研究结果表明，在重污染行业、能源行业和制造行业，绿色投资会显著降低企业的净利润和托宾 Q 值，提高企业的总资产回报率；但在其他行业中，开展绿色投资会显著降低企业的经济绩效。第四，绿色技术创新在绿色投资影响企业经济绩效的过程中扮演了关键角色。绿色投资会通过绿色技术创新降低重污染行业、能源行业和制造行业的企业净利润，降低能源行业、制造行业的总资产回报率和提高托宾 Q 值，提高重污染行业的总资产回报率和托宾 Q 值；在其他行业中，绿色投资均会通过绿色技术创新降低企业净利润、总资产回报率和托宾 Q 值。

从绿色投资影响机理的行业比较发现：第一，绿色投资显著降低了重污染行业、能源行业和制造行业的整体创新水平，却提高了其他行业的实用型专利创新水平、降低了非绿色实用型专利创新；绿色投资对不同行业属性的企业进行绿色技术创新均具有显著的促进作用，而对重污染行业、能源行业和制造行业的非绿色技术创新不具有显著影响。第二，环境规制显著激励了重污染行业、能源行业和制造行业的绿色技术创新，也会强化绿色投资对绿色技术创新的促进作用，为验证"波特假说"提供了中国情境的微观证据；但是，这种积极表现在其他行业的显著性远低于前三个行业。第三，在重污染行业、能源行业和制造行业，竞争战略与绿色投资之间产生了交互效应，成本领先战略会减弱绿色投资对绿色技术创新的积极作用，差异化战略会强化绿色投资对绿色技术创新的积极作用；而且，绿色投资的创新激励效应可以提高生产效率、抵消环境成本，使企业具有成本领先优势；但在其他行业中，竞争战略选择对这一关系的影响偏小甚至不显著。

本章研究的政策启示在于：污染程度决定了各个行业受到的环境规制强度和做出的竞争战略选择，导致它们在绿色投资动因和投资规模上存在差异，进而又会影响其绩效表现和技术创新。值得注意的是，在社会主义市场经济体系下，上市公司均处于一个竞争性的市场环境，政府环境政策的出台或多或少会对各个企业的生产经营产生一定的影响，尤其是市场激励型的政策工具，在这一影响上扮演了更为重要的角色，是协调环境规制与企业竞争战略选择的枢纽。因此，在优化政府干预经济活动的同时，要重视政策对激发市场活力和潜能的激励效应，以及这一表现在行业属性和规制工具的异质性特征。

| 第 8 章 |
研究结论与启示

8.1　研究结论

在中国经济进入新常态、工业经济转型的新时代背景下，要实现绿色发展与经济高质量发展，就必须秉承经济增长、社会进步、生态文明的均衡发展理念。中国目前的能源消费大部分源于传统化石能源，而近年来日益严重的"雾霾"天气等环境问题并不利于绿色发展。面对资源约束趋紧、环境污染加剧、生态系统退化等严峻形势，着力推进绿色发展、循环发展、低碳发展已势在必行。绿色投资是加强污染治理、提高节能减排效率、改善环境质量的重要方式，既是国家层面倡导生态环保的关键举措，也是企业层面响应国家号召的主要形式。由于企业的逐利性及其经济活动的负外部性、生态环境的公共产品属性和绿色投资的正外部性，环境污染治理工作在企业层面的开展面临重重困境，环境政策的作用不能完全发挥，无法有效为污染治理服务，学术界和实践应用对企业的绿色投资行为也缺乏深入的认识和全面的了解。基于中国经济转型和新旧动能转换的特殊时代背景，立足倡导绿色可持续发展和绿色投资不足的现实困境，本书旨在打开企业绿色投资行为的"黑箱"。本书以 2008~2017 年中国上市公司为研究样本，探索企业绿色投资行为的动因、绩效与机理，主要研究结论如下。

第一，绿色投资不足、投资结构不合理、投资缺乏资金支持是现阶段绿色投资的现状和问题；同时，非绿色专利在数量上明显多于绿色专利，导致企业的非绿色技术创新能力明显强于绿色技术水平，而部分污染领域的绿色投资又严重不足，绿色技术的研发产出和应用能力偏低，是环境污染治理效果有限的原因。

第二，环境规制和竞争战略是企业开展绿色投资的两个基本动因，它们会共同作用于企业的绿色投资行为，而且绿色投资动因存在由被动因素向主动因素转变的现象。环境规制和差异化战略会促进企业绿色投资的增加，而成本领先战略对企业的绿色投资具有抑制作用。进一步分析显示，媒体压力、环保补贴对企业增加绿色投资规模具有积极作用，但媒体压力对环境规制、竞争战略的调节作用不显著，而环保补贴会减弱环境规制、竞争战略对企业开展绿色投资的驱动力。从绿色投资的资金来源考虑，长期贷款在环境规制与绿色投资、竞争战略与绿色投资之间起中介作用，在被动因素和主动因素的驱使下，上市公司会争取更多的信贷支持其绿色投资。从两个因素的驱动强度来看，环境规制强度与绿色投资之间存在倒"U"型关系，而市场竞争强度与绿色投资之间存在"U"型关系，它们对企业绿色投资行为表现出的"门槛效应"具有互补性。

第三，绿色投资与环境绩效呈正相关关系。企业绿色投资行为越积极，其环境绩效的改善越显著。环境规制和竞争战略对企业环境绩效存在显著影响，环境规制和差异化战略显著提高了企业的环境绩效，并且会强化绿色投资对环境绩效的积极作用，而成本领先战略不利于企业环境绩效的改善，同时会弱化绿色投资对环境绩效的正向影响。此外，资本化和费用化的绿色投资均对企业环境绩效具有促进作用。

第四，企业绿色投资行为对其经济绩效的影响具有"两面性"特征。绿色投资对企业的净利润和托宾 Q 值具有显著的负面影响，而对企业的总资产回报率具有显著的正向影响。绿色投资决策既会在一定程度上导致净利润减少和丧失部分商业投资机会，又会形成企业的资产，随着总资产规模的扩大，净利润规模也随之扩大，从而提高总资产回报率。而且，融资约束是绿色投资影响经济绩效的一个重要传导渠道，融资约束完全中介了绿色投资对企业净利润的消极作用，部分中介了绿色投资对投资机会的消极作用和对总资产回报率的积极作用。此外，企业环境绩效的变化与其经济绩效的变化息息相关，改善环境绩效显著降低了企业净利润和托宾 Q 值，提高了企业的总资产回报率。

第五，绿色投资的创新激励效应主要针对绿色技术创新，并非体现在所有专利创新上。无论绿色申请专利与绿色授权专利，还是绿色发明专利与绿色实用型专利，企业的绿色投资行为对其绿色技术创新都具有显著的促进作用。但是，上市公司绿色投资行为对其整体技术创新、非绿色技术创新具有抑制作用或者不具有显著影响，意味着绿色投资会"挤出"企业的整体创新能力和非绿色创新能力，或者不具有显著的影响。

第六，技术创新在绿色投资与企业绩效之间起了中介作用。在环境绩效方面，绿色技术创新中介了绿色投资对企业环境绩效的促进作用，而且绿色投资会通过绿色发明专利创新和绿色实用型专利创新来实现企业环境绩效的改善。由于整体技术创新中包含了绿色技术创新和非绿色技术创新，因而整体技术创新的中介效应也显著存在，但是绿色投资对环境绩效的积极作用可能会通过非绿色技术创新被降低，非绿色技术创新不利于环境绩效的提升。在经济绩效方面，绿色投资通过绿色技术创新对其经济绩效产生了"两面性"影响。绿色投资既会通过绿色技术创新对企业净利润和托宾 Q 值产生负面影响，又会通过绿色技术创新提升企业的总资产回报率。同时，绿色投资对企业经济绩效的负面效应会通过绿色技术创新得到缓解，最终使其负面影响不再显著，实现"创新补偿"效应。

第七，环境规制会强化绿色投资对绿色技术创新的积极影响，验证了"波特假说"在中国这一新兴市场的应用情境，表明绿色投资能够为企业带来"绿色创新补偿"效应。差异化战略会增强绿色投资对绿色技术创新的积极影响，但成本领先战略对绿色投资与绿色技术创新之间的积极关系存在负向和正向两种调节效应，这是环境规制与市场竞争的互补性关系共同作用的结果。"创新补偿"效应在短期内往往滞后于"遵循成本"效应，环境规制的被动作用对技术创新的影响主要体现为负面作用；随着时间周期的不断拉长，在前期环境规制压力下开展的绿色投资逐渐被"消化"为企业的动能，环境规制的被动作用开始向竞争战略的主动作用过渡和转化，企业环保意识不断增强，开始自觉地履行环境责任，将环境问题纳入企业战略体系中，使"创新补偿"效应超过遵循成本，能够部分甚至全部抵消环境治理成本，同时绿色创新还提高了企业生产率和资源利用效率，为企业带来成本领先优势。

第八，中国上市公司的绿色投资行为具有显著的行业异质性特征。在污染物排放较多的行业（如重污染行业、能源行业和制造行业），本书研究结果更为显著。而在其他行业，上述结果的影响偏小甚至不显著。

8.2 理论贡献与研究启示

8.2.1 理论贡献

本书以环境规制和竞争战略两个基本动因作为研究企业绿色投资行为的切入点，以绿色投资、社会责任、波特假说、竞争战略和技术创新等理论作为理论基础，主要从技术创新视角探索了绿色投资对企业绩效和企业创新的影响机理，以及环境规制和竞争战略对上述影响的作用。相关研究结论可能具有以下理论贡献。

第一，本书从环境规制和竞争战略两个角度考察了企业进行绿色投资的动因，在分别探讨上述被动因素和主动因素的基础上，将两者纳入统一研究框架，分析两者的共同作用对企业参与绿色实践的影响。主要从竞争战略角度讨论了企业的绿色投资行为，拓展了现有研究对这一问题的局限：一是倾向于关注环境规制的外部力量，忽略了企业的主动性；二是在内部因素的研究上侧重于关注企业特征与治理问题，而非竞争战略选择；三是对竞争战略的论述主要停留在理论层面和宏观层面，缺乏微观企业的经验证据。本书有助于弥补上述三个方面的不足，丰富绿色投资理论的研究内容。

第二，以往的研究主要集中在环境规制对企业绩效的影响上，很少有研究直接关注绿色投资与企业绩效的关系。本书通过直接探讨绿色投资与环境绩效和经济绩效之间的关系，为企业的绿色投资决策与企业绩效是协调还是冲突的争议提供了中国情境的微观证据。在此基础上，进一步分析了环境绩效与经济绩效的相关性问题。本书从多个角度解读了绿色投资的绩效表现，丰富了绿色发展相关理论的研究范畴，为企业重新认识环境绩效与经济绩效的关系提供了新的经验证据。

第三，本书从技术类型的视角拓展了"波特假说"的理论外延，验证了"波特假说"在中国这一新兴市场的应用情境，表明绿色投资能够为企业带来"绿色创新补偿"效应。以往研究对环境规制的创新补偿效应很少区分技术类型，根据技术应用对生态环境的影响，技术大致可以划分为污染技术和清洁技术，而环境规制的作用在于限制污染技术应用的同时促进清洁技术的发展。本书研究结果显示，"创新补偿"效应主要体现在绿色技术创新上。这一探索有助于构建企业绿色投资运行机制的研究框架，为中国企业向清洁生产和可再生能源消费转型，进而对加快产业结构优化升级和实现绿色发展具有一定的理论指导意义。

8.2.2　政策启示

第一，政府在设计和落实环境政策的过程中，要充分考虑环境规制工具的异质性，加强环境政策工具的组合运用。本书研究结果已经表明，环境税费类政策工具与环保补贴类政策工具对企业开展绿色实践的影响存在显著差异。由于企业的资源基础会影响其绿色投资决策，因而环保补助对企业的绿色创新能力具有"挤出"效应（李青原和肖泽华，2020），税收激励政策对可再生能源投资的促进作用比直接的货币补贴更为显著（Yang et al.，2019）。因此，对于资源基础雄厚的企业，政府应该采用环境税费类政策工具"倒逼"企业参与绿色实践、提升绿色创新水平；对于资源基础薄弱的中小企业，政府应该采用环保补贴类政策工具予以激励，从而缓解因环境治理成本所导致的融资约束问题，降低对正常生产经营活动的不确定性。因此，政策补贴需要区分绿色投资的内容、对应的企业特质、市场需求的迫切程度以及行业异质性特征等问题，才能发挥政府补贴的激励效果。

第二，环境规制工具的应用要与市场运行机制相协调，要利用环境规制和竞争战略的互补性特点激励企业扩大绿色投资规模、提升绿色技术创新水平和绿色竞争力，加强"绿色创新补偿"效应在企业的实现基础。实现减排目标和降低减排成本在很大程度上依赖于技术创新（Fischer and Newell，2008；Kemp and Pontoglio，2011），中国本土企业应加强自主创新，提高绿色技术创新能力。根据本书研究结果，非绿色专利在数量上明显优于绿色专利，绿色投资对整体技术创新具有负向影响，说明目前的污染技术仍在中国经济增长中占有相当比重，虽然绿色投资对绿色技术创新具有显著的促进作用，但绿色创新能力偏低，不足以改善污染技术对环境的影响，污染技术对清洁投入产生了一定的"替代效应"，导致企业缺乏绿色转型的动力。因此，环境政策要引导企业建立一个有利于生态环境的竞争性市场秩序，激发清洁技术创新的产出效率，扩大清洁能源在市场的普及、应用和消费，从而改变能源技术的知识存量和路径依赖，使清洁技术和绿色能源成为中国经济增长的新动能。

第三，环境政策在引导企业发展向绿色转型的过程中，不能片面追求绿色投资在总量上的扩大，还要把握绿色投资的方向和应用场景。本书研究结果显示，中国上市公司在节能节电节水方面的投资规模较大，但废气治理投资和固体废物治理投资明显不足，绿色投资结构不够合理，绿色技术的研发产出和应用能力偏低。因此，环境政策的设计和落实要把握两个要点：一是要激励企业优先加强重污染领域的环保投资和技术研发，优化绿色投资结构和资金配置方向；二是技术革新要与实践应用相结合，防止技术创新与现实基础脱节，绿色技术创新要以市场为导向，为绿色技术的商业化提供应用场景，使高昂的研发运营成本和绿色技术创新转化为企业可持续发展的坚强后盾。

第四，要大力发展绿色信贷和绿色直接融资，加强对绿色技术研发和应用的资金支持。本书研究表明，资金问题是限制企业扩大绿色投资规模和进行绿色技术创新的重要障碍与约束条件。解决绿色投资不足的症结、促进中国经济向绿色转型的一个关键政策体系在于健全中国绿色金融体系。尽管环保补贴在扶持绿色发展事业上发挥了关键性作用，但由于组织惰性和部分企业通过寻租活动套取补贴资源的弊端，提高环境治理的市场化水平更为有效，绿色金融则是推动绿色低碳循环发展的资金基础。一方面，要优先支持有利于生态文明建设的企业融资，为绿色技术的研发创新、成果转化和落地应用提供可持续的资金支持；另一方面，要建立科学的绿色投资融资绩效评价机制，加强对金融机构和扶持企业的监管与奖惩考核，提高工作流程的透明化。

第五，政府要加强对新闻媒体的监管，增强其对政府环境管制的辅助和外部监督功能。舆论和媒体的监督在一定程度能够反映绿色投资市场运行的健康状况，对企业污染环境的事件坚决曝光，强力打击和惩戒与生态文明建设相悖的行为（杨道广等，2017），发挥媒体应有的监督功能。

8.2.3　实践启示

企业应该积极参与到绿色实践活动中，将环境问题纳入企业生产函数和战略制定，使绿色投资决策这一环境战略成为企业长期发展战略的有效组成部分，通过绿色治理提升企业的长期价值和竞争优势。根据本书研究结果，绿色投资会改善企业环境绩效，这有益于企业借助绿色形象提高市场知名度、成为提升市场竞争力的一种途径；而绿色投资对企业经济绩效具有"两面性"影响的特征表明，尽管绿色投资在短期内会压缩企业的利润空间，将经济效益让渡给社会，但环境规制和差异化战略会增强绿色投资对绿色技术创新的积极影响，实现绿色创新补偿效应，从而抵消环境治理成本为企业带来收益，同时绿色技术创新会提高企业生产率和资源利用效率，降低相应的生产成本，为企业带来成本领先优势。因此，扩大绿色投资规模、积极参与绿色实践活动是企业增强可持续竞争优势和向绿色转型的重要策略。此外，绿色管理价值观是新时代企业应该具备的精神，要在研发管理、生产管理、人力资源管理、采购和销售管理等多方面实现绿色化，如开发环保工艺、进行绿色产品和服务创新。

8.3　研究局限与展望

本书主要从投资动因、投资的经济后果及其影响机理三个方面研究了中国上市公司的绿色投资行为，本书有助于较为全面地了解中国企业开展绿色投资的前因后果，把握绿色投资活动的整体脉络。然而，由于笔者研究能力和水平有限，以及研究条件的约束性，本书难免会存在一定的不足和缺陷，有待未来进一步深入探究、改进和完善。

第一，本书仅以中国上市公司作为研究样本讨论企业的绿色投资行，没有将上述研究结论推广到更为普遍的微观层面，对其他企业（如非上市公司、工业企业）的绿色投资行为在动因、绩效与机理上的结果缺乏经验证据，尚需进一步比较企业的这一行为选择在不同企业规模、不同地理位置、不同市场条件下的差异。第二，目前有多项指标用于刻画绿色投资、环境规制、竞争战略、环境绩效和经济绩效等本书研究的主要变量，本书所选指标虽为学术界广泛认可的指标，但限于研究的可行性，未能穷尽其他指标之间的关系。第三，本书的研究视角主要从微观企业层面讨论绿色投资行为及其机理，为中国绿色发展事业提供微观经验证据，因此，并未将这一结论拓展到中宏观层面。在绿色投资绩效的评价中，虽然同时考虑了企业绿色投资对其环境绩效和经济绩效的影响，但是没有直接讨论相应的社会效益、对国民经济的影响进行评价。在未来的研究中，将绿色投资的研究视角从微观层面拓展到中宏观层面，进一步关注环保实践的社会效益、国民经济评价，采用替代成本法将是一个理想而有效的分析工具，也是一个值得探索的研究领域。第四，本书基于环境规制和竞争战略两个基本动因，从外部因素与内部因素的互动角度探索了企业的绿色投资行为，但是这一研究框架并没有纳入企业特征、公司治理等因素的讨论。因此，对于企业特征、公司治理等内部因素的分析是本书在未来的一个重要切入点，进一步将公司治理纳入本书的研究框架中，如股权结构、董事会治理机制和高管特征，将是一个有益的方向。

参考文献

[1] 毕茜, 于连超. 环境税的企业绿色投资效应研究——基于面板分位数回归的实证研究 [J]. 中国人口·资源与环境, 2016 (3): 76-82.

[2] 陈诗一. 中国碳排放强度的波动下降模式及经济解释 [J]. 世界经济, 2011 (4): 124-143.

[3] 陈诗一, 陈登科. 雾霾污染、政府治理与经济高质量发展 [J]. 经济研究, 2018 (2): 20-34.

[4] 程巧莲, 田也壮. 中国制造企业环境战略、环境绩效与经济绩效的关系研究 [J]. 中国人口·资源与环境, 2012 (S2): 116-118.

[5] 崔也光, 周畅, 王肇. 地区污染治理投资与企业环境成本 [J]. 财政研究, 2019 (3): 115-129.

[6] 董直庆, 焦翠红, 王芳玲. 环境规制陷阱与技术进步方向转变效应检验 [J]. 上海财经大学学报, 2015 (3): 68-78.

[7] 董直庆, 王辉. 环境规制的"本地-领地"绿色技术进步效应 [J]. 中国工业经济, 2019 (1): 100-118.

[8] 杜雯翠, 龚新宇, 张平淡. 行业异质性、高管薪酬与环境绩效——来自中国民营上市公司的经验证据 [J]. 环境经济研究, 2019 (1): 39-55.

[9] 范庆泉, 张同斌. 中国经济增长路径上的环境规制政策与污染治理机制研究 [J]. 世界经济, 2018 (8): 171-192.

[10] 范子英, 赵仁杰. 法治强化能够促进污染治理吗?——来自环保法庭设立的证据 [J]. 经济研究, 2019 (3): 21-37.

[11] 傅京燕, 李丽莎. 环境规制、要素禀赋与产业国际竞争力的实证研究

[J]. 管理世界, 2010 (10): 87 – 99.

[12] 付强, 刘益. 基于技术创新的企业社会责任对绩效影响研究 [J]. 科学学研究, 2013, 31 (3): 463 – 468.

[13] 龚玉荣, 沈颂东. 环保投资现状及问题的研究 [J]. 工业技术经济, 2002 (2): 83 – 84.

[14] 管汉晖, 刘冲, 辛星. 中国的工业化: 过去与现在 (1887—2017) [J]. 经济学报, 2020 (3): 202 – 238.

[15] 郭朝先, 刘艳红, 杨晓琰, 等. 中国环保产业投融资问题与机制创新 [J]. 中国人口·资源与环境, 2015 (8): 92 – 99.

[16] 郭进. 环境规制对绿色技术创新的影响——"波特效应"的中国证据 [J]. 财贸经济, 2019 (3): 147 – 160.

[17] 何小钢, 王自力. 能源偏向型技术进步与绿色增长转型——基于中国 33 个行业的实证考察 [J]. 中国工业经济, 2015 (2): 50 – 62.

[18] 何小钢, 张耀辉. 技术进步、节能减排与发展方式转型——基于中国工业 36 个行业的实证考察 [J]. 数量经济技术经济研究, 2012 (3): 19 – 33.

[19] 侯建, 董雨, 陈建成. 雾霾污染、环境规制与区域高质量发展 [J]. 环境经济研究, 2020 (3): 38 – 56.

[20] 胡鞍钢, 周绍杰. 绿色发展: 功能界定、机制分析与发展战略 [J]. 中国人口·资源与环境, 2014 (1): 14 – 20.

[21] 胡珺, 宋献中, 王红建. 非正式制度、家乡认同与企业环境治理 [J]. 管理世界, 2017 (3): 76 – 94 + 187 – 188.

[22] 胡曲应. 上市公司环境绩效与财务绩效的相关性研究 [J]. 中国人口·资源与环境, 2012 (6): 23 – 32.

[23] 华锦阳. 制造业低碳技术的动力源探究及其政策含义 [J]. 科研管理, 2011 (6): 42 – 48.

[24] 黄清子, 张立, 王振振. 丝绸之路经济带环保投资效应研究 [J]. 中国人口·资源与环境, 2016 (3): 89 – 99.

[25] 黄志基, 贺灿飞, 杨帆, 等. 中国环境规制、地理区位与企业生产率增长 [J]. 地理学报, 2015 (10): 1581 – 1591.

[26] 吉利, 苏朦. 企业环境成本内部化动因: 合规还是利益?——来自重

污染行业上市公司的经验证据 [J]. 会计研究, 2016 (11): 69 – 75.

[27] 贾军, 魏洁云, 王悦. 环境规制对中国 OFDI 的绿色技术创新影响差异分析——基于异质性东道国视角 [J]. 研究与发展管理, 2017 (6): 81 – 90.

[28] 江飞涛, 李晓萍. 直接干预市场与限制竞争: 中国产业政策的取向与根本缺陷 [J]. 中国工业经济, 2010 (9): 26 – 36.

[29] 蒋伏心, 王竹君, 白俊红. 环境规制对技术创新影响的双重效应——基于江苏制造业动态面板数据的实证研究 [J]. 中国工业经济, 2013 (7): 44 – 55.

[30] 姜英兵, 崔广慧. 环保产业政策对企业环保投资的影响: 基于重污染上市公司的经验证据 [J]. 改革, 2019 (2): 87 – 101.

[31] 姜雨峰, 田虹. 绿色创新中介作用下的企业环境责任、企业环境伦理对竞争优势的影响 [J]. 管理学报, 2014 (8): 781 – 788.

[32] 景维民, 张璐. 环境管制、对外开放与中国工业的绿色技术进步 [J]. 经济研究, 2014 (9): 34 – 47.

[33] 康志勇. 融资约束, 政府支持与中国本土企业研发投入 [J]. 南开管理评论, 2013 (5): 61 – 70.

[34] 李华晶, 王祖祺, 吴睿珂. 能源价格、制度环境对企业绿色绩效影响研究——基于资源效益、技术效益、环境效益的分析 [J]. 价格理论与实践, 2018 (4): 126 – 129.

[35] 李玲, 陶锋. 中国制造业最优环境规制强度的选择——基于绿色全要素生产率的视角 [J]. 中国工业经济, 2012 (5): 70 – 82.

[36] 李培功, 沈艺峰. 媒体的公司治理作用: 中国的经验证据 [J]. 经济研究, 2010 (4): 14 – 27.

[37] 李强, 田双双. 环境规制能够促进企业环保投资吗?——兼论市场竞争的影响 [J]. 北京理工大学学报 (社会科学版), 2016 (4): 1 – 8.

[38] 李青原, 肖泽华. 异质性环境规制工具与企业绿色创新激励 [J]. 经济研究, 2020 (9): 192 – 208.

[39] 李四海, 李晓龙, 宋献中. 产权性质、市场竞争与企业社会责任行为——基于政治寻租视角的分析 [J]. 中国人口·资源与环境, 2015 (1): 162 – 169.

［40］李婉红，毕克新，孙冰．环境规制强度对污染密集行业绿色技术创新的影响研究——基于 2003—2010 年面板数据的实证检验［J］．研究与发展管理，2013（6）：72 – 81.

［41］李维安，张耀伟，郑敏娜，等．中国上市公司绿色治理及其评价研究［J］．管理世界，2019（5）：126 – 133 + 160.

［42］李伟阳，肖红军．企业社会责任的逻辑［J］．中国工业经济，2011（10）：87 – 97.

［43］黎文靖，路晓燕．机构投资者关注企业的环境绩效吗？——来自我国重污染行业上市公司的经验证据［J］．金融研究，2015（12）：97 – 112.

［44］李怡娜，叶飞．制度压力、绿色环保创新实践与企业绩效关系——基于新制度主义理论和生态现代化理论视角［J］．科学学研究，2011（12）：1884 – 1894.

［45］李怡娜，叶飞．高层管理支持、环保创新实践与企业绩效——资源承诺的调节作用［J］．管理评论，2013（1）：120 – 127 + 166.

［46］李永友，沈坤荣．中国污染控制政策的减排效果——基于省际工业污染数据的实证分析［J］．管理世界，2008（8）：7 – 17.

［47］李朝芳．企业环境行为的价值实现机理研究——基于制度环境的过程分析［J］．技术经济与管理研究，2015（2）：52 – 56.

［48］连燕玲，刘依琳，高皓．代理 CEO 继任与媒体报道倾向［J］．中国工业经济，2020（8）：175 – 192.

［49］林伯强，李江龙．环境治理约束下的中国能源结构转变——基于煤炭和二氧化碳峰值的分析［J］．中国社会科学，2015（9）：84 – 107 + 205.

［50］林汉川，王莉，王分棉．环境绩效、企业责任与产品价值再造［J］．管理世界，2007（5）：155 – 157.

［51］刘蓓蓓，俞钦钦，毕军，等．基于利益相关者理论的企业环境绩效影响因素研究［J］．中国人口·资源与环境，2009（6）：80 – 84.

［52］刘锡良，文书洋．中国的金融机构应当承担环境责任吗？——基本事实、理论模型与实证检验［J］．经济研究，2019（3）：38 – 54.

［53］刘晓光，刘元春．杠杆率、短债长用与企业表现［J］．经济研究，2019（7）：127 – 141.

［54］逯元堂，王金南，吴舜泽，等．中国环保投资统计指标与方法分析［J］．中国人口·资源与环境，2010（5）：96－99.

［55］吕峻．公司环境披露与环境绩效关系的实证研究［J］．管理学报，2012（12）：1856－1863.

［56］吕峻，焦淑艳．环境披露、环境绩效和财务绩效关系的实证研究［J］．山西财经大学学报，2011（1）：109－116.

［57］马珩，张俊，叶紫怡．环境规制、产权性质与企业环保投资［J］．干旱区资源与环境，2016（12）：47－52.

［58］马建堂，2012中国绿色发展指数报告［M］．北京：北京师范大学出版社，2012.

［59］［美］迈克尔·E.波特．竞争战略［M］．陈小悦，译．北京：华夏出版社，2005.

［60］孟耀．绿色投资问题研究［D］．大连：东北财经大学，2006.

［61］聂俊．当前环保资金存在的问题和对策［J］．审计与经济研究，2001（2）：27－29.

［62］潘飞，王亮．企业环保投资与经济绩效关系研究［J］．新会计，2015（4）：6－11.

［63］潘敏，袁歌骋．金融中介创新对企业技术创新的影响［J］．中国工业经济，2019（6）：117－135.

［64］彭海珍．影响企业绿色行为的因素分析［J］．暨南学报（哲学社会科学版），2007（2）：53－58.

［65］齐绍洲，林屾，崔静波．环境权益交易市场能否诱发绿色创新［J］．经济研究，2018（12）：129－143.

［66］秦颖，武春友．企业行为与环境绩效之间关系的相关性分析与实证研究［J］．科学学与科学技术管理，2004（2）：129－132.

［67］沈红波，谢越，陈峥嵘．企业的环境保护、社会责任及其市场效应［J］．中国工业经济，2012（1）：141－152.

［68］沈洪涛，冯杰．舆论监督，政府监管与企业环境信息披露［J］．会计研究，2012（2）：72－78＋97.

［69］宋马林，王舒鸿．环境规制、技术进步与经济增长［J］．经济研究，

2013（3）：122 – 134.

[70] 唐国平，李龙会. 企业环保投资结构及其分布特征研究——来自 A 股上市公司 2008—2011 年的经验证据 [J]. 审计与经济研究，2013（4）：94 – 103.

[71] 唐国平，李龙会，吴德军. 环境管制、行业属性与企业环保投资 [J]. 会计研究，2013（6）：83 – 89 + 96.

[72] 田虹，潘楚林. 前瞻型环境战略对企业绿色形象的影响研究 [J]. 管理学报，2015（7）：1064 – 1071.

[73] 王班班，齐绍洲. 市场型和命令型政策工具的节能减排技术创新效应 [J]. 中国工业经济，2016（6）：91 – 108.

[74] 王兵，戴敏，武文杰. 环保基地政策提高了企业环境绩效吗？——来自东莞市企业微观面板数据的证据 [J]. 金融研究，2017（4）：143 – 160.

[75] 王锋正，郭晓川. 环境规制强度对资源型产业绿色技术创新的影响——基于 2003—2011 年面板数据的实证检验 [J]. 中国人口·资源与环境，2015（5）：143 – 146.

[76] 王国印，王动. 波特假说、环境规制与企业技术创新——对中东部地区的比较分析 [J]. 中国软科学，2011（1）：100 – 112.

[77] 王海芹，高世楫. 我国绿色发展萌芽、起步与政策演进：若干阶段性特征观察 [J]. 改革，2016（3）：6 – 26.

[78] 王杰，刘斌. 环境规制与全要素生产率：基于中国工业企业数据的实证分析 [J]. 中国工业经济，2013（3）：44 – 56.

[79] 汪克亮，杨宝臣，杨力. 中国能源利用的经济效率、环境绩效与节能减排潜力 [J]. 经济管理，2010（10）：1 – 9.

[80] 王鹏，张婕. 股权结构、企业环保投资与财务绩效 [J]. 武汉理工大学学报（信息与管理工程版），2016（6）：735 – 739.

[81] 王书斌，徐盈之. 环境规制与雾霾脱钩效应——基于企业投资偏好的视角 [J]. 中国工业经济，2015（4）：18 – 30.

[82] 王宇，李海洋. 管理学研究中的内生性问题及修正方法 [J]. 管理学季刊，2017（3）：20 – 47 + 170 – 171.

[83] 王云，李延喜，马壮，等. 媒体关注、环境规制与企业环保投资

[J]. 南开管理评论，2017（6）：83-94.

[84] 邬娜，王艳华，吴佳，等. 环保投资与资源环境变化关系分析 [J]. 环境工程技术学报，2020（7）：1-11.

[85] 谢智慧，孙养学，王雅楠. 环境规制对企业环保投资的影响——基于重污染行业的面板数据研究 [J]. 干旱区资源与环境，2018（3）：12-16.

[86] 徐建中，王曼曼. FDI 流入对绿色技术创新的影响及区域比较 [J]. 科技进步与对策，2018（22）：30-37.

[87] 徐莉萍，辛宇，祝继高. 媒体关注与上市公司社会责任之履行——基于汶川地震捐款的实证研究 [J]. 管理世界，2011（3）：135-143.

[88] 许士春，何正霞，龙如银. 环境规制对企业绿色技术创新的影响 [J]. 科研管理，2012（6）：67-74.

[89] 杨道广，陈汉文，刘启亮. 媒体压力与企业创新 [J]. 经济研究，2017（8）：125-139.

[90] 杨东宁，周长辉. 企业环境绩效与经济绩效的动态关系模型 [J]. 中国工业经济，2004（4）：43-50.

[91] 杨继生，徐娟，吴相俊. 经济增长与环境和社会健康成本 [J]. 经济研究，2013（12）：17-29.

[92] 杨静，刘秋华，施建军. 绿色创新战略的价值研究 [J]. 科研管理，2015（1）：18-25.

[93] 于连超，张卫国，毕茜. 环境税对企业绿色转型的倒逼效应研究 [J]. 中国人口·资源与环境，2019（7）：112-120.

[94] 俞雅乖，刘玲燕. 我国城市环境绩效及其影响因素分析 [J]. 管理世界，2016（11）：176-177.

[95] 余东华，胡亚男. 环境规制趋紧阻碍中国制造业创新能力提升吗？——基于"波特假说"的再检验 [J]. 产业经济研究，2016（2）：11-20.

[96] 余伟，陈强，陈华. 不同环境政策工具对技术创新的影响分析——基于2004—2011年我国省级面板数据的实证研究 [J]. 管理评论，2016（1）：53-61.

[97] 郁智. 制度效率、企业环保投资与企业价值 [D]. 北京：对外经济贸易大学，2018.

[98] 原毅军，耿殿贺．环境政策传导机制与中国环保产业发展 [J]．中国工业经济，2010（10）：65－74.

[99] 尤济红，王鹏．环境规制能否促进 R&D 偏向于绿色技术研发？——基于中国工业部门的实证研究 [J]．经济评论，2016（3）：26－38.

[100] 张长江，陈雨晴，温作民．高管团队特征、环境规制与企业环境绩效 [J]．环境经济研究，2020（3）：99－115.

[101] 张成，陆旸，郭路，等．环境规制强度和生产技术进步 [J]．经济研究，2011（2）：113－124.

[102] 张华，魏晓平．绿色悖论抑或倒逼减排——环境规制对碳排放影响的双重效应 [J]．中国人口·资源与环境，2014（9）：21－29.

[103] 章辉美，邓子纲．基于政府、企业、社会三方动态博弈的企业社会责任分析 [J]．系统工程，2011（6）：123－126.

[104] 张钢，张小军．绿色创新战略与企业绩效的关系：以员工参与为中介变量 [J]．财贸研究，2013（4）：132－140.

[105] 张钢，张小军．国外绿色创新研究脉络梳理与展望 [J]．外国经济与管理，2011（8）：25－32.

[106] 张海姣，曹芳萍．竞争型绿色管理战略构建——基于绿色管理与竞争优势的实证研究 [J]．科技进步与对策，2013（9）：96－100.

[107] 张济建，于连超，毕茜，等．媒体监督、环境规制与企业绿色投资 [J]．上海财经大学学报，2016（5）：91－103.

[108] 张娟，耿弘，徐功，等．环境规制对绿色技术创新的影响研究 [J]．中国人口·资源与环境，2019（29）：168－176.

[109] 张梅．绿色发展：全球态势与中国的出路 [J]．国际问题研究，2013（5）：93－102.

[110] 张琦，郑瑶，孔东民．地区环境治理压力、高管经历与企业环保投资——一项基于《环境空气质量标准（2012）》的准自然实验 [J]．经济研究，2019（6）：183－198.

[111] 张平，张鹏鹏，蔡国庆．不同类型环境规制对企业技术创新影响比较研究 [J]．中国人口·资源与环境，2016（4）：8－13.

[112] 张文彬，张理芃，张可云．中国环境规制强度省际竞争形态及其演

变——基于两区制空间 Durbin 固定效应模型的分析 [J]. 管理世界，2010
(12)：34－44.

[113] 张兆国，张弛，裴潇. 环境管理体系认证与企业环境绩效研究
[J]. 管理学报，2020 (7)：1043－1051.

[114] 赵博，毕克新. 基于专利的我国制造业低碳突破性创新动态演化规
律分析 [J]. 管理世界，2016 (7)：182－183.

[115] 赵儒煜，阎国来，关越佳. 去工业化与再工业化：欧洲主要国家的
经验与教训 [J]. 当代经济研究，2015 (4)：53－59.

[116] 周方召，戴亦捷. 企业履行环境责任、技术创新与公司绩效——来
自中国上市公司的证据 [J]. 环境经济研究，2020 (1)：16－35.

[117] 朱建峰，郁培丽，石俊国. 绿色技术创新、环境绩效、经济绩效与
政府奖惩关系研究——基于集成供应链视角 [J]. 预测，2015 (5)：61－66.

[118] 朱建华，徐顺青，逯元堂，等. 中国环保投资与经济增长实证研
究——基于误差修正模型和格兰杰因果检验 [J]. 中国人口·资源与环境，
2014 (11)：100－103.

[119] Abramovit M. The search for the sources of growth：areas of ignorance，
old and new [J]. The Journal of Economic History，1993，53 (2)：217－243.

[120] Acemoglu D. Directed technical change [J]. Review of Economic Stud-
ies，2002，69 (4)：781－809.

[121] Acemoglu D.，Akcigit U.，Hanley D.，et al. Transition to clean tech-
nology [J]. Journal of Political Economy，2016，124 (1)：52－104.

[122] Aghion P.，Bénabou R.，Martin R.，et al. Environmental preferences
and technological choices：is market competition clean or dirty? [R]. NBER Work-
ing Paper，26921 (2020).

[123] Aghion P.，Dechezleprstre A.，Heinous D.，et al. Carbon taxes，path
dependency，and directed technical change：evidence from the auto industry [J].
Journal of Political Economy，2016，124 (1)：1－51.

[124] Ambec S. and Barla P. Can environmental regulations be good for busi-
ness? An assessment of the Porter Hypothesis [J]. Energy Studies Review，2006，
14 (2)：42－62.

［125］ Ambec S. , Cohen M. A. , Elgie S. , et al. The Porter Hypothesis at 20: can environmental regulation enhance innovation and competitiveness? ［J］. Review of Environmental Economics and Policy, 2013, 7 (1): 2 –22.

［126］ Ambec S. and Lanoie P. Does it pay to be green? A systematic overview ［J］. Academy of Management Perspectives, 2008, 22 (4): 45 –62.

［127］ Anderson-Weir C. H. How does the stock market react to corporate environmental news? ［J］. Undergraduate Economic Review, 2010, 6 (1): 1 –29.

［128］ Arouri M. , Caporale G. , Rault C. , et al. Environmental regulation and competitiveness: evidence from Romania ［J］. Ecological Economics, 2012 (81): 130 –139.

［129］ Banerjee S. B. Managerial perceptions of corporate environmentalism: interpretations from industry and strategic implications for organizations ［J］. Journal of Management Studies, 2001, 38 (4): 489 –513.

［130］ Baron R. M. and Kenny D. A. The moderator-mediator variable distinction in social psychological research: conceptual, strategic and statistical considerations ［J］. Journal of Personality and Social Psychology, 1986 (51): 1177 –1182.

［131］ Bartling B. , Weber R. A. , Yao Y. Do markets erode social responsibility? ［J］. The Quarterly Journal of Economics, 2015, 130 (1): 219 –266.

［132］ Bednar M. K. , Boivie S. , Prince N. R. Burr under the saddle: how media coverage influences strategic change ［J］. Organization Science, 2013, 24 (3): 910 –925.

［133］ Berman S. L. , Wicks A. C. , Kotha S. , et al. Does stakeholder orientation matter? The relationship between stakeholder management models and firm financial performance ［J］. Academy of Management Journal, 1999, 42 (5): 488 –506.

［134］ Berrone P. , Fosfuri A. , Gelabert L. , Gomez-Mejia L. R. Necessity as the mother of "green" inventions: institutional pressures and environmental innovations ［J］. Strategy Management Journal, 2013 (34): 891 –909.

［135］ Brauneis A. , Mestel R. , Palan S. , et al. Inducing low-carbon investment in the electric power industry through a price floor for emissions trading ［J］. Energy Policy, 2013 (53): 190 –204.

[136] Buonocore E. , Häyhä T. , Paletto A. , et al. Assessing environmental costs and impacts of forestry activities: a multi-method approach to environmental accounting [J]. Ecological Modelling, 2014, 271 (10): 10 – 20.

[137] Campbell J. Why would corporations behave in socially responsible ways? An institutional theory of corporate social responsibility [J]. Academy of Management Review, 2007, 32 (3): 946 – 967.

[138] Campos L. , de Melo Heizen D. A. , Verdinelli M. A. et al. Environmental performance indicators: a study on ISO 14001 certified companies [J]. Journal of Cleaner Production, 2015 (99): 286 – 296.

[139] Cancino C. A. , La Paz A. I. , Ramaprasad A. et al. Technological innovation for sustainable growth: an ontological perspective [J]. Journal of Cleaner Production, 2018 (179): 31 – 41.

[140] Chan H. K. , Yee R. , Dai J. , et al. The moderating effect of environmental dynamism on green product innovation and performance [J]. International Journal of Production Economics, 2016, 181 (PB): 384 – 391.

[141] Chariri A. , Bukit G. , Eklesia O. B. , et al. Does green investment increase financial performance? Empirical evidence from Indonesian companies [C]. E3S Web of Conferences 31, 2018, 09001.

[142] Chaton C. and Guilllerminet L. Competition and environmental policies in an electricity sector [J]. Energy Economics, 2013 (36): 215 – 228.

[143] Chen Y. S. The driver of green innovation and green image-green core competence [J]. Journal of Business Ethics, 2008 (81): 531 – 543.

[144] Chen Y. S. , Lai S. B. , Wen C. T. The influence of green innovation performance on corporate advantage in Taiwan [J]. Journal of Business Ethics, 2006 (67): 331 – 339.

[145] Choi J. S. , Kwak Y. M. , Choe C. Corporate social responsibility and corporate financial performance: evidence from Korea [J]. Australian Journal of Management, 2010 (35): 291 – 311.

[146] Christmann P. Effects of "best practices" of environmental management on cost advantage: the role of complementary assets [J]. Academy of Management

Journal, 2000, 43 (4): 663 – 680.

[147] Clarkson P. M. , Li Y. , Richardson, G. D. , et al. Revisiting the relation between environmental performance and environmental disclosure: an empirical analysis [J]. Accounting, Organizations, and Society, 2008, 33 (4 –5): 303 –327.

[148] Clarkson P. M. , Li Y. , Richardson, G. D. , et al. Does it really pay to be green? Determinants and consequences of proactive environmental strategies [J]. Journal of Accounting and Public Policy, 2011 (30): 122 –144.

[149] Cole M. A. and Elliott R. Do environmental regulations influence trade patterns? Testing old and new trade theories [J]. World Economy, 2003, 26 (8): 1163 –1186.

[150] Cook K. A. , Romi A. M. , Sánchez D. , et al. The influence of corporate social responsibility on investment efficiency and innovation [J]. Journal of Business Finance and Accounting, 2019 (46): 494 –537.

[151] Cooper C. B. Rule 10b –5 at the intersection of greenwash and green investment: the problem of economic loss [J]. Washington and Lee Law Review, 2015, 42 (2): 405 –437.

[152] Cui L. and Huang Y. Exploring the schemes for green climate fund financing: international lessons [J]. World Development, 2018 (101): 173 –187.

[153] David J. S. , Hwang Y. , Pei B. The performance effects of congruence between product competitive strategies and purchasing management design [J]. Management Science, 2002, 48 (7): 866 –885.

[154] Davidovic D. , Harring N. , Jagers S. C. The contingent effects of environmental concern and ideology: institutional context and people's willingness to pay environmental taxes [J]. Environmental Politics, 2019, 29 (4): 674 –696.

[155] Davis K. Can Business afford to ignore social responsibilities [J]. California Management Review, 1960, 2 (3): 70 –76.

[156] Davis K. The case for and against business assumption of social responsibilities [J]. Academy of Management journal, 1973, 16 (2): 312 –322.

[157] Del Río P. , Morán MÁT. , Albiñana F. C. Analysing the determinants of environmental technology investments. A panel-data study of Spanish industrial sectors

[J]. Journal of Cleaner Production, 2011, 19 (11): 1170 – 1179.

[158] Denison E. F. Accounting for slower economic growth: the United States in the 1970s [J]. Southern Economic Journal, 1981, 47 (4): 1191 – 1193.

[159] Devi S. and Gupta N. Effects of inclusion of delay in the imposition of environmental tax on the emission of greenhouse gases [J]. Chaos Solitons & Fractals, 2019 (125): 41 – 53.

[160] Dixon-Fowler H. R. , Slater D. J. , Johnson J. L. , et al. Beyond "does it pay to be green?" A meta-analysis of moderators of the CEP-CFP relationship [J]. Journal of Business Ethics, 2013 (112): 353 – 366.

[161] Dragomir V. D. How do we measure corporate environmental performance? A critical review [J]. Journal of Cleaner Production, 2018 (196): 1124 – 1157.

[162] Duanmu J. L. , Bu M. L. , Pittman R. Does market competition dampen environmental performance: evidence from China [J]. Strategy Management Journal, 2018, 39 (11): 3006 – 3030.

[163] Dyck A. , Volchkova N. , Zingales L. The corporate governance role of the media: evidence from Russia [J]. The Journal of Finance, 2008, 63 (3): 1093 – 1135.

[164] Eyraud L. , Clements B. , Wane, A. Green investment: trends and determinants [J]. Energy Policy, 2013 (60): 852 – 865.

[165] Fan H. , Zivin J. , Kou Z. , et al. Going green in China: firms' responses to stricter environmental regulations [R]. NBER Working Paper, 26540 (2019).

[166] Farzin Y. H. and Kort P. M. Pollution abatement investment when environmental regulation is uncertain [J]. Journal of Public Economic Theory, 2000 (2): 183 – 212.

[167] Fischer C. and Newell R. G. Environmental and technology policies for climate mitigation [J]. Journal of Environmental Economics and Management, 2008, 55 (2): 142 – 162.

[168] Flammer C. Does product market competition foster corporate social responsibility: evidence from trade liberalization [J]. Strategic Management Journal, 2015, 36 (10): 1469 – 1485.

[169] Fleishman R. , Alexander R. , Bretschneider S. , et al. Does regulation

stimulate productivity? The effect of air quality policies on the efficiency of US power plants [J]. Energy Policy, 2009, 37 (11): 4574 – 4582.

[170] Fontaine M. Corporate Social responsibility and sustainability: the new bottom line? [J]. International Journal of Business and Social Science, 2013, 4 (4): 110 – 119.

[171] Frondel M., Horbach J., Rennings K. What triggers environmental management and innovation? Empirical evidence for Germany [J]. Ecological Economics, 2008, 66 (1): 153 – 160.

[172] Galdeano-Gómez E., Cespedes-Lorente J., Martínez-del-Río J. Environmental performance and spillover effects on productivity: evidence from horticultural firms [J]. Journal of Environmental Management, 2008, 88 (4): 1552 – 1561.

[173] Gao G., Murray J., Kotabe M., et al. A "strategy tripod" perspective on export behaviors: evidence from domestic and foreign firms based in an emerging economy [J]. Journal of International Business Studies, 2010 (41): 377 – 396.

[174] Garrod B. and Chadwick P. Environmental management and business strategy: towards a new strategic paradigm [J]. Futures, 1996, 28 (1): 37 – 50.

[175] Gibson M. Regulation-induced pollution substitution [J]. Review of Economics and Statistics, 2019, 101 (5): 827 – 840.

[176] Gillingham K., Newell R. G., Palmer K. Energy efficiency economics and policy [J]. Annual Review of Resource Economics, 2009 (1): 597 – 620.

[177] González-Benito J. and González-Benito Ó. Environmental proactivity and business performance: an empirical analysis [J]. Omega, 2005, 33 (1): 1 – 15.

[178] Gray W. B. and Shadbegian R. J. Environmental regulation, investment timing, and technology choice [J]. The Journal of Industrial Economics, 1998 (46): 235 – 256.

[179] Green K., McMeekin A., Irwin A. Technological trajectories and R&D for environmental innovation in UK firms [J]. Futures, 1994 (26): 1047 – 1059.

[180] Guenster N., Bauer R., Derwall J., et al. The economic value of corporate eco-efficiency [J]. European Financial Management, 2011, 17 (4): 679 – 704.

[181] Guo L. L., Qu Y., Tseng M. L. The interaction effects of environmental

regulation and technological innovation on regional green growth performance [J].
Journal of Cleaner Production, 2017 (162): 894 – 902.

[182] Hall B. H. , Castello P. , Montresor S. , et al. Financing constraints,
R&D investments and innovative performances: new empirical evidence at the firm
level for Europe [J]. Economics of Innovation and New Technology, 2015, 25
(3): 183 – 196.

[183] Hart S. L. A natural-resource-based view of the firm [J]. Academy of
Management Review, 1995, 20 (4): 996 – 1014.

[184] Hart S. L. and Ahuja G. Does it pay to be green? An empirical examina-
tion of the relationship between emission reduction and firm performance [J]. Busi-
ness Strategy and the Environment, 1996, 5 (1): 30 – 37.

[185] Hassel L. G. , Nilsson H. , Nyquist S. , et al. The value relevance of en-
vironmental performance [J]. European Accounting Review, 2005, 14 (1): 41 – 61.

[186] He L. Y. , Zhang L. H. , Zhong Z. Q. et al. Green credit, renewable en-
ergy investment and green economy development: empirical analysis based on 150 listed
companies of China [J]. Journal of Cleaner Production, 2019 (208): 363 – 372.

[187] Hill C. Differentiation versus low cost or differentiation and low cost: a con-
tingency framework [J]. Academy of Management Review, 1988, 13 (3): 401 – 412.

[188] Hou J. , Chen H. , Xu J. External knowledge sourcing and green innova-
tion growth with environmental and energy regulations: evidence from manufacturing in
China [J]. Sustainability, 2017, 9 (3): 342.

[189] Howell S. T. Financing innovation: evidence from R&D grants [J]. Ameri-
can Economic Review, 2017, 107 (4): 1136 – 1164.

[190] Huang L. and Lei Z. How environmental regulation affect corporate green
investment: evidence from China [J]. Journal of Cleaner Production, 2021 (279),
123560.

[191] Huq, M. and Wheeler D. Pollution reduction without formal regulation:
evidence from Bangladesh [R]. World Bank Report, Environment Department Divi-
sional Working Paper, 1993.

[192] Jaffe A. B. , Newell R. G. , Stavins R. N. Economics of energy efficiency

[M]. In: Cleveland, C. (Ed): Encyclopedia of energy, Elsevier, Amsterdam, 2004 (2): 79-90.

[193] Jaffe A. B. and Palmer K. Environmental regulation and innovation: a panel data study [J]. Review of Economics and Statistics, 1997, 79 (4): 610-619.

[194] Jaffe A. B. and Stavins R. N. The energy paradox and the diffusion of conservation technology [J]. Resource and Energy Economics, 1994, 16 (2): 91-122.

[195] Jaffe A. B. and Stavins R. N. Dynamic incentives of environmental regulations: the effects of alternative policy instruments on technology diffusion [J]. Journal of Environmental Economics and Management, 1995, 29 (3): 43-63.

[196] Jaffe A. B., Peterson S. R., Portney P. R., et al. Environmental regulation and the competitiveness of U. S. manufacturing: what does the evidence tell us? [J]. Journal of Economic Literature, 1995, 33 (1): 132-163.

[197] Jagannathan R., Ravikumar A., Sammon M. Environmental, social, and governance criteria: why investors are paying attention [R]. NBER Working Paper, 24063 (2017).

[198] Ji Q. and Zhang D. How much does financial development contribute to renewable energy growth and upgrading of energy structure in China? [J]. Energy Policy, 2019 (128): 114-124.

[199] Jiang Z., Wang Z., Li Z. The effect of mandatory environmental regulation on innovation performance: evidence from China [J]. Journal of Cleaner Production, 2018 (203): 482-491.

[200] Kaustia M. and Rantala V. Social learning and corporate peer effects [J]. Journal of Financial Economics, 2015, 117 (3): 653-669.

[201] Kemp R. Measuring eco-innovation [R]. In Research Brief. United Nations University: Maastricht, the Netherlands, 2008.

[202] Kemp R. and Pontoglio S. The innovation effects of environmental policy instruments—A typical case of the blind men and the elephant? [J]. Ecological Economics, 2011 (72): 28-36.

[203] King A. A. and Lenox M. J. Does it really pay to be green? An empirical study of firm environmental and financial performance [J]. Journal of Industrial Ecol-

ogy, 2001, 5 (1): 105 – 116.

[204] Klassen R. D. and McLaughlin C. R. The impact of environmental management on firm performance [J]. Management Science, 1996 (42): 1199 – 1214.

[205] Kristrom B. and Lundgren T. Abatement investments and green goodwill [J]. Applied Economics, 2003, 35 (18): 1915 – 1921.

[206] Lanoie P. , Patry M. , Lajeunesse R. Environmental regulation and productivity: new findings on the Porter hypothesis [J]. Journal of Productivity Analysis, 2008, 30 (2): 121 – 128.

[207] Lave L. B. and Matthews H. S. It's easier to say green than be green: corporate environment awareness [J]. Technology Review, 1996 (8): 70 – 71.

[208] Lee C. W. The effect of environmental regulation on green technology innovation through supply chain integration [J]. International Journal of Sustainable Economy, 2010, 65 (2): 92 – 112.

[209] Leiter A. M. , Parolini, A. , Winner H. Environmental regulation and investment: evidence from European industry data [J]. Ecological Economic, 2011, 70 (4): 759 – 770.

[210] Lewis G. J. and Harvey B. Perceived environmental uncertainty: the extension of miller's scale to the natural environment [J]. Journal of Management Studies, 2001, 38 (2): 201 – 233.

[211] Liao X. C. and Shi X. P. Public appeal, environmental regulation and green investment: evidence from China [J]. Energy Policy, 2018 (119): 554 – 562.

[212] Lin L. W. Corporate social responsibility in China: window dressing or structural change [J]. Berkeley Journal of International Law, 2010, 28 (1): 64 – 99.

[213] Lin Q. , Chen G. , Du W. , et al. Spillover effect of environmental investment: evidence from panel data at provincial level in China [J]. Frontiers of Environmental Science & Engineering, 2012, 6 (4): 412 – 420.

[214] Liu X. , Liu B. , Shishime T. , et al. An empirical study on the driving mechanism of proactive corporate environmental management in China [J]. Journal of Environmental Management, 2010, 91 (8): 1707 – 1717.

[215] Long X. , Chen Y. , Du J. , et al. The effect of environmental innovation

behavior on economic and environmental performance of 182 Chinese firms [J]. Journal of Cleaner Production, 2017 (166): 1274 – 1282.

[216] Luken R. and Rompaey F. V. Drivers for and barriers to environmentally sound technology adoption by manufacturing plants in nine developing countries [J]. Journal of Cleaner Production, 2008, 16 (1): 67 – 77.

[217] Madsen P. M. Does corporate investment drive a "race to the bottom" in environmental protection? A reexamination of the effect of environmental regulation on investment [J]. Academy of Management Journal, 2009, 52 (6): 1297 – 1318.

[218] Marchi V. D. Cooperation toward green innovation: an empirical investigation [C]. DRUID—DIME Academy Winter 2010 Ph D Conference, 2010.

[219] Martin P. R. and Moser D. V. Managers "green investment disclosures and investors" reaction [J]. Journal of Accounting and Economics, 2016, 61 (1): 239 – 254.

[220] Maxwell J. W. and Decker C. S. Voluntary environmental investment and responsive regulation [J]. Environmental and Resource Economics, 2006 (33): 425 – 439.

[221] McFarland R. G. , Bloodgood J. M. , Payan J. M. Supply chain contagion [J]. Journal of Marketing, 2008, 72 (2): 63 – 79.

[222] Mohamed E. , Guglielno M. G. , Christophe R. , et al. Environmental regulation and competitiveness: evidence from Romania [J]. Ecological Economics, 2012, 81 (c): 130 – 139.

[223] Nair A. and Filer L. Cointegration of firm strategies within groups: a long-run analysis of firm behavior in the Japanese steel industry [J]. Strategic Management Journal, 2003, 24 (2): 145 – 159.

[224] Nguyen J. H. Carbon risk and firm performance: evidence from a quasi-natural experiment [J]. Australian Journal of Management, 2018, 43 (1): 65 – 90.

[225] Noailly J. and Smeets R. Financing energy innovation: the role of financing constraints for directed technical change from fossil-fuel to renewable innovation [R]. EIB Working Papers, 2016.

[226] Nordhaus W. D. Some skeptical thoughts on the theory of induced innova-

tion [J]. The Quarterly Journal of Economics, 1973, 87 (2): 208 –219.

[227] Norsworthy J. R. , Harper M. J. , Kunze k. The slowdown in productivity growth: analysis of some contributing factors [J]. Brookings Papers on Economic Activity, 1979 (79): 387 –421.

[228] Oltra V. and Saint Jean M. Sectoral systems of environmental innovation: an application to the French automotive industry [J]. Technological Forecasting and Social Change, 2009, 76 (4): 567 –583.

[229] Orsato R. J. Competitive environmental strategies: when does it pay to be green? [J]. Operations Research, 2006 (6): 607 –608.

[230] Palmer K. , Oates W. E. , Portney R. P. Tightening environmental standard: the benefit-cost or the no-cost paradigm [J]. Journal of Economic Perspectives, 1995, 9 (4): 119 –132.

[231] Patten D. M. The relation between environmental performance and environmental disclosure: a research note [J]. Accounting, Organizations and Society, 2002, 27 (8): 763 –773.

[232] Patten D. M. The accuracy of financial report projections of future environmental capital expenditures: a research note [J]. Accounting, Organizations and Society, 2005, 30 (5): 457 –468.

[233] Popp D. International innovation and diffusion of air pollution control technologies: the effects of NO_x and SO_2 regulation in the US, Japan, and Germany [J]. Journal of Environmental Economics and Management, 2006a, 51 (1): 46 –71.

[234] Popp D. R&D subsidies and climate policy: is there a "free lunch"? [J]. Climatic Change, 2006b, 77 (3 –4): 311 –341.

[235] Popp D. and Newell R. G. Where does energy R&D come from? Examining crowding out from energy R&D [J]. Energy Economics, 2012, 34 (4): 980 –991.

[236] Popp D. , Newell R. G. , Jaffe A. B. Energy, the environment and technological change [C]. In: Hall B. , Rosenberg N. (Eds.), Handbook of the Economics of Innovation (Volume 2), Princeton: Elsevier B. V, 2010: 873 –937.

[237] Porter, M. E. Competitive advantage. New York: The Free Press, 1980. Google Scholar.

［238］ Porter M. E. Competitive strategy： techniques for analyzing industries and competitors ［M］. New York： Free Press， 1980. Google Scholar.

［239］ Porter M. and Van-der-Linde C. Toward a new conception of the environment-competitiveness relationship ［J］. Journal of Economic Perspectives， 1995a， 9 （4）： 97 – 118.

［240］ Porter M. and Van-der-Linde C. Green and competitive： ending the stalemate ［J］. Harvard Business Review， 1995b （73）： 120 – 134.

［241］ Reinhardt F. L. Environmental product differentiation： implications for corporate strategy ［J］. California Management Review， 1998， 40 （4）： 43 – 73.

［242］ Romer. Endogenous technological change ［J］. The Journal of Political Economy， 1990 （98）： 71 – 102.

［243］ Rose A. Modeling the macroeconomic impact of air pollution abatement ［J］. Journal of Regional Science， 1983， 23 （4）： 441 – 459.

［244］ Rosenberg N. Innovation and economic growth ［C］. In： OECD （Eds.）， Innovation and Growth in Tourism. London School of Eco-nomics， London， 2006： 1127 – 1134.

［245］ Rugman A. M. and Verbeke A. Corporate strategies and environmental regulations： an organizing framework ［J］. Strategic Management Journal， 1998， 19 （4）： 363 – 375.

［246］ Saunila M.， Ukko J.， Rantala T. Sustainability as a driver of green innovation investment and exploitation ［J］. Journal of Cleaner Production， 2018 （179）： 631 – 641.

［247］ Schaltenbrand B.， Foerstl K.， Kach A. P.， et al. Towards a deeper understanding of managerial green investment patterns—a USA-Germany comparison ［J］. International Journal of Production Research， 2015， 53 （20）： 6242 – 6262.

［248］ Schmidheiny S. The business logic of sustainable development ［J］. Columbia Journal of World Business， 1992， 27 （3&4）： 18 – 24.

［249］ Schroeder P. Assessing effectiveness of governance approaches for sustainable consumption and production in China ［J］. Journal of Cleaner Production， 2014， 63 （15）： 64 – 73.

［250］Schueth S. Socially responsible investing in the United States ［J］. Journal of Business Ethics, 2003, 43 (3): 189 – 194.

［251］Sharma S. and Vredenburg H. Proactive corporate environmental strategy and the development of competitively valuable organizational capabilities ［J］. Strategic Management Journal, 1998, 19 (8): 729 – 753.

［252］Shleifer A. and Vishny R. Politicians and firms ［J］. Quarterly Journal of Economics, 1994, 109 (4): 1995 – 1025.

［253］Shrivastava P. The role of corporations in achieving ecological sustainability ［J］. The Academy of Management Journal, 1995, 20 (4): 228 – 247.

［254］Solow R. M. A contribution to the theory of economic growth ［J］. The Quarterly Journal of Economics, 1956, 70 (1): 65 – 94.

［255］Stucki T. Which firms benefit from investments in green energy technologies? —The effect of energy costs ［J］. Research Policy, 2018, 48 (3): 546 – 555.

［256］Suchman M. C. Managing legitimacy: strategic and institutional approaches ［J］. Academy of management review, 1995, 20 (3): 571 – 610.

［257］Sun Y. , Lu Y. , Wang T. , et al. Pattern of patent-based environmental technology innovation in China ［J］. Technological Forecasting and Social Change, 2008, 75 (7): 1032 – 1042.

［258］Surroca J. , Tribó J. A. , Waddock S. Corporate responsibility and financial performance: the role of intangible resources ［J］. Strategic Management Journal, 2010, 31 (5): 463 – 490.

［259］Tan Y. , Tian X. , Zhang X. , et al. The real effects of privatization: evidence from China's split share structure reform ［J］. SSRN electronic journal, 2015: 76 – 90.

［260］Tang M. F. , Walsh G. , Lerner D. , et al. Green innovation, managerial concern and firm performance: an empirical study ［J］. Business Strategy and the Environment, 2018, 27 (1): 39 – 51.

［261］Taschini L. , Chesney M. , Wang M. Experimental comparison between markets on dynamic permit trading and investment in irreversible abatement with and without non-regulated companies ［J］. Journal of Regulatory Economics, 2014

(46): 23 – 50.

[262] Thomas A. S. , Litschert R. J. , Ramaswamy K. The performance impact of strategy-manager coalignment: an empirical examination [J]. Strategic Management Journal, 1991, 12 (7): 509 – 522.

[263] Trumpp G. and Guenther T. Too litter or too much? Exploring U-shaped relationship between corporate environmental performance and corporate financial performance [J]. Business Strategy and Environment, 2017, 26 (1): 49 – 68.

[264] Turken N. , Carrillo J. , Verter V. Strategic supply chain decisions under environmental regulations: when to invest in end-of-pipe and green technology [J]. European Journal of Operational Research, 2020, 283 (2): 601 – 613.

[265] Walden D. and Schwartz B. N. Environmental disclosures and public policy pressure [J]. Journal of Accounting & Public Policy, 1997, 16 (2): 125 – 154.

[266] Walley N. and Whitehead B. It's not easy being green [J]. Harvard Business Review, 1994, 72 (3): 171 – 180.

[267] Wang K. , Zhang H. M. , Tsai S. B. , et al. Does a board chairman's political connection affect green investment? —From a sustainable perspective [J]. Sustainability, 2018 (10): 1 – 14.

[268] Wang Q. , Dou J. S. , Jia S. H. A meta-analytic review of corporate social responsibility and corporate financial performance: the moderating effect of contextual factors [J]. Business & Society, 2015 (4): 1 – 39.

[269] Weche J. P. Does green corporate investment really crowd out other business investment? [J]. Industrial and Corporate Change, 2018, 28 (5): 1279 – 1295.

[270] Wei Z. , Shen H. , Zhou K. , et al. How does environmental corporate social responsibility matter in a dysfunctional institutional environment? Evidence from China [J]. Journal of Business Ethics, 2017, 140 (2): 209 – 223.

[271] White M. Does it pay to be green? Corporate environmental responsibility and shareholder value [R]. University of Virginia, Working Paper, 1995.

[272] Yang X. L. , He L. Y. , Xia Y. F. , et al. Effect of government subsidies on renewable energy investments: the threshold effect [J]. Energy Policy, 2019 (132): 156 – 166.

［273］ You D. , Zhang Y. , Yuan B. Environmental regulation and firm eco-innovation: evidence of moderating effects of fiscal decentralization and political competition from listed Chinese industrial companies ［J］. Journal of Cleaner Production, 2019 （207）: 1072 – 1083.

［274］ Zeng S. X. , Meng X. H. , Zeng R. C. , et al. How environmental management driving forces affect environmental and economic performance of SMEs: a study in the Northern China district ［J］. Journal of Cleaner Production, 2011, 19 （13）: 1426 – 1437.

［275］ Zhang D. Y. , Rong Z. , Ji Q. Green innovation and firm performance: evidence from listed companies in China ［J］. Resources, Conservation & Recycling, 2019 （144）: 48 – 55.

［276］ Zhao X. , Zhao Y. , Zeng S. , et al. Corporate behavior and competitiveness: impact of environmental regulation on Chinese firms ［J］. Journal of Cleaner Production, 2015 （86）: 311 – 322.

［277］ Zheng X. , Govindan K. , Deng Q. , et al. Effects of design for the environment on firms' production and remanufacturing strategies ［J］. International Journal of Production Economics, 2019 （213）: 217 – 228.

［278］ Zhu Q. , Geng Y. , Sarkis J. , et al. Evaluating green supply chain management among Chinese manufacturers from the ecological modernization perspective ［J］. Transportation Research Part E: Logistics and Transportation Review, 2011, 47 （6）: 808 – 821.

［279］ Zimmerman M. A. and Zeitz G. J. Beyond survival: achieving new venture growth by building legitimacy ［J］. Academy of Management Review, 2002, 27 （3）: 414 – 431.

［280］ Zivin J. G. and Small A. A modigliani-miller theory of altruistic corporate social responsibility ［J］. The B. E. Journal of Economic Analysis & Policy, 2005, 5 （1）: 1 – 21.

第5章和第6章稳健性和内生性检验回归结果

附录一：第5章　企业绿色投资行为的绩效表现研究——稳健性和内生性
检验回归结果

1. 稳健性检验结果

表 5 - 26　　　　　　　　　替换重要变量的稳健性检验（1）

变量	模型（5-1）					
	CEP1	CEP2	CEP3	CEP1	CEP2	CEP3
GI2	0.0072 ***	0.0117	4.8415			
	（3.03）	（1.32）	（0.47）			
GI3				0.0055 ***	0.0113 **	0.4067
				（3.72）	（2.39）	（0.07）
Size	-0.0000	-0.0001	-0.1804 **	-0.0000	-0.0001	-0.1803 **
	（-0.21）	（-1.44）	（-2.55）	（-0.24）	（-1.45）	（-2.55）
Leverage	0.0001	0.0014 ***	1.4776 ***	0.0000	0.0014 ***	1.4816 ***
	（0.75）	（4.14）	（3.74）	（0.70）	（4.14）	（3.75）
SOEs	0.0000	0.0015 ***	0.3720 **	0.0000	0.0015 ***	0.3737 **
	（0.60）	（9.59）	（2.09）	（0.60）	（9.59）	（2.10）
Marketindex	-0.0000 **	0.0001 **	0.0898 ***	-0.0000 **	0.0001 **	0.0902 ***
	（-2.15）	（2.56）	（2.63）	（-2.07）	（2.58）	（2.64）
Age	0.0000 **	-0.0005 ***	-0.2982 ***	0.0000 **	-0.0005 ***	-0.2979 ***
	（2.25）	（-3.89）	（-2.73）	（2.17）	（-3.91）	（-2.73）
AS	0.0007 ***	0.0013 ***	2.8171 ***	0.0007 ***	0.0013 ***	2.8331 ***
	（5.76）	（2.76）	（5.44）	（5.71）	（2.77）	（5.48）
Growth	-0.0000	-0.0000	0.2468	-0.0000	-0.0000	0.2488
	（-0.42）	（-0.14）	（1.30）	（-0.61）	（-0.17）	（1.31）
IDR	-0.0001	-0.0004	4.4332 ***	-0.0000	-0.0005	4.4097 ***
	（-0.21）	（-0.42）	（3.34）	（-0.13）	（-0.41）	（3.32）
H5	-0.0011 ***	0.0005	0.6927	-0.0011 ***	0.0005	0.6922
	（-4.05）	（0.29）	（0.37）	（-3.99）	（0.30）	（0.37）

变量	模型（5-1）					
	CEP1	CEP2	CEP3	CEP1	CEP2	CEP3
Top1	0.0009 ***	0.0019	-1.4559	0.0009 ***	0.0019	-1.4543
	（4.22）	（1.56）	（-1.06）	（4.18）	（1.56）	（-1.06）
Separation	-0.0002	0.0010	4.8204 ***	-0.0002	0.0010	4.8254 ***
	（-1.40）	（1.25）	（5.07）	（-1.39）	（1.25）	（5.07）
Cons	-0.0001	0.0121 ***	5.9671 ***	-0.0001	0.0121 ***	5.9675 ***
	（-0.41）	（12.83）	（5.99）	（-0.41）	（12.83）	（5.99）
Year/Industry	Yes	Yes	Yes	Yes	Yes	Yes
F 值	17.06	14.33	356.54	17.10	14.36	356.16
Adj_R^2	0.0529	0.0591	0.3837	0.0549	0.0592	0.3837
N	7533	7533	7533	7533	7533	7533

注：括号内为 t 值，*** 、** 分别表示在1%、5%的水平上显著，Cons 表示常数项。

表5-27　　　　　　　　替换重要变量的稳健性检验（2）

变量	Probit 模型（5-1）			
	CEP4	CEP5	CEP4	CEP5
GI1	0.0946 ***	0.0424 *		
	（8.25）	（1.75）		
GI2			2.2773	4.9306
			（0.76）	（0.86）
Size	0.4417 ***	0.2349 ***	0.4453 ***	0.3016 ***
	（21.25）	（5.77）	（21.67）	（5.74）
Leverage	-0.8712 ***	0.6730 **	-0.8726 ***	0.2537
	（-7.52）	（2.54）	（-7.53）	（0.90）
SOEs	0.3851 ***	0.0306	0.3859 ***	0.1203
	（7.93）	（0.25）	（7.96）	（0.86）
Marketindex	0.0526 ***	0.0473 **	0.0521 ***	0.0756 ***
	（6.14）	（2.38）	（6.09）	（3.25）
Age	0.2042 ***	-0.2052 ***	0.2053 ***	-0.3462 ***
	（4.54）	（-3.45）	（4.56）	（-3.62）
AS	0.0696	-0.7614 **	0.0783	0.1490
	（0.48）	（-2.35）	（0.54）	（0.42）
Growth	-0.2524 ***	-0.4199	-0.2521 ***	-0.2048
	（-3.69）	（-1.53）	（-3.68）	（-0.81）

变量	Probit 模型（5-1）			
	CEP4	CEP5	CEP4	CEP5
IDR	-0.3318 (-0.86)	-0.5721 (-0.60)	-0.3295 (-0.85)	-1.1555 (-1.02)
H5	-0.9338 ** (-1.97)	-2.8690 *** (-2.96)	-0.9355 ** (-1.97)	-3.0428 ** (-2.52)
Top1	0.5917 (1.61)	0.9032 (1.26)	0.5947 (1.61)	0.9664 (1.04)
Separation	0.88786 *** (3.73)	0.8883 * (1.77)	0.8785 *** (3.73)	0.6959 (1.16)
Cons	-5.8095 *** (-20.27)	-3.9454 *** (-8.35)	-5.8402 *** (-20.46)	-12.9370 *** (-15.91)
Year/Industry	Yes	Yes	Yes	Yes
Wald chi2	1029.95 ***	143.78 ***	1027.13 ***	102.04 ***
Pseudo R^2	0.1894	0.0868	0.1893	0.2251
N	6556	7533	6556	4402

注：括号内为t值，***、**、*分别表示在1%、5%、10%的水平上显著，Cons表示常数项。

表5-28　　　　剔除绿色投资部分样本后的稳健性检验

变量	模型（5-1）								
	剔除少于3年的样本			剔除少于4年的样本			剔除少于5年的样本		
	CEP1	CEP2	CEP3	CEP1	CEP2	CEP3	CEP1	CEP2	CEP3
GI1	0.0001 *** (5.33)	0.0001 * (1.91)	-0.0224 (-0.45)	0.0001 *** (5.19)	0.0001 ** (2.03)	-0.0276 (-0.55)	0.0001 *** (5.29)	0.0001 ** (2.11)	-0.0300 (-0.59)
Size	-0.0000 (-1.00)	-0.0001 ** (-225)	-0.2167 *** (-2.87)	-0.0000 (-1.03)	-0.0002 ** (-2.36)	-0.2091 *** (-2.73)	-0.0000 (-1.07)	-0.0001 ** (-2.26)	-0.2044 *** (-2.63)
Leverage	0.0001 (0.89)	0.0018 *** (4.90)	1.7332 *** (4.14)	0.0001 (0.93)	0.0018 *** (4.91)	1.7516 *** (4.15)	0.0001 (1.08)	0.0018 *** (4.83)	1.6804 *** (3.91)
SOEs	0.0000 (0.63)	0.0018 *** (10.73)	0.5165 *** (2.76)	0.0000 (0.50)	0.0018 *** (10.93)	0.5525 *** (2.92)	0.0000 (0.65)	0.0019 *** (11.19)	0.5382 *** (2.81)
Marketindex	-0.0000 * (-1.83)	0.0001 *** (3.10)	0.0928 *** (2.60)	-0.0000 * (-1.92)	0.0001 *** (3.06)	0.0939 ** (2.59)	-0.0001 * (-1.68)	0.0001 *** (3.54)	0.0936 ** (2.56)
Age	0.0000 (1.33)	-0.0010 *** (-6.42)	-0.5281 *** (-2.88)	0.0001 ** (2.09)	-0.0013 *** (-7.12)	-0.7628 *** (-3.64)	0.0001 * (1.65)	-0.0014 *** (-7.70)	-0.8315 *** (-3.80)
AS	0.0006 *** (4.77)	0.0013 *** (2.60)	2.8697 *** (5.23)	0.0006 *** (4.51)	0.0012 ** (2.52)	2.8147 *** (5.07)	0.0006 *** (4.44)	0.0012 ** (2.46)	2.8530 *** (5.07)

续表

变量	模型（5-1）								
	剔除少于 3 年的样本			剔除少于 4 年的样本			剔除少于 5 年的样本		
	CEP1	CEP2	CEP3	CEP1	CEP2	CEP3	CEP1	CEP2	CEP3
Growth	-0.0000	-0.0000	0.2597	-0.0000	-0.0000	0.2134	-0.0000	-0.0000	0.2300
	（-0.54）	（-0.08）	（1.26）	（-0.53）	（-0.23）	（1.02）	（-0.51）	（-0.22）	（1.07）
IDR	-0.0001	0.0008	5.1653 ***	0.0000	0.0007	5.0868 ***	0.0000	0.0008	4.7800 ***
	（-0.21）	（0.62）	（3.68）	（0.01）	（0.58）	（3.54）	（0.12）	（0.63）	（3.28）
H5	-0.0010 ***	-0.0006	0.4258	-0.0010 ***	-0.0010	0.6885	-0.0011 ***	-0.0016	0.1152
	（-3.66）	（-0.35）	（0.21）	（-3.58）	（-0.56）	（0.34）	（-3.74）	（-0.92）	（0.06）
Top1	0.0008 ***	0.0027 **	-1.2442	0.0008 ***	0.0031 **	-1.4417	0.0009 ***	0.0037 ***	-0.9371
	（3.78）	（2.17）	（-0.85）	（3.77）	（2.45）	（-0.97）	（3.93）	（2.84）	（-0.62）
Separation	-0.0002	0.0015 *	5.1634 ***	-0.0002	0.0019 **	5.5700 ***	-0.0003	0.0019 **	5.650 ***
	（-1.24）	（1.77）	（5.23）	（-1.34）	（2.25）	（5.52）	（-1.51）	（2.21）	（5.54）
Cons	0.0001	0.0132 ***	6.3501 ***	-0.0000	0.01376 ***	6.9530 ***	-0.0000	0.0138 ***	7.1393 ***
	（0.29）	（12.86）	（5.62）	（-0.07）	（12.88）	（5.89）	（-0.04）	（12.80）	（5.96）
Year/Industry	Yes	Yes	Yes	Yes	Yes	Yes	Yes	Yes	Yes
F 值	16.43	15.44	336.87	16.04	15.23	328.93	15.82	15.73	321.64
Adj_R^2	0.0547	0.0665	0.3567	0.0551	0.0674	0.3527	0.0559	0.0702	0.3526
N	7072	7072	7072	6904	6904	6904	6789	6789	6789

注：括号内为 t 值，*** 、** 、* 分别表示在 1%、5%、10% 的水平上显著，Cons 表示常数项。

表 5-29　　　　　　　　　　　调整控制变量的稳健性检验

变量	模型（5-1）		
	CEP1	CEP2	CEP3
GI1	0.0001 ***	0.0001 **	-0.0117
	（5.35）	（2.40）	（-0.24）
Size	-0.0000	-0.0001 *	-0.2204 ***
	（-1.12）	（-1.84）	（-3.02）
Leverage	0.0000	0.0014 ***	1.3939 ***
	（0.31）	（3.98）	（3.52）
SOEs	0.0000	0.0014 ***	0.1885
	（0.69）	（8.18）	（0.98）
Marketindex	-0.0000 *	0.0001 **	0.0830 **
	（-1.74）	（2.55）	（2.40）
Age	0.0000 **	-0.0005 ***	-0.3205 ***
	（2.11）	（-4.31）	（-3.01）

变量	模型（5-1）		
	CEP1	CEP2	CEP3
AS	0.0007*** (6.04)	0.0011** (2.39)	2.4652*** (4.85)
Growth	0.0001** (2.56)	-0.0002** (-2.24)	-0.4345*** (-4.14)
IDR	-0.0001 (-0.50)	-0.0004 (-0.34)	4.6211*** (3.45)
H5	-0.0011*** (-3.85)	-0.0004 (-0.26)	-0.0783 (-0.04)
Top1	0.0008*** (3.96)	0.0025** (2.06)	-0.9151 (-0.66)
Separation	-0.0002 (-1.30)	0.0009 (1.12)	4.6677*** (4.84)
Board	0.0001* (1.89)	0.0002 (0.85)	0.5965** (2.18)
Dual	0.0001*** (2.88)	-0.0008*** (-5.35)	-0.2867* (-1.82)
Cons	-0.0001 (-0.59)	0.0124*** (12.58)	5.7810*** (5.49)
Year/Industry	Yes	Yes	Yes
F值	15.85	14.40	336.58
Adj_R²	0.0603	0.0641	0.3860
N	7450	7450	7450

注：括号内为 t 值，***、**、*分别表示在 1%、5%、10%的水平上显著，Cons 表示常数项。

表 5-30　　　　　　　　替换重要变量的稳健性检验（1）

变量	模型（5-2）		
	Netprofit	ROA	TobinQ
GI2	-0.5476*** (-2.84)	0.1513* (1.92)	-6.0341*** (-3.34)
Size	0.0274*** (16.35)	0.0113*** (16.79)	-0.3228*** (-18.94)
Leverage	-0.2710*** (-26.52)	-0.1236*** (-31.52)	-0.7907*** (-7.08)

续表

变量	模型 (5-2)		
	Netprofit	ROA	TobinQ
SOEs	-0.0215 ***	-0.0073 ***	-0.0309
	(-6.35)	(-4.82)	(-0.82)
Marketindex	-0.0017 ***	0.0003	-0.0228 ***
	(-2.65)	(1.21)	(-3.67)
Age	-0.0115 ***	-0.0084 ***	0.4235 ***
	(-4.12)	(-7.07)	(16.28)
AS	-0.0689 ***	-0.0296 ***	-1.2040 ***
	(-5.85)	(-6.66)	(-12.14)
Growth	0.0536 ***	0.0132 ***	-0.3085 ***
	(11.22)	(7.04)	(-8.14)
IDR	-0.0116	-0.0181	0.7944 ***
	(-0.45)	(-1.63)	(2.75)
H5	-0.1278 ***	-0.0648 ***	2.3382 ***
	(-3.40)	(-3.99)	(6.59)
Top1	0.1355 ***	0.0777 ***	-2.1362 ***
	(4.66)	(6.15)	(-7.44)
Separation	0.0156	0.0314 ***	-0.0278
	(1.02)	(4.30)	(-0.16)
Cons	-0.0051	0.0250 ***	4.6585 ***
	(-0.26)	(2.97)	(27.16)
Year/Industry	Yes	Yes	Yes
F 值	85.80	82.32	131.43
Adj_R^2	0.3426	0.3449	0.2018
N	7533	7533	7533

注：括号内为 t 值，*** 、* 分别表示在 1% 、10% 的水平上显著，Cons 表示常数项。

表 5-31　　　　　　　　替换重要变量的稳健性检验 (2)

变量	模型 (5-2)		
	Netprofit	ROA	TobinQ
滞后一期			
L. GI2	-0.6777 ***	-0.2040 **	-4.1659 ***
	(-3.51)	(2.17)	(-2.60)
ControlVar	Yes	Yes	Yes

续表

变量	模型（5-2）		
	Netprofit	ROA	TobinQ
滞后一期			
Cons	−0.0094 （−0.46）	0.0105 （1.23）	5.1452*** （25.54）
Year/Industry	Yes	Yes	Yes
F 值	67.38	65.49	66.72
Adj_R^2	0.3461	0.3504	0.3494
N	6345	6345	6345
滞后二期			
L2. GI2	−0.5009*** （−2.75）	0.1407* （1.82）	−3.8702** （−2.33）
ControlVar	Yes	Yes	Yes
Cons	−0.0427* （−1.90）	−0.0057 （−0.60）	4.7250*** （21.42）
Year/Industry	Yes	Yes	Yes
F 值	55.64	57.52	61.29
Adj_R^2	0.3463	0.3549	0.3599
N	5374	5374	5374
滞后三期			
L3. GI2	−0.6533*** （−3.08）	0.0691 （0.82）	−2.9063* （−1.88）
ControlVar	Yes	Yes	Yes
Cons	−0.0738*** （−2.94）	−0.0176* （−1.69）	4.9862*** （20.34）
Year/Industry	Yes	Yes	Yes
F 值	49.64	51.80	55.95
Adj_R^2	0.3500	0.3604	0.3595
N	4530	4530	4530
滞后四期			
L4. GI2	−0.0160 （−0.08）	0.0520 （0.54）	−0.8764 （−0.41）

续表

变量	模型（5-2）		
	Netprofit	ROA	TobinQ
滞后四期			
ControlVar	Yes	Yes	Yes
Cons	-0.0990 *** (-3.56)	-0.0344 *** (-3.03)	5.1499 *** (18.13)
Year/Industry	Yes	Yes	Yes
F 值	41.21	43.98	49.34
Adj_R^2	0.3479	0.3584	0.3671
N	3744	3744	3744

注：括号内为 t 值，*** 、** 、* 分别表示在 1%、5%、10% 的水平上显著，Cons 表示常数项。

表 5-32 **剔除绿色投资部分样本后的稳健性检验**

变量	模型（5-2）								
	剔除少于 3 年的样本			剔除少于 4 年的样本			剔除少于 5 年的样本		
	Netprofit	ROA	TobinQ	Netprofit	ROA	TobinQ	Netprofit	ROA	TobinQ
GI1	-0.0028 *** (-3.54)	0.0009 ** (2.50)	-0.0157 ** (-2.37)	-0.0008 (-1.05)	0.0008 ** (2.22)	-0.0151 ** (-2.28)	-0.0010 (-1.20)	0.0007 ** (1.99)	-0.0146 ** (-2.21)
Size	0.0266 *** (17.33)	0.117 *** (16.78)	-0.3861 *** (-20.01)	0.0288 *** (16.69)	0.0117 *** (16.70)	-0.3819 *** (-19.79)	0.0293 *** (16.86)	0.0120 *** (16.91)	-0.3789 *** (-19.55)
Leverage	-0.2940 *** (-28.69)	-0.1274 *** (-31.43)	-0.4217 *** (-3.88)	-0.2751 *** (-25.77)	-0.1265 *** (-30.66)	-0.4432 *** (-4.06)	-0.2766 *** (-25.72)	-0.1263 *** (-30.26)	-0.4942 *** (-4.56)
SOEs	-0.0164 *** (-4.57)	-0.0091 *** (-5.79)	-0.0467 (-1.27)	-0.0277 *** (-7.85)	-0.0099 *** (-6.29)	-0.0589 (-1.60)	-0.0271 *** (-7.55)	-0.0097 *** (-6.12)	-0.0629 * (-1.70)
Marketindex	-0.0016 ** (-2.43)	0.0005 * (1.91)	-0.0041 (-0.67)	-0.0016 ** (-2.40)	0.0005 * (1.71)	-0.0044 (-0.71)	-0.0017 ** (-2.59)	0.0004 (1.44)	-0.0039 (-0.64)
Age	0.0102 ** (2.56)	-0.0016 (-0.94)	0.5686 *** (13.97)	0.0059 (1.32)	0.0014 (0.79)	0.5656 *** (12.67)	0.0076 (1.65)	0.0025 (1.33)	0.5838 *** (12.93)
AS	-0.0454 *** (-4.16)	-0.0314 *** (-6.93)	-0.6890 *** (-6.61)	-0.0660 *** (-5.45)	-0.0296 *** (-6.54)	-0.6412 *** (-6.24)	-0.0668 *** (-5.49)	-0.0308 *** (-6.78)	-0.5991 *** (-5.82)
Growth	0.0700 *** (14.15)	0.0141 *** (7.25)	-0.2887 *** (-7.54)	0.0573 *** (11.43)	0.0144 *** (7.34)	-0.2891 *** (-7.44)	0.0571 *** (11.28)	0.0142 *** (7.24)	-0.2712 *** (-6.95)
IDR	-0.0454 * (-1.69)	-0.0215 * (-1.86)	0.5163 * (1.90)	-0.0268 (-1.00)	-0.0249 ** (-2.14)	0.4484 (1.64)	-0.0236 (-0.88)	-0.0228 ** (-1.97)	0.3873 (1.40)
H5	-0.1242 *** (-3.05)	-0.0591 *** (-3.49)	2.5800 *** (7.09)	-0.1111 *** (-2.78)	-0.0485 *** (-2.82)	2.3800 *** (6.47)	-0.1022 ** (-2.51)	-0.0428 ** (-2.45)	2.2977 *** (6.16)

变量	模型（5-2）								
	剔除少于3年的样本			剔除少于4年的样本			剔除少于5年的样本		
	Netprofit	ROA	TobinQ	Netprofit	ROA	TobinQ	Netprofit	ROA	TobinQ
Top1	0.1307 ***	0.0743 ***	−1.9868 ***	0.1231 ***	0.0663 ***	−1.8118 ***	0.1151 ***	0.0614 ***	−1.7374 ***
	(4.05)	(5.67)	(−7.07)	(3.99)	(4.97)	(−6.36)	(3.67)	(4.53)	(−6.01)
Separation	−0.0024	0.0310 ***	−0.1118	0.0153	0.0308 ***	−0.1352	0.0111	0.0291 ***	−0.1623
	(−0.15)	(4.19)	(−0.68)	(0.98)	(4.11)	(−0.81)	(0.70)	(3.88)	(−0.97)
Cons	−0.0339 *	0.0063	3.4883 ***	−0.0518 **	0.0003	3.4580 ***	−0.0594 ***	−0.0037	3.3978 ***
	(−1.87)	(0.70)	(17.92)	(−2.46)	(0.03)	(17.30)	(−2.81)	(−0.40)	(17.09)
Year/Industry	Yes	Yes	Yes	Yes	Yes	Yes	Yes	Yes	Yes
F 值	143.48	70.72	63.53	70.88	67.65	62.28	69.43	66.41	62.32
Adj_R^2	0.2798	0.3398	0.3382	0.3360	0.3353	0.3381	0.3342	0.3337	0.3417
N	7072	7072	7072	6904	6904	6904	6789	6789	6789

注：括号内为 t 值，***、**、* 分别表示在1%、5%、10%的水平上显著，Cons 表示常数项。

表5-33　　　　　调整控制变量的稳健性检验

变量	模型（5-2）		
	Netprofit	ROA	TobinQ
GI1	−0.0028 ***	0.0008 **	−0.0163 **
	(−3.29)	(2.20)	(−2.44)
Size	0.0289 ***	0.0128 **	−0.3889 ***
	(18.07)	(17.30)	(−19.87)
Leverage	−0.2998 ***	−0.1281 ***	−0.4977 ***
	(−28.01)	(−30.10)	(−4.62)
SOEs	−0.0212 ***	−0.0112 ***	−0.0741 *
	(−5.43)	(−6.57)	(−1.92)
Marketindex	−0.0021 ***	0.0003	−0.0015
	(−3.07)	(1.20)	(−0.25)
Age	0.0068	−0.0004	0.6251 ***
	(1.41)	(−0.22)	(13.76)
AS	−0.0789 ***	−0.0392 ***	−0.4070 ***
	(−7.11)	(−8.70)	(−4.06)
Growth	0.0112 ***	0.0005	0.0316
	(3.07)	(0.46)	(1.02)
IDR	−0.0596 **	−0.0214 *	0.3887
	(−2.08)	(−1.81)	(1.39)

续表

变量	模型（5-2）		
	Netprofit	ROA	TobinQ
H5	-0.0917 ** (-2.12)	-0.0444 ** (-2.49)	2.2835 *** (5.99)
Top1	0.1062 *** (3.11)	0.0617 *** (4.46)	-1.7027 *** (-5.77)
Separation	-0.0036 (-0.21)	0.0273 *** (3.59)	-0.2377 (-1.41)
Board	0.0084 (1.63)	0.0017 (0.75)	0.0979 ** (1.97)
Dual	0.0043 (1.13)	-0.0025 * (-1.67)	-0.0171 (-0.47)
Cons	-0.0175 (-0.89)	0.0025 (0.26)	3.0996 *** (15.78)
Year/Industry	Yes	Yes	Yes
F 值	101.74	63.34	57.62
Adj_R^2	0.2427	0.3277	0.3373
N	6708	6708	6708

注：括号内为 t 值，***、**、*分别表示在 1%、5%、10%的水平上显著，Cons 表示常数项。

表 5-34   替换重要变量的稳健性检验

变量	模型（5-3）					
	Netprofit	ROA	TobinQ	Netprofit	ROA	TobinQ
CEP4	0.0061 ** (1.98)	0.0066 *** (4.56)	0.1809 *** (5.38)			
CEP5				-0.0088 (-1.20)	-0.0024 (-0.56)	-0.2042 *** (-2.77)
Size	0.0267 *** (15.38)	0.0106 *** (15.16)	-0.4360 *** (-22.02)	0.0274 *** (16.40)	0.0113 *** (16.81)	-0.3213 *** (-18.82)
Leverage	-0.2700 *** (-26.31)	-0.1224 *** (31.20)	-0.3026 *** (-2.80)	-0.2708 *** (-26.51)	-0.1234 *** (-31.48)	-0.7970 *** (-7.14)
SOEs	-0.0221 *** (-6.53)	-0.0080 *** (-5.25)	-0.0436 (-1.24)	-0.0214 *** (-6.35)	-0.0072 *** (-4.78)	-0.0334 (-0.89)
Marketindex	-0.0018 *** (-2.74)	0.0002 (0.95)	-0.0073 (-1.24)	-0.0017 *** (-2.63)	0.0003 (1.26)	-0.0232 *** (-3.73)

续表

变量	模型（5-3）					
	Netprofit	ROA	TobinQ	Netprofit	ROA	TobinQ
Age	-0.0114 *** （-4.10）	-0.0083 *** （-7.03）	0.5295 *** （17.82）	-0.0115 *** （-4.14）	-0.0084 *** （-7.07）	0.4226 *** （16.24）
AS	-0.0688 *** （-5.86）	-0.0290 *** （-6.56）	-0.7038 *** （-6.85）	-0.0689 *** （-5.86）	-0.0290 *** （-6.54）	-1.2408 *** （-12.51）
Growth	0.0539 *** （11.30）	0.0137 *** （7.28）	-0.2520 *** （-6.81）	0.0536 *** （11.23）	0.0133 *** （7.07）	-0.3141 *** （-8.31）
IDR	-0.0115 （-0.45）	-0.0188 * （-1.70）	0.4898 * （1.87）	-0.0118 （-0.46）	-0.0190 * （-1.72）	0.8246 *** （2.86）
H5	-0.1265 *** （-3.36）	-0.0634 *** （-3.91）	2.8780 *** （8.12）	-0.1284 *** （-3.41）	-0.0650 *** （-4.00）	2.3245 *** （6.55）
Top1	0.1346 *** （4.64）	0.0768 *** （6.10）	-2.2384 *** （-8.12）	0.1357 *** （4.67）	0.0778 *** （6.16）	-2.1315 *** （-7.42）
Separation	0.0144 （0.94）	0.0302 *** （4.15）	-0.0534 （-0.33）	0.0159 （1.04）	0.0316 *** （4.33）	-0.0281 （-0.16）
Cons	0.0001 （0.00）	0.0306 *** （3.54）	3.9987 *** （21.57）	-0.0056 （-0.29）	0.0249 *** （2.95）	4.6478 *** （27.11）
Year/Industry	Yes	Yes	Yes	Yes	Yes	Yes
F 值	86.29	83.47	64.23	85.86	82.28	132.06
Adj_R^2	0.3429	0.3463	0.3356	0.3427	0.3446	0.2013
N	7533	7533	7533	7533	7533	7533

注：括号内为 t 值，***、**、* 分别表示在 1%、5%、10% 的水平上显著，Cons 表示常数项。

表 5-35 调整控制变量的稳健性检验

变量	模型（5-3）		
	Netprofit	ROA	TobinQ
CEP1	-0.8356 （-0.69）	0.7645 （1.47）	-2.1398 （-0.21）
Growth	0.0059 * （1.71）	0.0005 （0.44）	0.0204 （0.67）
Board	0.0054 （1.08）	0.0023 （1.07）	0.0525 （1.09）
Dual	0.0030 （0.90）	-0.0019 （-1.35）	-0.0331 （-0.97）

续表

变量	模型（5-3）		
	Netprofit	ROA	TobinQ
其他 ControlVar	Yes	Yes	Yes
Cons	0.0124 (0.61)	0.0288 *** (3.27)	3.6345 *** (20.14)
Year/Industry	Yes	Yes	Yes
F 值	761.8	78.19	60.23
Adj_R²	0.3256	0.3394	0.3285
N	7450	7450	7450
CEP2	-0.9167 *** (-3.57)	0.2643 ** (2.27)	-6.1603 ** (-2.40)
Growth	0.0056 (1.63)	0.0010 (0.88)	0.0219 (0.72)
Board	0.0055 (1.10)	0.0045 ** (2.02)	0.0514 (1.07)
Dual	0.0022 (0.67)	-0.0013 (-0.90)	-0.0283 (-0.83)
其他 ControlVar	Yes	Yes	Yes
Cons	0.0239 (1.17)	0.0414 *** (5.70)	3.5580 *** (19.70)
Year/Industry	Yes	Yes	Yes
F 值	76.01	181.22	59.65
Adj_R²	0.3268	0.2842	0.3291
N	7450	7450	7450
CEP3	-0.0005 *** (-2.79)	0.0000 (0.00)	-0.0123 *** (-6.13)
Growth	0.0111 *** (3.17)	0.0004 (0.39)	0.0974 *** (3.06)
Board	0.0104 ** (2.03)	0.0023 (1.04)	-0.0023 (-0.05)
Dual	0.0053 (1.53)	-0.0020 (-1.41)	-0.0291 (-0.77)
其他 ControlVar	Yes	Yes	Yes

续表

变量	模型（5-3）		
	Netprofit	ROA	TobinQ
Cons	0.0317* (1.79)	0.0290*** (3.27)	4.5365*** (26.19)
Year/Industry	Yes	Yes	Yes
F 值	129.08	78.20	112.69
Adj_R²	0.2575	0.3392	0.2015
N	7450	7450	7450

注：括号内为 t 值，***、**、*分别表示在 1%、5%、10%的水平上显著，Cons 表示常数项。

表 5-36   滞后一期自变量的回归结果

变量	模型（5-3）		
	Netprofit	ROA	TobinQ
L. CEP1	-0.3791 (-0.30)	-0.5013 (-1.01)	-3.7082 (-0.35)
ControlVar	Yes	Yes	Yes
Cons	-0.0095 (0.46)	0.0104 (1.22)	5.1426*** (25.54)
Year/Industry	Yes	Yes	Yes
F 值	67.06	65.53	67.02
Adj_R²	0.3461	0.3505	0.3491
N	6345	6345	6345
L. CEP2	-0.9128*** (-3.48)	0.2722** (2.26)	-4.5993* (-1.70)
ControlVar	Yes	Yes	Yes
Cons	0.0020 (0.10)	0.0244*** (3.28)	5.0850*** (25.25)
Year/Industry	Yes	Yes	Yes
F 值	67.01	154.52	66.64
Adj_R²	0.3474	0.2921	0.3494
N	6345	6345	6345
L. CEP3	-0.0003 (-1.36)	-0.0004*** (-4.61)	-0.0029 (-1.41)

续表

变量	模型（5-3）		
	Netprofit	ROA	TobinQ
ControlVar	Yes	Yes	Yes
Cons	-0.0075 (-0.36)	0.0242 *** (3.26)	5.1023 *** (26.89)
Year/Industry	Yes	Yes	Yes
F 值	67.08	156.24	140.09
Adj_R^2	0.3463	0.2938	0.2246
N	6345	6345	6345

注：括号内为 t 值，*** 、** 、* 分别表示在1%、5%、10%的水平上显著，Cons 表示常数项。

2. 内生性检验结果

表5-37　　　　　　　　　基于自变量滞后一期的回归检验结果

变量	模型（5-1）					
	CEP1	CEP2	CEP3	CEP1	CEP2	CEP3
L. GI1	0.0001 *** (4.75)	0.0001 * (1.94)	0.0014 (0.20)			
L. GI2				0.0055 ** (2.55)	0.0182 * (1.89)	3.6496 (0.32)
Size	-0.0000 (-1.61)	-0.0001 (-1.06)	-0.1768 ** (-2.22)	-0.0000 (-0.76)	-0.0001 (-1.05)	-0.1765 ** (-2.24)
Leverage	0.0000 (0.60)	0.0015 *** (3.98)	1.3281 *** (3.04)	0.0000 (0.61)	0.0015 *** (3.93)	1.3241 *** (3.03)
SOEs	0.0000 (0.34)	0.0016 *** (9.50)	0.4429 ** (2.24)	0.0000 (0.50)	0.0016 *** (9.47)	0.4416 ** (2.24)
Marketindex	-0.0000 (-1.57)	0.0001 *** (3.02)	0.1056 *** (2.82)	-0.0000 * (-1.81)	0.0001 *** (2.99)	0.1053 *** (2.81)
Age	0.0000 * (1.74)	-0.0008 *** (-5.31)	-0.4519 *** (-3.07)	0.0001 * (1.88)	-0.0008 *** (-5.31)	-0.4518 *** (-3.08)
AS	0.0007 *** (5.44)	0.0012 ** (2.26)	2.8667 *** (4.95)	0.0008 *** (5.73)	0.0011 ** (2.16)	2.8557 *** (4.95)
Growth	0.0000 (0.40)	-0.0001 (-0.55)	0.3023 (1.10)	0.0000 (0.23)	-0.0001 (-0.58)	0.3009 (1.09)
IDR	0.0001 (0.20)	-0.0003 (-0.24)	4.8926 *** (3.34)	0.0000 (0.16)	-0.0002 (-0.18)	4.9084 *** (3.35)

变量	模型 (5-1)					
	CEP1	CEP2	CEP3	CEP1	CEP2	CEP3
H5	-0.0011 ***	-0.0007	0.0385	-0.0011 ***	-0.0007	0.0367
	(-3.62)	(-0.37)	(0.02)	(3.64)	(-0.37)	(0.02)
Top1	0.0009 ***	0.0028 **	-1.0289	0.0009 ***	0.0028 **	-1.0272
	(3.69)	(2.05)	(0.65)	(3.71)	(2.05)	(-0.65)
Separation	-0.0003	0.0018 **	5.7563 ***	-0.0003	0.0018 **	5.7540 ***
	(-1.51)	(2.05)	(5.36)	(-1.45)	(2.04)	(5.36)
Cons	0.0002	0.0125 ***	6.4851 *	0.0001	0.0125 ***	6.4803 ***
	(1.00)	(11.85)	(5.66)	(0.43)	(11.90)	(5.71)
Year/Industry	Yes	Yes	Yes	Yes	Yes	Yes
F 值	15.81	13.26	300.34	15.63	13.34	300.01
Adj_R^2	0.0548	0.0639	0.3892	0.0516	0.0643	0.3892
N	6345	6345	6345	6345	6345	6345

注：括号内为 t 值，***、**、* 分别表示在 1%、5%、10% 的水平上显著，Cons 表示常数项。

表 5-38 **基于固定效应模型的回归检验结果**

变量	模型 (5-1)					
	CEP1	CEP2	CEP3	CEP1	CEP2	CEP3
GI1	0.0000 *	0.0000 *	-0.0354			
	(1.47)	(1.88)	(-0.85)			
GI2				0.0002 *	0.0013 *	-7.4733
				(1.12)	(1.49)	(-0.84)
Size	-0.0000	-0.0001	0.2688 **	-0.0000	-0.0001	0.2650 **
	(-0.14)	(-1.40)	(2.03)	(-0.17)	(-1.28)	(2.01)
Leverage	-0.0001	0.0000	0.0681	-0.0001	0.0000	0.0756
	(-1.19)	(0.34)	(0.14)	(-1.17)	(0.28)	(0.16)
SOEs	0.0000	0.0000	-0.0023	0.0000	0.0000	-0.0064
	(0.61)	(0.24)	(-0.01)	(0.60)	(0.29)	(-0.02)
Marketindex	-0.0000	0.0001 ***	0.0635	-0.0000	0.0001 ***	0.0650
	(-0.84)	(2.83)	(0.65)	(-0.83)	(2.80)	(0.67)
Age	0.0001	0.0034 *	16.5856 ***	0.0001	0.0034 *	16.5653 ***
	(0.09)	(1.92)	(2.80)	(0.09)	(1.93)	(2.80)
AS	0.0001	0.0002	1.3278 **	0.0001	0.0003 *	1.3156 **
	(0.88)	(1.61)	(2.31)	(0.86)	(1.68)	(2.29)

续表

变量	模型（5-1）					
	CEP1	CEP2	CEP3	CEP1	CEP2	CEP3
Growth	-0.0000 (-1.22)	0.0000 (0.83)	-0.1425 (-0.97)	-0.0000 (-1.23)	0.0000 (0.86)	-0.1440 (-0.98)
IDR	-0.0003 (-1.17)	0.0004 (0.96)	4.5443*** (3.30)	-0.0003 (-1.18)	0.0004 (0.96)	4.5174*** (3.28)
H5	-0.0002 (-0.53)	-0.0001 (-0.11)	2.6792 (1.56)	-0.0002 (-0.54)	-0.0000 (-0.10)	2.6779 (1.56)
Top1	-0.0001 (-0.36)	0.0001 (0.26)	-1.1126 (-0.82)	-0.0001 (-0.35)	0.0001 (0.24)	-1.1102 (-0.82)
Separation	0.0000 (0.12)	-0.0004 (-0.92)	2.6777** (2.10)	0.0000 (0.13)	-0.0004 (-0.93)	2.6615** (2.09)
Cons	0.0003 (01.0)	0.0019 (0.43)	-39.6994*** (-2.66)	0.0003 (0.10)	0.0019 (0.42)	-39.6247*** (-2.65)
Year	Yes	Yes	Yes	Yes	Yes	Yes
F 值	1.81	1.52	441.70	1.80	1.36	441.70
Adj_R^2	0.0059	0.0050	0.5913	0.0059	0.0044	0.5913
N	7533	7533	7533	7533	7533	7533

注：括号内为 t 值，***、**、* 分别表示在 1%、5%、10% 的水平上显著，Cons 表示常数项。

表 5-39 　　　　基于 Heckman 两阶段模型的回归检验结果

变量	模型（5-1）					
	CEP1	CEP2	CEP3	CEP1	CEP2	CEP3
GI1	0.0000* (1.38)	0.0001* (1.09)	0.0257 (0.25)			
GI2				0.0036* (1.33)	0.0119* (1.05)	15.3637 (1.26)
Size	-0.0002 (-0.92)	0.0000 (0.04)	-0.1549 (-0.18)	-0.0002 (-0.80)	0.0001 (0.11)	-0.1992 (-0.23)
Leverage	0.0004 (0.97)	0.0013 (0.76)	-0.4681 (-0.28)	0.0004 (1.11)	0.0013 (0.74)	-0.6406 (-0.38)
SOEs	0.0000 (0.01)	0.0021* (1.83)	0.8858 (0.74)	0.0000 (0.13)	0.0021* (1.80)	0.7874 (0.66)
Marketindex	-0.0000 (-0.92)	0.0003** (2.29)	0.2732** (2.43)	-0.0000 (-0.96)	0.0003** (2.28)	0.2760** (2.46)

变量	模型 (5-1)					
	CEP1	CEP2	CEP3	CEP1	CEP2	CEP3
Age	-0.0000 (-0.28)	-0.0010* (-1.86)	-1.1591** (-2.35)	-0.0000 (-0.20)	-0.0010* (-1.88)	-1.1902** (-2.42)
AS	-0.0006 (-0.31)	0.0043 (0.57)	2.9219 (0.38)	-0.0003 (-0.17)	0.0043 (0.55)	2.2015 (0.29)
Growth	-0.0003** (-2.08)	0.0004 (0.58)	0.5318 (0.77)	-0.0003* (-1.91)	0.0004 (0.57)	0.4674 (0.67)
IDR	-0.0005 (-0.45)	0.0014 (0.29)	11.1953** (2.53)	-0.0007 (-0.60)	0.0014 (0.31)	11.7141*** (2.65)
H5	-0.0009 (-1.36)	0.0018 (0.50)	7.9552** (2.01)	-0.0009 (-1.44)	0.0018 (0.50)	8.0969** (2.05)
Top1	0.0011* (1.94)	0.0009 (0.31)	-6.5837** (-2.16)	0.0011** (2.01)	0.0009 (0.31)	-6.7122** (-2.21)
Separation	-0.0006 (-1.19)	0.0001 (0.03)	2.0158 (0.94)	-0.0006 (-1.10)	0.0000 (0.02)	1.8801 (0.88)
IMR	-0.0006 (-0.33)	0.0030 (0.41)	-0.1250 (-0.02)	-0.0004 (-0.20)	0.0028 (0.39)	-0.7932 (-0.11)
Cons	0.0032 (0.67)	0.0073 (0.37)	6.2925 (0.32)	0.0026 (0.56)	0.0072 (0.37)	7.7440 (0.40)
Year/Industry	Yes	Yes	Yes	Yes	Yes	Yes
F 值	12.53	25.13	96.88	12.60	23.44	96.66
Adj_R^2	0.0728	0.1152	0.4203	0.0734	0.1151	0.4207
N	1900	1900	1900	1900	1900	1900

注：括号内为 t 值，***、**、* 分别表示在 1%、5%、10% 的水平上显著，Cons 表示常数项。

表 5-40　　　　　　基于固定效应模型的回归检验结果

变量	模型 (5-2)					
	Netprofit	ROA	TobinQ	Netprofit	ROA	TobinQ
GI1	-0.0001* (-1.07)	0.0011** (2.37)	-0.0025* (-1.25)			
GI2				-0.0378* (-117)	0.0563** (2.59)	-2.3875 (-1.12)
Size	0.0270*** (8.19)	0.0039*** (2.73)	-0.5640*** (-17.82)	0.0270*** (8.22)	0.0041*** (2.88)	-0.5660*** (-17.92)

续表

变量	模型 （5-2）					
	Netprofit	ROA	TobinQ	Netprofit	ROA	TobinQ
Leverage	-0.2965*** (-24.80)	-0.1271*** (-24.67)	0.1745 (1.52)	-0.2966*** (-24.82)	-0.1276*** (-24.76)	0.1789 (1.56)
SOEs	-0.0357*** (-3.63)	-0.0191*** (-4.49)	-0.0915 (-0.97)	-0.0357*** (-3.62)	-0.0188*** (-4.43)	-0.0940 (-0.99)
Marketindex	0.0010 (0.40)	-0.0007 (-0.67)	0.0079 (0.34)	0.0010 (0.40)	-0.0007 (-0.71)	0.0080 (0.34)
Age	-0.1207 (-0.82)	-0.1022 (-1.61)	4.1959*** (2.96)	-0.1207 (-0.82)	-0.1016 (-1.60)	4.1934*** (2.96)
AS	-0.0583*** (-4.08)	-0.0205*** (-3.33)	-0.3112** (-2.26)	-0.0582*** (-4.07)	-0.0200*** (-3.25)	-0.3145** (-2.29)
Growth	0.0432*** (11.83)	0.0113*** (7.20)	-0.2085*** (-5.93)	0.0433*** (11.83)	0.0114*** (7.24)	-0.2090*** (-5.95)
IDR	-0.0439 (-1.28)	-0.0143 (-0.97)	1.0507*** (3.19)	-0.0440 (-1.29)	-0.0142 (-0.96)	1.0603*** (3.22)
H5	-0.0884** (-2.07)	-0.0573*** (-3.11)	1.2863*** (3.13)	-0.0883** (-2.06)	-0.0570*** (-3.09)	1.2810*** (3.11)
Top1	0.1360*** (4.03)	0.0926*** (6.37)	-1.9505*** (-6.01)	0.1359*** (4.03)	0.0924*** (6.35)	-1.9467*** (-6.00)
Separation	-0.0173 (-0.55)	0.0059 (0.43)	-0.5721* (-1.88)	-0.0175 (-0.55)	0.0057 (0.42)	-0.5622* (-1.85)
Cons	0.2879 (0.78)	0.3213** (2.01)	-4.6882 (-1.31)	0.2877 (0.77)	0.3188** (1.99)	-4.6790 (-1.31)
Year	Yes	Yes	Yes	Yes	Yes	Yes
F值	56.24	54.93	77.74	56.24	54.63	77.82
Adj_R²	0.1556	0.1525	0.2030	0.1556	0.1518	0.2031
N	7533	7533	7533	7533	7533	7533

注：括号内为 t 值，***、**、* 分别表示在 1%、5%、10% 的水平上显著，Cons 表示常数项。

表 5-41　　　　基于 Heckman 两阶段模型的回归检验结果

变量	模型 （5-2）					
	Netprofit	ROA	TobinQ	Netprofit	ROA	TobinQ
GI1	-0.0018* (-1.03)	0.0015* (1.81)	-0.0089* (-1.70)			

续表

变量	模型（5-2）					
	Netprofit	ROA	TobinQ	Netprofit	ROA	TobinQ
GI2				0.3763*	0.1633*	-2.0226*
				(1.91)	(1.68)	(-1.13)
Size	0.0040	-0.0053	-0.0440	0.0312**	0.0003	-0.0439
	(0.29)	(-0.89)	(-0.42)	(2.42)	(0.05)	(-0.42)
Leverage	-0.2983***	-0.1702***	-0.0310	-0.2577***	-0.1644***	-0.0475
	(-9.75)	(-12.41)	(-0.13)	(-9.27)	(-12.51)	(-0.21)
SOEs	-0.0432**	-0.0280***	0.3055**	0.0046	-0.0135	0.2960**
	(-2.28)	(-3.29)	(2.08)	(0.25)	(-1.62)	(2.00)
Marketindex	0.0014	0.0027***	-0.0382***	-0.0018	0.0018**	-0.0380***
	(0.80)	(3.53)	(-2.78)	(-1.03)	(2.26)	(-2.77)
Age	-0.0176**	-0.0149***	0.3633***	0.0044	-0.0086**	0.3601***
	(-2.01)	(-3.60)	(-2.78)	(0.53)	(-2.13)	(4.63)
AS	-0.2896**	-0.1742***	1.7396*	0.0173	-0.1075**	1.6743*
	(-2.34)	(-3.24)	(1.90)	(0.15)	(-2.06)	(1.82)
Growth	0.0498***	0.0110*	-0.0366	0.0894***	0.0253***	-0.0422
	(3.89)	(1.84)	(-0.43)	(7.14)	(4.14)	(-0.50)
IDR	0.1726**	0.0787**	-1.2339**	0.0215	0.0348	-1.1857**
	(2.25)	(2.23)	(-2.09)	(0.29)	(0.99)	(-1.99)
H5	-0.0270	0.0066	0.6709	-0.0925	-0.0118	0.6836
	(-0.48)	(0.25)	(1.52)	(-1.56)	(-0.45)	(1.54)
Top1	0.0129	-0.0002	-0.7139*	0.0667	0.0164	-0.7247*
	(0.28)	(-0.01)	(-1.90)	(1.35)	(0.74)	(-1.92)
Separation	0.0492	0.0223	0.2863	0.0746**	0.0367**	0.2742
	(1.52)	(1.36)	(1.08)	(2.20)	(2.17)	(1.03)
IMR	-0.1966*	-0.1448***	2.0675**	0.0530	-0.0870*	2.0037**
	(-1.68)	(-2.83)	(2.25)	(0.48)	(-1.73)	(2.17)
Cons	0.5073	0.4302***	-1.5837	-0.1996	0.2471*	-1.4683
	(1.63)	(3.16)	(-0.66)	(-0.67)	(1.85)	(-0.61)
Year/Industry	Yes	Yes	Yes	Yes	Yes	Yes
F值	24.55	22.08	21.70	35.17	44.52	21.77
Adj_R^2	0.3739	0.3837	0.3494	0.2864	0.3148	0.3497
N	1900	1900	1900	1900	1900	1900

注：括号内为t值，***、**、*分别表示在1%、5%、10%的水平上显著，Cons表示常数项。

附录二：第 6 章　企业绿色投资行为的影响机理研究——稳健性和内生性检验回归结果

1. 绿色投资对技术创新影响的稳健性检验

表 6－50　　　　　　　　替换重要变量的稳健性检验（1）

变量	模型（6－1）					
	整体技术创新			非绿色技术创新		
	Patent	Inventionpatent	Utilitypatent	Nogreenpatent	Nogreinvpatent	Nogreutipatent
GI2	－9.9950 ***	－2.6476	－0.9238	－3.7207 ***	－3.0209 ***	－1.7073 **
	（－3.23）	（－1.34）	（－0.53）	（－3.25）	（－3.16）	（－2.19）
ControlVar	Yes	Yes	Yes	Yes	Yes	Yes
Cons	－1.6584 ***	－0.3561 *	0.4115 ***	－0.7026 ***	－0.7749 ***	0.1345
	（－6.18）	（－1.89）	（2.69）	（－2.99）	（－3.81）	（0.81）
Year/Industry	Yes	Yes	Yes	Yes	Yes	Yes
F 值	30.95	39.15	18.52	45.40	41.37	19.26
Adj_R^2	0.1334	0.1519	0.1069	0.1856	0.1685	0.1186
N	7533	7533	7533	6772	6948	6935

注：括号内为 t 值，*** 、** 、* 分别表示在 1%、5%、10% 的水平上显著，Cons 表示常数项。

表 6－51　　　　　　　　替换重要变量的稳健性检验（2）

变量	模型（6－1）					
	申请专利			授权专利		
	Greenpatent1	appinvgrepatent	apputigrepatent	Greenpatent2	grainvgrepatent	graputigrepatent
GI2	1.9194 *	1.0335	1.1348	1.6298 *	0.3435	0.6285
	（1.76）	（1.22）	（1.42）	（1.80）	（0.70）	（0.85）
ControlVar	Yes	Yes	Yes	Yes	Yes	Yes
Cons	－0.8435 ***	－0.6523 ***	－0.5447 ***	－0.6392 ***	－0.3671 ***	－0.4880 ***
	（－8.13）	（－7.90）	（－7.02）	（－7.32）	（－6.41）	（－6.55）
Year/Industry	Yes	Yes	Yes	Yes	Yes	Yes
F 值	21.34	16.97	13.68	17.06	9.77	12.70
Adj_R^2	0.2231	0.2242	0.2147	0.2249	0.2394	02066
N	7533	7533	7533	7533	7533	7533

注：括号内为 t 值，*** 、* 分别表示在 1%、10% 的水平上显著，Cons 表示常数项。

表 6-52　　　剔除少于 3 年的样本后绿色投资对技术创新的稳健性检验（1）

变量	模型（6-1）					
	整体技术创新			非绿色技术创新		
	Patent	Inventionpatent	Utilitypatent	Nogreenpatent	Nogreinvpatent	Nogreutipatent
GI1	-0.0541***	-0.0066	0.0028	-0.0021	-0.0069	0.0042
	(-3.80)	(-0.69)	(0.35)	(-0.17)	(-0.64)	(0.46)
ControlVar	Yes	Yes	Yes	Yes	Yes	Yes
Cons	-1.1381***	0.0538	0.7707***	-0.0764	-0.3614	0.5101***
	(-3.82)	(0.26)	(4.77)	(-0.30)	(-1.62)	(2.91)
Year/Industry	Yes	Yes	Yes	Yes	Yes	Yes
F 值	30.53	34.24	16.66	40.32	36.17	17.28
Adj_R²	0.1423	0.1481	0.1070	0.1848	0.1650	0.1191
N	7072	7072	7072	6334	6507	6492

注：括号内为 t 值，*** 表示在 1% 的水平上显著，Cons 表示常数项。

表 6-53　　　剔除少于 3 年的样本后绿色投资对技术创新的稳健性检验（2）

变量	模型（6-1）					
	申请专利			授权专利		
	Greenpatent1	appinvgrepatent	apputigrepatent	Greenpatent2	grainvgrepatent	graputigrepatent
GI1	0.0324***	0.0243***	0.0166***	0.0206***	0.0130***	0.0128***
	(5.23)	(4.88)	(3.58)	(3.93)	(3.57)	(2.92)
ControlVar	Yes	Yes	Yes	Yes	Yes	Yes
Cons	-0.7397***	-0.5912***	-0.5037***	-0.5877***	-0.3394***	-0.4692***
	(-6.30)	(-6.53)	(-5.62)	(-5.90)	(-5.32)	(-5.46)
Year/Industry	Yes	Yes	Yes	Yes	Yes	Yes
F 值	21.40	17.05	13.77	17.16	9.68	12.85
Adj_R²	0.2334	0.2353	0.2214	0.2337	0.2478	0.2138
N	7072	7072	7072	7072	7072	7072

注：括号内为 t 值，*** 表示在 1% 的水平上显著，Cons 表示常数项。

表 6-54　　　剔除少于 4 年的样本后绿色投资对技术创新的稳健性检验（1）

变量	模型（6-1）					
	整体技术创新			非绿色技术创新		
	Patent	Inventionpatent	Utilitypatent	Nogreenpatent	Nogreinvpatent	Nogreutipatent
GI1	-0.0572***	-0.0094	0.0007	-0.0059	-0.0099	0.0022
	(-4.00)	(-0.98)	(0.08)	(-0.46)	(-0.93)	(0.24)
ControlVar	Yes	Yes	Yes	Yes	Yes	Yes

续表

变量	模型（6-1）					
	整体技术创新			非绿色技术创新		
	Patent	Inventionpatent	Utilitypatent	Nogreenpatent	Nogreinvpatent	Nogreutipatent
Cons	-0.8668 ***	0.3259	0.9372 ***	0.2426	-0.1035	0.6989 ***
	(-2.83)	(1.53)	(5.71)	(0.93)	(-0.45)	(3.91)
Year/Industry	Yes	Yes	Yes	Yes	Yes	Yes
F 值	30.73	34.93	17.21	40.75	36.27	17.64
Adj_R^2	0.1472	0.1565	0.1166	0.1940	0.1720	0.1283
N	6904	6904	6904	6183	6353	6331

注：括号内为 t 值，*** 表示在 1% 的水平上显著，Cons 表示常数项。

表 6-55　剔除少于 4 年的样本后绿色投资对技术创新的稳健性检验（2）

变量	模型（6-1）					
	申请专利			授权专利		
	Greenpatent1	appinvgrepatent	apputigrepatent	Greenpatent2	grainvgrepatent	graputigrepatent
GI1	0.0325 ***	0.0242 ***	0.0166 ***	0.0203 ***	0.0127 ***	0.0127 ***
	(5.19)	(4.82)	(3.54)	(3.83)	(3.46)	(2.86)
ControlVar	Yes	Yes	Yes	Yes	Yes	Yes
Cons	-0.6698 ***	-0.5479 ***	-0.4442 ***	-0.5106 ***	-0.2877 ***	-0.4106 ***
	(-5.55)	(-5.99)	(-4.79)	(-4.99)	(-4.56)	(-4.61)
Year/Industry	Yes	Yes	Yes	Yes	Yes	Yes
F 值	21.43	17.05	13.95	17.29	9.72	13.04
Adj_R^2	0.2419	0.2453	0.2302	0.2436	0.2621	0.2223
N	6904	6904	6904	6904	6904	6904

注：括号内为 t 值，*** 表示在 1% 的水平上显著，Cons 表示常数项。

表 6-56　剔除少于 5 年的样本后绿色投资对技术创新的稳健性检验（1）

变量	模型（6-1）					
	整体技术创新			非绿色技术创新		
	Patent	Inventionpatent	Utilitypatent	Nogreenpatent	Nogreinvpatent	Nogreutipatent
GI1	-0.0574 ***	-0.0114	-0.0004	-0.0083	-0.0119	0.0009
	(-4.00)	(-1.18)	(-0.05)	(-0.64)	(-1.11)	(0.09)
ControlVar	Yes	Yes	Yes	Yes	Yes	Yes
Cons	-0.7110 **	0.2957	1.0145 ***	0.2594	-0.1250	0.7849 ***
	(-2.30)	(1.38)	(6.11)	(0.98)	(-0.54)	(4.33)

变量	模型（6-1）					
	整体技术创新			非绿色技术创新		
	Patent	Inventionpatent	Utilitypatent	Nogreenpatent	Nogreinvpatent	Nogreutipatent
Year/Industry	Yes	Yes	Yes	Yes	Yes	Yes
F 值	30.41	33.42	17.00	39.15	34.74	17.45
Adj_R^2	0.1489	0.1531	0.1175	0.1920	0.1689	0.1296
N	6789	6789	6789	6068	6238	6216

注：括号内为 t 值，***、** 分别表示在1%、5%的水平上显著，Cons 表示常数项。

表6-57　　剔除少于5年的样本后绿色投资对技术创新的稳健性检验（2）

变量	模型（6-1）					
	申请专利			授权专利		
	Greenpatent1	appinvgrepatent	apputigrepatent	Greenpatent2	grainvgrepatent	graputigrepatent
GI1	0.0309 ***	0.0227 ***	0.0166 ***	0.0190 ***	0.0115 ***	0.0127 ***
	(4.91)	(4.50)	(3.51)	(3.57)	(3.13)	(2.82)
ControlVar	Yes	Yes	Yes	Yes	Yes	Yes
Cons	-0.6929 ***	-0.5779 ***	-0.4346 ***	-0.5262 ***	-0.3097 ***	-0.4012 ***
	(-5.69)	(-6.31)	(-4.61)	(-5.09)	(-4.93)	(-4.43)
Year/Industry	Yes	Yes	Yes	Yes	Yes	Yes
F 值	21.35	16.94	14.04	17.20	9.58	13.11
Adj_R^2	0.2440	0.2480	0.2316	0.2458	0.2653	0.2237
N	6789	6789	6789	6789	6789	6789

注：括号内为 t 值，*** 表示在1%的水平上显著，Cons 表示常数项。

表6-58　　　　　　　调整控制变量的稳健性检验（1）

变量	模型（6-1）					
	整体技术创新			非绿色技术创新		
	Patent	Inventionpatent	Utilitypatent	Nogreenpatent	Nogreinvpatent	Nogreutipatent
GI1	-0.0516 ***	-0.0081	0.0034	-0.0029	-0.0121	0.0045
	(-3.66)	(-0.84)	(0.42)	(-0.23)	(-1.18)	(0.50)
ControlVar	Yes	Yes	Yes	Yes	Yes	Yes
Cons	-1.6925 ***	-0.3130	0.5260 ***	-0.6063 **	0.4117 *	1.1147 ***
	(-5.93)	(-1.58)	(3.24)	(-2.43)	(1.93)	(6.23)
Year/Industry	Yes	Yes	Yes	Yes	Yes	Yes

续表

变量	模型（6-1）					
	整体技术创新			非绿色技术创新		
	Patent	Inventionpatent	Utilitypatent	Nogreenpatent	Nogreinvpatent	Nogreutipatent
F 值	29. 00	36. 74	17. 41	42. 50	33. 90	18. 50
Adj_R²	0. 1331	0. 1517	0. 1065	0. 1843	0. 1610	0. 1241
N	7450	7450	7450	6695	7450	7450

注：括号内为 t 值，***、**、* 分别表示在 1%、5%、10% 的水平上显著，Cons 表示常数项。

表 6-59　　　　　　　调整控制变量的稳健性检验（2）

变量	模型（6-1）					
	申请专利			授权专利		
	Greenpatent1	appinvgrepatent	apputigrepatent	Greenpatent2	grainvgrepatent	graputigrepatent
GI1	0. 0345 ***	0. 0259 ***	0. 0176 ***	0. 0225 ***	0. 0142 ***	0. 0139 ***
	(5. 69)	(5. 30)	(3. 88)	(4. 38)	(4. 02)	(3. 24)
ControlVar	Yes	Yes	Yes	Yes	Yes	Yes
Cons	- 0. 9276 ***	- 0. 7248 ***	- 0. 5887 ***	- 0. 7218 ***	- 0. 4462 ***	- 0. 5346 ***
	(-7. 90)	(-7. 97)	(-6. 55)	(-7. 24)	(4. 02)	(-6. 21)
Year/Industry	Yes	Yes	Yes	Yes	Yes	Yes
F 值	20. 55	16. 36	13. 20	16. 31	9. 31	12. 21
Adj_R²	0. 2214	0. 2241	0. 2124	0. 2221	0. 2409	0. 2038
N	7450	7450	7450	7450	7450	7450

注：括号内为 t 值，*** 表示在 1% 的水平上显著，Cons 表示常数项。

2. 技术创新在绿色投资与企业绩效之间中介作用的稳健性检验

（1）技术创新在绿色投资与企业环境绩效之间中介作用的稳健性检验。

①替换重要变量的稳健性检验。

表 6-60　　　整体技术创新在绿色投资与环境绩效之间的中介效应检验结果（1）

变量	模型（6-2）		
	CEP1		
GI2	0. 0070 ***	0. 0072 ***	0. 0071 ***
	(2. 96)	(3. 03)	(3. 03)
Patent	- 0. 0000 ***		
	(-2. 73)		

续表

变量	模型（6-2）		
	CEP1		
Inventionpatent		-0.0000 (-0.14)	
Utilitypatent			-0.0000 (-1.24)
ControlVar	Yes	Yes	Yes
Cons	-0.0001 (-0.57)	-0.0001 (-0.42)	-0.0001 (-0.38)
Year/Industry	Yes	Yes	Yes
F值	16.66	16.63	16.57
Adj_R²	0.0535	0.0529	0.0530
N	7533	7533	7533

注：括号内为 t 值，*** 表示在 1% 的水平上显著，Cons 表示常数项。

表6-61　整体技术创新在绿色投资与环境绩效之间的中介效应检验结果（2）

变量	模型（6-2）		
	CEP2		
GI2	0.0235 *** (2.66)	0.0229 *** (2.60)	0.0233 *** (2.65)
Patent	0.0000 (1.07)		
Inventionpatent		-0.0001 * (-1.73)	
Utilitypatent			0.0001 (1.44)
ControlVar	Yes	Yes	Yes
Cons	0.0144 *** (30.32)	0.0144 *** (30.35)	0.0144 *** (30.41)
Year/Industry	Yes	Yes	Yes
F值	13.95	14.05	14.09
Adj_R²	0.0592	0.0595	0.0594
N	7533	7533	7533

注：括号内为 t 值，***、* 分别表示在 1%、10% 的水平上显著，Cons 表示常数项。

表 6 − 62   整体技术创新在绿色投资与环境绩效之间的中介效应检验结果（3）

变量	模型（6 − 2）		
	CEP3		
GI2	4. 7569 （0. 46）	4. 7447 （0. 46）	5. 1002 （0. 50）
Patent	− 0. 0094 （ − 0. 23）		
Inventionpatent		− 0. 0366 （ − 0. 70）	
Utilitypatent			0. 2801 *** （4. 27）
ControlVar	Yes	Yes	Yes
Cons	5. 9515 *** （5. 96）	5. 9541 *** （5. 97）	5. 8518 *** （5. 87）
Year/Industry	Yes	Yes	Yes
F 值	347. 58	347. 43	344. 59
Adj_R^2	0. 3837	0. 3838	0. 3851
N	7533	7533	7533

注：括号内为 t 值，*** 表示在 1% 的水平上显著，Cons 表示常数项。

表 6 − 63   绿色技术创新在绿色投资与环境绩效之间的中介效应检验结果（1）

变量	模型（6 − 2）		
	CEP1		
GI2	0. 0072 *** （3. 04）	0. 0071 *** （3. 03）	0. 0072 *** （3. 03）
Greenpatent1	0. 0000 * （1. 84）		
appinvgrepatent		0. 0000 （1. 42）	
apputigrepatent			0. 0001 *** （2. 91）
ControlVar	Yes	Yes	Yes
Cons	− 0. 0001 （ − 0. 57）	− 0. 0001 （ − 0. 54）	− 0. 0001 （ − 0. 61）
Year/Industry	Yes	Yes	Yes

续表

变量	模型（6-2）		
	CEP1		
F 值	16.70	16.70	16.64
Adj_R^2	0.0532	0.0531	0.0535
N	7533	7533	7533

注：括号内为 t 值，***、*分别表示在1%、10%的水平上显著，Cons 表示常数项。

表 6-64　　绿色技术创新在绿色投资与环境绩效之间的中介效应检验结果（2）

变量	模型（6-2）		
	CEP2		
GI2	0.0117 (1.31)	0.0118 (1.32)	0.0117 (1.32)
Greenpatent1	0.0003 *** (3.02)		
appinvgrepatent		0.0001 (1.31)	
apputigrepatent			0.0006 *** (4.59)
ControlVar	Yes	Yes	Yes
Cons	0.0124 *** (13.10)	0.0122 *** (12.94)	0.0125 *** (13.20)
Year/Industry	Yes	Yes	Yes
F 值	15.30	14.69	16.07
Adj_R^2	0.0601	0.0593	0.0614
N	7533	7533	7533

注：括号内为 t 值，***表示在1%的水平上显著，Cons 表示常数项。

表 6-65　　绿色技术创新在绿色投资与环境绩效之间的中介效应检验结果（3）

变量	模型（6-2）		
	CEP3		
GI2	4.8318 (0.47)	4.8360 (0.47)	4.8403 (0.47)
Greenpatent1	0.0455 (0.42)		

续表

变量	模型 (6-2)		
	CEP3		
appinvgrepatent		-0.0215 (-0.17)	
apputigrepatent			0.0172 (0.11)
ControlVar	Yes	Yes	Yes
Cons	6.0055*** (6.01)	5.9533*** (5.96)	5.9765*** (5.98)
Year/Industry	Yes	Yes	Yes
F值	347.34	347.45	347.48
Adj_R^2	0.3837	0.3837	0.3837
N	7533	7533	7533

注：括号内为 t 值，*** 表示在1%的水平上显著，Cons 表示常数项。

表6-66　绿色技术创新在绿色投资与环境绩效之间的中介效应检验结果（4）

变量	模型 (6-2)		
	CEP1		
GI2	0.0071*** (3.02)	0.0071*** (3.03)	0.0071*** (3.02)
Greenpatent2	0.0000 (1.40)		
grainvgrepatent		0.0000 (0.77)	
graputigrepatent			0.0001** (2.52)
ControlVar	Yes	Yes	Yes
Cons	-0.0001 (-0.53)	-0.0001 (-0.48)	-0.0001 (-0.58)
Year/Industry	Yes	Yes	Yes
F值	16.78	16.82	16.64
Adj_R^2	0.0531	0.0530	0.0533
N	7533	7533	7533

注：括号内为 t 值，***、** 分别表示在1%、5%的水平上显著，Cons 表示常数项。

表6-67 绿色技术创新在绿色投资与环境绩效之间的中介效应检验结果（5）

变量	模型（6-2）		
	CEP2		
GI2	0.0120 (1.35)	0.0118 (1.32)	0.0120 (1.35)
Greenpatent2	0.0004*** (3.10)		
grainvgrepatent		0.0001 (0.42)	
graputigrepatent			0.0006*** (4.01)
ControlVar	Yes	Yes	Yes
Cons	0.0124*** (13.08)	0.0121*** (12.86)	0.0124*** (13.14)
Year/Industry	Yes	Yes	Yes
F 值	15.38	14.37	15.71
Adj_R^2	0.0602	0.0592	0.0609
N	7533	7533	7533

注：括号内为 t 值，*** 表示在 1% 的水平上显著，Cons 表示常数项。

表6-68 绿色技术创新在绿色投资与环境绩效之间的中介效应检验结果（6）

变量	模型（6-2）		
	CEP3		
GI2	4.8903 (0.48)	4.7968 (0.47)	4.8383 (0.47)
Greenpatent2	0.0661 (0.50)		
grainvgrepatent		-0.1192 (-0.71)	
graputigrepatent			-0.0076 (-0.05)
ControlVar	Yes	Yes	Yes
Cons	6.0093*** (6.02)	5.9233*** (5.94)	5.9634*** (5.97)
Year/Industry	Yes	Yes	Yes

续表

变量	模型（6-2）		
	CEP3		
F 值	347.39	347.46	347.58
Adj_R^2	0.3837	0.3838	0.3837
N	7533	7533	7533

注：括号内为 t 值，*** 表示在1%的水平上显著，Cons 表示常数项。

表6-69　非绿色技术创新在绿色投资与环境绩效之间的中介效应检验结果（1）

变量	模型（6-2）		
	CEP1		
GI2	0.0082 ***	0.0078 ***	0.0073 ***
	(3.09)	(3.08)	(2.84)
Nogreenpatent	-0.0000		
	(-0.63)		
Nogreinvpatent		-0.0000	
		(-0.35)	
Nogreutipatent			-0.0000
			(1.61)
ControlVar	Yes	Yes	Yes
Cons	-0.0002	-0.0002	-0.0001
	(-0.97)	(-1.13)	(-0.79)
Year/Industry	Yes	Yes	Yes
F 值	14.07	14.77	14.45
Adj_R^2	0.0575	0.0567	0.0549
N	6772	6948	6935

注：括号内为 t 值，*** 表示在1%的水平上显著，Cons 表示常数项。

表6-70　非绿色技术创新在绿色投资与环境绩效之间的中介效应检验结果（2）

变量	模型（6-2）		
	CEP2		
GI2	0.0124	0.0100	0.0116
	(1.34)	(1.09)	(1.29)
Nogreenpatent	-0.0000		
	(-0.36)		

变量	模型（6-2）		
	CEP2		
Nogreinvpatent	-0.0001 * (-1.87)		
Nogreutipatent			-0.0001 * (-1.67)
ControlVar	Yes	Yes	Yes
Cons	0.0119 *** (11.73)	0.0116 *** (11.61)	0.0124 *** (12.28)
Year/Industry	Yes	Yes	Yes
F 值	9.37	9.88	9.72
Adj_R^2	0.0535	0.0542	0.0539
N	6772	6948	6935

注：括号内为 t 值，*** 、* 分别表示在 1%、10% 的水平上显著，Cons 表示常数项。

表 6-71　　非绿色技术创新在绿色投资与环境绩效之间的中介效应检验结果（3）

变量	模型（6-2）		
	CEP3		
GI2	-1.6337 (-0.15)	0.3936 (0.04)	-3.1250 (-0.30)
Nogreenpatent	0.0697 (1.42)		
Nogreinvpatent		-0.0514 (-0.95)	
Nogreutipatent			-0.2813 *** (4.19)
ControlVar	Yes	Yes	Yes
Cons	5.0302 *** (4.70)	4.7465 *** (4.52)	5.0424 *** (4.74)
Year/Industry	Yes	Yes	Yes
F 值	311.19	320.77	317.38
Adj_R^2	0.3852	0.3838	0.3850
N	6772	6948	6935

注：括号内为 t 值，*** 表示在 1% 的水平上显著，Cons 表示常数项。

②调整控制变量的稳健性检验。

表6-72　　整体技术创新在绿色投资与环境绩效之间的中介效应检验结果（1）

变量	模型（6-2）		
	CEP1		
GI1	0.0001 ***	0.0001 ***	0.0001 ***
	(5.26)	(5.35)	(5.35)
Patent	-0.0000 ***		
	(-2.66)		
Inventionpatent		-0.0000	
		(-0.19)	
Utilitypatent			-0.0000
			(-1.24)
ControlVar	Yes	Yes	Yes
Cons	-0.0001	-0.0001	-0.0001
	(-0.74)	(-0.59)	(-0.55)
Year/Industry	Yes	Yes	Yes
F 值	15.58	15.47	15.43
Adj_R^2	0.0608	0.0603	0.0604
N	7450	7450	7450

注：括号内为 t 值，*** 表示在1%的水平上显著，Cons 表示常数项。

表6-73　　整体技术创新在绿色投资与环境绩效之间的中介效应检验结果（2）

变量	模型（6-2）		
	CEP2		
GI1	0.0000	0.0000	0.0000
	(0.28)	(0.27)	(0.28)
Patent	-0.0000		
	(-0.17)		
Inventionpatent		-0.0001	
		(-1.76)	
Utilitypatent			0.0001
			(1.25)
ControlVar	Yes	Yes	Yes
Cons	0.0124 ***	0.0123 ***	0.0123 ***
	(12.56)	(12.55)	(12.54)

变量	模型（6-2）		
	CEP2		
Year/Industry	Yes	Yes	Yes
F 值	14.05	14.11	14.15
Adj_R^2	0.0641	0.0645	0.0643
N	7450	7450	7450

注：括号内为 t 值，*** 表示在 1% 的水平上显著，Cons 表示常数项。

表 6-74　　整体技术创新在绿色投资与环境绩效之间的中介效应检验结果（3）

变量	模型（6-2）		
	CEP3		
GI1	-0.0190 (-0.24)	-0.0120 (-0.24)	-0.0127 (-0.26)
Patent	-0.0028 (-0.07)		
Inventionpatent		-0.0302 (-0.58)	
Utilitypatent			0.2852 *** (4.34)
ControlVar	Yes	Yes	Yes
Cons	5.7762 *** (5.47)	5.7715 *** (5.48)	5.6310 *** (5.35)
Year/Industry	Yes	Yes	Yes
F 值	328.53	328.37	325.56
Adj_R^2	0.3860	0.3861	0.3875
N	7450	7450	7450

注：括号内为 t 值，*** 表示在 1% 的水平上显著，Cons 表示常数项。

表 6-75　　绿色技术创新在绿色投资与环境绩效之间的中介效应检验结果（1）

变量	模型（6-2）		
	CEP1		
GI1	0.0001 *** (5.37)	0.0001 *** (5.37)	0.0001 *** (5.34)
Greenpatent1	0.0000 ** (2.02)		

续表

变量	模型（6-2）		
	CEP1		
appinvgrepatent	0.0000		
	(1.64)		
apputigrepatent			0.0001 ***
			(2.86)
ControlVar	Yes	Yes	Yes
Cons	-0.0001	-0.0001	-0.0001
	(-0.77)	(-0.74)	(-0.74)
Year/Industry	Yes	Yes	Yes
F 值	15.48	15.50	15.39
Adj_R^2	0.0607	0.0606	0.0608
N	7450	7450	7450

注：括号内为 t 值，*** 、** 分别表示在1%、5%的水平上显著，Cons 表示常数项。

表 6-76　　绿色技术创新在绿色投资与环境绩效之间的中介效应检验结果（2）

变量	模型（6-2）		
	CEP2		
GI1	0.0000	0.0000	0.0000
	(0.25)	(0.27)	(0.30)
Greenpatent1	0.0003 ***		
	(3.24)		
appinvgrepatent		0.0002	
		(1.56)	
apputigrepatent			0.0006 ***
			(4.75)
ControlVar	Yes	Yes	Yes
Cons	0.0126 ***	0.0125 ***	0.0127 ***
	(12.85)	(12.69)	(12.96)
Year/Industry	Yes	Yes	Yes
F 值	15.42	14.83	16.19
Adj_R^2	0.0653	0.0644	0.0666
N	7450	7450	7450

注：括号内为 t 值，*** 表示在1%的水平上显著，Cons 表示常数项。

表6－77　　绿色技术创新在绿色投资与环境绩效之间的中介效应检验结果（3）

变量	模型（6－2）		
	CEP3		
GI1	0.0120 (0.25)	0.0117 (0.24)	0.0117 (0.24)
Greenpatent1	0.0450 (0.42)		
appinvgrepatent		0.0215 (0.17)	
apputigrepatent			0.0177 (0.11)
ControlVar	Yes	Yes	Yes
Cons	5.8227 *** (5.50)	5.7655 *** (5.45)	5.7915 *** (5.48)
Year/Industry	Yes	Yes	Yes
F 值	328.31	328.46	328.45
Adj_R^2	0.3861	0.3861	0.3860
N	7450	7450	7450

注：括号内为 t 值，*** 表示在 1% 的水平上显著，Cons 表示常数项。

表6－78　　绿色技术创新在绿色投资与环境绩效之间的中介效应检验结果（4）

变量	模型（6－2）		
	CEP1		
GI1	0.0001 *** (5.35)	0.0001 *** (5.36)	0.0001 *** (5.32)
Greenpatent2	0.0000 (1.44)		
grainvgrepatent		0.0000 (0.96)	
graputigrepatent			0.0001 ** (2.37)
ControlVar	Yes	Yes	Yes
Cons	－0.0001 (－0.72)	－0.0001 (－0.68)	－0.0001 (－0.74)
Year/Industry	Yes	Yes	Yes

续表

变量	模型 （6－2）		
	CEP1		
F 值	15.56	15.66	15.39
Adj_R^2	0.0605	0.0604	0.0607
N	7450	7450	7450

注：括号内为 t 值，*** 、** 分别表示在 1%、5%的水平上显著，Cons 表示常数项。

表 6－79　　绿色技术创新在绿色投资与环境绩效之间的中介效应检验结果（5）

变量	模型 （6－2）		
	CEP2		
GI1	0.0000	0.0000	0.0000
	(0.30)	(0.28)	(0.35)
Greenpatent2	0.0004 ***		
	(3.33)		
grainvgrepatent		0.0001	
		(0.53)	
graputigrepatent			0.0006 ***
			(4.24)
ControlVar	Yes	Yes	Yes
Cons	0.0126 ***	0.0124 ***	0.0127 ***
	(12.85)	(12.60)	(12.90)
Year/Industry	Yes	Yes	Yes
F 值	15.51	14.48	15.81
Adj_R^2	0.0653	0.0642	0.0661
N	7450	7450	7450

注：括号内为 t 值，*** 表示在 1%的水平上显著，Cons 表示常数项。

表 6－80　　绿色技术创新在绿色投资与环境绩效之间的中介效应检验结果（6）

变量	模型 （6－2）		
	CEP3		
GI1	0.0116	0.0115	0.0118
	(0.24)	(0.24)	(0.24)
Greenpatent2	0.0611		
	(0.46)		

变量	模型（6-2）		
	CEP3		
grainvgrepatent	0.1199		
	(0.71)		
graputigrepatent			0.0116
			(0.07)
ControlVar	Yes	Yes	Yes
Cons	5.8251***	5.7275***	5.7748***
	(5.51)	(5.43)	(5.47)
Year/Industry	Yes	Yes	Yes
F值	328.37	328.48	328.56
Adj_R²	0.3861	0.3861	0.3860
N	7450	7450	7450

注：括号内为 t 值，*** 表示在1%的水平上显著，Cons 表示常数项。

表6-81　　非绿色技术创新在绿色投资与环境绩效之间的中介效应检验结果（1）

变量	模型（6-2）		
	CEP1		
GI1	0.0001***	0.0001***	0.0001***
	(5.36)	(5.36)	(5.35)
Nogreenpatent	-0.0000		
	(-0.77)		
Nogreinvpatent		0.0000	
		(0.50)	
Nogreutipatent			-0.0000
			(-0.07)
ControlVar	Yes	Yes	Yes
Cons	-0.0002	-0.0001	-0.0001
	(-0.91)	(-0.60)	(-0.58)
Year/Industry	Yes	Yes	Yes
F值	13.26	15.43	15.46
Adj_R²	0.0658	0.0603	0.0603
N	6695	7450	7450

注：括号内为 t 值，*** 表示在1%的水平上显著，Cons 表示常数项。

表6-82 非绿色技术创新在绿色投资与环境绩效之间的中介效应检验结果（2）

变量	模型（6-2）		
	CEP2		
GI1	-0.0000 (-0.05)	0.0000 (0.26)	0.0000 (0.29)
Nogreenpatent	-0.0000 (-0.24)		
Nogreinvpatent		-0.0001 ** (-2.31)	
Nogreutipatent			-0.0000 (-0.70)
ControlVar	Yes	Yes	Yes
Cons	0.0119 *** (11.26)	0.0124 *** (12.63)	0.0124 *** (12.63)
Year/Industry	Yes	Yes	Yes
F值	9.57	14.50	14.11
Adj_R^2	0.0580	0.0647	0.0642
N	6695	7450	7450

注：括号内为t值，***、**分别表示在1%、5%的水平上显著，Cons表示常数项。

表6-83 非绿色技术创新在绿色投资与环境绩效之间的中介效应检验结果（3）

变量	模型（6-2）		
	CEP3		
GI1	0.0912 * (1.73)	-0.0120 (-0.25)	-0.0129 (-0.26)
Nogreenpatent	0.0769 (1.56)		
Nogreinvpatent		-0.0240 (-0.48)	
Nogreutipatent			-0.2548 *** (4.15)
ControlVar	Yes	Yes	Yes
Cons	4.4958 *** (3.97)	5.7909 *** (5.50)	5.4970 *** (5.21)
Year/Industry	Yes	Yes	Yes
F值	293.96	328.28	326.40

续表

变量	模型（6-2）		
	CEP3		
Adj_R^2	0.3879	0.3861	0.3874
N	6695	7450	7450

注：括号内为 t 值，***、* 分别表示在 1%、10% 的水平上显著，Cons 表示常数项。

（2）技术创新在绿色投资与企业经济绩效之间中介作用的稳健性检验。

①替换重要变量的稳健性检验。

表6-84　　整体技术创新在绿色投资与经济绩效之间的中介效应检验结果（1）

变量	模型（6-3）		
	Netprofit		
GI2	0.0115 (0.07)	0.0191 (0.11)	0.0197 (0.12)
Patent	-0.0008 (-1.32)		
Inventionpatent		0.0000 (0.04)	
Utilitypatent			0.0008 (0.76)
ControlVar	Yes	Yes	Yes
Cons	-0.0065 (-0.34)	-0.0051 (-0.26)	-0.0054 (-0.28)
Year/Industry	Yes	Yes	Yes
F 值	83.62	83.58	83.60
Adj_R^2	0.3427	0.3426	0.3427
N	7533	7533	7533

注：括号内为 t 值，Cons 表示常数项。

表6-85　　整体技术创新在绿色投资与经济绩效之间的中介效应检验结果（2）

变量	模型（6-3）		
	ROA		
GI2	0.1553** (1.97)	0.1539* (1.96)	0.1517* (1.93)

变量	模型（6-3）		
	ROA		
Patent	0. 0004 （1. 48）		
Inventionpatent		0. 0010 ** （2. 24）	
Utilitypatent			0. 0004 （0. 86）
ControlVar	Yes	Yes	Yes
Cons	0. 0258 *** （3. 04）	0. 0254 *** （3. 01）	0. 0249 *** （2. 94）
Year/Industry	Yes	Yes	Yes
F 值	80. 39	80. 81	80. 22
Adj_R^2	0. 3450	0. 3452	0. 3449
N	7533	7533	7533

注：括号内为 t 值，***、**、* 分别表示在1%、5%、10%的水平上显著，Cons 表示常数项。

表6-86　　　整体技术创新在绿色投资与经济绩效之间的中介效应检验结果（3）

变量	模型（6-3）		
	TobinQ		
GI2	-1. 6047 （-0. 99）	-1. 7516 （-1. 08）	-1. 7244 （-1. 07）
Patent	0. 0114 （1. 63）		
Inventionpatent		-0. 0167 * （-1. 65）	
Utilitypatent			-0. 0185 * （-1. 72）
ControlVar	Yes	Yes	Yes
Cons	3. 8654 *** （21. 29）	3. 8405 *** （21. 23）	3. 8541 *** （21. 29）
Year/Industry	Yes	Yes	Yes
F 值	62. 68	63. 07	62. 59
Adj_R^2	0. 3335	0. 3335	0. 3335
N	7533	7533	7533

注：括号内为 t 值，***、* 分别表示在1%、10%的水平上显著，Cons 表示常数项。

表 6 - 87　　　绿色技术创新在绿色投资与经济绩效之间的中介效应检验结果 (1)

变量	模型 (6 - 3)		
	Netprofit		
GI2	0. 0196 (0. 11)	0. 0183 (0. 11)	0. 0195 (0. 11)
Greenpatent1	- 0. 0028 (- 1. 54)		
appinvgrepatent		- 0. 0029 (- 1. 46)	
apputigrepatent			- 0. 0069 ** (- 2. 52)
ControlVar	Yes	Yes	Yes
Cons	- 0. 0074 (- 0. 39)	- 0. 0070 (- 0. 36)	- 0. 0088 (- 0. 46)
Year/Industry	Yes	Yes	Yes
F 值	83. 83	83. 74	83. 96
Adj_R^2	0. 3428	0. 3427	0. 3431
N	7533	7533	7533

注: 括号内为 t 值, ** 表示在 5% 的水平上显著, Cons 表示常数项。

表 6 - 88　　　绿色技术创新在绿色投资与经济绩效之间的中介效应检验结果 (2)

变量	模型 (6 - 3)		
	ROA		
GI2	0. 1511 * (1. 92)	0. 1517 * (1. 93)	0. 1514 * (1. 92)
Greenpatent1	0. 0011 (1. 32)		
appinvgrepatent		0. 0017 * (1. 66)	
apputigrepatent			- 0. 0010 (- 0. 92)
ControlVar	Yes	Yes	Yes
Cons	0. 0260 *** (3. 06)	0. 0261 *** (3. 08)	0. 0245 *** (2. 89)
Year/Industry	Yes	Yes	Yes

续表

变量	模型（6-3）		
	ROA		
F 值	80.44	80.48	80.28
Adj_R^2	0.3450	0.3451	0.3449
N	7533	7533	7533

注：括号内为 t 值，***、* 分别表示在 1%、10% 的水平上显著，Cons 表示常数项。

表 6 - 89　　绿色技术创新在绿色投资与经济绩效之间的中介效应检验结果（3）

变量	模型（6-3）		
	TobinQ		
GI2	-1.7224 （-1.06）	-1.6885 （-1.04）	-1.7138 （-1.60）
Greenpatent1	0.0706 *** （4.49）		
appinvgrepatent		0.0736 *** （4.03）	
apputigrepatent			0.0945 *** （4.25）
ControlVar	Yes	Yes	Yes
Cons	3.9060 *** （21.29）	3.8938 *** （21.29）	3.8980 *** （21.25）
Year/Industry	Yes	Yes	Yes
F 值	62.61	62.57	62.67
Adj_R^2	0.3342	0.3340	0.3341
N	7533	7533	7533

注：括号内为 t 值，*** 表示在 1% 的水平上显著，Cons 表示常数项。

表 6 - 90　　绿色技术创新在绿色投资与经济绩效之间的中介效应检验结果（4）

变量	模型（6-3）		
	Netprofit		
GI2	0.0141 （0.08）	0.0161 （0.09）	0.0152 （0.09）
Greenpatent2	-0.0066 *** （-3.19）		

续表

变量	模型（6-3）		
	Netprofit		
grainvgrepatent		-0.0078*** (-3.10)	
graputigrepatent			-0.0090*** (-3.37)
ControlVar		Yes	Yes
Cons	-0.0093 (-0.48)	-0.0079 (-0.41)	-0.0095 (-0.49)
Year/Industry	Yes	Yes	Yes
F值	84.26	84.08	84.14
Adj_R^2	0.3432	0.3430	0.3434
N	7533	7533	7533

注：括号内为 t 值，***表示在 1% 的水平上显著，Cons 表示常数项。

表 6-91　　绿色技术创新在绿色投资与经济绩效之间的中介效应检验结果（5）

变量	模型（6-3）		
	ROA		
GI2	0.1506* (1.91)	0.1514* (1.92)	0.1502* (1.91)
Greenpatent2	-0.0009 (-0.99)		
grainvgrepatent		0.0003 (0.25)	
graputigrepatent			-0.0026** (-2.38)
ControlVar	Yes	Yes	Yes
Cons	0.0244*** (2.88)	0.0251*** (2.97)	0.0237*** (2.80)
Year/Industry	Yes	Yes	Yes
F值	80.28	80.31	80.28
Adj_R^2	0.3449	0.3449	0.3452
N	7533	7533	7533

注：括号内为 t 值，***、**、*分别表示在 1%、5%、10% 的水平上显著，Cons 表示常数项。

表6-92 绿色技术创新在绿色投资与经济绩效之间的中介效应检验结果（6）

变量	模型（6-3）		
	TobinQ		
GI2	-1.6557 (-1.02)	-1.6755 (-1.03)	-1.6749 (-1.03)
Greenpatent2	0.0698 *** (3.74)		
grainvgrepatent		0.0848 *** (3.22)	
graputigrepatent			0.0766 *** (3.44)
ControlVar	Yes	Yes	Yes
Cons	3.8911 *** (21.30)	3.8776 *** (21.34)	3.8839 *** (21.23)
Year/Industry	Yes	Yes	Yes
F 值	62.55	62.54	62.61
Adj_R²	0.3339	0.3337	0.3338
N	7533	7533	7533

注：括号内为 t 值，*** 表示在1%的水平上显著，Cons 表示常数项。

表6-93 非绿色技术创新在绿色投资与经济绩效之间的中介效应检验结果（1）

变量	模型（6-3）		
	Netprofit		
GI2	-0.0360 (-0.19)	-0.0082 (-0.04)	-0.0051 (-0.03)
Nogreenpatent	-0.0002 (-0.30)		
Nogreinvpatent		0.0000 (0.01)	
Nogreutipatent			0.0005 (0.46)
ControlVar	Yes	Yes	Yes
Cons	-0.0095 (-0.46)	-0.0105 (-0.51)	-0.0080 (-0.38)
Year/Industry	Yes	Yes	Yes

续表

变量	模型（6-3）		
	Netprofit		
F 值	72. 55	75. 01	75. 68
Adj_R^2	0. 3383	0. 3386	0. 3411
N	6772	6948	6935

注：括号内为 t 值，Cons 表示常数项。

表6-94　非绿色技术创新在绿色投资与经济绩效之间的中介效应检验结果（2）

变量	模型（6-3）		
	ROA		
GI2	0. 1465 * （1. 69）	0. 1517 * （1. 81）	0. 1504 * （1. 78）
Nogreenpatent	0. 0008 ** （2. 04）		
Nogreinvpatent		0. 0011 ** （2. 42）	
Nogreutipatent			0. 0005 （0. 93）
ControlVar	Yes	Yes	Yes
Cons	0. 0253 *** （2. 78）	0. 0238 *** （2. 66）	0. 0267 *** （2. 93）
Year/Industry	Yes	Yes	Yes
F 值	69. 92	72. 76	73. 12
Adj_R^2	0. 3381	0. 3391	0. 3410
N	6772	6948	6935

注：括号内为 t 值，***、**、* 分别表示在1%、5%、10%的水平上显著，Cons 表示常数项。

表6-95　非绿色技术创新在绿色投资与经济绩效之间的中介效应检验结果（3）

变量	模型（6-3）		
	TobinQ		
GI2	-10628 （-0. 58）	-1. 0784 （-0. 62）	-1. 6545 （-0. 93）
Nogreenpatent	-0. 0159 * （-1. 77）		

续表

变量	模型（6－3）		
	TobinQ		
Nogreinvpatent	－0.0134 （－1.25）		
Nogreutipatent			－0.0143 （－1.30）
ControlVar	Yes	Yes	Yes
Cons	3.9656*** （19.92）	3.9150*** （20.07）	3.9973*** （20.35）
Year/Industry	Yes	Yes	Yes
F 值	54.98	57.14	56.10
Adj_R^2	0.3297	0.3305	0.3311
N	6772	6948	6935

注：括号内为 t 值，***、*分别表示在1%、10%的水平上显著，Cons 表示常数项。

②调整控制变量的稳健性检验。

表6－96　　整体技术创新在绿色投资与经济绩效之间的中介效应检验结果（1）

变量	模型（6－3）		
	Netprofit		
GI1	－0.0006 （－0.71）	－0.0005 （－0.64）	－0.0005 （－0.65）
Patent	－0.0010 （－1.47）		
Inventionpatent		－0.0000 （－0.00）	
Utilitypatent			0.0009 （0.82）
ControlVar	Yes	Yes	Yes
Cons	0.0100 （0.48）	0.0115 （0.56）	0.0110 （0.54）
Year/Industry	Yes	Yes	Yes
F 值	74.83	74.83	74.83
Adj_R^2	0.3257	0.3255	0.3256
N	7450	7450	7450

注：括号内为 t 值，Cons 表示常数项。

表6-97　　整体技术创新在绿色投资与经济绩效之间的中介效应检验结果（2）

变量	模型（6-3）		
	ROA		
GI1	0.0011 ***	0.0010 ***	0.0010 ***
	（2.93）	（2.90）	（2.87）
Patent	0.0004		
	（1.38）		
Inventionpatent		0.0010 **	
		（2.23）	
Utilitypatent			0.0004
			（0.75）
ControlVar	Yes	Yes	Yes
Cons	0.0318 ***	0.0314 ***	0.0309 ***
	（3.60）	（3.57）	（3.51）
Year/Industry	Yes	Yes	Yes
F 值	76.60	77.05	76.40
Adj_R²	0.3399	0.3402	0.3398
N	7450	7450	7450

注：括号内为 t 值，*** 、** 分别表示在 1%、5% 的水平上显著，Cons 表示常数项。

表6-98　　整体技术创新在绿色投资与经济绩效之间的中介效应检验结果（3）

变量	模型（6-3）		
	TobinQ		
GI1	-0.0178 ***	-0.0186 ***	-0.0184 ***
	（-2.69）	（-2.80）	（-2.77）
Patent	0.0118 *		
	（1.67）		
Inventionpatent		-0.0171 *	
		（-1.68）	
Utilitypatent			-0.0194 *
			（-1.80）
ControlVar	Yes	Yes	Yes
Cons	3.6154 ***	3.5901 ***	3.6057 ***
	（19.81）	（19.77）	（19.83）
Year/Industry	Yes	Yes	Yes

续表

变量	模型（6－3）		
	TobinQ		
F 值	58.58	58.99	58.52
Adj_R^2	0.3291	0.3291	0.3291
N	7450	7450	7450

注：括号内为t值，***、*分别表示在1%、10%的水平上显著，Cons表示常数项。

表6－99　　绿色技术创新在绿色投资与经济绩效之间的中介效应检验结果（1）

变量	模型（6－3）		
	Netprofit		
GI1	-0.0005 (-0.62)	-0.0005 (-0.62)	-0.0005 (-0.65)
Greenpatent1	-0.0034* (-1.84)		
appinvgrepatent		-0.0039* (-1.88)	
apputigrepatent			-0.0075*** (-2.72)
ControlVar	Yes	Yes	Yes
Cons	0.0083 (0.40)	0.0087 (0.42)	0.0071 (0.34)
Year/Industry	Yes	Yes	Yes
F 值	75.03	74.96	75.11
Adj_R^2	0.3258	0.3257	0.3261
N	7450	7450	7450

注：括号内为t值，***、*分别表示在1%、10%的水平上显著，Cons表示常数项。

表6－100　　绿色技术创新在绿色投资与经济绩效之间的中介效应检验结果（2）

变量	模型（6－3）		
	ROA		
GI1	0.0010*** (2.86)	0.0010*** (2.86)	0.0010*** (2.87)
Greenpatent1	0.0009 (1.08)		

续表

变量	模型（6-3）		
	ROA		
appinvgrepatent	0.0014 (1.40)		
apputigrepatent			-0.0012 (-1.11)
ControlVar	Yes	Yes	Yes
Cons	0.0320*** (3.61)	0.0322*** (3.63)	0.0304*** (3.43)
Year/Industry	Yes	Yes	Yes
F 值	76.60	76.66	76.44
Adj_R^2	0.3399	0.3399	0.3399
N	7450	7450	7450

注：括号内为 t 值，*** 表示在 1% 的水平上显著，Cons 表示常数项。

表 6-101　　绿色技术创新在绿色投资与经济绩效之间的中介效应检验结果（3）

变量	模型（6-3）		
	TobinQ		
GI1	-0.0188*** (-2.85)	-0.0187*** (-2.83)	-0.0183*** (-2.77)
Greenpatent1	0.0736*** (4.68)		
appinvgrepatent		0.0792*** (4.33)	
apputigrepatent			0.0955*** (4.26)
ControlVar	Yes	Yes	Yes
Cons	3.6637*** (19.90)	3.6529*** (19.88)	3.6517*** (19.86)
Year/Industry	Yes	Yes	Yes
F 值	58.53	58.50	58.58
Adj_R^2	0.3299	0.3297	0.3298
N	7450	7450	7450

注：括号内为 t 值，*** 表示在 1% 的水平上显著，Cons 表示常数项。

表 6 - 102　　　绿色技术创新在绿色投资与经济绩效之间的中介效应检验结果（4）

变量	模型（6 - 3）		
	Netprofit		
GI1	- 0. 0005 (- 0. 66)	- 0. 0005 (- 0. 62)	- 0. 0006 (- 0. 71)
Greenpatent2	- 0. 0080 *** (- 3. 76)		
grainvgrepatent		- 0. 0100 *** (- 3. 93)	
graputigrepatent			- 0. 0103 *** (- 3. 77)
ControlVar	Yes	Yes	Yes
Cons	0. 0057 (0. 28)	0. 0070 (0. 34)	0. 0060 (0. 29)
Year/Industry	Yes	Yes	Yes
F 值	75. 49	75. 32	75. 33
Adj_R^2	0. 3264	0. 3262	0. 3265
N	7450	7450	7450

注：括号内为 t 值，*** 表示在 1% 的水平上显著，Cons 表示常数项。

表 6 - 103　　绿色技术创新在绿色投资与经济绩效之间的中介效应检验结果（5）

变量	模型（6 - 3）		
	ROA		
GI1	0. 0010 *** (2. 88)	0. 0010 *** (2. 88)	0. 0010 *** (2. 84)
Greenpatent2	- 0. 0012 (- 1. 25)		
grainvgrepatent		- 0. 0003 (- 0. 23)	
graputigrepatent			0. 0028 ** (2. 49)
ControlVar	Yes	Yes	Yes
Cons	0. 0303 *** (3. 42)	0. 0310 *** (3. 51)	0. 0296 *** (3. 35)
Year/Industry	Yes	Yes	Yes

续表

变量	模型 (6-3)		
	ROA		
F 值	76.46	76.49	76.45
Adj_R^2	0.3399	0.3398	0.3402
N	7450	7450	7450

注: 括号内为 t 值, ***、** 分别表示在 1%、5% 的水平上显著, Cons 表示常数项。

表 6-104 　　绿色技术创新在绿色投资与经济绩效之间的中介效应检验结果 (6)

变量	模型 (6-3)		
	TobinQ		
GI1	-0.0183 *** (-2.77)	-0.0186 *** (-2.81)	-0.0180 *** (-2.73)
Greenpatent2	0.0752 *** (4.02)		
grainvgrepatent		0.0952 *** (3.60)	
graputigrepatent			0.0797 *** (3.56)
ControlVar	Yes	Yes	Yes
Cons	3.6497 *** (19.91)	3.6379 *** (19.92)	3.6381 *** (19.82)
Year/Industry	Yes	Yes	Yes
F 值	58.47	58.48	58.51
Adj_R^2	0.3296	0.3294	0.3294
N	7450	7450	7450

注: 括号内为 t 值, *** 表示在 1% 的水平上显著, Cons 表示常数项。

表 6-105 　　非绿色技术创新在绿色投资与经济绩效之间的中介效应检验结果 (1)

变量	模型 (6-3)		
	Netprofit		
GI1	-0.0005 (-0.60)	-0.0006 (-0.67)	-0.0007 (-0.72)
Nogreenpatent	-0.0001 (-0.06)		

续表

变量	模型（6-3）		
	Netprofit		
Nogreinvpatent	0.0005 （0.50）		
Nogreutipatent			-0.0003 （-0.30）
ControlVar	Yes	Yes	Yes
Cons	0.0028 （0.13）	0.0060 （0.27）	0.0026 （0.12）
Year/Industry	Yes	Yes	Yes
F 值	66.93	67.43	64.60
Adj_R^2	0.3228	0.3245	0.3222
N	6870	6859	6695

注：括号内为 t 值，Cons 表示常数项。

表 6-106　非绿色技术创新在绿色投资与经济绩效之间的中介效应检验结果（2）

变量	模型（6-3）		
	ROA		
GI1	0.0010*** （2.68）	0.0010** （2.45）	0.0010** （2.43）
Nogreenpatent	0.0011** （2.39）		
Nogreinvpatent		0.0004 （0.81）	
Nogreutipatent			0.0008** （2.00）
ControlVar	Yes	Yes	Yes
Cons	0.0287*** （3.04）	0.0317*** （3.34）	0.0291*** （3.04）
Year/Industry	Yes	Yes	Yes
F 值	69.40	69.74	66.73
Adj_R^2	0.3350	0.3367	0.3341
N	6870	6859	6695

注：括号内为 t 值，***、** 分别表示在 1%、5% 的水平上显著，Cons 表示常数项。

表 6 - 107　　　　非绿色技术创新在绿色投资与经济绩效之间的中介效应检验结果（3）

变量	模型（6 - 3）		
	TobinQ		
GI1	- 0. 0137 * （ - 1. 82）	- 0. 0149 * （ - 1. 96）	- 0. 0129 （ - 1. 65）
Nogreenpatent	- 0. 0136 （ - 1. 27）		
Nogreinvpatent		- 0. 0148 （ - 1. 35）	
Nogreutipatent			- 0. 0162 * （ - 1. 78）
ControlVar	Yes	Yes	Yes
Cons	3. 6850 *** （18. 70）	3. 7449 *** （19. 06）	3. 7271 *** （18. 58）
Year/Industry	Yes	Yes	Yes
F 值	53. 35	52. 33	51. 25
Adj_R^2	0. 3258	0. 3265	0. 3248
N	6870	6859	6695

注：括号内为 t 值，***、* 分别表示在 1%、10% 的水平上显著，Cons 表示常数项。

3. 绿色投资动因对技术创新作用的调节效应稳健性检验

（1）环境规制的作用。

表 6 - 108　　　　环境规制对绿色投资与整体技术创新关系的调节效应检验结果

变量	模型（6 - 4）					
	Patent	Inventionpatent	Utilitypatent	Patent	Inventionpatent	Utilitypatent
GI2	- 11. 1235 （ - 0. 86）	- 3. 4730 （ - 0. 37）	- 3. 3542 （ - 0. 52）	1. 6258 （0. 20）	1. 4506 （0. 33）	0. 3204 （0. 07）
Reg1	- 0. 05870 *** （ - 2. 70）	- 0. 0320 ** （ - 2. 22）	0. 0100 （0. 88）			
GI2 × Reg1	0. 5964 （0. 18）	0. 2390 （0. 10）	0. 6222 （0. 37）			
Reg2				0. 0158 ** （2. 36）	0. 0068 * （1. 68）	0. 0050 （1. 50）
GI2 × Reg2				- 0. 7989 （ -133）	- 0. 3080 （ - 0. 88）	- 0. 0924 （ - 0. 27）
ControlVar	Yes	Yes	Yes	Yes	Yes	Yes

续表

变量	模型（6-4）					
	Patent	Inventionpatent	Utilitypatent	Patent	Inventionpatent	Utilitypatent
Cons	-1.4538*** (-5.34)	-0.2412 (-1.25)	0.3750** (2.38)	-1.7658*** (-6.45)	-0.4019** (-2.12)	0.3800** (2.45)
Year/Industry	Yes	Yes	Yes	Yes	Yes	Yes
F值	29.43	37.27	17.68	29.49	37.29	17.61
Adj_R^2	0.1343	0.1524	0.1070	0.1340	0.1521	0.1071
N	7533	7533	7533	7533	7533	7533

注：括号内为 t 值，***、**、* 分别表示在 1%、5%、10% 的水平上显著，Cons 表示常数项。

表 6-109 环境规制对绿色投资与绿色技术创新关系的调节效应检验结果（1）

变量	模型（6-4）					
	申请专利			授权专利		
	Greenpatent1	appinvgrepatent	apputigrepatent	Greenpatent2	grainvgrepatent	graputigrepatent
GI2	-9.4598 (-1.55)	9.3598** (2.17)	6.8191 (1.35)	13.0660*** (2.67)	5.7592* (1.96)	13.0460*** (3.09)
Reg1	0.0232*** (2.97)	0.0247*** (3.95)	0.0163*** (2.73)	0.0244*** (3.66)	0.0206*** (4.61)	0.0214*** (3.71)
GI2 × Reg1	2.5256 (1.59)	2.3794** (2.10)	1.7983 (1.36)	3.2145** (2.48)	1.4118* (1.89)	3.2889*** (2.89)
ControlVar	Yes	Yes	Yes	Yes	Yes	Yes
Cons	-0.7624*** (-7.41)	-0.5555*** (-6.98)	-0.4877*** (-6.23)	-0.5543*** (-6.39)	-0.2942*** (-5.31)	-0.4142*** (-5.52)
Year/Industry	Yes	Yes	Yes	Yes	Yes	Yes
F值	20.60	16.45	13.20	16.54	9.55	12.22
Adj_R^2	0.2240	0.2257	0.2156	0.2265	0.2414	0.2086
N	7533	7533	7533	7533	7533	7533

注：括号内为 t 值，***、**、* 分别表示在 1%、5%、10% 的水平上显著，Cons 表示常数项。

表 6-110 环境规制对绿色投资与绿色技术创新关系的调节效应检验结果（2）

变量	模型（6-4）					
	申请专利			授权专利		
	Greenpatent1	appinvgrepatent	apputigrepatent	Greenpatent2	grainvgrepatent	graputigrepatent
GI2	4.9677* (1.68)	4.5477* (1.91)	3.4864* (1.72)	4.6607* (1.94)	4.5464*** (2.63)	2.8282 (1.53)

续表

变量	模型（6-4）					
	申请专利			授权专利		
	Greenpatent1	appinvgrepatent	apputigrepatent	Greenpatent2	grainvgrepatent	graputigrepatent
Reg2	0.0055 **	0.0051 **	0.0057 ***	0.0053 **	0.0070 ***	0.0030
	（2.00）	（2.19）	（2.87）	（2.21）	（4.39）	（1.44）
GI2 × Reg2	−0.3582	0.3621 **	−0.2568	0.4073 **	0.3703 ***	−0.2453
	（−1.51）	（1.96）	（−1.49）	（2.08）	（2.75）	（−1.56）
ControlVar	Yes	Yes	Yes	Yes	Yes	Yes
Cons	−0.8824 ***	−0.6786 ***	−0.5832 ***	−0.6773 ***	−0.4150 ***	−0.5097 ***
	（−8.28）	（−8.02）	（−7.36）	（−7.55）	（−6.88）	（−6.69）
Year/Industry	Yes	Yes	Yes	Yes	Yes	Yes
F 值	20.32	16.17	13.04	16.23	9.31	12.09
Adj_R^2	0.2236	0.2249	0.2157	0.2256	0.2417	0.2069
N	7533	7533	7533	7533	7533	7533

注：括号内为 t 值，*** 、** 、* 分别表示在 1%、5%、10% 的水平上显著，Cons 表示常数项。

表 6-111　　环境规制对绿色投资与非绿色技术创新关系的调节效应检验结果

变量	模型（6-4）					
	Nogreenpatent	Nogreinvpatent	Nogreutipatent	Nogreenpatent	Nogreinvpatent	Nogreutipatent
GI2	−6.4945	−8.0537	−4.6088	2.1850	2.4669	2.1066
	（−0.56）	（−0.79）	（−0.63）	（0.32）	（0.50）	（0.38）
Reg1	−0.0226	−0.0389 **	0.0042			
	（−1.28）	（−2.55）	（0.35）			
GI2 × Reg1	0.7099	1.1421	0.9324			
	（0.24）	（0.46）	（0.48）			
Reg2				−0.0091 *	−0.0083 *	−0.0068 *
				（−1.65）	（−1.82）	（−1.78）
GI2 × Reg2				−0.4508	−0.4677	−0.2336
				（−0.86）	（−1.20）	（−0.58）
ControlVar	Yes	Yes	Yes	Yes	Yes	Yes
Cons	−0.6264 ***	−0.6413 ***	0.1188	−0.7685 ***	−0.8352 ***	0.0873
	（−2.62）	（−3.10）	（0.69）	（−3.24）	（−4.08）	（0.52）
Year/Industry	Yes	Yes	Yes	Yes	Yes	Yes
F 值	43.03	39.30	18.39	43.03	39.34	18.35

续表

变量	模型（6-4）					
	Nogreenpatent	Nogreinvpatent	Nogreutipatent	Nogreenpatent	Nogreinvpatent	Nogreutipatent
Adj_R^2	0.1852	0.1688	0.1184	0.1853	0.1683	0.1186
N	6772	6948	6935	6772	6948	6935

注：括号内为 t 值，***、**、* 分别表示在 1%、5%、10% 的水平上显著，Cons 表示常数项。

（2）竞争战略的作用。

表 6-112　　竞争战略对绿色投资与整体技术创新关系的调节效应检验结果（1）

变量	模型（6-5）		
	Patent	Inventionpatent	Utilitypatent
GI2	8.9270**	6.2820**	1.3131
	(2.30)	(2.48)	(0.54)
CL1	-0.2001***	-0.1355**	-0.0687
	(-2.80)	(-2.48)	(-1.59)
GI2×CL1	-2.9308	16.3844	-14.7646*
	(-0.22)	(1.47)	(-1.86)
DS1	85.2377*	-6.8914	10.7194
	(1.80)	(-0.18)	(0.35)
GI2×DS1	123.3719	227.3163**	702.6804
	(1.03)	(2.05)	(0.72)
ControlVar	Yes	Yes	Yes
Cons	-1.6055***	-0.3256*	0.4378***
	(-5.97)	(-1.72)	(2.83)
Year/Industry	Yes	Yes	Yes
F 值	28.34	35.53	16.88
Adj_R^2	0.1346	0.1529	0.1075
N	7533	7533	7533

注：括号内为 t 值，***、**、* 分别表示在 1%、5%、10% 的水平上显著，Cons 表示常数项。

表 6-113　　竞争战略对绿色投资与整体技术创新关系的调节效应检验结果（2）

变量	模型（6-5）		
	Patent	Inventionpatent	Utilitypatent
GI2	-5.1291	1.4124	4.4528
	(-1.40)	(0.43)	(1.57)

变量	模型（6-5）		
	Patent	Inventionpatent	Utilitypatent
CL2	-0.0298 (-0.16)	0.0385 (0.25)	-0.1710* (-1.72)
GI2 × CL2	-37.0509 (-0.97)	-36.3741 (-1.25)	-27.3024 (-1.44)
DS2	0.1452*** (12.22)	0.1226*** (13.19)	0.0667*** (8.79)
GI2 × DS2	-0.4698 (-0.34)	-0.5572 (-0.49)	1.8742** (2.07)
ControlVar	Yes	Yes	Yes
Cons	-2.1019*** (-7.57)	-0.7524*** (-3.78)	0.2746* (1.69)
Year/Industry	Yes	Yes	Yes
F 值	32.39	39.00	18.29
Adj_R^2	0.1534	0.1798	0.1182
N	7533	7533	7533

注：括号内为 t 值，***、**、* 分别表示在 1%、5%、10% 的水平上显著，Cons 表示常数项。

表6-114　　竞争战略对绿色投资与绿色技术创新关系的调节效应检验结果（1）

变量	模型（6-5）					
	申请专利			授权专利		
	Greenpatent1	appinvgrepatent	apputigrepatent	Greenpatent2	grainvgrepatent	graputigrepatent
GI2	0.6172 (0.38)	1.9750 (1.63)	0.5755 (0.45)	1.5103 (1.15)	1.6784** (2.15)	-0.1551 (-0.14)
CL1	-0.0144 (-0.62)	-0.0044 (-0.22)	-0.0100 (-0.61)	-0.0226 (-1.14)	-0.0129 (-0.86)	-0.0128 (-0.82)
GI2 × CL1	5.4009 (1.01)	10.4003** (2.32)	-2.7979 (-0.73)	4.4464 (1.10)	7.4701** (2.51)	-1.6032 (-0.51)
DS1	9.1734 (0.75)	5.6635 (0.57)	1.9007 (0.23)	1.9269 (0.19)	-3.5134 (-0.56)	-2.2074 (-0.26)
GI2 × DS1	-229.8142 (0.69)	-108.2870 (-0.45)	-990.8603 (-0.36)	209.1584 (0.54)	845.2469 (0.54)	-105.5428 (-0.04)
ControlVar	Yes	Yes	Yes	Yes	Yes	Yes

续表

变量	模型（6-5）					
	申请专利			授权专利		
	Greenpatent1	appinvgrepatent	apputigrepatent	Greenpatent2	grainvgrepatent	graputigrepatent
Cons	−0.8417 ***	−0.6462 ***	−0.5399 ***	−0.6336 ***	−0.3662 ***	−0.4826 ***
	（−8.11）	（−7.94）	（−6.95）	（−7.25）	（−6.38）	（6.47）
Year/Industry	Yes	Yes	Yes	Yes	Yes	Yes
F 值	19.43	15.43	12.53	15.53	8.85	11.63
Adj_R^2	0.2232	0.2245	0.2148	0.2250	0.2397	0.2066
N	7533	7533	7533	7533	7533	7533

注：括号内为 t 值，***、** 分别表示在1%、5%的水平上显著，Cons 表示常数项。

表6-115　竞争战略对绿色投资与绿色技术创新关系的调节效应检验结果（2）

变量	模型（6-5）					
	申请专利			授权专利		
	Greenpatent1	appinvgrepatent	apputigrepatent	Greenpatent2	grainvgrepatent	graputigrepatent
GI2	1.3639	2.8616 *	0.4202	1.3519	−1.0344	−0.2611
	（0.70）	（1.86）	（0.29）	（0.87）	（−1.09）	（−0.19）
CL2	0.0635	0.0573	0.0315	−0.0202	0.0688 *	0.0438
	（1.05）	（1.15）	（0.83）	（−1.03）	（1.84）	（1.14）
GI2 × CL2	−5.9287	11.6514	−17.6031 *	−9.3302	1.1663	−15.0551 *
	（−0.41）	（0.95）	（−1.76）	（−0.86）	（0.17）	（−1.69）
DS2	0.0088 **	0.0068 **	0.0011	1.6629	0.0008	0.0022
	（2.44）	（2.30）	（0.43）	（0.17）	（0.45）	（0.94）
GI2 × DS2	1.3235 **	0.9156 **	0.8357 **	0.9203 **	0.3604	0.8036 **
	（2.37）	（2.00）	（2.17）	（2.22）	（1.54）	（2.21）
ControlVar	Yes	Yes	Yes	Yes	Yes	Yes
Cons	−0.8969 ***	−0.6920 ***	−0.5560 ***	−0.6312 ***	−0.3970 ***	−0.5085 ***
	（−8.35）	（−8.27）	（−6.91）	（−7.22）	（−6.62）	（−6.53）
Year/Industry	Yes	Yes	Yes	Yes	Yes	Yes
F 值	19.82	15.78	12.72	15.55	8.95	11.82
Adj_R^2	0.2244	0.2257	0.2152	0.2253	0.2398	0.2072
N	7533	7533	7533	7533	7533	7533

注：括号内为 t 值，***、**、* 分别表示在1%、5%、10%的水平上显著，Cons 表示常数项。

表6-116　　竞争战略对绿色投资与非绿色技术创新关系的调节效应检验结果（1）

变量	模型（6-5）		
	Nogreenpatent	Nogreinvpatent	Nogreutipatent
GI2	-7.8184 ***	1.5220	-5.4321
	（-2.95）	（0.58）	（-1.58）
CL1	-0.1470 ***	-0.0845 *	-0.1953 ***
	（-2.64）	（-1.90）	（-3.05）
GI2 × CL1	18.3963	-16.0754 *	4.0318
	（1.63）	（-1.94）	（0.33）
DS1	-12.2730	6.3074	13.9303
	（-0.32）	（0.20）	（0.31）
GI2 × DS1	235.8163 **	734.3815	220.7462 *
	（2.15）	（0.74）	（1.71）
ControlVar	Yes	Yes	Yes
Cons	-0.7414 ***	0.1642	-0.6491 ***
	（-3.63）	（0.97）	（-2.75）
Year/Industry	Yes	Yes	Yes
F 值	37.45	17.59	41.04
Adj_R^2	0.1693	0.1190	0.1863
N	6772	6948	6935

注：括号内为 t 值，***、**、* 分别表示在1%、5%、10%的水平上显著，Cons 表示常数项。

表6-117　　竞争战略对绿色投资与非绿色技术创新关系的调节效应检验结果（2）

变量	模型（6-5）		
	Nogreenpatent	Nogreinvpatent	Nogreutipatent
GI2	-0.4993	4.6261	3.5435
	（-0.14）	（1.50）	（0.82）
CL2	0.0170	-0.1701 *	-0.0875
	（0.11）	（-1.69）	（-0.51）
GI2 × CL2	-32.7862	-33.1860	-67.4002 *
	（-1.06）	（-1.59）	（-1.92）
DS2	0.1272 ***	0.0691 ***	0.1532 ***
	（13.15）	（8.71）	（13.83）
GI2 × DS2	-0.2091	-1.5819	-0.6738
	（-0.18）	（-1.60）	（-0.48）
ControlVar	Yes	Yes	Yes

续表

变量	模型 (6-5)		
	Nogreenpatent	Nogreinvpatent	Nogreutipatent
Cons	-1.1655 *** (-5.46)	-0.0014 (-0.01)	-1.1205 *** (-4.57)
Year/Industry	Yes	Yes	Yes
F 值	41.21	19.00	45.68
Adj_R^2	0.1975	0.1301	0.2156
N	6772	6948	6935

注：括号内为 t 值，*** 、* 分别表示在 1% 、10% 的水平上显著，Cons 表示常数项。

4. 内生性检验结果

表 6-118　　基于自变量滞后一期的绿色投资对技术创新影响的检验结果（1）

变量	模型 (6-1)					
	整体技术创新			非绿色技术创新		
	Patent	Inventionpatent	Utilitypatent	Nogreenpatent	Nogreinvpatent	Nogreutipatent
L. GI1	-0.0615 *** (-3.97)	-0.0159 (-1.51)	0.0020 (0.22)	-0.0108 (-0.75)	-0.0219 * (-1.93)	0.0072 (0.73)
ControlVar	Yes	Yes	Yes	Yes	Yes	Yes
Cons	-1.3519 *** (-4.40)	-0.1820 (-0.83)	0.6150 *** (3.54)	-0.4118 (-1.51)	0.4518 * (1.94)	1.1685 *** (6.11)
Year/Industry	Yes	Yes	Yes	Yes	Yes	Yes
F 值	27.93	35.85	17.91	40.53	33.64	18.29
Adj_R^2	0.1380	0.1494	0.1057	0.1821	0.1624	0.1287
N	6345	6345	6345	5664	6345	6345

注：括号内为 t 值，*** 、* 分别表示在 1% 、10% 的水平上显著，Cons 表示常数项。

表 6-119　　基于自变量滞后一期的绿色投资对技术创新影响的检验结果（2）

变量	模型 (6-1)					
	申请专利			授权专利		
	Greenpatent1	appinvgrepatent	apputigrepatent	Greenpatent2	grainvgrepatent	graputigrepatent
L. GI1	0.0374 *** (5.64)	0.0292 *** (5.40)	0.0160 *** (3.31)	0.0234 *** (4.09)	0.0146 *** (3.76)	0.0141 *** (2.96)

续表

变量	模型（6-1）					
	申请专利			授权专利		
	Greenpatent1	appinvgrepatent	apputigrepatent	Greenpatent2	grainvgrepatent	graputigrepatent
ControlVar	Yes	Yes	Yes	Yes	Yes	Yes
Cons	-0.8140*** (-6.66)	-0.6338*** (-6.58)	-0.5535*** (-6.12)	-0.6495*** (-6.41)	-0.3843*** (-5.92)	-0.4991*** (-5.72)
Year/Industry	Yes	Yes	Yes	Yes	Yes	Yes
F 值	21.21	16.55	13.68	16.56	9.42	12.50
Adj_R²	0.2375	0.2374	0.2311	0.2380	0.2547	0.2216
N	6345	6345	6345	6345	6345	6345

注：括号内为 t 值，*** 表示在 1% 的水平上显著，Cons 表示常数项。

表 6-120   基于固定效应模型的绿色投资对技术创新影响的检验结果（1）

变量	模型（6-1）					
	整体技术创新			非绿色技术创新		
	Patent	Inventionpatent	Utilitypatent	Nogreenpatent	Nogreinvpatent	Nogreutipatent
GI1	-0.0217 (-1.47)	0.0100 (0.93)	0.0188** (2.10)	0.0148 (1.11)	0.0105 (0.94)	0.0146 (1.50)
ControlVar	Yes	Yes	Yes	Yes	Yes	Yes
Cons	0.1724 (0.03)	0.0529	-1.2905 (-0.38)	1.4277 (0.32)	0.6003 (0.15)	-1.1799 (-0.34)
Year	Yes	Yes	Yes	Yes	Yes	Yes
F 值	18.00	18.60	8.83	20.71	11.74	4.80
Adj_R²	0.0557	0.0574	0.0281	0.0713	0.0370	0.0155
N	7533	7533	7533	6772	7533	7533

注：括号内为 t 值，** 表示在 5% 的水平上显著，Cons 表示常数项。

表 6-121   基于固定效应模型的绿色投资对技术创新影响的检验结果（2）

变量	模型（6-1）					
	申请专利			授权专利		
	Greenpatent1	appinvgrepatent	apputigrepatent	Greenpatent2	grainvgrepatent	graputigrepatent
GI1	0.0014* (1.34)	-0.0005 (-0.16)	0.0042* (1.30)	0.0012* (1.32)	0.0032 (1.25)	0.0006* (1.19)
ControlVar	Yes	Yes	Yes	Yes	Yes	Yes

续表

变量	模型（6-1）					
	申请专利			授权专利		
	Greenpatent1	appinvgrepatent	apputigrepatent	Greenpatent2	grainvgrepatent	graputigrepatent
Cons	-0.3311	-0.5475	-0.1106	0.8791	-0.2761	1.0289
	(-0.22)	(-0.45)	(-0.09)	(0.67)	(-0.30)	(0.89)
Year	Yes	Yes	Yes	Yes	Yes	Yes
F值	10.34	8.96	6.41	11.96	9.00	6.91
Adj_R²	0.0328	0.0285	0.0206	0.0377	0.0286	0.0221
N	7533	7533	7533	7533	7533	7533

注：括号内为t值，*表示在10%的水平上显著，Cons表示常数项。

表6-122　　基于Heckman两阶段模型的绿色投资对技术创新影响的检验结果（1）

变量	模型（6-1）					
	整体技术创新			非绿色技术创新		
	Patent	Inventionpatent	Utilitypatent	Nogreenpatent	Nogreinvpatent	Nogreutipatent
GI1	0.0106	0.0161	-0.0013	-0.0404	-0.0498 **	-0.0293
	(0.35)	(0.76)	(-0.07)	(-1.37)	(-2.18)	(-1.43)
IMR	-0.3072 **	0.3263 ***	0.2369 **	2.3956	-0.8568	0.7302
	(-1.98)	(2.94)	(2.26)	(1.31)	(-0.54)	(0.53)
ControlVar	Yes	Yes	Yes	Yes	Yes	Yes
Cons	-2.2540	-2.8371	-0.4301	-8.2964 *	2.6830	-1.2413
	(-0.43)	(-0.76)	(-1.23)	(-1.66)	(0.63)	(-0.33)
Year/Industry	Yes	Yes	Yes	Yes	Yes	Yes
F值	11.59	10.57	4.71	11.78	49.22	85.36
Adj_R²	0.1730	0.1816	0.1162	0.2361	0.1600	0.1241
N	1900	1900	1900	1590	1900	1900

注：括号内为t值，***、**、*分别表示在1%、5%、10%的水平上显著，Cons表示常数项。

表6-123　　基于Heckman两阶段模型的绿色投资对技术创新影响的检验结果（2）

变量	模型（6-1）					
	申请专利			授权专利		
	Greenpatent1	appinvgrepatent	apputigrepatent	Greenpatent2	grainvgrepatent	graputigrepatent
GI1	0.0492 ***	0.0366 ***	0.0296 ***	0.0318 ***	0.0217 ***	0.0223 **
	(3.95)	(3.73)	(3.16)	(2.99)	(3.26)	(2.44)

续表

变量	模型（6-1）					
	申请专利			授权专利		
	Greenpatent1	appinvgrepatent	apputigrepatent	Greenpatent2	grainvgrepatent	graputigrepatent
IMR	1. 6910 * （1. 79）	1. 6932 ** （2. 11）	0. 8249 （1. 35）	2. 1363 *** （2. 86）	1. 2251 ** （2. 44）	1. 4390 ** （2. 37）
ControlVar	Yes	Yes	Yes	Yes	Yes	Yes
Cons	− 5. 8373 ** （ − 2. 28）	− 5. 5201 ** （2. 11）	− 3. 0596 * （ − 1. 81）	− 6. 6710 *** （ − 3. 26）	− 3. 7126 *** （ − 2. 72）	− 4. 6845 *** （ − 2. 79）
Year/Industry	Yes	Yes	Yes	Yes	Yes	Yes
F 值	186. 92	77. 47	493. 97	31. 67	29. 02	18. 02
Adj_R^2	0. 2211	0. 2028	0. 2243	0. 2330	0. 2436	0. 2167
N	1900	1900	1900	1900	1900	1900

注：括号内为 t 值，*** 、** 、* 分别表示在 1% 、5% 、10% 的水平上显著，Cons 表示常数项。

后 记

本书是在我的博士学位论文的基础上修改完成的。在我整理即将付梓这项于我而言至关重要的研究成果时，时间已过去两年有余。再次阅读我的博士论文，一时感慨万千，昔日奋笔写作的情景历历在目。从选题到文献与数据的收集和整理，从开题答辩到实证结果的处理，从起笔初稿的第一个字到初稿的成形，每一个环节都在紧迫的时间和巨大的工作量中进行。在无数个不分昼夜的日子里，我坚持了下来，收获了这份来之不易的成果。这是一段艰苦岁月的落幕，也成为了我学术生涯一个新的开端。庆幸的是，我的家人、老师、朋友一直在无微不至的支持、陪伴、帮助和引导我，让我保持着坚持到最后的信心和勇气。在此，谨向我的家人、老师、朋友致以最诚挚的谢意！

首先，最应该感谢的是我的祖父马宗信先生，一个年逾古稀、身材瘦小的老人，一个初中文凭、怀揣理想的农民。在我的成长道路上，祖父对我的疼爱、关怀和教导是至关重要的。他对教育和人才的重视，是我了解的农村老人里最有见识的。他喜欢读书和看新闻，尤其是关于历史人物的。在我还未上小学的时候，有一天他告诉我WTO是世界贸易组织的缩写，这是我生平第一次接触到的与经济有关的名词。他也给我讲过很多名人的故事，让我以他们为榜样。在我上小学的时候，他告诉我要学好英语。那个时候，农村的小学还没有英语课。直到现在，我都为之惊叹，一个西北穷乡僻壤的老农民在20世纪90年代就有如此远见。后来，我到镇上读书，为了给我和姐姐提供良好的读书环境和充足的读书时间，祖父决定陪读（感谢我的祖母对祖父这一决定的全力支持）。这是一件极不容易的事情，在窄小的出租房里，祖父给我们做饭、陪我们读书，一起度过了漫长的五年。我与祖父的故事，实在太多太多。正是他不同寻常的思想境界，让我在那个农村辍学率很高的年代，能够享受正常的教育，直到本科和研究生。祖父把毕生希望和心血倾注于我，为我所做的一切，我穷尽一生也无以为报，唯有谨记他的教诲，做个对社会有用的人。希望祖父和祖母健康长寿，能够看到我在学术研究上取得可喜的成就，也以此书献给影响我一生的祖父。

感谢我的博士导师陈宇峰教授，对我学术研究和博士论文写作的指导。承蒙陈老师不弃我才疏学浅，拜入陈老师门下学习。陈老师对学术研究十分严格，追求科研的高标准。他定期召开学习讨论会，要求学生做读书笔记，在讨论会上让大家交流学术观点、总结读书心得，提升大家的学习和科研能力。在博士阶段，他教会了我坚持和忍耐、克制情绪，这是完成论文的一项必要修炼。感谢我的硕士导师马元驹教授，在学校发布博士招生简章的时候，他第一时间把这个重要的通知发到了我的微信，给了我充足的准备时间。至今还记得九年前硕士复试的时候，马老师引导我回答问题的情景，他的和蔼可亲和循循善诱让我放下了拘谨和不安。在三年的博士生活里，马老师一直关心着我的学业。也是马老师，他点亮了我的学术热情。他高尚的人格和严谨的治学态度，是我一生学习的榜样。衷心地感谢两位导师的一切指导和帮助，你们拓宽了我人生的道路。

感谢会计学院崔也光教授（现为首经贸教育基金会理事长）、付磊教授（现为首经贸学术委员会委员）、李百兴教授（现为首经贸华侨学院院长）、解小娟书记（现为首经贸经济学院党委书记）、杨婧老师（现为北京第二外国语学院旅游科学学院讲师）、石军老师、孙庆福老师（现为首经贸党委统战部副部长）、工商管理学院范合君教授、柳学信教授、黄苏萍教授、郭卫东教授、王凯副教授、贾辰歌老师等多位老师的一切帮助和指导。感谢首经贸给我学习的机会，感谢会计学院和工商管理学院给我成长的平台，祝愿母校生机勃勃、永铸辉煌。特别感谢五位匿名评阅专家和博士学位论文毕业答辩组的全体专家，他们中肯、有益的宝贵意见提升了本书的质量。

在首经贸攻读硕博的六年，满满的回忆里，少不了友情。感谢我的博士同学张宇霖、郑铮铮、门贺、张兴刚等的帮助，他们热情、优秀、卓尔不凡。感谢硕士同窗尤聚州、王宁、马俊杰、庞懋慧，他们一直关心着我的博士学业。感谢老乡马宝祥先生的帮助，一位自立自强、守正仗义的创业者。初来北京求学时，人生地不熟，是他热情地接待了我。他放下餐馆的生意，接送我去学校，带我和祖父登长城。六年时间里，我多次登门叨扰，他总是热情款待。祝他生意兴隆，大展宏图。感谢我的老朋友摆彬彬对我的关怀和鼓励。一路上，感谢我们友谊长存。

由衷地感谢我的家人。求学路上，我的父母给予了我最无私的付出和无尽的爱。我和姐姐上学的那些年，是我家经济和生活最困难的阶段，我的父母承受着巨大的生活压力辛勤劳作，渴盼着知识能够改变我们的命运。其中辛酸，直到我成家立业、为人父母后才真正体会了这一点。感谢父母赐予我健康的身体和清醒的大脑，感谢你们的养育之恩。我的妻子马芳芳女士，给了我一个温馨的家，她包容、支持着我的一切；我可爱的女儿马妍巧，她的降生为我们家庭增添了新的欢乐。我的姐姐马玲玥女士和姐夫马广文先生，对我生活与学习给予了巨大帮助和支持、鼓励。如果没有我的家人对我的鼎力支助，我现在所拥有的一切都将是天方夜谭。祝愿我的家人、老师、朋友在未来的日子里，身体健康、平安喜乐。

最后，写给自己。硕博阶段是我人生的关键阶段，我的思想和思维方式发生了巨变，我开始更多地思考知识的价值和教育的意义，我能用获取的知识为自己、为家庭、为社会做些什么？每当思考这个深奥的问题，我就会惊叹于中国经济社会令世人震撼的成就，也许这就是答案吧。新时代中国特色社会主义建设，更需要知识和教育、科技人才。尽管我的知识和力量如沧海一粟，然"士不可以不弘毅，任重而道远"，唯有不忘初心，以我所学，立德树人。

限于笔者水平和能力，书中难免存在疏漏或不足之处，殷切期望广大读者批评指正、给予宝贵的意见和建议。

马延柏

2024 年 2 月